Rによる
統計的学習入門

落海　浩・首藤信通 [訳]

G. James,　D. Witten
T. Hastie,　R. Tibshirani

朝倉書店

To our parents:

Alison and Michael James
Chiara Nappi and Edward Witten
Valerie and Patrick Hastie
Vera and Sami Tibshirani

and to our families:

Michael, Daniel, and Catherine
Tessa, Theo, and Ari
Samantha, Timothy, and Lynda
Charlie, Ryan, Julie, and Cheryl

Translation from the English language edition:
An Introduction to Statistical Learning with Applications in R
by Gareth James, Daniela Witten, Trevor Hastie and Robert Tibshirani
Copyright © 2013 Springer New York

Springer New York is a part of Springer Science+Business Media
All Rights Reserved

Japanese translation rights arranged with Springer-Verlag GmbH
through Japan UNI Agency, Inc., Tokyo

訳者まえがき

原著 *An Introduction to Statistical Learning with Applications in R* (Gareth James, Daniela Witten, Trevor Hastie, Robert Tibshirani) は，必ずしも統計科学を専門分野としていない理工系および社会科学系の学生，研究者，そして実務家を含む幅広い読者層を対象とした統計的学習の入門書である．大学初年度で学ぶような微分積分学，線形代数学の知識を想定しつつも，必ずしもそのすべてを要求せずに統計的学習の理解が進められるような工夫がなされている．たとえば，主要となる数式がもつ意味については可能な限り直観的かつ丁寧な説明が加えられている．これらの配慮は，原著者自身の長年にわたる教育経験から，数式から本質を把握することもさることながら，応用を重視し，具体的な言葉で説明することも同様に重要であるとの考えに基づいているように思われる．したがって，統計的学習の入門書として広く知られる *The Elements of Statistical Learning: Data Mining, Inference, and Prediction* (Trevor Hastie, Robert Tibshirani, Jerome Friedman)[1] の想定する数学のバックグラウンドをもたない読者や統計科学が専門でない読者にとっても馴染みやすい書籍であると考える．原著者が統計的学習を応用する立場を重視していることは，各章で実際のデータ例を交えた動機付けを与えたり，それぞれの統計的学習法のメリット，デメリットについても詳しく言及していることからもわかる．さらに，世界的に広く用いられる統計ソフトウェアの R を用いた実習課題まで用意しており，入門書としては非常に手厚いものとなっている．このような目的をもって書かれた日本語の入門書は稀少であり，訳者は日本でも本書が広く活用されることを願い，翻訳に取り組んだ．

本書の出版にあたり，朝倉書店編集部には訳書の提案をご採用頂き，最後まで訳者の度重なる遅筆に愛想を尽かすことなく出版までお付き合い頂いた．内容については，地道正行教授 (関西学院大学商学部) に本書の細部にわたって多くの有益なコメントを頂いた．以上の方々に多大なる感謝を申し上げる．

2018 年 6 月

落海　浩・首藤信通

---

[1]　邦訳：Trevor Hastie, Robert Tibshirani, Jerome Friedman 著・杉山将ほか訳『統計的学習の基礎—データマイニング・推論・予測』共立出版，2014.

日本語版によせて

An Introduction to Statistical Learning with Applications in R の邦訳が出版されますことをまことに嬉しく思います．原著は 2013 年に出版され，以来英語圏では統計学を専門とする学生，研究者だけでなく，統計学以外を専門としながらも，それぞれの分野での職務あるいは研究において統計的学習が必要な多くの方々に親しまれてきました．

アメリカでは，ここ 10 年ほどの間に，統計的学習法を学んだ人材の需要が急激に大きくなりました．これに応じるように，多くの大学においてデータサイエンスの修士プログラムが新設され，以来たくさんの優秀な卒業生がこの分野でキャリアを積んでいます．これらの学位プログラムの多くにおいて，本書は定番の教科書として採用されています．

大学の学部や大学院の学生だけでなく，本書は医学，生物学，工学，コンピュータサイエンスなどの研究者，そしてマーケティングやファイナンスその他の領域の実務家の方々にとっても重要な参考文献となっています．業界ごとの研修では，本書が教科書として使われており，また多くの読者は本書を独学用として使っています．「より幅広い層の読者に役立ててもらう」という本書の目的は達成できたのではないかと思います．

日本でも，国内最初のデータサイエンス学部ができるなど，統計的学習についての関心は高まっています．このような絶妙のタイミングで，落海，首藤両氏と朝倉書店から日本語版の出版のお話をいただき，原著者一同たいへん嬉しく思っております．両氏はたいへん熱意をもって翻訳をされており，本書が多くの日本の学生，研究者，実務家の方々に末永く役立つことを願っております．

2017 年 7 月

カリフォルニア州ロサンゼルスにて　　　ギャレス・ジェイムズ
ワシントン州シアトルにて　　　　　　　ダニエラ・ウィッテン
カリフォルニア州パロアルトにて　　　トレバー・ヘイスティー
カリフォルニア州パロアルトにて　　ロバート・ティブシラーニ

序　文

　統計的学習 (Statistical Learning) とは複雑なデータをモデル化し，理解するための
ツールのことである．この分野は統計学の中でも近年急速に発展しており，コンピュー
タサイエンスや機械学習の発展と切り離せない関係にある．統計的学習には lasso，ス
パース回帰，分類，回帰木，ブースティング，サポートベクターマシンなど多くのツー
ルが含まれる．

　ビッグデータという言葉があちこちで使われるようになるとともに，統計的学習は
自然科学においてだけでなく，マーケティングやファイナンスなどビジネスの領域で
もたいへん注目を浴びる分野になった．統計的学習のスキルのある人は就職，転職市
場でも大いに求められている．

　統計的学習の分野で最初に出版された教科書に *The Elements of Statistical Learn-*
ing (ESL) (Hastie, Tibshirani, and Friedman) がある[訳注1]．ESL は 2001 年に出
版され，2009 年に第 2 版が出ている．ESL は統計学だけでなく他の分野でもたいへ
ん広く使われる教科書になった．

　ESL がポピュラーになった理由の 1 つは，比較的わかりやすく書いてあるというこ
とである．とはいえ，ESL は高度な数理科学のトレーニングを受けた読者を想定して
いる．本書 *An Introduction to Statistical Learning* (ISL) を出版する理由は統計
的学習についてより幅広い読者層，特に統計学を専門としていない読者のニーズを満
たすことである．本書では ESL とほぼ同じトピックを扱うが，数学的に厳密な理論
よりも，統計的学習のツールをどのように実際に使っていくかというアプリケーショ
ンの面をより重視する．読者は統計ソフト R を使って練習問題を解くことにより統計
的学習を実際のデータに応用しながら学べるようになっている．

　本書は学部の後期または修士課程で統計学および関連した分野を専攻する学生，そ
して統計学は専門ではないがデータ分析するのに統計的学習の手法を使いたいという
方を読者として想定している．教科書としては 1 学期または 2 学期分の授業に使用す
ることができる．

　本書のドラフトを読んで貴重な意見をくださった以下の方に感謝する．Pallavi Basu,

訳注 1　邦訳：Trevor Hastie, Robert Tibshirani, Jerome Friedman 著・杉山将ほか訳『統計的学習
の基礎―データマイニング・推論・予測』共立出版，2014.

Alexandra Chouldechova, Patrick Danaher, Will Fithian, Luella Fu, Sam Gross, Max Grazier G'Sell, Courtney Paulson, Xinghao Qiao, Elisa Sheng, Noah Simon, Kean Ming Tan, Xin Lu Tan.

"予想するのは難しいよね. 特に未来の予想はね. "

——ヨギ・ベラ

ロサンゼルスにて	ギャレス・ジェイムズ
シアトルにて	ダニエラ・ウィッテン
パロアルトにて	トレバー・ヘイスティー
パロアルトにて	ロバート・ティブシラーニ

目　　次

1. 導　　　入 ……………………………………………………… 1

2. 統計的学習 ……………………………………………………… 14
　2.1　統計的学習とは ………………………………………………… 14
　　2.1.1　なぜ f を推定するのか ……………………………………… 16
　　2.1.2　どのように f を推定するか ………………………………… 19
　　2.1.3　予測精度とモデルの解釈のしやすさのトレードオフ ………… 23
　　2.1.4　教師あり学習と教師なし学習 ………………………………… 24
　　2.1.5　回帰問題と分類問題 …………………………………………… 26
　2.2　モデルの精度の評価 …………………………………………… 27
　　2.2.1　当てはめの質を測定する ……………………………………… 27
　　2.2.2　バイアスと分散のトレードオフ ……………………………… 31
　　2.2.3　分類における精度の評価 ……………………………………… 34
　2.3　実習：R 入門 …………………………………………………… 39
　　2.3.1　基本的なコマンド ……………………………………………… 39
　　2.3.2　グラフィックス ………………………………………………… 42
　　2.3.3　データに番号をふる …………………………………………… 44
　　2.3.4　データの読み込み ……………………………………………… 45
　　2.3.5　グラフィックス及び数値によるデータの要約 ……………… 46
　2.4　演 習 問 題 ……………………………………………………… 48

3. 線 形 回 帰 ……………………………………………………… 54
　3.1　線形単回帰 ……………………………………………………… 55
　　3.1.1　係数の推定 ……………………………………………………… 56
　　3.1.2　回帰係数の推定値における精度評価 ………………………… 58
　　3.1.3　モデルの精度評価 ……………………………………………… 63
　3.2　線形重回帰 ……………………………………………………… 65
　　3.2.1　回帰係数の推定 ………………………………………………… 66

vi 目　　　次

3.2.2　重要な問題 ……………………………………… 69
3.3　回帰モデルにおける他の考察 ……………………… 76
3.3.1　質的予測変数 …………………………………… 76
3.3.2　線形モデルの拡張 ……………………………… 80
3.3.3　起こりうる問題 ………………………………… 86
3.4　マーケティングプラン ……………………………… 95
3.5　線形回帰と K 最近傍法の比較 …………………… 97
3.6　実習：線形回帰 …………………………………… 102
3.6.1　ライブラリ ……………………………………… 102
3.6.2　線形単回帰 ……………………………………… 102
3.6.3　線形重回帰 ……………………………………… 105
3.6.4　交互作用項 ……………………………………… 107
3.6.5　予測変数の非線形変換 ………………………… 108
3.6.6　質的な予測変数 ………………………………… 110
3.6.7　関数の定義 ……………………………………… 111
3.7　演 習 問 題 ………………………………………… 112

4. 分　　　類 ……………………………………… 119
4.1　分類問題の概要 …………………………………… 119
4.2　なぜ線形回帰を用いないのか …………………… 121
4.3　ロジスティック回帰 ……………………………… 122
4.3.1　ロジスティックモデル ………………………… 122
4.3.2　回帰係数の推定 ………………………………… 124
4.3.3　ロジスティック回帰における予測 …………… 125
4.3.4　多重ロジスティック回帰 ……………………… 126
4.3.5　多項ロジスティック回帰 ……………………… 128
4.4　線形判別分析 ……………………………………… 129
4.4.1　分類におけるベイズの定理の応用 …………… 129
4.4.2　1 変数の場合の線形判別分析 ………………… 130
4.4.3　多変数の場合の線形判別分析 ………………… 133
4.4.4　2 次判別分析 …………………………………… 139
4.5　分類法の比較 ……………………………………… 141
4.6　実習：ロジスティック回帰，線形判別分析，2 次判別分析，K 最近傍法 145
4.6.1　株価データ ……………………………………… 145
4.6.2　ロジスティック回帰 …………………………… 146

目　　　次　　　　　　vii

4.6.3　線形判別分析 ··· 151

4.6.4　2次判別分析 ·· 153

4.6.5　K最近傍法 ··· 153

4.6.6　Caravan保険データへの適用 ······························· 155

4.7　演習問題 ·· 158

5.　リサンプリング法 ·· 164

5.1　交差検証 ·· 164

5.1.1　ホールドアウト検証 ··· 165

5.1.2　1つ抜き交差検証 ·· 167

5.1.3　k分割交差検証 ·· 169

5.1.4　k分割交差検証におけるバイアスと分散のトレードオフ ········ 171

5.1.5　分類における交差検証 ·· 172

5.2　ブートストラップ ·· 175

5.3　実習：交差検証とブートストラップ ·································· 178

5.3.1　ホールドアウト検証 ··· 178

5.3.2　1つ抜き交差検証 ·· 180

5.3.3　k分割交差検証 ·· 181

5.3.4　ブートストラップ ·· 181

5.4　演習問題 ·· 185

6.　線形モデル選択と正則化 ·· 190

6.1　部分集合選択 ·· 191

6.1.1　最良部分集合選択 ·· 191

6.1.2　ステップワイズ法 ·· 193

6.1.3　最適モデルの選択 ·· 196

6.2　縮小推定 ·· 201

6.2.1　リッジ回帰 ·· 201

6.2.2　Lasso ·· 205

6.2.3　チューニングパラメータの選択 ································ 213

6.3　次元削減 ·· 214

6.3.1　主成分回帰 ·· 215

6.3.2　部分最小2乗法 ·· 222

6.4　高次元の場合に考慮すべき事項 ······································ 223

6.4.1　高次元データ ·· 223

viii 目　　次

6.4.2　高次元の場合における問題点 ··················· 224
6.4.3　高次元の場合における回帰分析 ··············· 226
6.4.4　高次元の場合における結果の解釈 ············· 228
6.5　実習 1：部分集合選択法 ························· 229
6.5.1　最良部分集合選択 ························· 229
6.5.2　変数増加法と変数減少法 ··················· 232
6.5.3　ホールドアウト検証と交差検証法によるモデル選択 ··· 232
6.6　実習 2：リッジ回帰と lasso ····················· 236
6.6.1　リッジ回帰 ····························· 236
6.6.2　Lasso ································ 239
6.7　実習 3：主成分回帰と部分最小 2 乗回帰 ············· 240
6.7.1　主成分回帰 ····························· 240
6.7.2　部分最小 2 乗法 ························· 242
6.8　演 習 問 題 ································· 244

7.　線形を超えて ······························· 249

7.1　多項式回帰 ································· 250
7.2　階 段 関 数 ································· 252
7.3　基 底 関 数 ································· 254
7.4　回帰スプライン ······························ 254
7.4.1　区分多項式 ····························· 254
7.4.2　制約とスプライン ······················· 256
7.4.3　スプライン基底表現 ····················· 256
7.4.4　ノットの数と位置の選択 ··················· 258
7.4.5　多項式回帰との比較 ····················· 260
7.5　平滑化スプライン ····························· 261
7.5.1　平滑化スプラインの概要 ··················· 261
7.5.2　平滑化パラメータ λ の選択 ················· 262
7.6　局 所 回 帰 ································· 264
7.7　一般化加法モデル ····························· 266
7.7.1　回帰問題における一般化加法モデル ··········· 267
7.7.2　分類問題における GAM ··················· 269
7.8　実習：非線形モデリング ························· 271
7.8.1　多項式回帰と階段関数 ··················· 271
7.8.2　スプライン ····························· 276

目　　　次　　　　　　ix

　　7.8.3　一般化加法モデル ･･･ 278
　7.9　演 習 問 題 ･･･ 281

8.　木に基づく方法 ･･･ 286
　8.1　決定木の基礎 ･･･ 286
　　8.1.1　回 　帰 　木 ･･･ 286
　　8.1.2　分 　類 　木 ･･･ 293
　　8.1.3　木と線形モデルの比較 ･･･････････････････････････････････ 296
　　8.1.4　木の利点と欠点 ･･･ 297
　8.2　バギング，ランダムフォレスト，ブースティング ･････････････････ 298
　　8.2.1　バ ギ ン グ ･･･ 298
　　8.2.2　ランダムフォレスト ･････････････････････････････････････ 302
　　8.2.3　ブースティング ･･･ 304
　8.3　実習：決定木 ･･･ 306
　　8.3.1　分類木の当てはめ ･･･････････････････････････････････････ 306
　　8.3.2　回帰木の当てはめ ･･･････････････････････････････････････ 309
　　8.3.3　バギングとランダムフォレスト ･･･････････････････････････ 311
　　8.3.4　ブースティング ･･･ 313
　8.4　演 習 問 題 ･･･ 314

9.　サポートベクターマシン ･･･ 318
　9.1　マージン最大化分類器 ･･･････････････････････････････････････ 318
　　9.1.1　超平面とは何か ･･･････････････････････････････････････ 318
　　9.1.2　分離超平面を用いた分類 ･･･････････････････････････････ 320
　　9.1.3　マージン最大化分類器 ･････････････････････････････････ 321
　　9.1.4　マージン最大化分類器の構成 ･･･････････････････････････ 323
　　9.1.5　分離不可能な場合 ･････････････････････････････････････ 324
　9.2　サポートベクター分類器 ･････････････････････････････････････ 324
　　9.2.1　サポートベクター分類器の概要 ･････････････････････････ 324
　　9.2.2　サポートベクター分類器の詳細 ･････････････････････････ 326
　9.3　サポートベクターマシン ･････････････････････････････････････ 329
　　9.3.1　非線形の決定境界による分類 ･･･････････････････････････ 329
　　9.3.2　サポートベクターマシン ･･･････････････････････････････ 331
　　9.3.3　心臓病データへの適用 ･････････････････････････････････ 334
　9.4　3つ以上のクラスにおけるサポートベクターマシン ･･･････････････ 336

x　　　　　　　　　　目　　　次

　9.4.1　一対一分類 ··· 336
　9.4.2　一対他分類 ··· 336
9.5　ロジスティック回帰との関係 ··· 336
9.6　実習：サポートベクターマシン ··· 339
　9.6.1　サポートベクター分類器 ··· 339
　9.6.2　サポートベクターマシン ··· 343
　9.6.3　ROC 曲 線 ··· 345
　9.6.4　多クラスの場合における SVM ·· 346
　9.6.5　遺伝子発現データへの応用 ··· 347
9.7　演 習 問 題 ··· 348

10.　教師なし学習 ··· 353
10.1　教師なし学習の課題 ··· 353
10.2　主成分分析 ··· 354
　10.2.1　主成分とは何か ··· 354
　10.2.2　主成分についての別の解釈 ·· 358
　10.2.3　主成分分析に関する補足 ·· 359
　10.2.4　主成分分析の他の応用例 ·· 363
10.3　クラスタリング法 ··· 364
　10.3.1　K 平均クラスタリング ··· 365
　10.3.2　階層的クラスタリング ··· 370
　10.3.3　クラスタリングにおける実用上の問題 ····································· 378
10.4　実習 1：主成分分析 ··· 380
10.5　実習 2：クラスタリング ··· 383
　10.5.1　K 平均クラスタリング ··· 383
　10.5.2　階層的クラスタリング ··· 385
10.6　実習 3：NCI60 データへの適用例 ··· 386
　10.6.1　NCI60 データにおける主成分分析 ·· 387
　10.6.2　NCI60 データの観測値のクラスタリング ··································· 389
10.7　演 習 問 題 ·· 392

索　　　引 ··· 397

1 導　入
Introduction

■ 統計的学習とは

　統計的学習とはデータを理解するために使われる様々なツールのことである．これらのツールには2種類あり，それぞれ教師あり，教師なしの方法に分類される．大まかには，教師あり学習は1つまたは複数の入力変数に対して出力変数を予測，あるいは，推定する統計モデルを作ることである．このような問題はビジネス，医療，宇宙物理，公共政策などいろいろな分野で見られる．これに対し，教師なし学習では入力変数はあるが出力変数にあたるものがない．しかし，それでも私たちはデータに隠れている関連性や構造などについて統計的学習を通じて知ることができる．統計的学習が実際にどのように使われているかを示すために，本書で扱う3つの実データを以下に示す．

収入データ

　ここでは Wage データを使ってアメリカ東海岸の男性の給与に関連する多くの因子(要素) について調べたい．ここでは特に会社員の年齢 (age) と学歴 (education) あるいは年 (year) と給料 (wage) の間の関連性について理解したい．例えば図1.1の左はデータセットの中にある会社員の給与と年齢を表す．年齢が増加すると給料も増加しているが，60歳あたりを境に減少している．青線は年齢を与えた下での平均給与の推定値を表すが，この青線からも給料はまず年齢とともに増加，そして減少という傾向はみてとれる．この青線を使うことにより，会社員の年齢から収入を予測することが可能となる．しかし，図1.1から明らかなように，同じ年齢で給料が高い人と低い人の差があまりに大きいため，年齢だけでその人の年収を正確に予測することは難しいということがわかる．

　会社員の学歴と収入を得た年のデータもある．図1.1の中央と右のグラフは収入が年あるいは学歴によってどのように変化しているかを示す．年や学歴の因子も収入に関連しているようである．収入は2003年から2009年の間に約$10,000ほど直線的に上昇している．しかし，この変化は収入のばらつきと比較すると非常に小さいようでもある．また学歴の高い人ほど比較的収入が高いようである．学歴レベルが1の人た

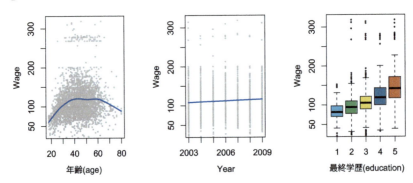

図 1.1 Wage データセットはアメリカの東海岸中部の男性の収入についてのデータである. 左：wage を age の関数として表す. 平均的には wage は 60 歳になるまでは増加し, 60 歳以降は減少している. 中央：wage を year の関数として表す. 緩やかではあるが着実に wage の平均は増加しており, 2003 年から 2009 年で$10,000 ほど増加している. 右：wage が education にどのように影響されるかを表す箱ひげ図. 1 は高卒以下, 5 は大学院修了を表す. 学歴が高くなるにつれて平均収入も増加している.

ちは学歴レベル 5 の人たちよりもかなり給料が低いようである. 収入をより正確に予測するには, 年齢, 学歴, そして収入を得た年を用いるとよいということは明らかである. 第 3 章では, このデータセットを使って収入を予測する線形回帰を扱う. 理想としては, 年齢との非線形な関係を考慮した方法で収入を予測すべきであるが, これについては第 7 章で扱う.

株価データ

Wage データでは連続または量的な出力変数を予測した. これはよく回帰問題と呼ばれる. しかし数値ではないものを予測したいという場合もありうる. カテゴリーや質的な出力変数の場合がこれにあたる. 例えば第 4 章では 2001 年から 2005 年まで 5 年間における日次のスタンダード＆プアーズ 500 (S&P500) 株価指標データを扱う. これを Smarket データと呼ぶ. ここではある日の S&P 株価指標が上がるか下がるかを, 過去 5 日間に何%上がったか, または下がったかをもとにして予測したい. この場合, 統計的学習の目的は数値を予測することではなく, その日の株式市場の結果が Up のカテゴリーに入るか, それとも Down のカテゴリーに入るかを予測することである. これは分類の問題と呼ばれる. 統計モデルを使って株式市場がどちらの方向に向かっているかを正確に予測することができれば非常に役立つことであろう.

図 1.2 の左は前日に何%株価が上下したかを示す箱ひげ図である. 片方は次の日に市場が上がった 648 日分, 他方は次の日に市場が下がった 602 日分である. 2 つの箱ひげ図はほぼ同じに見えるので, 昨日の S&P 指標を参考にして今日の動向を予測す

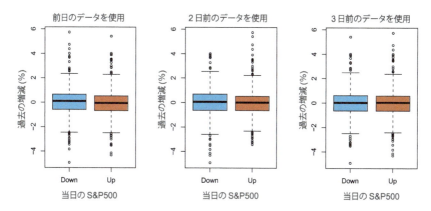

図 1.2　**左**：今日の S&P 指標の上下と前日に何%上下したかを表す箱ひげ図．データは Smarket より得たものである．**中央と右**：左と同じ．ただし 2 日前および 3 日前に何%上下したかを示す．

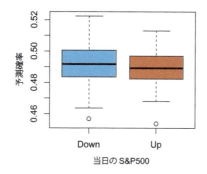

図 1.3　Smarket データの 2001～2004 年分について 2 次判別分析を使い，2005 年のデータを使って株価が下がる確率を予測する．平均して，株価が下がった日にはさらに株価が下がると予測される確率は高いことがわかる．これらの結果から，60%の確率で株価が上がるか下がるかを正確に予測することができる．

るのは簡単ではない．中央と右は同様に 2 日前と 3 日前の動きをもとに今日の株価を予測することが難しいことを示している．これらは当然の結果といえよう．もし，昨日と今日の株価に強い相関関係があれば，株式市場で簡単に儲けることができてしまう．それでも第 4 章では何種類かの統計的学習法をこれらのデータに応用することを試みる．興味深いことに，少なくともこの 5 年間のデータでは株価が上昇するか下降するかを 60%の確率で正確に予測することができる (図 1.3 参照)．

遺伝子発現データ

以上 2 つの例では入力と出力の両方の変数があるケースを取り挙げた．しかし入力

変数だけが存在し，出力変数がないという場合も重要である．例えばマーケティングでは，現在の顧客，あるいは，将来の顧客になりうる人たちについての人口統計データがあり，いくつかの性質によってグループ分けをした後，どのようなタイプの顧客が実は似ているのかということを知りたいというような状況がある．このような問題はクラスタリングと呼ばれている．前の2つの例と異なる点は，ここでは出力変数の予測を目的としていないことである．

第10章では出力変数がない場合の統計的学習を扱う．NCI60 データセットには 64 のがん細胞株について 6,830 の遺伝子発現の測定結果が入っている．特に出力変数を予測するのではなく，ここでは細胞株を遺伝子発現でグループ (クラスター) 分けすることに興味がある．これは難しい問題である．なぜなら 1 つのがん細胞株につき何千もの遺伝子発現の結果があるのでデータをグラフにすることがそもそも難しいからである．

図 1.4 の左は 64 の細胞株を 2 つの数値 Z_1 と Z_2 のみを用いてグラフにしたものである．Z_1 と Z_2 はデータの第 1 主成分，第 2 主成分と呼ばれ，細胞株の 6,830 の遺伝子発現をこれら 2 つの数値 (2 次元) で要約している．次元の縮小によって多くの情報を捨ててしまったとも言えるが，これによって視覚的に分類の事実があるかを確かめることができる．多くの場合，クラスター数を決めるのは難しい問題である．しかし図 1.4 の左のグラフを見ると，少なくとも細胞株は 4 つのグループに分けられそうである．図では 4 色を使ってこれを表した．遺伝子発現のレベルとがんの関係を理解

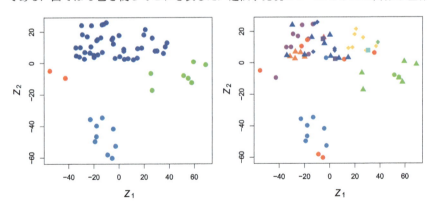

図 1.4 **左**：NCI60 の遺伝子発現データを Z_1 と Z_2 の 2 次元空間にプロットしたものである．1 つの点が 1 つのがん細胞株に対応しており，全部で 64 個の点がある．4 種類の細胞株がある様子が示されている．図では 4 色を使って異なるクラスターを表している．**右**：左と同様．ただし 14 種類のがんをそれぞれ別の色，形のプロットを使用して表した．この 2 次元空間において，同じ種類のがんに対応する細胞株は近くに集まっている．

することを目的として，同じクラスターに属する細胞株が類似した種類のがんか否か
を調べることができる．

このデータについては，細胞株は 14 種類のがんに対応している (この事実は図 1.4
の右を作成するときには使われていない)．図 1.4 の右のグラフでは 14 種類のがんが
異なる色，形のプロットで表されていることを除き，左のグラフとまったく同じもの
である．この 2 次元のプロットを見れば，同じ種類のがんの細胞株は近くにあること
は明らかである．さらに，左のグラフを作るときには，がんの情報を使っていないが，
左のグラフにおけるグループ分けと右のグラフにおける実際のがんの種類の分類はあ
る程度類似しているといえる．これによってクラスター分析の妥当性を確認すること
ができる．

統計的学習の歴史

統計的学習という呼び方はまだ新しいが，統計的学習のもとになる多くの考え方は古
くから存在した．19 世紀の初めに Legendre と Gauss が最小 2 乗法についていくつ
かの論文を執筆した．これが今日線形回帰と呼ばれているものの起源である．このア
プローチは最初天文学の問題にうまく応用された．線形回帰は会社員の給料など量的
な数値を予測するために使われる．それに対して，例えば患者が生存するか死亡する
か，または株式市場が上がるか下がるかなどを表す質的な数値に対しては，Fisher が
1936 年に線形判別分析を提案した．1940 年代には多くの研究者が新しいアプローチ
としてロジスティック回帰に取り組んだ．70 年代初めには，Nelder と Wedderburn
が線形回帰とロジスティック回帰を特別な場合として含む統計的学習全体を指す用語
である一般化線形モデルという言葉を新たに造った．

70 年代の終わりまでにはデータから学習する方法はすでに多く存在していた．しか
し，それらのモデルのほとんどが線形であった．なぜなら非線形の関係を利用すること
は当時の計算機では不可能だったからである．80 年代までにはコンピュータの技術が
発達し，非線形方式も可能になった．80 年代の中頃に Breiman, Friedman, Olshen,
Stone らが判別木，回帰木を発案し，モデル選択のための交差検証法も含め，実際の
現場で統計手法を実装することの重要さを示した．Hastie と Tibshirani は一般化線
形モデルを非線形に一般化した一般化加法モデルを 1986 年に提唱した．これは実際
のソフトウェアにも実装されている．

以来，機械学習などの分野の盛況とともに，教師ありと教師なしのモデルと予測を扱
う統計的学習は統計学の新しい分野として出現した．よく知られるフリーソフト R の
ように強力で使いやすいソフトウェアが比較的簡単に手に入るようになるとともに，近
年は統計的学習の進歩が注目されるようになった．統計的学習が統計学者やコンピュー

タ科学者だけが開発し，使用する技術からもっと幅広いコミュニティーで必要とされるツールへと変わっていく傾向は今後も続いていくことであろう．

 ## 本書について

Hastie, Tibshirani, Friedman が 2001 年に *The Elements of Statistical Learning* (ESL) を出版した．以来，統計的機械学習の基礎についての重要な参考文献となった．本書が支持されている理由の 1 つは，統計的学習の多くの重要なトピックスを包括的に，かつ詳しく扱っていることである．また，上級者向けの統計学の教科書と比べれば多くの読者に理解しやすかったことも成功の理由である．しかし ESL が成功したもっと大きな理由は扱っているトピックスである．出版された当時，統計的学習についての関心は急激に高まっていた．ESL はこの分野での最初の総合的な入門書のうちの 1 つである．

ESL が出版された後も，統計的学習の発展は続いた．この分野の発展は以下の 2 点に見て取れる．1 つはもちろん新たな統計的学習の技術が開発および改良されたことにより，科学のいろいろな分野の問題に答えられるようになったことである．もう 1 つは統計的学習を使いたいと思う人々が増えたことである．1990 年代，コンピュータの高速化とともに統計学者でない人たちがデータを分析するのに最新の統計ツールを使いたいという関心が急激に高まった．残念なことに統計的学習の手法は非常に専門的であり，これらの技術を使うのは統計学やコンピュータサイエンス，およびその他の関連した学問の教育を受けた専門家に限定されていた．

最近になって，新しいソフトウェアパッケージが多くの統計的学習の実装における困難を劇的に解決してくれるようになった．同時に統計的学習は実際に応用できる強力なツールだという認識がビジネス，医療，遺伝子工学，あるいは社会学などにおいて広まってきた．その結果，これから統計的学習を勉強したいという人が非常に多くなるとともに，統計的学習は単に学問の一領域ではなく，一般に広く使われる知識となった．大量のデータとそれを分析するソフトウェアが身近になるに伴い，この傾向は続くであろう．

本書 *An Introduction to Statistical Learning* (ISL) の目的は統計的学習が単なる学術的な領域からメインストリームに移行していくのを促すことである．ISL は ESL と競合するものではない．ESL はより多くの手法を扱い，またそれぞれの手法をより深く探求しているという意味でより総括的である．私たちは ESL はプロ (統計学，機械学習その他の関連学問の大学院卒レベルの知識のある人) が統計的学習の手法の背後にある細かい専門的なことを理解する上で貴重な文献であると考えている．しかし，統計的学習のユーザーのコミュニティーは広がり続けており，より広い興味やバック

グラウンドの方々が含まれる．したがって，あまり専門的にならず，ESL より読みやすいバージョンの必要性があると思われる．

　私たちは長年これらのトピックスについて教えてきたが，修士または博士課程のさまざまな分野の学生 (経営学，生物学，コンピュータサイエンス，そして数学が得意な学部生まで) が統計的学習に興味をもっている．これらの多様な学生たちにとって，統計的学習のモデル，直観的な知識，そして長所と短所を理解することはたいへん重要である．しかし彼ら彼女らにとっては最適化アルゴリズムや理論的な特性など，統計的学習の背後にある多くの専門的な細かいことはあまり重要ではない．これらの学生は細かいことを理解するよりも，いろいろな統計的学習の手法をよく理解して利用し，それらのツールを使ってそれぞれの分野において貢献していくことが必要とされる．

　本書 ISL は以下 4 つの前提にたっている．

(1) 多くの統計的学習手法は統計科学に限らず，より広範囲の学術的または学術的でない領域で意味があり，役に立つ．将来的には多くの統計的学習の手順が今日線形回帰が広く使われているのと同じくらい広く使われるべきであり，またそうなるであろうと信じている．そのため，考えうるすべてのアプローチを考えるのではなく (そもそも不可能なことである)，最も広く当てはまるであろう手法を扱うこととする．

(2) 統計的学習は一連のブラックボックスとして見られるべきではない．すべての場面でうまくいく方法などというものはない．箱の中にどんな歯車が動いているのか，またその複数の歯車はどのようにお互いに影響しているのかを理解しないで，どの箱がベストかを選ぶことはできない．したがって私たちが扱う方法それぞれについて，モデル，直観的な説明，どんな前提が必要か，そしてそれぞれの手法の長所と短所を注意深く説明する．

(3) どの歯車がどのような役割をもつかを知ることは大切であるが，箱の中の機械すべてを自分で作るスキルを必要とするわけではない．したがって当てはめの方法や，理論的特性などの細かなことはなるべく少なくした．読者は基本的な数学のコンセプトは知っていると仮定するが，数理科学における大学院修了レベルは前提としていない．例えば行列代数はほとんど使っていない．行列やベクトルについて詳細な知識をもたなくても本書全体を理解することができる．

(4) 読者は統計的学習を実際の問題に応用することに興味がある．これを達成するために，また統計的学習法に興味をいだいてもらうために，各章に R を使った実習を用意した．それぞれの実習では，各章で勉強した手法を実際に使ってみることで学習を深める．私たちが講義するときには，講義時間のおよそ 3 分の 1 を実習時間に当てた．これらの実習は非常に役立つことがわかっている．比較的コンピュータになじみのなかった学生の多くは初めのうちは R のコマンド

ラインに戸惑うが，そのうち慣れるものである．Rを使うことにしたのは，まずはフリーであるということと，また本書で扱うすべての手法を実装するに十分なほど強力であるということによる．またオプションパッケージをダウンロードして導入すれば何千もの統計的学習法を実装することができる．一番大事なのは，統計学者の間でRは皆が使う言語であり，新しいアプローチはまずRに実装されて，何年も経った後に商用パッケージに実装されるということである．実習問題は独立しているので，もしも読者がR以外のソフトを使いたい，あるいは統計的学習手法を実際の問題に使ってみることに興味がないという場合には実習を行わなくても構わない．

想定している読者について

本書は現代的な統計手法を使ってモデルを作り，データから予測を行いたいという方すべてのための本である．読者としては科学者，エンジニア，データアナリストなど理系の方々だけではなく，社会科学やビジネスなどを専攻している理系ではない方々も含む．読者は少なくとも統計学の基礎のコースを履修していると仮定する．線形回帰を勉強したことがあると理解しやすいが，必須ではない．線形回帰については第3章で扱う．本書で要求される数学のレベルはあまり高くない．また，行列の演算などの細かい知識は必要ない．本書では統計プログラム言語Rを使う．以前にMATLABやPythonでプログラミングの経験があると役立つが，これについてもその経験がなくても構わない．

私たちは本書を使って経営学，コンピュータサイエンス，生物学，地学，心理学その他さまざまな自然科学と社会科学専攻の修士と博士課程の学生に教えてきた．また本書は線形回帰のクラスをすでに履修した学部学生の授業にも使うことができる．より数学的に高度な内容を扱う授業でESLを主教材とされている場合においても，本書(ISL)をいろいろなアプローチにおける計算的な側面を勉強するための副教材として使っていただくことができる．

記号と行列代数について

教科書の中で数式の文字，記号をどのように表記するかを決めるのはいつも難しいことである．本書ではほとんどの場合ESLの表記に従う．まずデータの中にあるサンプルの数はnで表す．予測に使われる変数の数はpで表す．例えば，Wageデータセットには3,000人分の11個の変数 (year, age, wage など) のデータが入っているので，$n=3,000$で$p=11$ということになる．本書全体を通じて変数の名前は色を

つけて `Variable Name` のように表す.

例えば, 生物学のデータやウェブの広告データの例では, p は何千あるいは何百万など大きな数になることもある.

一般に本書では x_{ij} は i 番目のデータの j 番目の変数を表す. ここで $i = 1, 2, \ldots, n$, $j = 1, 2, \ldots, p$ とする. 本書全体で標本または観測値を数えるときは i, 変数を数えるときは j を使う. $\mathbf{X}$ は $n \times p$ 行列で (i, j) 成分は x_{ij} とする. すなわち

$$\mathbf{X} = \begin{pmatrix} x_{11} & x_{12} & \ldots & x_{1p} \\ x_{21} & x_{22} & \ldots & x_{2p} \\ \vdots & \vdots & \ddots & \vdots \\ x_{n1} & x_{n2} & \ldots & x_{np} \end{pmatrix}.$$

行列についてあまりなじみのない読者は $\mathbf{X}$ は表計算ソフトの n 行 p 列の表を思い浮かべればよいであろう.

$\mathbf{X}$ の行について注目したいときがある. この場合それぞれの行を $x_1, x_2, \ldots, x_n$ とすると, i 番目の観測値において, それぞれの x_i は p 個の変数をもつベクトルということになる. すなわち

$$x_i = \begin{pmatrix} x_{i1} \\ x_{i2} \\ \vdots \\ x_{ip} \end{pmatrix}. \tag{1.1}$$

ここに, ベクトルはいつも列ベクトルとして表記する. 例えば `Wage` データセットの場合, x_i は i 番目の人において, `year`, `age`, `wage` などからなる長さが 11 のベクトルである.

また $\mathbf{X}$ の列について注目したい場合もある. この場合も同様にそれぞれの列を $\mathbf{x}_1, \mathbf{x}_2, \ldots, \mathbf{x}_p$ とすると, それぞれの列ベクトルの長さは n となる. つまり

$$\mathbf{x}_j = \begin{pmatrix} x_{1j} \\ x_{2j} \\ \vdots \\ x_{nj} \end{pmatrix}.$$

例えば `Wage` データセットでは, $\mathbf{x}_1$ は `year` について $n = 3{,}000$ 個の値が含まれている. これらの表記法を使うと, $\mathbf{X}$ は

$$\mathbf{X} = \begin{pmatrix} \mathbf{x}_1 & \mathbf{x}_2 & \cdots & \mathbf{x}_p \end{pmatrix},$$

または

$$\mathbf{X} = \begin{pmatrix} x_1^T \\ x_2^T \\ \vdots \\ x_n^T \end{pmatrix}$$

と記すことができる.

記号 T は行列またはベクトルの転置を表す. 例えば

$$\mathbf{X}^T = \begin{pmatrix} x_{11} & x_{21} & \ldots & x_{n1} \\ x_{12} & x_{22} & \ldots & x_{n2} \\ \vdots & \vdots & & \vdots \\ x_{1p} & x_{2p} & \ldots & x_{np} \end{pmatrix}$$

や

$$x_i^T = \begin{pmatrix} x_{i1} & x_{i2} & \cdots & x_{ip} \end{pmatrix}$$

のように用いる.

wage などの変数を予測したいときは, 実際に i 番目の観測値を y_i とする. すなわち n 個の観測値をベクトル形式で

$$\mathbf{y} = \begin{pmatrix} y_1 \\ y_2 \\ \vdots \\ y_n \end{pmatrix}$$

のように表す. このとき観測データ全体は $\{(x_1, y_1), (x_2, y_2), \ldots, (x_n, y_n)\}$ となる. ここで x_i は長さ p のベクトルである (もし $p = 1$ ならば x_i はスカラーとなる).

本書では, 例えば

$$\mathbf{a} = \begin{pmatrix} a_1 \\ a_2 \\ \vdots \\ a_n \end{pmatrix}$$

のように, 長さ n のベクトルは常に小文字の太字体を使う. しかし, 長さ n ではないベクトル (例えば式 (1.1) にある長さ p の特徴ベクトルなど) については a のように小文字の普通の字体で表す. 同様にスカラーも小文字の普通の字体で表す. まれに, この字体を 2 種の用途に使うことが紛らわしい場合があるが, そのときはどちらの用法かについて適宜説明することとする.

行列には $\mathbf{A}$ のように大文字の太字体を使う. 確率変数はその次元に関わらず A の

ように大文字の普通の字体を使う．

特にスカラー，行列，またはベクトルの次元を明示したい場合がある．スカラーを示すときには $a \in \mathbb{R}$ と書く．長さ k のベクトルは $a \in \mathbb{R}^k$（長さ n であれば $\mathbf{a} \in \mathbb{R}^n$），$r \times s$ の行列は $\mathbf{A} \in \mathbb{R}^{r \times s}$ と表記する．

行列代数は可能な限り使わないこととする．しかしまったく使わないとなると，ごくまれに厄介なことになる．このようなときに行列の掛け算を理解しておくことは大切である．2つの行列 $\mathbf{A} \in \mathbb{R}^{r \times d}$ と $\mathbf{B} \in \mathbb{R}^{d \times s}$ を考える．この場合 $\mathbf{A}$ と $\mathbf{B}$ の積は $\mathbf{AB}$ と書く．$\mathbf{AB}$ の (i,j) 成分は $\mathbf{A}$ の i 行と $\mathbf{B}$ の j 列の対応する成分を掛け合わせて求める．つまり $(\mathbf{AB})_{ij} = \sum_{k=1}^{d} a_{ik} b_{kj}$ となる．例として，

$$\mathbf{A} = \begin{pmatrix} 1 & 2 \\ 3 & 4 \end{pmatrix}, \quad \mathbf{B} = \begin{pmatrix} 5 & 6 \\ 7 & 8 \end{pmatrix}$$

であるとすると，

$$\mathbf{AB} = \begin{pmatrix} 1 & 2 \\ 3 & 4 \end{pmatrix} \begin{pmatrix} 5 & 6 \\ 7 & 8 \end{pmatrix} = \begin{pmatrix} 1 \times 5 + 2 \times 7 & 1 \times 6 + 2 \times 8 \\ 3 \times 5 + 4 \times 7 & 3 \times 6 + 4 \times 8 \end{pmatrix} = \begin{pmatrix} 19 & 22 \\ 43 & 50 \end{pmatrix}$$

となる．この結果が $r \times s$ 行列になる．$\mathbf{AB}$ は $\mathbf{A}$ の列の数と $\mathbf{B}$ の行の数が等しいときのみ定義することができる．

本書全体の構成

第2章では統計的学習における用語や概念を扱う．またシンプルでありながらいろいろな問題で驚くほど役に立つ K 最近傍法分類器もこの章で扱う．

第3章と第4章では古典的な線形による回帰法および分類法を扱う．特に第3章ではすべての回帰分析の出発点である線形回帰を学ぶ．第4章ではロジスティック回帰と線形判別分析という最も重要な分類法を学ぶ．

統計的学習ではある状況において最適な方法を選ぶことが主要な問題になる．そこで，第5章では交差検証とブートストラップを使っていくつもの異なった方法の正確さを推定し，最適なものを選択できるようにする．

近年の統計的学習における研究の多くは非線形法が主流である．しかし線形法は結果が解釈しやすく，ときには非線形法よりも正確となることがある．そこで第6章では古典的な線形回帰と，最新の手法とを織り交ぜて多数学ぶ．ここで扱う内容はステップワイズ変数選択，リッジ回帰，主成分回帰，部分最小2乗，lasso などを含む．

これ以降は非線形の統計的学習の世界に移る．第7章では入力変数が1つの場合に非常に役に立つ非線形法を多く扱う．そしてここで用いた非線形法を複数の入力変数がある非線形加法モデルに拡張できることを示す．第8章ではバギング，ブースティ

ング，ランダムフォレストなど木に基づく方法について学ぶ．サポートベクターマシンは線形および非線形の分類を行うアプローチである．これについては第9章で学ぶ．最後に第10章では入力変数はあるが出力変数がない場合を考える．特に主成分分析，K平均法，階層的クラスタリングについて学ぶ．

各章の終わりに1つまたは複数の実習セクションを設け，その章で扱ったいろいろな手法を用いてRで応用問題に取り組んでもらえるようにした．実習はいろいろなアプローチの長所，短所を理解するため，また，さまざまな方法を実装するときに必要な構文の良い参考になる．読者は自分のペースで取り組むことにしてもよいし，または授業の一環としてのグループセッションの題材として扱ってもよいと思われる．Rの実習では本書執筆時に実行した結果を示すこととするが，Rは新しいバージョンが絶えずリリースされているのでしばらくすると実習で使用したパッケージはアップデートされる．そのため将来的には読者が得る結果は本書の実習セクションにある結果と少し異なるものになる可能性もある．これらについては，必要に応じて本書のウェブサイトにおいて実習のアップデートをする予定である．

多少難しい項目を含むセクションや練習問題は の印をつけた．発展的な内容をより詳しく知りたいというわけではない場合，または数学的な基礎知識のない読者はこれらの発展的な内容を飛ばすことができる．

実習および演習問題用のデータセット

本書ではマーケティング，ファイナンス，生物学，その他の例題を用いて統計的学習の手法を説明する．本書の実習や演習問題に取り組むのに必要な多くのデータは以下のウェブサイトにある ISLR パッケージの中に用意されている．MASS ライブラリの中のデータを使う場合もあり，またさらにRの基本ディストリビューションの中にあるデータを使っている場合もある．実習および演習問題に必要なデータセットを表1.1にまとめておく．本書のウェブサイトにて第2章で使われるデータセットの一部がテキストファイルで保存してある．

本書のウェブサイト

本書のウェブサイトは

www.StatLearning.com

である．ここで本書に関するRのパッケージやデータセットなどいろいろ役に立つ情報が手に入る．

表 1.1 本書の実習や演習問題を解くのに必要なデータセット．Boston と USArrests を除くすべてのデータは ISLR ライブラリに含まれる．Boston は MASS ライブラリに，USArrests は R の標準パッケージに含まれる．

データ	内容
Auto	自動車の燃費や馬力などの情報．
Boston	ボストン郊外の家の価格その他の情報．
Caravan	キャラバン保険を勧められた人の情報．
Carseats	400 件の小売店での自動車シートのセールス．
College	アメリカの大学における人口統計情報，授業料など．
Default	クレジットカード会社の不払い情報．
Hitters	野球選手の成績と年俸．
Khan	4 種類のがんによる遺伝子発現測定．
NCI60	64 種のがん細胞株による遺伝子発現測定．
OJ	シトラスヒルとミニッツメイドオレンジジュースのセールス．
Portfolio	ポートフォリオのための投資物件の価格．
Smarket	5 年間の S&P 500 の収益．
USArrests	アメリカ 50 州の 100,000 戸での犯罪データ．
Wage	アメリカ東海岸中部の男性の給料．
Weekly	過去 21 年間の 1,089 種類の株の収益．

謝　辞

本書の中では ESL からいくつかのグラフを使わせていただいた．図 6.7, 8.3, 10.12 の 3 つのグラフである．その他のすべてのグラフは本書のために新たに作成した．

統計的学習
Statistical Learning

2.1 統計的学習とは

　統計的学習について学ぶにあたり，まずは簡単な例から始める．例えば私たちは統計コンサルタントで，ある商品のセールス[訳注1]を増やすための提案を行うためにクライアント企業に雇われたとする．Advertising データセットの中に，200 の市場におけるセールスデータと，それぞれの市場での TV, radio, そして newspaper に使った広告宣伝費用が入っている．このデータを図 2.1 に示す．クライアント企業が直接セールスを増やすことはできないが，3 つの広告媒体のそれぞれにいくら使うかを決めることができる．つまり，もし広告費用とセールスの間に関係があることを示せれば，クライアントに広告宣伝費用を調整するように勧めることにより，間接的にセー

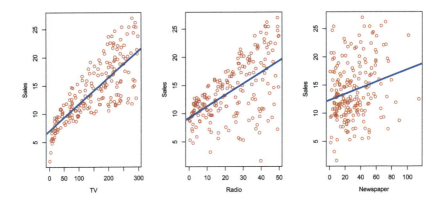

図 2.1　Advertising データ．TV, radio, newspaper に使った広告費用によって sales の変化の様子を示したグラフ．数値の単位はすべて千ドル．それぞれのグラフには第 3 章で扱う最小 2 乗法により sales を他の変数に回帰して得られた直線を挿入している．つまりグラフ中の青線は TV, radio, newspaper を使って sales を予測するモデルを表す．

訳注 1　便宜上，本書では販売量および売上高を総じて "セールス" と記すことにする．

ルスを増やせることになる．言いかえると，ここで私たちがやりたいことは，3つの媒体に使う費用からセールスを予測できる正確なモデルを作ることである．

この状況において，3つの媒体の広告費用は入力変数と呼ばれる．`sales`は出力変数である．入力変数は通常Xを使って表し，下付きの添字によって区別する．したがって，X_1は`TV`の広告費用，X_2は`radio`の広告費用，X_3は`newspaper`の広告費用などのように使う．入力変数は他の名前で呼ばれることもある．入力変数の代わりに，予測変数，独立変数(説明変数)，特徴，または単に変数と呼ばれることもある．出力変数はここでは`sales`であるが，応答変数，従属変数(目的変数)とも呼ばれる．出力変数には通常Yを使う．本書ではこれらの用語はすべて同じものとする．

より一般的に，p個の異なる予測変数$X_1,\ldots,X_p$から量的な応答変数Yを得たとする．$X = (X_1, X_2, \ldots X_p)$と$Y$の間に何らかの関係があるとすると，以下のように書ける．

$$Y = f(X) + \epsilon. \tag{2.1}$$

ここでfは$X_1, X_2, \ldots, X_p$についての未知の関数であり，ϵはXとは無関係で平均が0であるランダム誤差項である．上の式で，fはXがYについてもつ規則的な情報を表す．

もう1つの例として，図2.2の左のグラフを考える．これは`Income`データセットの中にある30人について`income`と`years of education`をプロットしたものである．このグラフを見ると`years of education`を使って`income`を予測することがで

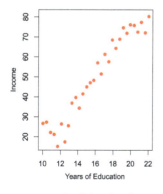
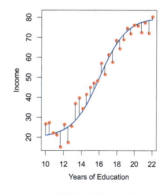

図 2.2 `Income`データセット．左：30名の`income`(単位：千ドル)と`years of education`の観測値のプロット．右：青線は`income`と`years of education`の関係を示す．この関係は通常未知である(しかし，ここではシミュレーションによりデータを生成したので関係がわかっている)．黒線はそれぞれの観測値との誤差を表す．誤差は正(観測値が青線よりも上)の場合もあれば，負(観測値が青線よりも下)の場合もある．全体としては，これらの誤差は平均するとほぼ0である．

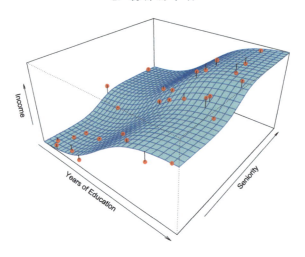

図 2.3 income データセットにおいて，income を years of education と seniority の関数として示したもの．青い曲面が income と years of education の真の関係．このデータはシミュレーションにより生成されたものなので真の関係は既知である．赤い点は 30 人の値をそれぞれ表す．

きるかもしれない．しかし，入力変数から出力変数を導く関数 f は未知である．この状況では観測値を使って f を推定するほかない．Income は実はシミュレーションで生成したデータであるから f は既知である．図 2.2 の右のグラフに青線で f を示す．縦のラインが誤差 ϵ である．30 個の観測値のうちいくつかは青線の上に，他は下に分布しており，全体としては誤差は平均してほぼ 0 である．

一般的には f には複数の入力変数があるかもしれない．図 2.3 では income を years of education と seniority の関数としてプロットした．ここでは f は観測値から推定される曲面である．

まとめると，統計的学習は f を推定するために使われるいろいろな手法やアプローチのことである．本章では f を推定する際に必要になる主要な概念および推定された f を評価するツールについて説明していく．

2.1.1 なぜ f を推定するのか

f を推定しなければならない理由は 2 つある．予測と推論である．以下，それぞれについて検討する．

予　測

多くの場合，入力変数 X は簡単に観測することができるが，出力変数 Y については簡単には観測することができない．この設定の下で誤差は平均 0 になることから，Y を予測する上で以下の式を用いる．

$$\hat{Y} = \hat{f}(X). \tag{2.2}$$

ここで $\hat{f}$ は f を推定したものであり，$\hat{Y}$ は $\hat{f}$ によって Y を予測したものである．このとき $\hat{f}$ はしばしばブラックボックスとして扱われる．つまり通常は $\hat{f}$ の形は重要ではなく，Y を正確に予測できることの方が重要なのである．

ここで一例を挙げることにする．X は患者の血液サンプルの検査で測定された特徴とする．Y はある薬に対する副作用のリスクを測る変数である．X を使って Y を予測しようとするのは自然なことであろう．それができれば，副作用の危険が高い患者，つまり Y が大きいと予測される患者にはこの薬の投与を回避することができる．

Y を予測する $\hat{Y}$ の正確さを表す誤差には 2 種類あり，一方を削減可能誤差，他方を削減不能誤差という．一般的に $\hat{f}$ は f を完璧に推定できるわけではないため，誤差が生じる．この誤差は削減可能である．なぜならば最も適切な統計的学習で f を推定することによって $\hat{f}$ をより正確にすることができるからである．しかし，たとえ f を完璧に推定することができたとしても，つまり $\hat{Y} = f(X)$ が達成できたとしても，予測には誤差がある．これは Y は ϵ の関数でもあることによる．そして ϵ はその定義から X を元に予測することはできない．ランダムな ϵ も予測の精度を左右するのである．どんなに f の推定が良いものであっても，ϵ による誤差はなくすことができないので，この種の誤差は削減不能と呼ばれる．

なぜ削減不能誤差は 0 でないのであろうか．ϵ には Y を予測するのに必要なのに測定されていない変数が含まれている．測定していないから f の予測に用いることができない．また ϵ は測定不可能な変数も含まれる．例えば，ある日のある患者についての副作用のリスクは薬剤の製造過程の変化や患者のその日の状態によって変わるかもしれない．

推定された関数を $\hat{f}$，予測変数を X とすると，$\hat{Y} = \hat{f}(X)$ である．いま $\hat{f}$ と X は固定されていて変わらないとすると，以下が成り立つ．

$$E(Y - \hat{Y})^2 = E[f(X) + \epsilon - \hat{f}(X)]^2$$
$$= \underbrace{[f(X) - \hat{f}(X)]^2}_{削減可能} + \underbrace{\mathrm{Var}(\epsilon)}_{削減不能} \tag{2.3}$$

ここで $E(Y - \hat{Y})^2$ は予測された変数 $\hat{Y}$ と実際の Y との差を 2 乗した結果の平均，または期待値である．また $\mathrm{Var}(\epsilon)$ は誤差 ϵ の分散である．

本書では削減可能誤差を最小化することで f の予測を正確にすることを目標としている．削減不能誤差は Y の予測における誤差の限界になっている．実用上，この上限は前もってわかることはほとんどない．

推　　論

私たちは $X_1, \ldots X_p$ が変わると Y がどのような影響を受けるかについて理解した

いとする．f を推定したいということであるが，必ずしも Y を予測したいということではない．$X_1, \ldots X_p$ と Y の関係についてより知りたいわけである．具体的には $X_1, \ldots X_p$ が変わると Y がどのように変化するかについて理解したいのである．どのような関数かを正確に知る必要が生じ，$\hat{f}$ はブラックボックスというわけにはいかない．この場合，以下の問いに対する答えを考える必要がある．

- 出力変数に関係があるのはどの変数か．考えうる多くの入力変数のうち，たった数個の変数のみが Y と関係しているというのはよくあることである．多くの入力変数の候補のうち，いくつかの有効な変数を特定することは場合によっては非常に役に立つことである．

- ひとつひとつの予測変数と応答変数はどのような関係か．予測変数と Y は正の関係である場合と負の関係である場合がある．正の関係とはその予測変数を増加させたときに Y も増加するということである．負の関係とは予測変数を増加させたときに Y が減少することを言う．f によっては，それぞれの予測変数と Y がどのような関係かは他の予測変数の値によるという場合もある．

- 各予測変数と Y の関係に線形を仮定するのが適当か，あるいは関係はもっと複雑ではないか．以前は f を推定しようとするほとんどの方法で線形が使われていた．いくつかの状況においては，そのような仮定は理にかなっている，あるいは好ましいという場合さえある．しかし，しばしば真の関係は線形よりも複雑である．その場合，線形モデルを使うと入力と出力変数の関係を正確に表すことができないかもしれない．

本書では予測，推論，そしてその両方がある場合など，多くの例を見ていく．

例えば，ある会社がダイレクトメールのキャンペーンを行うとする．各個人から得られた人口統計学的なデータからダイレクトメールを見て反応してくれる顧客を見つけることが目標である．この場合は，人口統計学的データが予測変数，ダイレクトメールを受け取った後の反応 (良い反応か否か) が出力変数ということになる．この会社はひとつひとつの予測変数と応答変数の関係を深く知りたいというわけではなく，単にいくつかの予測変数を用いて反応をできるだけ正確に予測したいだけである．これは予測モデルの例である．

一方，図 2.1 にある Advertising のデータをもう一度見ると，以下のような問いに答えたいところである．

- どのメディアがセールスを増やすのに貢献しているのか．
- いちばんセールスを増やしてくれるのはどのメディアか．
- テレビ広告費をある金額増やしたときにセールスはいくら増えるか．

この状況は推論の部類に該当する．別の例としては，ある商品のセールスが価格，店舗の立地，値引率，競合他社の製品の値段などによってどのように変わるかをモデル

2.1 統計的学習とは　　　　19

化することもある．この場合最も知りたいことは，それぞれの変数がどのようにセールスを左右するかである．例えば値段を変えたときにセールスはどのように変わるかなどを知りたい．これもまた推論のモデルになる．

最後に，予測と推論と両方が関係しているモデルもある．例えば不動産の例で，不動産の価格を犯罪率，商業地か住宅地か，川に近いかどうか，空気はきれいか，近所の学校はどうか，まわりに住んでいる人の収入レベル，またその家の大きさなどの入力と関連付けるとする．入力変数を1つ変化させたときにその不動産価格はどうなるかを知りたくなる．例えば，もしも川が見えたならあといくらくらい値段が上がるだろうかなどである．これは推論の問題である．あるいは，ある家の特徴からただ家の価格を予測したいだけかもしれない．この家は高すぎるのか，それとも安すぎるのかなどである．こちらは予測の問題である．

予測したいのか，推論したいのか，または両方したいのかによって，f を推定する上で異なった方法を使う．例えば線形モデルを使えば比較的シンプルで解釈しやすい推論ができるが，他の方法よりも予測の正確さという点では劣るかもしれない．一方で本書の後半で扱う非線形アプローチは Y に対して非常に正確な予測をすることができるが，解釈が難しいために推論が困難であるという一面もある．

2.1.2　どのように f を推定するか

本書全体を通じて，多くの線形法，非線形法を使って f を推定する方法を学んでいく．これらの方法には多くの類似する点があり，本項ではそのような共通の特徴を見ていくことにする．以下を仮定する．まず n 個の観測値が得られているものとする．図 2.2 では $n = 30$ である．これら 30 個の観測値は訓練データと呼ばれる．この訓練データを使って文字通り f を推定するモデルを訓練するのである．i 番目のデータの j 番目の予測変数 (または入力変数) を x_{ij} とする．ここで $i = 1, 2, \ldots n, j = 1, 2, \ldots p$ である．入力に対応して，i 番目の観測値の応答変数を y_i とすると，訓練データは $\{(x_1, y_1), (x_2, y_2), \ldots, (x_n, y_n)\}$ である．ここに $x_i = (x_{i1}, x_{i2}, \ldots, x_{ip})^T$ である．

私たちの目標は統計的学習法を訓練データに当てはめて未知の関数 f を推定することである．言い換えれば，どの (X, Y) についても $Y \approx \hat{f}(X)$ になるような $\hat{f}$ を探すことである．ほとんどの統計的学習法は大きくパラメトリック法またはノンパラメトリック法に分類される．以下にこの 2 つのアプローチを見ていく．

パラメトリック法

パラメトリック法は以下の 2 段階で行う．

(1) まず関数 f の形を決める．例えば単純に f は X について線形であるとする．

$$f(X) = \beta_0 + \beta_1 X_1 + \beta_2 X_2 + \cdots + \beta_p X_p. \tag{2.4}$$

これが線形モデルである．線形モデルについては第 3 章で広く学ぶことになる．

一旦線形モデルを仮定すると，f の推定はかなり簡単になる．任意の p 次元関数 $f(X)$ ではなく，$p+1$ 個の係数 $\beta_0, \beta_1, \ldots, \beta_p$ だけを推定すればよいことになる．

(2) モデルを選択した後，訓練データを使ってモデルを当てはめる，つまり訓練する手順が必要である．式 (2.4) の線形モデルでは，係数 $\beta_0, \beta_1, \ldots \beta_p$ を推定しなければならない．すなわち

$$Y \approx \beta_0 + \beta_1 X_1 + \beta_2 X_2 + \cdots + \beta_p X_p$$

となるような係数の値を見つけなければならない．式 (2.4) のモデルを当てはめる上で最も一般的に使われる方法は最小 2 乗法と呼ばれ，これは第 3 章で扱う．しかし最小 2 乗法以外にも線形モデルを当てはめる方法は多くある．第 6 章では式 (2.4) の係数を推定する他の方法を学ぶ．

以上のアプローチはパラメトリックと呼ばれる．f を推定するという問題を簡略化してパラメータを推定する問題に帰着させている．f の形を決めることで問題はかなり単純化される．なぜなら，どのような関数かわからない f を見つけるよりは式 (2.4) の線形モデルにあるような係数 $\beta_0, \beta_1, \ldots, \beta_p$ を推定する方がかなり簡単な問題だからである．パラメトリック法の欠点は選んだモデルは通常，真の f の形と一致していないということである．選んだモデルが真の f とあまりにもかけ離れていた場合，それをもとにした予測はあまり正確ではないであろう．この問題を解決するために，いろいろな形の f に対応することが可能なより柔軟なモデルを使うことができる．しか

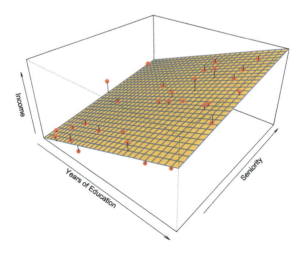

図 2.4 図 2.3 の `Income` データに最小 2 乗法により当てはめた線形モデル．赤は観測値，黄色の平面は最小 2 乗法によるデータへの当てはめを表す．

し柔軟なモデルを当てはめると，より多くのパラメータを推定することが必要となる．このような複雑なモデルでは過学習という問題が起きやすい．過学習とはモデルが誤差を厳密に追いかけすぎてしまうことである．これらの問題については本書全体を通じて論じる．

図 2.4 に Income データに適用したパラメトリック法の例を挙げる．ここでは線形モデル

$$\text{income} \approx \beta_0 + \beta_1 \times \text{education} + \beta_2 \times \text{seniority}$$

を当てはめた．応答変数と 2 個の予測変数の関係は線形であると仮定しているので，モデルを当てはめることは係数 β_0, β_1, β_2 を推定することに帰着する．図 2.3 と図 2.4 を比べると，図 2.4 の線形モデルの当てはめはあまり良くないことがわかる．真の f は曲面であり，線形モデルの当てはめでは正確に表せない．しかしそれでも線形モデルの当てはめは years of eduction と income の正の相関を，またそれよりも少し弱い seniority と income の正の相関を表しているようである．集めたデータが少ない場合はこれ以上の知見を得ることは難しいかもしれない．

ノンパラメトリック法

ノンパラメトリック法は f の形について何も仮定しない方法である．特定の分布を仮定せずに，なるべくなめらかに観測値の近くを通る f を推定するのである．ノンパラメトリック法はパラメトリック法に比べて大きな長所がある．まず f について何も仮定しないためより多くの種類の f に正確な当てはめを行うことができる可能性がある．パラメトリック法では f を推定する際に真の f の分布とは異なる関数の形を仮

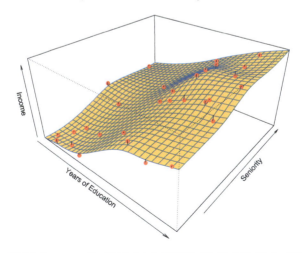

図 2.5 図 2.3 の Income データになめらかな薄板スプラインを当てはめ，黄色で示した．観測値は赤点で示す．スプラインについては第 7 章を参照．

定してしまうかもしれない．その場合はモデルはデータによく当てはまらないであろう．それに対してノンパラメトリック法であれば f について何も仮定しないからそもそもこのようなことは起きない．しかしノンパラメトリック法にも短所はある．f を推定する問題を少数のパラメータを推定する問題に帰着させていないので，f を正確に推定したい場合，一般的にパラメトリック法で必要とされるよりも多くの観測値が必要である．

　ノンパラメトリック法の例として図 2.5 に Income データへの当てはめを示す．薄板スプラインを使って f を予測している．この方法は f がどのような関数であるかについてまったく仮定していない．なめらかである制約の上で，観測値のなるべく近くを通るように f を推定する．これが図 2.5 のなめらかな黄色い曲面である．図 2.3 と比べるとノンパラメトリック法が驚くほど正確に f を予測していることがわかる．薄板スプラインを当てはめるには，曲面のなめらかさの程度を指定することが必要である．図 2.6 はなめらかさを変更して薄板スプラインを当てはめたものであるが，こちらはより多くの凹凸がある．この当てはめは完璧に観測値と合っている．しかし，図 2.6 は図 2.3 にある真の f よりもはるかに凹凸が多い．これは先程触れたように過学習の問題を抱えている．訓練データになかった新しい観測値について予測すると，正確な予測を得ることはできないので，過学習は好ましくない状況である．ノンパラメトリック法でどの程度のなめらかさにすればよいのかについては第 5 章で論じる．スプラインについては第 7 章で扱う．

　これまで見てきたように，統計的学習にはパラメトリック法，ノンパラメトリック法

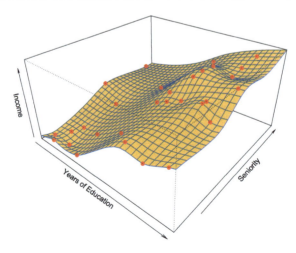

図 2.6　図 2.3 の Income データに当てはめた凹凸の多い薄板スプライン．ここでは，訓練データに誤差なしで完全に当てはめている．

ともに長所と短所がある．本書全体を通して，両方の方法を学んでいくこととする．

2.1.3　予測精度とモデルの解釈のしやすさのトレードオフ

本書ではいろいろなモデルを扱うが，その中にはあまり柔軟でないものや利用法が限定されるものもある．このようなモデルは f を推定する際にあまり多くの形をとることができない．例えば線形回帰は図 2.1 にある直線や図 2.4 の平面のように線形関数しか生成することができないので，比較的柔軟でないモデルと言える．他の方法では，例えば図 2.5 や図 2.6 の薄板スプラインなどは f を推定するのにより多くの種類の関数を生成できるのでより柔軟であるといえる．

なぜ柔軟な方法の代わりに制約の多いモデルを使いたいと思うのかというもっともな質問があるかもしれない．それにも関わらず，用法が限定されているモデルを使う方が好まれる場合がある．もし推論が主な目的ならば，制約的なモデルの方が結果を解釈しやすくなる．例えば，推論が目的ならば線形モデルを使うことは良い方法である．なぜなら Y と $X_1, X_2, \ldots, X_p$ の関係を理解することは非常に簡単だからである．反対に第 7 章や図 2.5 と図 2.6 にあるスプラインモデルや第 8 章で学ぶブースティングのような柔軟なモデルでは推定された f は複雑すぎて各予測変数が応答変数とどのように関係しているのかが理解しにくい．

図 2.7 に本書で扱う方法における柔軟さと解釈のしやすさに関するトレードオフを示した．第 3 章で扱う最小 2 乗法による線形回帰は柔軟さはないが結果の解釈はしやすい．第 6 章の lasso は線形モデル (2.4) を使ってはいるが係数 $\beta_0, \beta_1, \ldots, \beta_p$ を推定する際，別の方法で当てはめる．この新しい方法は係数の推定により制約があり，

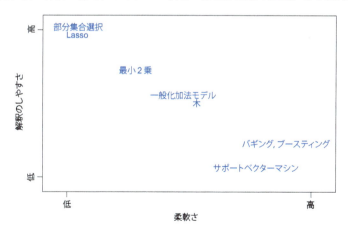

図 2.7　いろいろな統計的学習における柔軟さと解釈しやすさのトレードオフ．一般的により柔軟なモデルは解釈しにくくなる．

実際多くの係数を正確に 0 とする．その意味で lasso は線形回帰よりも制約の多いモデルといえる．lasso はまた線形回帰よりも解釈しやすいといえる．なぜなら lasso モデルの結果は多くある予測変数のうちの一部，つまり係数が 0 でない予測変数のみと関連付けられるからである．一般化加法モデル (GAM: generalized additive model) は第 7 章で扱う方法だが，GAM では線形モデル (2.4) を拡張してある程度の非線形を使えるようにしている．結果として GAM は線形回帰よりも柔軟であるといえる．しかし GAM の結果は比較的解釈しにくい．なぜなら予測変数と応答変数の関係が非線形だからである．最後になるが，第 8 章と第 9 章で扱うバギング，ブースティング，そしてサポートベクターマシンなどの完全に非線形な方法は非常に柔軟である一方，解釈は難しくなる．

ここまでで推論が目的であるならば，多少制約があるとしてもシンプルな統計的学習モデルを使うことにメリットがあることがわかった．しかし予測のみが目的で，予測モデルの解釈には関心がないということもある．例えば株価を予測するアルゴリズムを開発したいとき，アルゴリズムに要求されていることは予測が正確であることだけである．それを解釈することは重要ではない．このような状況ではいちばん柔軟なモデルを使うのがベストと思われるかもしれないが，驚くことに実はそうとは限らない．しばしば最も正確な予測が得られるモデルは最も柔軟なモデルではない．最初は直観的に違和感を覚えるこの現象は柔軟な関数の過学習による．この過学習の例は図 2.6 ですでに見ている．この重要な概念は 2.2 節において，そして本書全体を通じて論じていく．

2.1.4 教師あり学習と教師なし学習

ほとんどの統計的学習の問題は教師ありか教師なしに分けることができる．本章でこれまで取り上げた例題はすべて教師あり学習に属する．観測値の予測変数 x_i, $i = 1, 2, \ldots, n$ にはすべて対応する応答変数 y_i がある．応答変数と予測変数の関連を表すモデルを作って，未来に観測されるデータを予測したり (予測)，または予測変数と応答変数の関係をより深く理解したい (推論) と思うのである．線形回帰やロジスティック回帰 (第 4 章) などの古典的な統計的学習の方法や，最新の GAM，ブースティング，そしてサポートベクターマシンなどの方法はすべて教師あり学習に属する．本書の大部分は教師あり学習を扱っている．

それに対して，教師なし学習はより難しい状況である．ここでは観測値 $i = 1, 2, \ldots, n$ において x_i は観測しているが，対応する応答変数 y_i がない．予測するための応答変数がないので線形回帰モデルを当てはめることはできない．ある意味で真っ暗な場所でどうにかしなければならないのである．教えてくれる応答変数がないわけだから，このような状況を教師なしという．どのような統計的分析ができるであろうか．変数

2.1 統計的学習とは

と変数の関係，または観測データ同士の関係を調べることが考えられる．この状況においてクラスター分析またはクラスタリングと呼ばれる統計的学習のツールがある．クラスター分析の目的は観測データ $x_1,\ldots,x_n$ について，明確なグループに分けられるかどうかを調べることである．例えばマーケットセグメントの調査において郵便番号，世帯収入，あるいは買い物の癖などの多くの特徴(変数)を観測したとする．顧客はムダ使いタイプと節約タイプのような異なるグループに分けられるかもしれない．買い物のパターンがデータとして得られるのならば，教師ありの分析ができるが，このデータにはない．つまりどの顧客がムダ使いタイプでどの顧客が節約タイプかはわからないのである．このような場合でも観測データのみを使って顧客をクラスターに分け，別々のグループを見つけることができる．お金の使い方などの特性でグループ分けできるとなれば，このようなグループを見つけることは企業の役に立つことであろう．

図2.8は単純なクラスタリングの例である．150個の観測値はそれぞれ変数 X_1 と X_2 が測定され，プロットされている．それぞれの観測値は，3つのグループのうちのどれかに属する．プロットではわかりやすいように，それぞれのグループに異なる色と形を使った．しかし実際には，どのデータがどのグループに属するのかはわかっていない．そしてクラスタリングの目的は，それぞれのデータがどのグループに属すのかを決めることである．図2.8の左のグラフでは，グループのデータが比較的まとまっているのでわかりやすいが，右のグラフではグループが重なっている領域があるので分析は難しい．異なるグループが重なりあっている領域にあるデータをいつも正

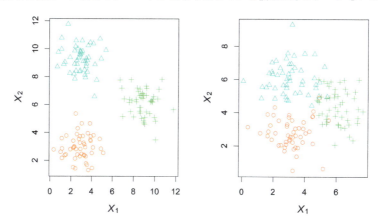

図 2.8 3つのグループをもつデータのクラスタリング．それぞれのグループは異なる色で示してある．左：3つのグループは明確に分かれている．クラスタリングで3つのグループを見つけることができる．右：グループが重複している．クラスタリングはより難しくなる．

しいグループ (青, 緑, オレンジ) に分類することができるとは限らない.

図 2.8 の例においては, 変数は 2 つのみであるからグラフを目視するだけでグループがあるとわかる. しかし実用上は変数の数がもっと多い例はいくらでもある. その場合は散布図を描いて容易に済ませることはできない. もしデータに p 個の変数があるならば, $p(p-1)/2$ 個の散布図が可能であり, 目視で簡単にクラスターを見極めることはできない. そのため, 自動的なクラスタリングが重要となる. クラスタリングおよび他の教師なし学習については第 10 章で論じる.

多くの統計的学習は教師ありか教師なしに分類できるが, 教師ありなのか教師なしなのかは明確に分けられないこともある. 例えば n 個のデータがあるとする. そのうち $m(m<n)$ 個については予測変数と応答変数があり, 残りの $n-m$ 個については予測変数のみで応答変数が存在しないようなことが考えられる. このようなことは予測変数は簡単に計測できるが応答変数を測定するのは費用がかかるなどというときに起こりうる. このような状況を半教師あり学習とよぶ. この場合応答変数が存在する m 個のデータと応答変数が存在しない $n-m$ 個のデータを考慮する統計的学習法を使いたいところである. これ自体は興味深いトピックではあるが, 本書では取り扱わないこととする.

2.1.5　回帰問題と分類問題

変数には量的変数と質的変数 (またはカテゴリー変数) がある. 量的変数は数値をとる. 例としては人の年齢, 身長, 収入, 不動産の価値, 株価などが挙げられる. 対して質的変数は K 個の異なるクラスまたはカテゴリーのうち 1 つの値をとる. 質的変数の例としては人の性別 (男性か女性), 購入したブランド (ブランド A, ブランド B, またはブランド C), ある人が借金を返済できるかどうか (yes または no), あるいは癌の診断 (急性骨髄性白血病, 急性リンパ性白血病, 白血病ではない) などがある. 量的な応答変数をともなう問題はよく回帰問題と呼ばれ, 一方質的な応答変数を扱う問題は分類問題と呼ばれる. しかし両者の区別は必ずしも明確ではない. 最小 2 乗法による線形回帰 (第 3 章) は量的応答変数をともない, ロジスティック回帰 (第 4 章) は一般的に質的な (2 つのクラスまたは 2 値) 応答変数をともなう. このため, ロジスティック回帰はしばしば分類法として用いられる. しかし, ロジスティック回帰ではクラス確率を推定するので, 回帰の方法であるともいえる. K 最近傍法 (第 2 章) やブースティング (第 8 章) などは量的な応答変数も質的な応答変数も扱うことができる.

応答変数が量的か質的かによって統計的学習の方法を選びがちである. つまり応答変数が量的な場合は線形回帰を, 質的な場合はロジスティック回帰を使うということである. しかし予測変数が量的か質的かは一般的にそれほど重要ではない. 本書で扱う統計的学習の方法は前もって質的変数を適宜符号化すれば, 予測変数のタイプに関

わらずに用いることができる．これについては第 3 章で論じる．

2.2 モデルの精度の評価

本書の目的の 1 つは，読者に標準的な線形回帰分析にとどまらない多くの統計的学習法を紹介することである．なぜ，ただ 1 つのベストな方法ではなく，多くの統計的学習法を学ぶ必要があるのか．統計学では労せずに有用な結果を得ることはできない．すべてのデータセットについて他のどんな方法よりも優れているというものはないのである．特定のデータについては，ある方法が最も優れているといえるかもしれないが，類似性はあるものの異なるデータについては別の方法の方が優れているかもしれない．そのため，データセットについてどの方法が一番適しているかを判断することは非常に重要である．統計的学習を実践する上でベストなアプローチを選ぶことは最も難しいことの 1 つである．

本節では，あるデータセットについて統計的学習のどの方法を使えば良いかを選ぶ際に最も重要な概念について論じる．本書を読み進めるうちに，ここで紹介する概念がどのように実践で応用されているかを説明する．

2.2.1 当てはめの質を測定する

データセットについて，ある統計的学習法の性能を評価するためには，そのモデルの予測値が実際の観測データとどれだけ近いかを測定することが必要である．すなわち，ある観測値に対応する応答変数の予測値が，その観測値の真の応答変数の値にどれだけ近いかを数値で表す必要がある．回帰モデルで最も広く使われている規準が平均 2 乗誤差 (MSE: mean squared error)

$$\mathrm{MSE} = \frac{1}{n}\sum_{i=1}^{n}(y_i - \hat{f}(x_i))^2 \tag{2.5}$$

である．ここで $\hat{f}(x_i)$ は i 番目の観測値に対して $\hat{f}$ が予測する値である．平均 2 乗誤差は応答変数の予測値が実際の応答変数の値と近いほど小さくなり，予測値と実際の値がいくつかの観測値について大きく異なれば，大きな値となる．

式 (2.5) の MSE はモデルを当てはめるのに用いられた訓練データを使って計算される．したがって，正確には訓練平均 2 乗誤差 (訓練 MSE) と呼ぶべきであろう．しかし一般的には訓練データでどの程度機能するかはあまり重要ではない．むしろそのモデルの訓練に使わなかったデータに使うと，どの程度正確な予測ができるかについて興味がある．なぜこちらの方により興味があるのか．過去の株価をもとに未来の株価を予測するアルゴリズムを開発したいとしよう．過去 6 か月の株価データを使ってモデルを訓練することはできる．しかし開発したアルゴリズムで先週の株価をどれだ

け正確に予測できたかは重要ではない．明日の株価や来月の株価をどれだけ正確に予測できるかについて興味がある．同様に，多くの患者の臨床データ (体重，血圧，身長，年齢，親族の病歴など) と各患者が糖尿病か否かの情報があるとしよう．このような患者のデータを使って統計的学習法を訓練し，臨床データによって糖尿病のリスクを予測することはできる．実際には，この方法で未来の患者の臨床データを使って彼ら彼女らの糖尿病リスクを正確に予測したいと思うであろう．ここで，モデルを訓練するのに使われた患者のリスクを正確に予測できるかどうかにはあまり興味がない．なぜなら，これらの患者が糖尿病かどうかはすでにわかっているからである．

より数学的には，訓練データ $\{(x_1, y_1), (x_2, y_2), \ldots, (x_n, y_n)\}$ を使って統計的学習のモデルを当てはめた結果，$\hat{f}$ を得たとする．このとき $\hat{f}(x_1), \hat{f}(x_2), \ldots, \hat{f}(x_n)$ を計算することができる．もしこれらが $y_1, y_2, \ldots, y_n$ とほぼ等しければ，式 (2.5) で与えられる訓練 MSE は小さい．しかし $\hat{f}(x_i) \approx y_i$ かどうかに興味があるわけではない．$\hat{f}(x_0)$ がおおよそ y_0 であるか否かに興味がある．ここで (x_0, y_0) は統計的学習で訓練データとして使われていない，これまでは未知だったテストデータである．訓練 MSE を最小にする方法を選ぶのではなく，テストデータの平均 2 乗誤差 (テストMSE) を最小にする方法を選びたいのである．言い換えれば，もし多くのテストデータがあれば，テスト MSE

$$\mathrm{Ave}(y_0 - \hat{f}(x_0))^2 \tag{2.6}$$

を計算することができる．この値をなるべく小さくするようなモデルを選択したいということになる．

どのようにすればテスト MSE を最小にするような方法を選ぶことができるであろうか．テストデータが利用可能な場合もある．つまり，統計的学習の訓練のために使われなかった観測値のデータがあるという場合である．この場合は式 (2.6) をテストデータに使ってテスト MSE が小さいものを選べばよい．しかし，テストデータがないという場合はどうすれば良いか．この場合，式 (2.5) の訓練 MSE を最小化する統計的学習法を選べばよいと思うかもしれない．訓練 MSE とテスト MSE は似ているので，これは理にかなったことのように見える．残念ながらこの方法には根本的な問題がある．訓練 MSE が小さければテスト MSE が小さいという保証がないのである．大まかに言えば，多くの統計的学習法が訓練 MSE を最小化するように係数を推定することは問題である．これらの方法では，訓練 MSE はかなり小さくすることができるが，テスト MSE はそれに比べるとしばしばかなり大きくなってしまう．

図 2.9 はこの現象を表す簡単な例である．図 2.9 の左のグラフには，黒線で示した真の f と式 (2.1) を使って作成した観測値を示す．オレンジ，青，緑の線は f を 3 つの方法で推定したものであるが，この順にモデルの柔軟度が高くなっている．オレン

2.2 モデルの精度の評価

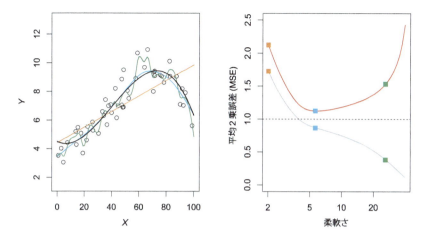

図 2.9 　左：黒で示した f をもとに生成されたシミュレーションデータ．f を 3 つの方法で推定した．オレンジ色は線形回帰，そして青と緑は平滑化スプラインの当てはめである．右：グレーは訓練 MSE．赤はテスト MSE．そして破線はすべての方法のうち，最小のテスト MSE である．四角の点は左のグラフで示された 3 つの方法の当てはめにおける訓練 MSE およびテスト MSE を示す．

ジは線形回帰で，これは比較的柔軟度が低い．青と緑の線は第 7 章で扱う平滑化スプラインを用いたものであり，なめらかさの程度を変えている．これらを見てわかるように，モデルの柔軟度が高くなると，曲線はより正確にデータに当てはまるようになる．緑が最も柔軟度の高いモデルで，データに非常によく当てはまるが，かなり波打っているので，真の f (黒線) とは一致していない．平滑化スプラインの柔軟度を調節することによってこのデータにさまざまな当てはめを行うことができる．

次に図 2.9 の右のグラフについてであるが，グレーの線は柔軟度，正式には自由度 (degrees of freedom) の関数として平滑化スプラインにおける訓練 MSE を示す．自由度とは曲線の柔軟さを表す量である．これについては第 7 章で正式に扱う．オレンジ，青，緑の四角は左のグラフにあるそれぞれの線の MSE を示す．より制約された，すなわち，よりなめらかな線は波打った線より自由度が小さい．図では線形回帰が最も制約されたモデルで，自由度は 2 である．自由度が増加するごとに訓練 MSE は減少する．この例では真の f は非線形であるから，オレンジの直線は f を正確に推定できるほど柔軟ではない．緑の線は 3 つの中で最も訓練 MSE が小さい．なぜなら，緑は左のグラフで最も柔軟だからである．

この例では，真の関数 f が既知であり，多くのテストデータを使って柔軟さの関数としてテスト MSE を計算することができる (もちろん一般には f は未知だからこれを行うことは不可能である)．テスト MSE は図 2.9 の右で赤線で示した．訓練 MSE

と同様に，柔軟さが増加するにつれて，テスト MSE も最初は減少する．しかし途中からテスト MSE は底を打って増加に転ずる．結果としてオレンジ線も緑線もテスト MSE の値は高くなっている．青線はテスト MSE を最小化するが，これは驚くことではない．図 2.9 の左を見れば f の推定として最も良いことは明らかである．水平に引いた破線が $\mathrm{Var}(\epsilon)$，つまり式 (2.3) の削減不能誤差を表している．これはすべての方法の中で可能な最小のテスト MSE にあたる．したがって青線で示した平滑化スプラインは最適なものに近い．

図 2.9 の右のように，統計的学習法の柔軟さが大きくなると，訓練 MSE は単調減少し，テスト MSE は U 字型になる．これはどのようなデータセットでも，またどのような方法を使っているかに関わらず統計的学習法が持つ基本的な特徴である．モデルの柔軟さが大きくなるにつれて，訓練 MSE は減少する．しかし，テスト MSE は減少しないかもしれないのである．ある統計的学習法の訓練 MSE は小さいにも関わらずテスト MSE が大きいとき，データに対し過学習であるという．なぜこのようなことになるかというと，統計的学習を使ってあまりに一生懸命訓練データのパターンを探そうとするあまり，未知の関数 f のもつ本当の性質ではなく，たまたま起きてしまったことを規則性として認識してしまうからである．訓練データで過学習してしまった場合はテスト MSE は非常に大きくなる．なぜならば統計的学習が訓練データに発見したはずのパターンはテストデータには存在しないからである．ここで気をつけたい点は，過学習が起きたかどうかに関わりなく，ほとんどの場合において訓練 MSE はテスト MSE よりも小さいということである．理由はほとんどの統計的学習法は直接的または間接的に訓練 MSE を最小化しようとするからである．過学習とは特に柔軟すぎるモデルを使ってしまったためにテスト MSE が大きくなる場合のことを指す．

別の例として，図 2.10 で真の f が近似的に線形の場合を示す．ここでもモデルの柔軟さが増加するに従い，訓練 MSE は単調減少し，またテスト MSE は U 字型になる．しかし真の関数が線形に近いため，テスト MSE はわずかに減少した後，増加に転じる．このため，オレンジの線が非常に柔軟な緑の線よりもよく f に当てはまっている．最後に図 2.11 は f が強い非線形の例である．訓練 MSE およびテスト MSE はこれまでに見たものと概して同様の動きをするが，ここではテスト MSE は最初急激に減少し，その後少しずつ増加する．

実際には訓練 MSE は比較的容易に計算することができる．しかし，テスト MSE については，通常テストデータというものはないために，計算することはかなり困難である．これまで見てきた 3 つの例が示すように，テスト MSE を最小化するモデルの柔軟さのレベルはデータセットによってかなりさまざまである．本書ではベストのポイントを推定するのに使われるさまざまな方法を扱う．その中でも重要なのは交差検証 (第 5 章) であり，これは訓練データを使ってテスト MSE を推定する方法である．

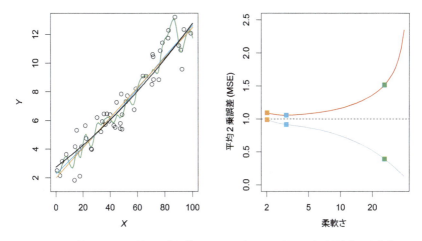

図 2.10 詳細については図 2.9 と同様. ここでの真の f は図 2.9 とは異なり, より線形に近い. この場合, 線形回帰がデータに非常によく当てはまる.

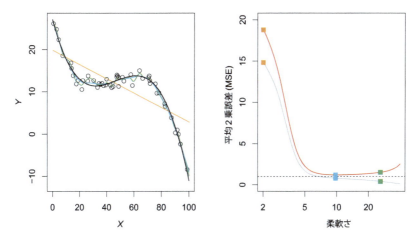

図 2.11 詳細については図 2.9 と同様. ここでは線形とはとてもいえない別の f を用いた. この場合, 線形回帰はデータによく当てはまっているとは言い難い.

2.2.2 バイアスと分散のトレードオフ

テスト MSE 曲線 (図 2.9〜2.11) が U 字型になるのは統計的学習法の 2 つの競合する性質によるものである. これを数学的に証明することは本書の目的から外れるが, 概要についてのみ説明する. ある x_0 が与えられたときのテスト MSE の期待値は以下の 3 つの項の和として表すことができる. その 3 項とは $\hat{f}(x_0)$ の分散, $\hat{f}(x_0)$ のバイアスの 2 乗, そして誤差 ϵ の分散である. すなわち,

$$E \left(y_0 - \hat{f}(x_0) \right)^2 = \mathrm{Var}(\hat{f}(x_0)) + [\mathrm{Bias}(\hat{f}(x_0))]^2 + \mathrm{Var}(\epsilon). \qquad (2.7)$$

ここで $E \left(y_0 - \hat{f}(x_0) \right)^2$ はテスト MSE の期待値であり，これは多くの訓練データセットを用意し，x_0 で f を何度も推定したときに得られるであろうテスト MSE の平均値のことを指す．全体的なテスト MSE の期待値は $E \left(y_0 - \hat{f}(x_0) \right)^2$ をテストデータにあるすべての x_0 について平均したものである．

式 (2.7) は，テスト誤差の期待値を最小化するには，分散とバイアスを同時に小さくするような統計的学習法を選ぶ必要があることを示す．もちろん分散は非負の数値であるし，バイアスの 2 乗も非負である．したがって，テスト MSE の期待値は決して式 (2.3) にある削減不能誤差 $\mathrm{Var}(\epsilon)$ より小さくなることはない．

統計的学習における分散とバイアスは何を意味するのか．分散とは異なる訓練データセットを使ったときにどの程度 $\hat{f}$ が変化するかを表す量である．訓練データを使って統計的学習を行うことから，異なる訓練データを使用すると結果として $\hat{f}$ も異なるが，理想をいえば訓練データが異なっていても f の推定はあまり変わるべきではない．しかし，統計的学習法の分散が大きいときには，訓練データの少しの変化が大きく $\hat{f}$ を変えてしまうということもある．一般に統計的学習モデルが柔軟であるほど分散は大きい．図 2.9 の緑とオレンジの線を見ると，柔軟な緑線が観測データをより正確にたどっている．この場合どれか 1 つのデータが変わると推定値 $\hat{f}$ はかなり変化するかもしれない．したがって分散は大きい．これに対して最小 2 乗のオレンジ線は柔軟でないし，分散は小さい．観測データが 1 つ変わったとしても直線をほんの少し移動させる程度であろう．

一方，バイアスとは極めて複雑な実際の現象をより単純なモデルで近似したために生じる誤差のことである．例えば線形回帰は Y と $X_1, X_2, \ldots, X_p$ の間に線形の関係があることを前提としている．実際にはこのような単純な関係が成り立つことはあまりないであろう．線形回帰を使うと必ず f の推定になんらかのバイアスが生じることになる．図 2.11 において，真の f はかなり非線形であるから，どんなに多くの訓練データが与えられたところで線形回帰を使って正確な推定を行うことは不可能であろう．言い換えれば，この例において線形回帰はバイアスが大きい．しかし，図 2.10 においては真の f はほぼ線形であるから，ある程度のデータがあれば線形回帰が正確な推定を行うことは可能である．一般には柔軟な方法ほどバイアスは小さい．

一般的な法則として，より柔軟な方法を使うと分散は増加しバイアスは減少する．この増減のどちらが大きいかによって，テスト MSE が増加するか減少するかが決まる．ある種の方法をより柔軟にしていくと，最初のうちはバイアスの減少の方が分散の増加よりも大きい．結果としてテスト MSE の期待値は減少する．しかし，ある時点で柔軟にすることがバイアスに与える効果がなくなり，分散はどんどん増加してい

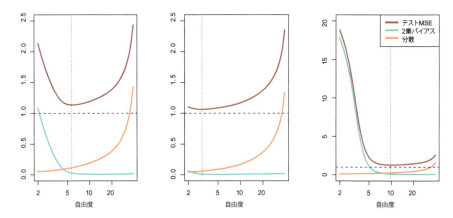

図 2.12 図 2.9〜2.11 の 3 つのデータセットにおけるバイアスの 2 乗 (青)，分散 (オレンジ)，Var(ϵ) (破線)，および テスト MSE (赤). 垂直の破線は最小テスト MSE を与える柔軟さのレベル.

くようになる．このとき，テスト MSE は増加に転じる．図 2.9〜2.11 の右でテスト MSE が最初は減少するが，その後増加に転じるパターンを見ることができる．

図 2.12 の 3 つのプロットは図 2.9〜2.11 における式 (2.7) を示す．それぞれにおいて青色の実線は柔軟さを変化させたときのバイアスの 2 乗，オレンジは分散である．水平の破線は削減不能誤差 Var(ϵ) である．最後にテスト MSE は以上の和であり，赤線を使った．3 例すべてにおいて，より柔軟になるにつれて，分散は増加し，バイアスは減少している．しかし最適なテスト MSE に対応する柔軟さのレベルは 3 つの例でまったく異なっている．これは，バイアスの 2 乗と分散の変化の度合いが異なるからである．図 2.12 の左においては，バイアスは最初急激に減少するため，テスト MSE の期待値も急激に減少している．一方，図 2.12 の中央においては，そもそも真の f が線形に近いため，柔軟さが増加してもバイアスはほんの少し減少するのみである．結果としてテスト MSE は微減の後，分散の増加とともに急激に増加している．最後に図 2.12 の右においては，モデルが柔軟になるにつれてバイアスが急激に減少している．これは真の f が非線形であることによる．分散はほとんど増加していない．その結果，より柔軟になるにつれてテスト MSE は最初急減した後に微増となる．

式 (2.7) および図 2.12 にあるバイアス，分散，そしてテスト MSE の関係はバイアスと分散のトレードオフと呼ばれる．統計的学習をテストデータに使ってよい結果を得ようとすれば分散とバイアスの 2 乗を両方とも小さくすることが求められる．トレードオフという言葉が使われる理由は，バイアスは非常に小さいが分散が大きい (例えば訓練データのすべての点を通るような曲線を描く)，または分散は小さいがバイアスがとても大きい (データに対し，水平な直線を当てはめる) 手法を得るのは簡単だからで

34   2. 統計的学習

ある. 難しいのは, 分散とバイアスの 2 乗が両方とも小さくなるような方法を見つけることである. このトレードオフは本書で何度も扱う重要なポイントの 1 つである.

現実的には f は未知であるから, ある統計的学習法についてテスト MSE, バイアス, および分散を明示的に計算することはできない. それでも, バイアスと分散のトレードオフについては常に考慮するべきである. 本書では極めて柔軟であるために事実上バイアスが存在しないような手法も扱うが, これらの方法が線形回帰のような単純な方法よりも良いという保証はない. 極端な例ではあるが, 真の f が線形であるとする. この場合線形回帰を使うとバイアスが存在しないので, より柔軟な手法で線形回帰に勝ることは難しい. 逆に真の f が非線形であり, 訓練用の観測データが豊富にある場合は, 図 2.11 にあるように柔軟な手法の方が良いかもしれない. 第 5 章では交差検証を使い, 訓練データでテスト MSE の推定を行う.

2.2.3 分類における精度の評価

これまでのところ, モデルの正確さについての議論は回帰についてであった. しかしバイアスと分散のトレードオフなどこれまでに見てきた多くの概念は, y_i が数値でないことを考慮して少しの変更を加えるだけでそのまま分類の問題にも当てはまる. 訓練データ $\{(x_1, y_1), \ldots, (x_n, y_n)\}$ をもとに f を推定することを考える. ただし, ここでは $y_1, \ldots, y_n$ は質的変数である. $\hat{f}$ の推定の精度を測るのに最もよく使われるのが推定値 $\hat{f}$ を訓練データに使ったときに誤分類になる割合であり, 訓練誤分類率と呼ばれる. つまり

$$\frac{1}{n} \sum_{i=1}^{n} I(y_i \neq \hat{y}_i). \tag{2.8}$$

ここに $\hat{y}_i$ は $\hat{f}$ を使って予測された i 番目のデータのクラスである. また $I(y_i \neq \hat{y}_i)$ は $y_i \neq \hat{y}_i$ のとき 1, $y_i = \hat{y}_i$ のとき 0 となる指示関数である. もし $I(y_i \neq \hat{y}_i) = 0$ であれば $\hat{f}$ が i 番目のデータを正しく分類したということであり, そうでなければ, 間違って分類したことになる. したがって式 (2.8) は誤分類率となる.

式 (2.8) は分類器の訓練に使われたデータをもとに計算されたものであるから, 訓練誤分類率と呼ばれる. 回帰の場合と同様, この分類器を訓練するのに使われなかったテストデータに使ったときの誤分類率の方がより興味深い. (x_0, y_0) の形式のテストデータによる誤分類率 (テスト誤分類率) は

$$\mathrm{Ave}\left(I(y_0 \neq \hat{y}_0)\right). \tag{2.9}$$

ここに $\hat{y}_0$ は予測変数 x_0 のテストデータに分類器を使った結果, 予測されるクラスである. 良い分類器とは式 (2.9) のテスト誤分類率を最小とするものである.

ベイズ分類器

ある予測変数が与えられた下でもっともらしいクラスに分類するというとても単純

な分類器が，平均的に式 (2.9) のテスト誤分類率を最小化することを示すことができる (証明については本書の範囲外である)．つまり予測変数ベクトル x_0 のテストデータを

$$\Pr(Y = j | X = x_0) \tag{2.10}$$

が最大になるようなクラス j に分類するのである．式 (2.10) は条件付き確率，すなわち予測変数ベクトルが x_0 のときに $Y = j$ となる確率である．このとても単純な分類器をベイズ分類器と呼ぶ．例えば，応答変数のとりうる値がクラス 1 とクラス 2 の 2 つのみの場合，ベイズ分類器は $\Pr(Y = 1 | X = x_0) > 0.5$ のときクラス 1，そうでなければクラス 2 に属すると予測する．

図 2.13 は予測変数 X_1 と X_2 の 2 次元シミュレーションデータを使った例である．オレンジと青の丸は異なる 2 つのクラスに属する訓練データである．X_1 と X_2 それぞれの値によりオレンジの応答変数をとる確率，青の応答変数をとる確率が異なる．この場合はシミュレーションデータであるからどのようにしてデータが生成されたかがわかっており，X_1 と X_2 の値により条件付き確率を計算することができる．オレンジ色に影をつけた領域は $\Pr(Y = \mathrm{orange} | X)$ が 50%より大きく，青色に影をつけた領域は 50%より小さい．紫の破線上では確率が正確に 50%で，これをベイズ決定境界という．ベイズ分類器による予測はベイズ決定境界によって決まる．すなわち境界よりもオレンジの領域寄りに観測データがあればそれはオレンジクラスに分類され，同様に境界よりも青の領域寄りであれば青クラスに分類される．

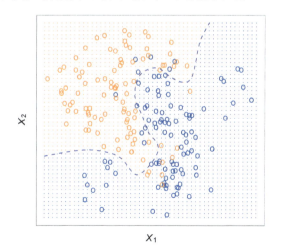

図 2.13 青とオレンジで 2 種類のグループを示す 100 個のシミュレーションデータ．紫の破線がベイズ決定境界．オレンジ点の背景の領域にあるテストデータはオレンジクラスに分類され，青点の背景の領域は青クラスに分類される．

36 2. 統計的学習

ベイズ分類器はテスト誤分類率を最小にする．この確率をベイズ誤分類率という．ベイズ分類器は式 (2.10) を最大化するクラスを選ぶので，$X = x_0$ での誤分類率は $1 - \max_j \Pr(Y = j | X = x_0)$ である．一般にベイズ誤分類率は

$$1 - E\left(\max_j \Pr(Y = j | X)\right) \qquad (2.11)$$

である．ここで期待値はとり得るすべての X における確率の平均をとったものである．ここでのシミュレーションデータでは，ベイズ誤分類率は 0.1304 である．0 よりも大きくなるのは真の母集団でクラス同士が重なっている部分があり，いくつかの x_0 については $\max_j \Pr(Y = j | X = x_0) < 1$ となっているためである．ベイズ誤分類率は前に扱った削減不能誤差と類似している．

K 最近傍法

理論的には常にベイズ分類器を使って質的応答変数を予測したいところである．しかし実際のデータでは X を与えた下での Y の条件付き確率分布は未知であるから，ベイズ分類器を計算することは不可能である．したがってベイズ分類器を実現不可能な理想の規準とし，これと比較することにより他の方法を評価する．X を与えた下で Y の条件付き確率分布を推定し，観測データを属する確率が最も高いと推定されるクラスに分類するアプローチが数多くある．K 最近傍法はこのようなアプローチの 1 つである．ある正の整数 K とテストデータ x_0 が与えられた下で，K 最近傍法はまず訓練データのうち x_0 に最も近い K 個のデータを探す．これらの K 個のデータを要素とする集合を $\mathcal{N}_0$ とする．j 番目のクラスに属する条件付き確率は，$\mathcal{N}_0$ のうち応答変数が j になる割合

$$\Pr(Y = j | X = x_0) = \frac{1}{K} \sum_{i \in \mathcal{N}_0} I(y_i = j) \qquad (2.12)$$

である．最後に K 最近傍法はベイズの法則を使い，テストデータ x_0 を最も確率の高いクラスに分類する．

図 2.14 に K 最近傍法のわかりやすい例を示す．左の図にそれぞれ 6 個ずつの青色とオレンジ色の訓練データをプロットした．ここでの目的は×で示された点が青かオレンジどちらのクラスに属するか予測することである．$K = 3$ とすると，K 最近傍法はまず×に一番近い 3 つのデータを見つける．この近傍は円で示されている．この円の中に 2 個の青と 1 個のオレンジの点がある．したがって青クラスである確率は 2/3，オレンジクラスである確率は 1/3 と予測される．K 最近傍法は×は青のクラスに属すると予測する．図 2.14 の右では $K = 3$ のとき，すべての X_1 と X_2 について K 最近傍法を使い，その結果得られる K 最近傍法における決定境界を示す．

非常に単純なアプローチではあるが，K 最近傍法は最適なベイズ分類器に驚くほど近い分類器になる．図 2.15 は図 2.13 の多くのシミュレーションデータについて，

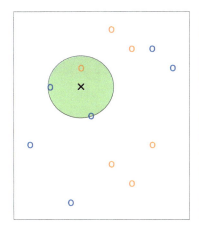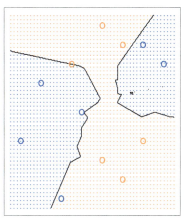

図 2.14 K 最近傍法．ここでは $K = 3$ とし，6 つの青と 6 つのオレンジのデータを使った単純な例を示す．**左**：×はどのクラスに属するかを予測したい観測データ．×に最も近い 3 つのデータがわかる．×はこれらの中で最も頻度の高いクラスに属すると予測され，この場合は青である．**右**：この例における K 最近傍決定境界を黒線で示す．テストデータが青色の領域にあれば青のクラスに分類し，オレンジ色の領域にあればオレンジのクラスに分類する．

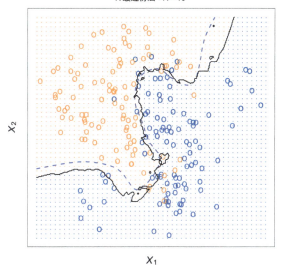

図 2.15 黒線は図 2.13 のデータで $K = 10$ としたときの K 最近傍決定境界．ベイズ決定境界は紫の破線で示した．2 つの決定境界はとても類似している．

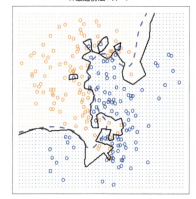
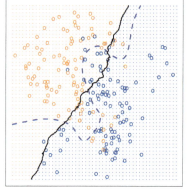

図 2.16　図 2.13 のデータをもとに $K=1$ と $K=100$ で K 最近傍決定境界を比較する (黒実線). $K=1$ では決定境界は柔軟過ぎる. $K=100$ では十分な柔軟さを持つとはいえない. ベイズ決定境界は紫の破線で示されている.

$K=10$ のときの K 最近傍決定境界を示す. K 最近傍法分類器によって真の確率分布を知ることができないにも関わらず, K 最近傍決定境界はベイズ分類器の境界と非常に類似していることがわかる. K 最近傍法を使ったときのテスト誤分類率は 0.1363 であり, これはベイズ誤分類率の 0.1304 にとても近い値となっている.

K をいくつにするかによって得られる K 最近傍法には大きな違いがある. 図 2.16 は図 2.13 のシミュレーションデータに適用した K 最近傍法を示している. $K=1$ のとき, 決定境界は柔軟すぎるため, ベイズ決定境界にないパターンを示す. これはバイアスは小さいが分散が大きい例である. K が増加するに従って, 次第に柔軟さが減少し, 決定境界は線形に近づく. これは分散が小さくバイアスの大きい例である. このシミュレーションデータにおいて, $K=1$ も $K=100$ も良い予測をもたらさない. これらのテスト誤分類率はそれぞれ 0.1695 と 0.1925 である.

回帰のときと同様, 訓練誤分類率とテスト誤分類率との間には強い関係はない. $K=1$ のとき, K 最近傍法の訓練誤分類率は 0 であるが, テスト誤分類率はかなり大きいであろう. 一般に, より柔軟な分類法を使うに従って訓練誤分類率は減少するが, テスト誤分類率は減少しないかもしれない. 図 2.17 は $1/K$ の関数として K 最近傍法の訓練誤分類率とテスト誤分類率を示したものである. $1/K$ が増加するにつれて最近傍法はより柔軟になる. 回帰と同様に柔軟さが増加すると間違いなく訓練誤分類率は減少する. しかしテスト誤分類率は独特の U 字型の動きを示す. つまり最初は減少し (およそ $K=10$ のあたりで最小), その後過度に柔軟になると, 過学習により増加する.

回帰や分類において, 統計的学習が機能するかどうかは正しいレベルの柔軟さを選

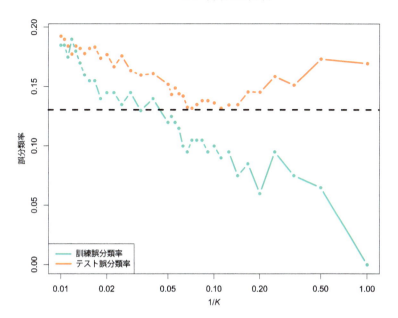

図 2.17 図 2.13 のデータにおいて，($1/K$ で測定される) 柔軟さを増加，すなわち K を減少させたときの K 最近傍法の訓練誤分類率 (青，200 個のデータ) とテスト誤分類率 (オレンジ，5,000 個のデータ)．黒破線はベイズ誤分類率を示す．グラフがあまりなめらかでなく上下しているのは訓練データの数が少ないためである．

べるか否かによる．バイアスと分散のトレードオフ，その結果である U 字型のテスト誤差，テスト誤分類率のため，これは難しい問題である．第 5 章でこのトピックを改めて扱い，ある統計的学習法についてテスト誤差，テスト誤分類率を推定し，最適な柔軟さのレベルを選ぶ方法について論じる．

2.3 実習：R 入門

本章の実習では基本的な R のコマンドを紹介する．新しい言語を学ぶ上で一番の方法は，まずコマンドを使ってみることである．R は

http://cran.r-project.org/

からダウンロードできる．

2.3.1 基本的なコマンド

R では作業をする際に関数を使う．`funcname` という名前の関数を実行するのに，`funcname(input1, input2)` と入力する．ここで引数 `input1` と `input2` は R に対し

40   2. 統計的学習

てどのようにその関数を実行するかを伝える．関数はいくつでも引数をとることがで
きる．例えば実数を要素とするベクトルを作るのに，`c()` (concatenate の頭文字) と
いう関数を使う．括弧の中に数字を並べればそれらの数字は結合されてベクトルにな
る．以下に R を使って $1, 3, 2, 5$ をベクトル x の要素として保存する例を示す．x とタ
イプするとそのベクトルを返す．

```
> x <- c(1,3,2,5)
> x
[1] 1 3 2 5
```

`>` はコマンドの一部ではないことに注意されたい．`>` は R によって印字され，次のコ
マンドを読み取る状態にあるというプロンプトである．`<-` の代わりに `=` を使うことも
できる：

```
> x = c(1,6,2)
> x
[1] 1 6 2
> y = c(1,4,3)
```

　上矢印キーを数回押すことにより，以前使ったコマンドを表示，編集することがで
きる．似たようなコマンドを繰り返し実行することはよくあるのでこれは便利である．
さらに `?funcname` と入力することにより，R は関数 `funcname` のヘルプファイルを表
示する．

　R に 2 つのベクトルの和を計算させることができる．x の一番目の要素と y の一番
目の要素を加えるという具合である．このとき x と y は同じ長さでなければならな
い．ベクトルの要素の数は `length()` を使って調べることができる．

```
> length(x)
[1] 3
> length(y)
[1] 3
> x+y
[1]  2 10  5
```

　`ls()` 関数はそれ以前に保存したデータや関数などの全てのオブジェクトを表示す
る．`rm()` 関数は必要としないオブジェクトを消去するのに使われる．

```
> ls()
[1] "x" "y"
> rm(x,y)
> ls()
character(0)
```

　すべてのオブジェクトを一度に消去することもできる：

```
> rm(list=ls())
```

2.3 実習：R入門　　　　　　　　　　　　　　　41

matrix() 関数は実数の行列を作るのに使われる．実際に matrix() を使う前に用法を調べる．

```
> ?matrix
```

ヘルプファイルによると matrix() 関数はさまざまな引数をとるが，いまのところは最初の3つに注目しておく：データ (行列の要素)，行の数，そして列の数の3つである．まず，単純な行列を作成する．

```
> x=matrix(data=c(1,2,3,4), nrow=2, ncol=2)
> x
     [,1] [,2]
[1,]    1    3
[2,]    2    4
```

matrix() コマンドにおいては，data=, nrow=, ncol=を省いてもかまわない．つまり

```
> x=matrix(c(1,2,3,4),2,2)
```

とするだけで同じ結果が得られる．しかし，明示的に引数の名前を関数に渡すことはときに便利である．なぜなら，名前を明示しなかった場合には，引数はその関数のヘルプファイルにある順序で渡さなければならないからである．この例が示すように，デフォルトでは R は列順に行列を埋めていく．byrow=TRUE のオプションを指定することにより，行順に埋めていくこともできる．

```
> matrix(c(1,2,3,4),2,2,byrow=TRUE)
     [,1] [,2]
[1,]    1    2
[2,]    3    4
```

上記の例では行列に x などの名前を付けなかった．この場合，行列は画面に表示されるだけなので，後で呼び出して使うことはできない．sqrt() 関数はベクトルや行列のそれぞれの要素の平方根をとる．x^2 は x のそれぞれの要素を2乗する．もちろん何乗でも計算することができる．分数や負のべき乗も可能である．

```
> sqrt(x)
     [,1] [,2]
[1,] 1.00 1.73
[2,] 1.41 2.00
> x^2
     [,1] [,2]
[1,]    1    9
[2,]    4   16
```

rnorm() 関数は正規分布に従う乱数 (正規乱数) のベクトルを生成する．第1引数 n はサンプルサイズである．この関数を呼び出すたびに，異なる値を得る．以下に相関関係がある確率変数 x と y を生成し，cor() で相関係数を求める．

42   2. 統計的学習

```
> x=rnorm(50)
> y=x+rnorm(50,mean=50,sd=.1)
> cor(x,y)
[1] 0.995
```

デフォルトでは rnorm() は平均 0 で標準偏差 1 の標準正規分布に従う乱数を生成する. しかし, 平均と標準偏差は mean と sd の引数により上の通り指定することができる. 状況によってはまったく同じ乱数を生成したいということがある. その場合は set.seed() を使うとよい. set.seed() は引数に任意の整数をとる.

```
> set.seed(1303)
> rnorm(50)
[1] -1.1440  1.3421  2.1854  0.5364  0.0632  0.5022 -0.0004
. . .
```

本書の実習で乱数を扱う場合には set.seed() を使うこととする. これにより読者は本書にある結果を再現することができる. しかし, 新しいバージョンの R がリリースされた場合, 本書にある結果と R の出力に差異が生じる場合がある.

mean() と var() 関数は一連の数値の平均と分散を計算する. var() の結果を sqrt() に渡すことにより, 標準偏差を得る. または単に sd() を使ってもよい.

```
> set.seed(3)
> y=rnorm(100)
> mean(y)
[1] 0.0110
> var(y)
[1] 0.7329
> sqrt(var(y))
[1] 0.8561
> sd(y)
[1] 0.8561
```

2.3.2 グラフィックス

R においてデータをプロットするのに使う基本的なコマンドは plot() である. 例えば plot(x,y) は x の値と y の値の散布図を生成する. plot() 関数に渡せるオプションは他に多くある. 例えば xlab を指定することにより, x 軸にラベルをつけることができる. plot() 関数について, 詳しくは?plot を実行するとよい.

```
> x=rnorm(100)
> y=rnorm(100)
> plot(x,y)
> plot(x,y,xlab="x軸",ylab="y軸",    main="XとYのプロット")
```

しばしば, R で出力したプロットを保存したい場合がある. このとき使うコマンドはどのような種類のファイルに保存したいかにより異なる. 例えば pdf ファイルで保存するには pdf() 関数を使い, jpeg ファイルで保存するには jpeg() を使う.

2.3 実習：R 入門 43

```
> pdf("Figure.pdf")
> plot(x,y,col="green")
> dev.off()
null device
          1
```

dev.off() コマンドは R にグラフを閉じるよう命令する．プロットを保存するのではなく，Word の文書などにプロットウィンドウをコピー&ペーストすることもできる．

seq() は一連の数列を作るのに使われる．例えば seq(a,b) で a から b までの整数を要素とするベクトルを作成できる．他にも多くのオプションがある．例えば seq(0,1,length=10) とすると 0 で始まり 1 で終わる 10 個の等間隔の数になる．3:11 と入力すれば seq(3,11) の略記法となる．

```
> x=seq(1,10)
> x
 [1]  1  2  3  4  5  6  7  8  9 10
> x=1:10
> x
 [1]  1  2  3  4  5  6  7  8  9 10
> x=seq(-pi,pi,length=50)
```

もっと高度なプロットを作ることもできる．contour() 関数で 3 次元データを表現するための等高線図を生成する．地形図のようなグラフである．contour() 関数は 3 つの引数をとる．

(1) x の値を示すベクトル (第 1 次元)

(2) y の値を示すベクトル (第 2 次元)

(3) (x,y) の組み合わせにおける z (第 3 次元) に対応する行列

plot() と同様，contour() 関数にも出力を微調整するために多くのオプションがある．詳しくは?contour を実行し，ヘルプファイルを参照されたい．

```
> y=x
> f=outer(x,y,function(x,y)cos(y)/(1+x^2))
> contour(x,y,f)
> contour(x,y,f,nlevels=45,add=T)
> fa=(f-t(f))/2
> contour(x,y,fa,nlevels=15)
```

image() 関数は contour() とほぼ同様の機能を持つが，image() では z の値によって色をつけることができる．このようなグラフはヒートマップと呼ばれ，よく天気予報などで温度を表示するのに使われている．また，persp() 関数でも 3 次元グラフを作成することができる．引数の theta と phi でグラフをどの角度から見るかを調整する．

```
> image(x,y,fa)
```

44　　　　　　　　　　　　2. 統 計 的 学 習

```
> persp(x,y,fa)
> persp(x,y,fa,theta=30)
> persp(x,y,fa,theta=30,phi=20)
> persp(x,y,fa,theta=30,phi=70)
> persp(x,y,fa,theta=30,phi=40)
```

2.3.3　データに番号をふる

データのうち一部分だけを使いたい場合がある．行列 A にデータが保存されているとする．

```
> A=matrix(1:16,4,4)
> A
     [,1] [,2] [,3] [,4]
[1,]    1    5    9   13
[2,]    2    6   10   14
[3,]    3    7   11   15
[4,]    4    8   12   16
```

このとき

```
> A[2,3]
[1] 10
```

と入力することで 2 行 3 列の要素を選ぶことができる．角括弧 [の直後の数値が行番号で，その後の数値が列番号である．インデックスをベクトルとして与えることにより，一度に複数の行と列を指定することもできる．

```
> A[c(1,3),c(2,4)]
     [,1] [,2]
[1,]    5   13
[2,]    7   15
> A[1:3,2:4]
     [,1] [,2] [,3]
[1,]    5    9   13
[2,]    6   10   14
[3,]    7   11   15
> A[1:2,]
     [,1] [,2] [,3] [,4]
[1,]    1    5    9   13
[2,]    2    6   10   14
> A[,1:2]
     [,1] [,2]
[1,]    1    5
[2,]    2    6
[3,]    3    7
[4,]    4    8
```

上の最後の 2 つの例では列番号または行番号が指定されていない．この場合 R はすべての列，またはすべての行が指定されたとして関数を実行する．また R は行列の 1 行または 1 列をベクトルとして扱う．

```
> A[1,]
[1]  1  5  9 13
```

マイナス記号–を行または列番号として指定した場合は，R は指定された行または列以外のすべての行または列が指定されたとする．

```
> A[-c(1,3),]
     [,1] [,2] [,3] [,4]
[1,]    2    6   10   14
[2,]    4    8   12   16
> A[-c(1,3),-c(1,3,4)]
[1] 6 8
```

dim() 関数は与えられた行列の行の数と列の数を順に返す．

```
> dim(A)
[1] 4 4
```

2.3.4 データの読み込み

分析においてたいていまず最初にすることは R にデータをインポートすることである．その際の基本コマンドは read.table() である．ヘルプファイルにこのコマンドの使用法が詳しく載っている．データをエクスポートする際は write.table() を使う．

データを読み込む前に，R がデータのあるディレクトリを探せるようにしなければならない．例えば Windows では File メニューにある Change dir... オプションを使ってディレクトリを指定する．詳細は使用するオペレーティングシステム (例えば Windows，Mac，UNIX など) により異なるのでここではこれ以上述べない．まず初めに Auto データを読み込む．このデータセットは ISLR ライブラリ (ライブラリについては第 3 章を参照) にあるが，ここでは read.table() コマンドの使い方も示すため，テキストファイルから Auto を読み込むことにする．以下のコマンドを実行することで Auto.data を R に読み込み，Auto という名前のオブジェクトをデータフレームという形式で保存する (テキストファイルは本書のウェブサイトからダウンロードすることができる)．データが読み込まれたら，fix() コマンドを使うことにより別ウィンドウ (スプレッドシート) に表示することができる．しかし，次のコマンドを実行する際にはこのウィンドウを閉じなければならない．

```
> Auto=read.table("Auto.data")
> fix(Auto)
```

Auto.data はテキストファイルであり，標準的なエディタで開くことができる．R で読み込む前にテキストエディタや Excel などでデータを表示してみるとよい．

このデータは正常に読み込まれない．なぜなら，R が変数の名前がある第 1 行もデー

タとみなすためである．このデータセットには欠損値も多くあり，これらはクエスチョンマーク?で表されている．実際のデータセットにおいて欠損値はよく生じるものである．Rにデータの最初の行が変数の名前であることを知らせるのにread.table()関数のオプションheader=T (またはheader=TRUE) を使う．また，特定の文字または文字列 (例えばクエスチョンマーク) があったときにそのデータはないものとして扱う際にna.stringsを使う．

```
> Auto=read.table("Auto.data",header=T,na.strings="?")
> fix(Auto)
```

データを保存するのによくExcelが使われる．ExcelのデータをRに読み込む簡単な方法は，ファイルをまずcsv形式で保存し，read.csv()を使って読み込むことである．

```
> Auto=read.csv("Auto.csv",header=T,na.strings="?")
> fix(Auto)
> dim(Auto)
[1] 397 9
> Auto[1:4,]
```

dim()関数を使うと，このデータには397個の観測値，すなわち397行と，9個の変数，すなわち列があるとわかる．欠損値についてどのように扱うかはいくつもの方法がある．ここでは欠損値を含む行は5つだけなので，na.omit()関数を使ってこれらの行を削除することにする．

```
> Auto=na.omit(Auto)
> dim(Auto)
[1] 392   9
```

データが正常に読み込まれたら，names()関数で変数の名前を表示する．

```
> names(Auto)
[1] "mpg"          "cylinders"    "displacement" "horsepower"
[5] "weight"       "acceleration" "year"         "origin"
[9] "name"
```

2.3.5　グラフィックス及び数値によるデータの要約

量的変数の散布図を表示するにはplot()関数を使う．ただし，変数の名前を入力しただけではエラーになってしまう．これらの変数がAutoデータにあることをRは認識していないからである．

```
> plot(cylinders, mpg)
Error in plot(cylinders, mpg) : object 'cylinders' not found
```

変数を示すのに，データセットの名前と変数の名前とを$でつないで入力する．または前もってattach()を使うことにより，名前だけでこのデータセットの変数を使う

ことができるようになる.

```
> plot(Auto$cylinders, Auto$mpg)
> attach(Auto)
> plot(cylinders, mpg)
```

cylinders 変数は数値を要素とするベクトルとして格納されている. したがって R はこれを量的変数として扱う. しかし cylinders 変数は限られた数の値しかとらないので, この変数は質的変数として扱いたいということもある. そのような場合 as.factor() 関数で量的変数を質的変数に変換することができる.

```
> cylinders=as.factor(cylinders)
```

プロットの x 軸が質的変数の場合は, plot() 関数で箱ひげ図が自動的に作成される. この場合もプロットをカスタマイズするためのいろいろなオプションがある.

```
> plot(cylinders, mpg)
> plot(cylinders, mpg, col="red")
> plot(cylinders, mpg, col="red", varwidth=T)
> plot(cylinders, mpg, col="red", varwidth=T,horizontal=T)
> plot(cylinders, mpg, col="red", varwidth=T, xlab="cylinders",
    ylab="MPG")
```

hist() 関数でヒストグラムが作成される. 以下の例で col=2 は col="red"と同じである.

```
> hist(mpg)
> hist(mpg,col=2)
> hist(mpg,col=2,breaks=15)
```

pairs() 関数は散布図行列 (あるデータセットで, 可能なすべての変数の組み合わせで散布図を作成したもの) を作成する. 一部の変数だけを使って散布図行列を作ることもできる.

```
> pairs(Auto)
> pairs(~ mpg + displacement + horsepower + weight +
    acceleration, Auto)
```

plot() に関連して便利なのが identify() 関数である. これはプロットの点における特定の変数の値をインタラクティブに表示する関数である. identify() 関数には 3 つの引数を渡す: x 軸の変数, y 軸の変数, そしてそれぞれの観測値で表示したい変数である. プロット上のある点でマウスをクリックすることにより, R はその点における知りたい値を表示する. 右クリックで identify() 関数を終了させる (Mac の場合はコントロールキーを押しながらクリック). identify() 関数の下に表示される数字はその観測値が何行目にあるかを示している.

```
> plot(horsepower,mpg)
> identify(horsepower,mpg,name)
```

`summary()` 関数はデータセットにおけるそれぞれの変数の要約を表示する．

```
> summary(Auto)
      mpg          cylinders      displacement
 Min.   : 9.00   Min.   :3.000   Min.   : 68.0
 1st Qu.:17.00   1st Qu.:4.000   1st Qu.:105.0
 Median :22.75   Median :4.000   Median :151.0
 Mean   :23.45   Mean   :5.472   Mean   :194.4
 3rd Qu.:29.00   3rd Qu.:8.000   3rd Qu.:275.8
 Max.   :46.60   Max.   :8.000   Max.   :455.0

   horsepower        weight       acceleration
 Min.   : 46.0   Min.   :1613   Min.   : 8.00
 1st Qu.: 75.0   1st Qu.:2225   1st Qu.:13.78
 Median : 93.5   Median :2804   Median :15.50
 Mean   :104.5   Mean   :2978   Mean   :15.54
 3rd Qu.:126.0   3rd Qu.:3615   3rd Qu.:17.02
 Max.   :230.0   Max.   :5140   Max.   :24.80

      year           origin                     name
 Min.   :70.00   Min.   :1.000   amc matador       :  5
 1st Qu.:73.00   1st Qu.:1.000   ford pinto        :  5
 Median :76.00   Median :1.000   toyota corolla    :  5
 Mean   :75.98   Mean   :1.577   amc gremlin       :  4
 3rd Qu.:79.00   3rd Qu.:2.000   amc hornet        :  4
 Max.   :82.00   Max.   :3.000   chevrolet chevette:  4
                                 (Other)           :365
```

`name` のような質的変数については，それぞれのカテゴリーにいくつの観測値があるかを表示する．1 つだけ変数を選び，要約を表示させることもできる．

```
> summary(mpg)
   Min. 1st Qu.  Median    Mean 3rd Qu.    Max.
   9.00   17.00   22.75   23.45   29.00   46.60
```

R を終了させるには，`q()` 関数を使う．その際に，現在のセッションで作成したオブジェクト (データセットなど) を次回もそのまま使用することができるように，ワークスペースを保存することができる．また R を終了する前に，現在のセッションで使用した関数の履歴を保存したいということもあるかもしれない．この場合 `savehistory()` 関数を使う．次に R を起動したときには前回の履歴を `loadhistory()` 関数で呼び出すことができる．

2.4 演習問題

理 論 編

(1) 以下の (a) から (d) について，一般的に柔軟な統計的学習法と柔軟でないものとでどちらの性能が良いか．説明せよ．

(a) サンプルサイズ n が極めて大きく，予測変数の数 p は小さい．

2.4 演習問題　　　　　　　　　　49

- (b) 予測変数の数 p が極めて大きく，サンプルサイズ n は小さい．
- (c) 予測変数と応答変数の関係は極めて非線形である．
- (d) 誤差項の分散 $(\sigma^2 = \mathrm{Var}(\epsilon))$ が極めて大きい．

(2) 以下のそれぞれの状況は，分類問題か回帰問題か答えよ．また，それぞれ推論，予測のどちらを目的としているかについても述べよ．最後に n と p を答えよ．

- (a) アメリカのトップ 500 社についてのデータを集める．各社について利益，従業員数，業界，そして社長の年俸を記録する．何が社長の年俸に影響を与えるかを理解したい．
- (b) 新製品を投入する際に，その新製品が成功するか失敗に終わるかを知りたい．過去に投入した 20 個の類似製品についてデータを集める．それぞれの製品について，それが成功であったかどうか，製品の価格，マーケティング費用，競合製品の価格，その他 10 個の変数についてのデータを記録した．
- (c) 世界の株式市場の週ごとの動きにより，アメリカドル/ユーロ為替レートがその 1 週間に何%変化するかを予測したい．よって 2012 年のすべての週についてデータを集める．毎週，アメリカドル/ユーロ為替レートが何%上下したか，アメリカの株式市場が何%上下したか，イギリスの株式市場が何%上下したか，そしてドイツの株式市場が何%上下したかについて記録する．

(3) ここではバイアスと分散の分解についてもう一度挙げる．

- (a) 統計的学習法を柔軟でない方法からより柔軟な方法にしたときに，典型的な (2 乗) バイアス，分散，訓練誤差，テスト誤差，ベイズ (削減不能) 誤差を 1 つのグラフに描け．x 軸には統計的学習法の柔軟さを，y 軸にはそれぞれの曲線の値をとり，5 つの曲線にラベルをつけること．
- (b) 5 つの曲線がなぜ (a) のような動きをするのか説明せよ．

(4) 次に統計的学習法を実際の問題へ応用することを考える．

- (a) 分類が役に立つであろう実際の問題を 3 つ挙げよ．予測変数と応答変数を答えよ．それぞれの例は推論，予測のどちらの問題か．説明せよ．
- (b) 回帰が役に立つであろう実際の問題を 3 つ挙げよ．予測変数と応答変数を答えよ．それぞれの例は推論，予測のどちらの問題か．説明せよ．
- (c) クラスタリングが役に立つであろう実際の問題を 3 つ挙げよ．

(5) 回帰および分類の問題において，柔軟なアプローチの良い点と悪い点を挙げよ．どのような状況において柔軟なアプローチが望ましいか．柔軟でない方がよいのはどのようなときか．

(6) 統計的学習法において，パラメトリック法とノンパラメトリック法の違いを述べ

よ．回帰や分類の問題において，ノンパラメトリック法と比べてパラメトリック法を使うメリットは何か．デメリットは何か．

(7) 以下に6つの観測データ，3つの予測変数，および1つの質的応答変数を含む訓練データを示す．このデータセットを使って $X_1 = X_2 = X_3 = 0$ のときの Y の値を予測するために K 最近傍法を使う．

観測値	X_1	X_2	X_3	Y
1	0	3	0	Red
2	2	0	0	Red
3	0	1	3	Red
4	0	1	2	Green
5	−1	0	1	Green
6	1	0	2	Red

(a) $X_1 = X_2 = X_3 = 0$ とそれぞれの観測値のユークリッド距離を求めよ．

(b) $K = 1$ のとき，予測はどのような結果となるか．説明せよ．

(c) $K = 3$ のとき，予測はどのような結果となるか．説明せよ．

(d) この問題において，ベイズ決定境界が極めて非線形である場合，最適な K の値は大きいか小さいか．またそれはなぜか．

応 用 編

(8) この演習では College.csv ファイルの中にある College データセットを使う．このデータセットにはアメリカにある 777 校の大学についての多くの変数が含まれている．

- Private：公立か私立かを表すインジケーター
- Apps：受け取った入学願書の数
- Accept：入学を許可された者の数
- Enroll：実際に入学した者の数
- Top10perc：入学者のうち高校での成績が上位 10%の者
- Top25perc：入学者のうち高校での成績が上位 25%の者
- F.Undergrad：学部生のうちフルタイムの学生数
- P.Undergrad：学部生のうちパートタイムの学生数
- Outstate：州外出身の学生の授業料
- Room.Board：住居費および食費
- Books：書籍代
- Personal：その他の費用
- PhD：博士号をもつ教授の割合

2.4 演 習 問 題   51

- ●Terminal：その分野での最高学歴を有する教授の割合
- ●S.F.Ratio：学生数と教授数の割合
- ●perc.alumni：卒業生のうち母校に寄付する者の割合
- ●Expend：学生 1 人あたりに大学が費やすコスト
- ●Grad.Rate：卒業する学生の割合

データを R で読み込む前に，Excel やテキストエディタなどで見ることができる．

(a) read.csv() 関数を使ってデータを college という名前で R に読み込め．
データのあるディレクトリに移動してから行うこと．

(b) fix() 関数を使ってデータを見る．第 1 列は単に大学名であり，この列
は R がデータとして扱わないようにしたい．しかし後々になって大学名
があると便利になるかもしれない．次の関数を実行せよ．

```
> rownames(college)=college[,1]
> fix(college)
```

row.names という名前の列ができており，それぞれの大学名が記録され
ていることがわかる．つまり R が各行に大学名を使って名前をつけたと
いうことである．それでも大学名のある第 1 列は削除したい．以下を実
行せよ．

```
> college=college[,-1]
> fix(college)
```

すると最初のデータの列は Private となっている．そして row.names が
Private の前にある．しかしこれはデータではなく，R が各行に名前をつ
けただけである．

(c) i. summary() 関数を使ってデータセットにある変数を数値的に要約
せよ．

ii. pairs() 関数を使って，最初の 10 列の変数を用いた散布図行列を作
成せよ．行列 A の最初の 10 列を指すには A[,1:10] とするとよい．

iii. plot() 関数で Outstate と Private の箱ひげ図を並べて表示せよ．

iv. Top10perc 変数から新たな質的変数 Elite を作成せよ．高校での
成績が上位 10%だった者の割合が 50%以上か否かによって，大学
を 2 つのグループに分ける．

```
> Elite=rep("No",nrow(college))
> Elite[college$Top10perc>50]="Yes"
> Elite=as.factor(Elite)
> college=data.frame(college,Elite)
```

summary() 関数でエリートの大学がいくつあるかを示せ．次に
plot() 関数で Outstate と Elite の箱ひげ図を並べて表示せよ．

52　　　　　　　　　　2. 統 計 的 学 習

　　　 v. `hist()` 関数でいくつかの量的変数のヒストグラムを作成せよ. ビ
　　　　　ンの数を変えてみること. `par(mfrow=c(2,2))` コマンドが便利で
　　　　　ある. これを使うとウィンドウが 4 分割され, 4 つの図を同時に描
　　　　　くことができる. また, 関数に渡す引数を調整することにより, ウィ
　　　　　ンドウを分割する方法を変更することができる.
　　　 vi. データをさらに詳しく調べ, どのような知見を得たか説明せよ.

(9) この問題は実習で使った `Auto` データを引き続き使用する. 欠損値は前もって取
　　り除いておくこと.

　　(a) 予測変数のうち, 量的変数はどれか. また質的変数はどれか.

　　(b) それぞれの量的変数についてその範囲を示せ. `range()` 関数を使うとよい.

　　(c) それぞれの量的な予測変数について平均と標準偏差を示せ.

　　(d) 10 番目から 85 番目のデータを削除せよ. 残ったデータによる予測変数
　　　　の範囲, 平均, 標準偏差はどのような値となるか.

　　(e) すべてのデータを使い, 予測変数を散布図およびその他の図を使って調べ
　　　　よ. 予測変数同士の関係を示す図を作成し, 説明せよ.

　　(f) ここでは燃費 (`mpg`) を他の変数で予測したいとする. 図から, `mpg` を予測
　　　　するのに適していると思われる変数はあるか. 説明せよ.

(10) この問題は `Boston` データセットを使用する.

　　(a) まず `Boston` データセットを読み込む. `Boston` データは R の MASS ライ
　　　　ブラリに入っている.

```
> library(MASS)
```

　　　　データは `Boston` オブジェクトに入っている.

```
> print(Boston)
```

　　　　データについての説明は, 以下のコマンドで読むことができる.

```
> ?Boston
```

　　　　このデータセットは何行, 何列あるか. 行と列はそれぞれ何を表すか.

　　(b) 予測変数 (列) の散布図をいくつか描いて, どのような知見を得たか説明
　　　　せよ.

　　(c) 予測変数のうち, 1 人あたり犯罪率に関係しているものはあるか. あれば
　　　　説明せよ.

　　(d) ボストン近郊で特に犯罪率が高いと思われる地域はあるか. 特に税率が高
　　　　い地域はあるか. 特に生徒と先生の比率が高い地域はあるか. それぞれの
　　　　予測変数の範囲について説明せよ.

　　(e) いくつの地域がチャールズ川に接しているか.

2.4 演習問題   53

(f) このデータセットにある街の生徒と先生の比率の中央値は何か.

(g) 所有者が住んでいる家の価格の中央値が最も低いのはどの地域か. その地域の他の予測変数はそれぞれの変数の全体の範囲からすると高いか低いか. 結果からわかることを説明せよ.

(h) このデータセットにおいて，一軒に平均 7 部屋以上ある地域はいくつあるか. 平均 8 部屋以上ある地域はいくつあるか. 一軒あたり平均 8 部屋以上ある地域について述べよ.

3

線 形 回 帰
Linear Regression

本章では線形回帰について学ぶ．線形回帰は教師あり学習の1つである．線形回帰は特に量的な応答変数を予測する上で有用なツールである．線形回帰には長い歴史があり，このトピックを扱う教科書は数多くある．本書の後半で扱うようなより新しい統計的学習法に比べると少し面白みに欠けるかもしれないが，線形回帰は便利で今もなお広く使われる統計的学習法である．さらに，線形回帰を学ぶことでより新しいアプローチを学ぶ土台ができる．本書の後半の各章でわかることになるが，最新の統計的学習法の多くは線形回帰を一般化または拡張したものである．したがって高度な統計的学習法を学ぶ前に着実に線形回帰を理解することはいくら強調しても強調しすぎることはない．この章では線形回帰のベースとなる理論およびこのモデルを当てはめるときに最もよく使われる最小2乗法を扱う．

第2章の `Advertising` データを思い出してほしい．図2.1はある製品の `sales` (単位：千個) を `TV, radio, newspaper` の各メディアでの広告費用 (単位：千ドル) を予測変数として表したものである．このデータをもとにして来年のセールスを増加させるマーケティングプランを提案することになったとする．この提案を行う上でどのような情報が役に立つであろうか．以下の問いについて考えることが重要である．

(1) **広告にかける費用とセールスの間に関係があるのか**
まず最初に調べなければならないことは，広告費用とセールスの間に関係があるという証拠があるかどうかということである．もしその証拠がないとすれば，広告にはお金を使ってはいけないということになる．

(2) **広告費用とセールスの関係はどの程度の強さか**
広告費用とセールスに関係があるとして，次に知りたいことはこの関係の強さである．ある広告費用に対しセールスをかなり正確に予測できるとすれば，これは強い関係であるといえる．一方，もし広告費用によるセールス予測が当て推量よりも少しは良いというくらいのレベルであれば，これは弱い関係といえる．

(3) **どの広告メディアがセールスに貢献するのか**
3つのメディア (テレビ，ラジオ，新聞) すべてがセールスに貢献するのか．それとも3つのうち1つまたは2つのみがセールスに貢献するのか．この問いに

答えるには，3つのメディアにお金を使ったときのそれぞれの効果を分ける方法を見つけなければならない．

(4) **それぞれのメディアがセールスに貢献する度合いをどの程度正確に予測することができるか**
あるメディアの広告費用を$1 増やしたとき，セールスはいくら増加するのか．この増加をどの程度正確に予測できるのか．

(5) **将来のセールスをどの程度正確に予測できるか**
テレビ，ラジオ，新聞の広告費用が与えられたとき，セールスの予測はいくらになるか．その予測はどの程度正確であるか．

(6) **線形の関係であるか**
各メディアの広告費用とセールスの関係が直線で近似できる関係であるならば，線形回帰を使うことは適切である．もし線形でないならば，予測変数または応答変数に変換を施し，線形回帰が使えるようにするということも考えられる．

(7) **各メディア間でのシナジー効果は存在するか**
テレビに$50,000，そしてラジオに$50,000 使う方がテレビまたはラジオ片方のみに$100,000 使うよりもセールスを増やすのに効果的ということがあるかもしれない．マーケティングではこれをシナジー効果と呼ぶが，統計学ではこれを交互作用という．

線形回帰を使うと以上の問いに答えることができる．まず，以上の問いについて一般的な議論をした上で，3.4 節では特にこの広告費用の例について考える．

3.1　線形単回帰

線形単回帰とはその名が示す通り，量的応答変数 Y を単一の予測変数 X によって予測しようというわかりやすいアプローチである．X と Y の関係はおおよそ線形であると仮定する．数学的にはこの線形関係を

$$Y \approx \beta_0 + \beta_1 X \tag{3.1}$$

のように書くことができる．ここで "$\approx$" は "左辺は近似的に右辺によってモデル化される" ことを意味する．このようなときよく "Y を X に線形回帰する" と言う．例えば，X が TV の広告費用で Y が sales であるとする．このようなとき，sales を TV に線形回帰するには以下のモデルを当てはめるとよい．

$$\text{sales} \approx \beta_0 + \beta_1 \times \text{TV}.$$

式 (3.1) において，β_0 と β_1 は線形モデルの切片と傾きを表す未知の定数である．β_0 と β_1 はモデルの (回帰) 係数またはパラメータと呼ばれる．訓練データを使ってモ

デルの係数の推定値 $\hat{\beta}_0$ と $\hat{\beta}_1$ を得られれば，以下を計算することにより，テレビの広告費用をもとにセールスの予測を行うことができる．

$$\hat{y} = \hat{\beta}_0 + \hat{\beta}_1 x. \tag{3.2}$$

ここに $\hat{y}$ は $X = x$ のときの Y の予測値である．ハット記号は未知のパラメータや係数の推定値，あるいは応答変数の予測値を表すのに用いられる．

3.1.1 係数の推定

実際には，β_0 と β_1 は未知であるので，式 (3.1) を使って予測を行う前に，データを使って係数を推定しなければならない．

$$(x_1, y_1), (x_2, y_2), \ldots, (x_n, y_n)$$

を n 組の X と Y の観測データとする．**Advertising** の例では，このデータは $n = 200$ の異なるマーケットにおけるテレビの広告費用と，製品のセールスである．(データは図 2.1 に示されている．) ここで，式 (3.1) がデータによく当てはまる，つまり $i = 1, \ldots, n$ において $y_i \approx \hat{\beta}_0 + \hat{\beta}_1 x_i$ となる線形モデルの係数の推定値 $\hat{\beta}_0$ と $\hat{\beta}_1$ を得たい．言い換えると，$n = 200$ の観測データに線形モデルが一番近くなるように切片 $\hat{\beta}_0$ と傾き $\hat{\beta}_1$ を求めたいのである．"近さ" を測る方法は多くあるが，最も頻繁に使われるのは最小 2 乗法であり，本章でもこれを扱う．他の方法については第 6 章で述べる．

i 番目の X のデータに基づく Y の予測値を $\hat{y}_i = \hat{\beta}_0 + \hat{\beta}_1 x_i$ とする．すると $e_i = y_i - \hat{y}_i$ は i 番目の残差，つまり i 番目の応答変数の実測値と，線形モデルが予測した値との差である．残差平方和 (RSS: residual sum of squares) を

$$\text{RSS} = e_1^2 + e_2^2 + \cdots + e_n^2,$$

すなわち

$$\text{RSS} = (y_1 - \hat{\beta}_0 - \hat{\beta}_1 x_1)^2 + (y_2 - \hat{\beta}_0 - \hat{\beta}_1 x_2)^2 + \cdots + (y_n - \hat{\beta}_0 - \hat{\beta}_1 x_n)^2 \tag{3.3}$$

と定義する．最小 2 乗法は RSS を最小化するような $\hat{\beta}_0$ と $\hat{\beta}_1$ を選ぶ．偏微分することにより，最小値を与えるのは

$$\hat{\beta}_1 = \frac{\sum_{i=1}^{n}(x_i - \bar{x})(y_i - \bar{y})}{\sum_{i=1}^{n}(x_i - \bar{x})^2},$$

$$\hat{\beta}_0 = \bar{y} - \hat{\beta}_1 \bar{x} \tag{3.4}$$

である．ここで $\bar{y} \equiv \frac{1}{n}\sum_{i=1}^{n} y_i$ と $\bar{x} \equiv \frac{1}{n}\sum_{i=1}^{n} x_i$ は標本平均である．式 (3.4) は線形単回帰における最小 2 乗法による係数の推定値を定義している．

図 3.1 は **Advertising** データに線形単回帰を当てはめたものである．係数は

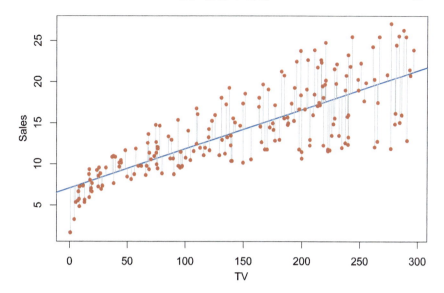

図 3.1 Advertising データにおいて sales を TV に線形回帰したものが示されている．残差平方和を最小にすることにより当てはめた．グレーの線は残差を表し，これらの残差の平方を調整することにより直線を得た．この場合，線形モデルは応答変数と予測変数の関係をとらえているようであるが，グラフの左端の方では少し問題がある．

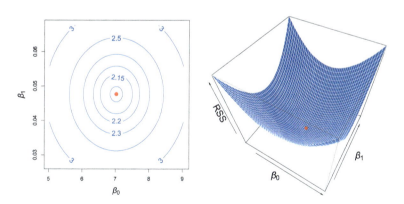

図 3.2 等高線プロットおよび 3 次元プロットにより Advertising データの RSS を示す．sales を応答変数，TV を説明変数としている．赤い点は式 (3.4) の最小 2 乗法により推定された係数 $\hat{\beta}_0$ および $\hat{\beta}_1$ を表す．

$\hat{\beta}_0 = 7.03$ と $\hat{\beta}_1 = 0.0475$ となっている．つまりこの近似によると，テレビ広告費用を\$1,000 増やすことによりおよそ 47.5 個多くの製品が売れるということになる．

58   3. 線 形 回 帰

図 3.2 では Advertising のデータで sales を応答変数，TV を予測変数としてさまざ
まな β_0 と β_1 の値で RSS を計算した結果である．左右のプロットともに赤い点が式
(3.4) の最小 2 乗により推定される係数 $(\hat{\beta}_0, \hat{\beta}_1)$ を示す．

3.1.2 回帰係数の推定値における精度評価

式 (2.1) にあるように X と Y の真の関係は $Y = f(X) + \epsilon$ で f は未知の関数で
ある．また ϵ は平均が 0 の誤差である．f が線形関数で近似できるとすると，この関
係は

$$Y = \beta_0 + \beta_1 X + \epsilon \tag{3.5}$$

と表すことができる．

ここに β_0 は切片，つまり $X = 0$ としたときの Y の期待値である．また，β_1 は傾
き，つまり X が 1 増加したときの Y の平均増加量である．この単純なモデルでとら
えきれないものをまとめて誤差の項としている．真の関係は線形でないかもしれない
し，Y を変化させる変数は他にもあるかもしれない．また測定誤差もあるかもしれな
い．通常，誤差は X と独立していると仮定する．

式 (3.5) のモデルが母集団の回帰直線 (母回帰直線) を定義する．つまり X と Y の
真の関係を線形で近似するベストな直線である[注1]．最小 2 乗法による回帰係数の推定
式 (3.4) により，式 (3.2) の最小 2 乗法による回帰直線が決定する．図 3.3 の左のグラ
フにシミュレーションデータを使用して線形回帰をあてはめた 2 つの例を示す．X に
ついて 100 個のランダムな値を使い，対応する Y の値を以下のモデルから作成した．

$$Y = 2 + 3X + \epsilon. \tag{3.6}$$

ここに ϵ は平均 0 の正規分布から生成されている．図 3.3 の左のグラフの赤線は，
真の関係 $f(X) = 2 + 3X$ を示す．そして青線は観測データをもとに最小 2 乗法で推
定したものである．通常真の関係は未知である．しかし，式 (3.4) により最小 2 乗法
による回帰直線は常に計算することができる．すなわち，実際には観測データを使っ
て最小 2 乗法の回帰直線を求めることができるが，母回帰直線は見えない．図 3.3 の
右のグラフでは式 (3.6) により作成した 10 セットの異なる観測データを使って 10 本
の最小 2 乗法による回帰直線をプロットした．同一の真のモデルから作成した異なる
データセットはもちろん異なる回帰直線を与えるが，未知の母回帰直線は変わること
はない．

一見すると，母回帰直線と最小 2 乗法による回帰直線の違いはわずかのようでもあ
るし，混同しやすい．データセットは 1 つしかないわけであるから，予測変数と応答

[注1]　線形を仮定することは多くの場合有効である．しかし多くの教科書に書いてあることに反して，
ほとんどの場合において，私たちは真の関係が線形であるとは思っていない．

3.1 線形単回帰

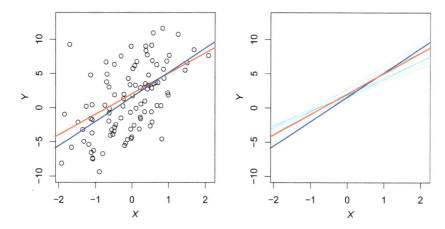

図 3.3 シミュレーションデータ．**左**：赤線は真の関係 $f(X) = 2 + 3X$ を示す．これは母回帰直線と呼ばれる．青線は最小 2 乗法による回帰直線．これは黒点で示された観測データを使って最小 2 乗法により $f(X)$ を推定したものである．**右**：こちらでも母回帰直線を赤，最小 2 乗法による直線を青で示した．ランダムな観測をさらに 10 回行い，最小 2 乗法により回帰直線を計算した．これらの結果を 10 本の薄い青線で示す．それぞれの最小 2 乗回帰線は異なるが，概して母回帰直線に近いといえよう．

変数との関係を表す直線が 2 つあるというのは何を意味するのであろうか．これら 2 つの直線についての概念は，根本的には標本から母集団の特性を推測するために用いる標準的な統計学的アプローチを自然に拡張したものである．例えば，ある確率変数 Y の母平均 μ を知りたいとする．残念ながら μ は未知である，しかし Y について n 個の観測データがある．これらの観測値を $y_1, \ldots, y_n$ とし，これらから μ を推定する．理にかなった推定値は $\hat{\mu} = \bar{y}$ である．ここで $\bar{y} = \frac{1}{n}\sum_{i=1}^{n} y_i$ は標本平均である．標本平均と母平均は異なる，しかし一般的に標本平均は母平均の良い推定値である．同様に，未知の係数 β_0 と β_1 が母回帰直線を定義する．式 (3.4) で未知の係数を $\hat{\beta}_0$ と $\hat{\beta}_1$ により推定する．これらの推定された係数が最小 2 乗法による回帰直線を定義する．

バイアスの概念を用いると，確率変数の推定から回帰直線の係数の推定を類推することが適切であるとわかる．μ を推定するのに標本平均 $\hat{\mu}$ を使うと，この推定値にはバイアスがない．つまり平均的には $\hat{\mu}$ は μ に等しい．これは何を意味するのか．ある観測値 $y_1, \ldots, y_n$ を使うと $\hat{\mu}$ は μ を過大に推定するであろうし，また別の観測値によれば $\hat{\mu}$ は μ を過小に推定するだろう．しかし，これを何度も繰り返し，多くの観測データセットから多くの推定値を得たならば，その平均は μ となる．このように，バイアスのない推定量は真のパラメータを一貫して過大推定することも，過小推定する

60   3. 線 形 回 帰

こともない. バイアスがないという特徴は式 (3.4) の最小 2 乗法で得られる係数の推定値にも当てはまる. もし β_0 と β_1 をあるデータセットで推定した場合, 正確に β_0 と β_1 が得られることはないであろう. しかし, 多くのデータセットを使って得られる推定値を平均すると, 平均値は正確な値になる. 実際, 図 3.3 の右のグラフには別々のデータセットから得られる多くの最小 2 乗法による回帰直線が示してあるが, これらの平均は真の母回帰直線に非常に近いことがわかる.

確率変数 Y の母平均 μ を推定することによる類推を続ける. 次の素朴な質問は, μ の推定値として標本平均 $\hat{\mu}$ はどの程度正確なのであろうかということである. 多くのデータセットで $\hat{\mu}$ を得るとそれらの平均は μ に非常に近い値となることは理解した. しかし, そのうちの 1 つの $\hat{\mu}$ は真の μ よりもかなり大きいかもしれないし, かなり小さいかもしれない.

この 1 つの $\hat{\mu}$ はどのくらい真の値から離れているのだろうか. 通常, この問いには $\hat{\mu}$ の標準誤差を計算することで答えることができる. これを $SE(\hat{\mu})$ と書く. 以下の式がよく知られている.

$$\mathrm{Var}(\hat{\mu}) = \mathrm{SE}(\hat{\mu})^2 = \frac{\sigma^2}{n}. \tag{3.7}$$

ここで σ は Y の観測値 y_i の標準偏差である[*2]. 大まかに言えば, 標準誤差は推定値 $\hat{\mu}$ が真の値 μ からどのくらい離れているかを示す.

式 (3.7) はこれが n が大きくなるにつれてどのように減少するかも示している. 観測データの数 n が多くなるにつれて $\hat{\mu}$ の標準誤差は減少する. 同様に $\hat{\beta}_0$ と $\hat{\beta}_1$ がどの程度 β_0 と β_1 に近いかを考えることもできる. $\hat{\beta}_0$ と $\hat{\beta}_1$ についての標準誤差は以下の式を使う.

$$\mathrm{SE}(\hat{\beta}_0)^2 = \sigma^2 \left[\frac{1}{n} + \frac{\bar{x}^2}{\sum_{i=1}^n (x_i - \bar{x})^2} \right], \quad \mathrm{SE}(\hat{\beta}_1)^2 = \frac{\sigma^2}{\sum_{i=1}^n (x_i - \bar{x})^2}. \tag{3.8}$$

ここに $\sigma^2 = \mathrm{Var}(\epsilon)$ である. 厳密には, 以上の式が成り立つためにはそれぞれの観測値の誤差 ϵ_i の間に相関がなく, 共通の分散として σ^2 をもつことが必要である. 図 3.1 を見ると明らかにこれが成り立たないことがわかる. それでもなお, この式はよい近似をもたらすといえる. 式を見てわかることは, まず $\mathrm{SE}(\hat{\beta}_1)$ は x_i がばらつくほど小さくなるということである. これは直観的には x_i が広くにわたっていればそれだけ傾きを推定するのに適しているということである. また $\bar{x}$ が 0 ならば $\mathrm{SE}(\hat{\beta}_0)$ と $\mathrm{SE}(\hat{\mu})$ は等しい (この場合さらに $\hat{\beta}_0$ は $\bar{y}$ に等しい). 一般的には σ^2 は未知であるが, データから推定することができる. σ の推定値は残差標準誤差 (RSE: residual standard error) と呼ばれ, $\mathrm{RSE} = \sqrt{\mathrm{RSS}/(n-2)}$ で与えられる. 厳密には σ^2 がデータから推定されているのだから $\widehat{\mathrm{SE}}(\hat{\beta}_1)$ と書くべきであるが, 記号を簡素化する

[*2] この式は n 個の観測値に相関がない場合に成り立つ.

ために余分なハット記号は省く.

標準誤差は信頼区間を求めるのに使われる. 95%信頼区間とは95%の確率で未知の
パラメータの値が存在する範囲である. この範囲は標本のデータから計算された上限
と下限として示される. 線形回帰においては β_1 の95%近似信頼区間は

$$\hat{\beta}_1 \pm 2 \cdot \text{SE}(\hat{\beta}_1). \tag{3.9}$$

つまりおよそ95%の確率で β_1 の真の値が区間

$$\left[\hat{\beta}_1 - 2 \cdot \text{SE}(\hat{\beta}_1),\ \hat{\beta}_1 + 2 \cdot \text{SE}(\hat{\beta}_1) \right] \tag{3.10}$$

に存在する[*3]. 同様に β_0 の近似信頼区間は

$$\hat{\beta}_0 \pm 2 \cdot \text{SE}(\hat{\beta}_0) \tag{3.11}$$

である.

Advertising のデータでは, β_0 の95%近似信頼区間は $[6.130, 7.935]$ であり, β_1
の95%近似信頼区間は $[0.042, 0.053]$ である. したがってまったく広告をしない場合,
セールスは平均的には6,130個から7,940個の間になると結論づけられる. さらに,
テレビ広告費を\$1,000増加するごとに平均的にセールスは42個から53個増加する.

標準誤差を使って係数に関する仮説検定をすることができる. 最も一般的な仮説検
定は帰無仮説

$$H_0 : X \text{ と } Y \text{ の間には関係がない} \tag{3.12}$$

と対立仮説

$$H_A : X \text{ と } Y \text{ の間に何らかの関係がある} \tag{3.13}$$

の検定である.

数学的には

$$H_0 : \beta_1 = 0$$

と

$$H_A : \beta_1 \neq 0$$

の検定である.

もし $\beta_1 = 0$ ならば式 (3.5) のモデルは $Y = \beta_0 + \epsilon$ となり, X は Y と無関係で
ある. 帰無仮説を検定することは, $\hat{\beta}_1$ つまり β_1 の推定値が十分0から離れており,
自信をもって β_1 は0ではないといえるかどうかを判断することである. しかし, ど

[*3] これらの上限, 下限は厳密には近似値である. 理由はまず式 (3.10) は誤差が正規分布に従って
いると仮定している. また $\text{SE}(\hat{\beta}_1)$ の項の係数2は観測値の数 n によりわずかに異なる. 正確
には, 式 (3.10) は2ではなく, 自由度 $n-2$ の t 分布の97.5パーセンタイルを使う. R を
使って95%信頼区間を正確に計算する方法は本章の後半で扱う.

れだけ離れていれば十分離れているといえるのか．これはもちろん $\hat{\beta}_1$ の精度，つまり $\mathrm{SE}(\hat{\beta}_1)$ による．もし $\mathrm{SE}(\hat{\beta}_1)$ が小さいならば，$\hat{\beta}_1$ が比較的小さかったとしても $\beta_1 \neq 0$ である，つまり X と Y は関係しているという強い根拠になるであろう．これに対して，もし $\mathrm{SE}(\hat{\beta}_1)$ が大きいならば，帰無仮説を棄却するには $\hat{\beta}_1$ の絶対値も大きくなければならない．実際には，以下の式にある t 統計量を計算する．

$$t = \frac{\hat{\beta}_1 - 0}{\mathrm{SE}(\hat{\beta}_1)}. \tag{3.14}$$

この値は $\hat{\beta}_1$ が 0 から標準偏差いくつ分離れているかを示している．もし X と Y に関係がないならば式 (3.14) は自由度 $n-2$ の t 分布に従う．t 分布は釣鐘形をしており，n がおおよそ 30 よりも大きい場合は正規分布とほぼ同様の分布となる．結果的には $\beta_1 = 0$ と仮定したときに絶対値が $|t|$ と等しい，あるいはより大きな値を得る確率を計算するだけのことである．この確率を p 値と呼ぶ．大まかには p 値は次のように捉えることができる：小さい p 値は，予測変数と応答変数の間に関係がないとすると，たまたまこのような関係が観察されるのは稀であることを表す．つまり p 値が小さい場合，予測変数と応答変数の間に関係があると推測される．p 値が十分小さいとき，つまり X と Y に関係があると判断を下す場合，帰無仮説を棄却すると言う．帰無仮説を棄却する p 値としては 5% または 1% がよく使われる．これは $n = 30$ とすると式 (3.14) の t 統計量では 2 と 2.75 にそれぞれ対応する．

表 3.1 は Advertising データを使い，テレビのセールス台数を広告費用に最小 2 乗法により回帰した際の係数を示す．係数 $\hat{\beta}_0$ および $\hat{\beta}_1$ は標準誤差と比べてとても大きいことに注意されたい．したがって t 統計量の値も大きい．帰無仮説が正しいとするとこのような値が起きる確率はほぼ 0 である．したがって $\beta_0 \neq 0$，および $\beta_1 \neq 0$ であると結論づけることができる[4]．

表 3.1 Advertising データにおいて最小 2 乗法によるテレビ広告費とセールスの回帰係数．テレビ広告費を$1,000 増加すると，およそ 50 個多く売れる (sales 変数の単位は千個，TV 変数の単位は千ドル)．

	係数	標準誤差	t 統計量	p 値
intercept	7.0325	0.4578	15.36	< 0.0001
TV	0.0475	0.0027	17.67	< 0.0001

---

[4] 表 3.1 において，切片についての p 値が小さいということは帰無仮説 $\beta_0 = 0$ を棄却するということである．また TV の p 値が小さいということは帰無仮説 $\beta_1 = 0$ を棄却することである．後者の帰無仮説を棄却するとはつまり TV と sales の間に関係があるということであり，前者の帰無仮説を棄却するとは TV 広告費用をまったく使わなかったときに sales は 0 ではないということである．

3.1.3 モデルの精度評価

帰無仮説 (3.12) を棄却して対立仮説 (3.13) が成り立つとしたら，次はモデルがどの程度データに当てはまるのかを測りたくなるのは自然であろう．線形回帰の当てはめの質は 2 つの関連した量，つまり残差標準誤差 (RSE) と決定係数 R^2 で評価される．

表 3.2 はセールス個数をテレビ広告費に回帰したときの RSE，R^2，F 統計量である (F 統計量については 3.2.2 項で述べる)．

表 3.2 `Advertising` データについて，セールスとテレビ広告費の最小 2 乗法による回帰モデルでの追加情報．

量	値
RSE	3.26
R^2	0.612
F 統計量	312.1

残差標準誤差

モデル (3.5) より，各観測データには誤差項 ϵ がある．この誤差項のため，もし，真の回帰直線がわかっていたとしても，つまり β_0 と β_1 がわかっていたとしても，X から Y を完璧に予測することは不可能である．RSE は ϵ の標準偏差を推定するものである．大まかに言えば，これは真の回帰直線から応答変数が平均的にどのくらい離れているかを示す量である．RSE は下記の式で求められる．

$$\text{RSE} = \sqrt{\frac{1}{n-2}\text{RSS}} = \sqrt{\frac{1}{n-2}\sum_{i=1}^{n}(y_i - \hat{y}_i)^2}. \tag{3.15}$$

RSS は 3.1.1 項で定義されており，以下の式によって表される．

$$\text{RSS} = \sum(y_i - \hat{y}_i)^2. \tag{3.16}$$

`Advertising` データの場合，表 3.2 の線形回帰の出力結果より，RSE は 3.26 である．言い換えれば，各マーケットにおける実際のセールスは真の回帰直線から平均的におよそ 3,260 個ほど離れている．別の考え方をすれば，もしもモデルが正しく，真の係数 β_0 と β_1 が正確にわかっていたとしても，テレビ広告費からセールスを予測しようとすると平均的には 3,260 個ほど外れてしまうということである．もちろんこの 3,260 個という誤差が容認できるものかどうかは状況による．この `Advertising` データにおいてはすべてのマーケットの `sales` の平均はおよそ 14,000 個であるから，誤差の割合は $3260/14000 = 23\%$ となる．

RSE はモデル (3.5) がデータに当てはまっていない度合いを測っていると考えられる．もしモデルを使った予測値が真の応答変数の値に近かったとすると，つまり $i = 1, \ldots, n$ について $\hat{y}_i \approx y_i$ であれば，式 (3.15) の値は小さい，そしてこのモデル

はデータに非常によく当てはまると言うことができる．その一方で，$\hat{y}_i$ が y_i から大きく離れている場合には，RSE は大きくなり，モデルはデータによく当てはまっていないといえる．

決定係数 R^2

RSE はモデル (3.5) への当てはまりの悪さを測っているということであった．しかし，これは Y の単位で計測されるので，どの程度 RSE が小さければよいのかはっきりしないことがある．R^2 はあてはめの度合いを測るもう 1 つの方法である．これは割合 (分散のうち説明されている部分の割合) であるから常に 0 と 1 の間の値をとる．そのため，Y の単位とは無関係である．

R^2 を計算するのには以下の式を使う．

$$R^2 = \frac{\text{TSS} - \text{RSS}}{\text{TSS}} = 1 - \frac{\text{RSS}}{\text{TSS}}. \tag{3.17}$$

ここに $\text{TSS} = \sum (y_i - \bar{y})^2$ は総平方和 (TSS: total sum of squares) であり，RSS は式 (3.16) に定義されている．TSS は応答変数 Y の総分散であり，回帰直線を当てはめる前に応答変数にどの程度の分散があるかを表す量と考えることができる．これに対して，RSS は回帰を行った後にどの程度の分散が説明されていないかを測る量である．したがって TSS − RSS は回帰を当てはめることによって応答変数の分散のうちどの程度が説明されたか (あるいは取り除かれたか) を示し，R^2 は Y の分散のうち X により説明される割合を測っている．R^2 が 1 に近いということは回帰により応答変数の分散のうち多くが説明されたということである．逆に 0 に近い値は回帰が応答変数の分散をあまり説明していないということである．線形モデルが間違っているということも考えられるし，モデルにある誤差項 σ^2 が大きい，またはその両方が当てはまる場合もある．表 3.2 によると R^2 は 0.61 であるから sales の分散のうち 2/3 弱は TV への回帰で説明されたことになる．

式 (3.17) の R^2 は式 (3.15) の RSE に比べて解釈しやすいという特長がある．RSE と異なり，R^2 は常に 0 と 1 の間の数値になるからである．しかし R^2 の値がいくつであればよいかを判断することは簡単ではないし，状況により異なる．例えば物理学のある問題において，誤差は非常に小さい線形モデルからデータが得られていることがわかっているという場合がある．このような場合 R^2 は 1 に非常に近いことが期待されるはずで，1 よりもかなり小さい R^2 値が得られた場合はデータ収集をした実験に問題があったことを示すことになるかもしれない．その一方，生物学，心理学，マーケティングその他の学問領域では，式 (3.5) の線形モデルはよくても極めて粗い近似であるから，計測されていない変数による残差は大きい．このような場合，応答変数の分散のうち予測変数で説明されるものはごく一部であるから，現実的には 0.1 よりかなり小さい R^2 となることもある．

R^2 は X と Y の線形関係の度合いを測るものである．相関係数

$$\mathrm{Cor}(X,Y) = \frac{\sum_{i=1}^{n}(x_i-\overline{x})(y_i-\overline{y})}{\sqrt{\sum_{i=1}^{n}(x_i-\overline{x})^2}\sqrt{\sum_{i=1}^{n}(y_i-\overline{y})^2}} \tag{3.18}$$

もまた X と Y の間の線形関係の度合いを測るものである[*5]．これにより線形モデルの当てはめの度合いを測るのに R^2 の代わりに $r = \mathrm{Cor}(X,Y)$ を使うということも考えられる．実は線形単回帰の場合，$R^2 = r^2$ となる．つまり相関係数を2乗したものと決定係数 R^2 は同じものである．次節では応答変数を予測するのに複数の予測変数を同時に使う線形重回帰を扱うが，予測変数と応答変数の相関係数の考え方は重回帰のケースには容易に拡張できない．なぜならば，相関係数は2つの変数の関係を測るものであり，多数の変数の間の関係を測るものではないからである．このような場合でも R^2 は役に立つ．

3.2　線形重回帰

線形単回帰は予測変数が1つの場合に応答変数を予測するのには有効なアプローチである．しかし，実際にはしばしば複数の予測変数が存在する．例えば Advertising データにおいては，セールスとテレビ広告費の関係を調べた．テレビ広告費以外にもラジオや新聞に使った広告費に関するデータもあり，これら2つのメディアについてもセールスと関係しているかどうかを調べたいところである．どのようにしてこれまでの分析を拡張し，2つの予測変数をモデルに加えることができるであろうか．

1つの方法としては，それぞれの広告メディアを予測変数として単回帰を別々に行うことが考えられる．例えば，セールスをラジオ広告費で予測する線形単回帰を当てはめることである．この結果は表3.3上にある．これによるとラジオ広告費を$1,000増やすと，セールスは約203個増加する．表3.3下は新聞広告費を予測変数としたときの最小2乗法による回帰係数である．新聞の広告費を$1,000増やすと，セールスは55個ほど増加する．

しかし，それぞれの予測変数を使って別々の単回帰モデルを当てはめることで十分な結果は得られない．まず最初に，それぞれの予測変数に別の回帰直線が存在するので，3つのメディアの広告費からどのようにセールスを予測すれば良いのかがわからない．次に，1つの予測変数で回帰係数を推定する際には，残りの2つの変数をまったく考慮していない．後で検討するように，データセットにある200のマーケットでのメディア広告費に相関がある場合には，1つの広告費がセールスに及ぼす影響の推

[*5] 式(3.18)の右辺は標本相関係数である．したがって $\widehat{\mathrm{Cor}(X,Y)}$ と書く記法がより正確であるが，記号を簡略化するためにハット記号を省略する．

66 3. 線 形 回 帰

表 3.3 Advertising データを使い，異なる予測変数を使用した線形単回帰モデル．予測変数を上：ラジオ広告費，下：新聞広告費とした場合の回帰係数．ラジオ広告費を\$1,000 増加させたとき，セールスはおよそ 203 個増加する．新聞広告費を同じ額だけ増加させると，セールスは平均 55 個増加する．(sales の単位は千個，radio および newspaper の単位は千ドルである．)

radio を予測変数，sales を応答変数とする線形単回帰

	係数	標準誤差	t 統計量	p 値
Intercept	9.312	0.563	16.54	< 0.0001
radio	0.203	0.020	9.92	< 0.0001

newspaper を予測変数，sales を応答変数とする線形単回帰

	係数	標準誤差	t 統計量	p 値
Intercept	12.351	0.621	19.88	< 0.0001
newspaper	0.055	0.017	3.30	0.00115

定は誤解を生じさせるものになり得る．

それぞれの予測変数を使い別々の単回帰モデルを当てはめるよりも良い方法は，単回帰モデル (3.5) を拡張して複数の予測変数を同時に扱うことである．これを達成するために，1 つのモデルの中でそれぞれの予測変数に係数を考えるとよい．一般的に p 個の予測変数があるとする．線形重回帰モデルは

$$Y = \beta_0 + \beta_1 X_1 + \beta_2 X_2 + \cdots + \beta_p X_p + \epsilon \tag{3.19}$$

で与えられる．ここに X_j は j 番目の予測変数であり，β_j はその予測変数と応答変数の関係を表す量である．β_j は，他のすべての予測変数は固定させたまま X_j のみ 1 単位分増加したときの Y の平均的増加である．Advertising の例では，式 (3.19) は

$$\text{sales} = \beta_0 + \beta_1 \times \text{TV} + \beta_2 \times \text{radio} + \beta_3 \times \text{newspaper} + \epsilon \tag{3.20}$$

となる．

3.2.1 回帰係数の推定

線形単回帰の場合と同様，線形重回帰でも式 (3.19) における回帰係数 $\beta_0, \beta_1, \ldots, \beta_p$ は未知であり，推定することになる．係数の推定値 $\hat{\beta}_0, \hat{\beta}_1, \ldots, \hat{\beta}_p$ が得られた下で，以下を使うことにより応答変数を予測することができる．

$$\hat{y} = \hat{\beta}_0 + \hat{\beta}_1 x_1 + \hat{\beta}_2 x_2 + \cdots + \hat{\beta}_p x_p. \tag{3.21}$$

線形単回帰のときと同じ最小 2 乗法により，係数を推定することができる．残差平方和を最小にするように係数 $\beta_0, \beta_1, \ldots, \beta_p$ を選ぶ．

3.2 線形重回帰

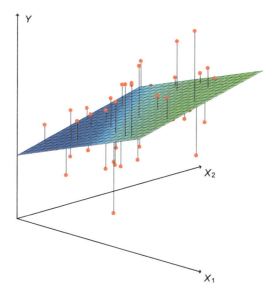

図 3.4 予測変数 2 つ,応答変数 1 つの 3 次元の場合,最小 2 乗法による線形重回帰の結果は平面になる.この平面はそれぞれの観測値 (赤い点) と平面間の垂直距離の 2 乗の和を最小化するように選ばれる.

表 3.4 Advertising データでセールスをラジオ,テレビ,新聞の広告費に重回帰した際の最小 2 乗法による係数の推定値.

	係数	標準誤差	t 統計量	p 値
Intercept	2.939	0.3119	9.42	< 0.0001
TV	0.046	0.0014	32.81	< 0.0001
radio	0.189	0.0086	21.89	< 0.0001
newspaper	−0.001	0.0059	−0.18	0.8599

$$\begin{aligned}\text{RSS} &= \sum_{i=1}^n (y_i - \hat{y}_i)^2 \\ &= \sum_{i=1}^n (y_i - \hat{\beta}_0 - \hat{\beta}_1 x_{i1} - \hat{\beta}_2 x_{i2} - \cdots - \hat{\beta}_p x_{ip})^2. \end{aligned} \quad (3.22)$$

式 (3.22) を最小化する係数 $\hat{\beta}_0, \hat{\beta}_1, \ldots, \hat{\beta}_p$ の値が重回帰係数の推定値である.式 (3.4) の単回帰係数の推定値とは異なり,重回帰係数の推定値は少し複雑な形であるため,行列代数を必要とする.そのため,ここでは扱わないことにする.どんな統計ソフトでもこれらの重回帰係数を推定する機能があり,本章の終わりでは R の例を示す.図 3.4 は 2 個の予測変数 ($p = 2$) がある場合である.

表 3.4 は Advertising のデータにおいてテレビ,ラジオ,新聞の広告費を使って

表 3.5 Advertising データにおいて, TV, radio, newspaper, sales の相関行列.

	TV	radio	newspaper	sales
TV	1.0000	0.0548	0.0567	0.7822
radio		1.0000	0.3541	0.5762
newspaper			1.0000	0.2283
sales				1.0000

製品のセールスを予測する重回帰係数の推定値である. この結果は次のように解釈することができる. テレビと新聞の広告費を固定した下で, ラジオの広告費を$1,000 増やすと, セールスはおよそ 189 個増加する. 表 3.1 と表 3.3 を比較すると, テレビとラジオに関しては重回帰と単回帰の係数の推定値はかなり近いといえる. 新聞広告費については表 3.3 において明らかに 0 ではないが, 重回帰においてはほぼ 0 であり, p 値も約 0.86 であり, 有意ではない. これは単回帰と重回帰における係数はかなり異なる場合もあるということを示している. この違いは以下によるものである. まず単回帰では, newspaper の係数は, テレビやラジオなど他の予測変数について考慮せずに, 新聞の広告費を$1,000 増やした際の平均的な効果を表す. それに対して重回帰では, テレビとラジオの広告費を固定した上で, 新聞の広告費を$1,000 増やした際の平均的な効果を表す.

　重回帰では sales と newspaper に関係がないとなり, 単回帰をすると両者には関係があるという結果が出るということは起こりうるだろうか. 実はこれは起こりうることである. 表 3.5 にある 3 つの予測変数と応答変数についての相関行列について考える. radio と newspaper の相関係数は 0.35 である. つまり, ラジオ広告費が大きいマーケットでは新聞広告費も大きいことを示す. ここで重回帰モデルが正しいと仮定する. つまり新聞広告費はセールスに影響しないが, ラジオ広告費は影響すると仮定する. このとき, ラジオ広告費を多く費やすマーケットではセールスは増大するし, そのマーケットでは新聞広告費も増大しがちである. したがって, sales と newspaper のみの単回帰では, newspaper を増加すると sales も増加するという結果となるが, 実は新聞広告費はセールスに影響しない. newspaper は radio の代替となっているため, 実は radio が sales に影響を与えているのに newspaper が "手柄を横取り" するのだ.

　これは直観的にわかりにくいかもしれないが, 実用上はよく生じることである. 若干滑稽な具体例を用いてこの点について説明しよう. ある海水浴場である期間アイスクリームのセールスと鮫の被害のデータを集めたところ, sales と newspaper と同様な正の相関がみられた. もちろん海水浴場で鮫の被害を減らすためにアイスクリームの販売を禁止しようなどとは誰も (いまのところは) 言わない. 実際に起きていることはおそらく気温が上がるとより多くの人が海水浴場を訪れ, その結果としてアイスク

リームのセールスも鮫の被害も増えるということであろう．鮫の被害を気温とアイスクリームのセールスに重回帰すると (想像どおり) 気温を考慮した後ではアイスクリームは有意でなくなる．

3.2.2 重要な問題

重回帰を行うときには，通常，以下の重要な問題に対する答えに関心が持たれる．

(1) 予測変数 $X_1, X_2, \ldots, X_p$ のうち，少なくとも 1 つは応答変数を予測する上で有効であるか．

(2) 予測変数のすべてが Y を説明するのに役立っているのか，それとも一部の予測変数だけが説明しているのか．

(3) モデルはデータにどの程度よく当てはまっているか．

(4) ある予測変数の値において，応答変数の予測値はどのような値となっているか．そしてその予測はどの程度正確なのか．

以上の問題について順番に論じる．

1：応答変数と予測変数の間に関係があるのか

線形単回帰の場合を思い出すと，応答変数と予測変数の間に関係があるかを決めるには単純に $\beta_1 = 0$ であるかどうかを調べればよかった．p 個の予測変数がある重回帰の場合は，すべての回帰係数が 0 であるか否か，つまり $\beta_1 = \beta_2 = \cdots = \beta_p = 0$ であるか否かを調べる．帰無仮説は

$$H_0 : \beta_1 = \beta_2 = \cdots = \beta_p = 0$$

であり，対立仮説は

$$H_a : \beta_j \text{ のうち少なくとも一つは非零である}$$

である．

この仮説検定では F 統計量を計算する．

$$F = \frac{(\text{TSS} - \text{RSS})/p}{\text{RSS}/(n - p - 1)}. \tag{3.23}$$

線形単回帰のときと同様，$\text{TSS} = \sum (y_i - \bar{y})^2$，$\text{RSS} = \sum (y_i - \hat{y}_i)^2$ である．線形モデルの仮定が正しいならば

$$E\{\text{RSS}/(n - p - 1)\} = \sigma^2$$

であり，H_0 が真ならば

$$E\{(\text{TSS} - \text{RSS})/p\} = \sigma^2$$

となる．

したがって，応答変数と予測変数の間に何も関係がないとすると，F 統計量は 1 に

70 3. 線 形 回 帰

表 3.6 Advertising データにおいて，セールスをテレビ，新聞，ラジオ広告費に最小
2 乗法によって重回帰した際の追加情報．他の情報については表 3.4 も参照の
こと．

量	値
RSE	1.69
R^2	0.897
F 統計量	570

近い値となる．反対にもし H_a が真である場合，$E\{(\mathrm{TSS} - \mathrm{RSS})/p\} > \sigma^2$ となり，
F は 1 よりも大きくなる．

sales を radio，TV，newspaper に線形重回帰した際の F 統計量を表 3.6 に示す．
この例では F 統計量は 570 である．この値は 1 よりもはるかに大きいので，帰無仮
説 H_0 を棄却するに十分な根拠となる．言い換えれば，大きな F 統計量は少なくとも
1 つの広告メディアが sales に関係していることを示している．しかし，もし F 統計
量が 1 に近い値であったとしたらどうであろうか．帰無仮説 H_0 を棄却し，予測変数
と応答変数には関係があると結論づけるのに十分大きい F 統計量とは何であろうか．
その答えは n と p に依存する．n が大きい場合は，F 統計量が 1 より少し大きいとい
うだけで H_0 を棄却する根拠となりうる．一方 n が小さい場合には，H_0 を棄却する
にはより大きな F 統計量が必要である．H_0 が真であり，誤差 ϵ_i が正規分布に従って
いるならば，F 統計量は F 分布に従う[6]．この分布から，ある n と p において，ど
の統計ソフトも F 統計量から p 値を計算することができる．この p 値をもとに，帰
無仮説を棄却するかどうかを結論づけることができる．Advertising データでは，表
3.6 の F 統計量に対応する p 値は実質 0 であるから，少なくとも 1 つの広告メディア
が sales に影響を与えていることの強い根拠になる．

式 (3.23) は，すべての係数は 0 であるという帰無仮説を検定している．p 個の係数
すべてではなく，ある特定の q 個のみについて検定したい場合がある．この場合，帰
無仮説は

$$H_0: \quad \beta_{p-q+1} = \beta_{p-q+2} = \cdots = \beta_p = 0$$

となる．ここでは最後の q 個を省くこととした．この新しいモデルは，前のモデルに
あった予測変数のうち，最後の q 個を除くすべてを使い，回帰を当てはめることにな
る．このときの残差平方和を RSS_0 とすると，適切な F 統計量は

$$F = \frac{(\mathrm{RSS}_0 - \mathrm{RSS})/q}{\mathrm{RSS}/(n-p-1)} \tag{3.24}$$

となる．

---

[6] 誤差が正規分布に従っていなくても，サンプルサイズ n が十分大きいならば，F 統計量は近似
的に F 分布に従う．

3.2 線 形 重 回 帰　　　　　71

表 3.4 にそれぞれの予測変数について t 統計量および p 値は示されている．これら
の数値は他の予測変数を考慮した上で，それぞれの予測変数が応答変数に関係してい
るかどうかについての情報を与えてくれる．これらは実のところモデルからその予測
変数 1 つだけを外し，残りはすべてモデルに残したままにしたときの F 検定と同じ
である[7]．したがって，これらの数値はモデルにその予測変数を加えた時の部分的効
果を表す．前に論じた通り，p 値によると，TV と radio は sales に関係しているが，
newspaper については，他の 2 個の予測変数がすでにある場合において，sales に関
連しているという根拠はない．

予測変数それぞれについての p 値があるのに，なぜ全体の F 統計量を検討しなけれ
ばならないのだろうか．結局のところ，変数の p 値のうち 1 つでも十分小さければ，
少なくとも 1 つの予測変数が応答変数に関係しているはずではないか．しかしながら
この論理には誤りがある．特に予測変数の数 p が大きいときには以下のようなことが
起きる．

$p = 100$ であり，$H_0 : \beta_1 = \beta_2 = \cdots = \beta_p = 0$ が真であるとする．つまりどの予
測変数も応答変数に関係がない．この場合でも，(表 3.4 に表されているような) 予測
変数の p 値のうち約 5% については確率的に 0.05 以下となる．言い換えれば，予測変
数と応答変数の間に何の関係がないとしても，5 個程度の小さい p 値を見ることにな
る．実際のところ，確率的に少なくとも 1 つの p 値が 0.05 以下になることはほぼ確
実である．もし t 統計量とそれに対応する p 値のみを使って予測変数と応答変数の関
係があるかないかを判断するならば，高い確率で関係の有無について誤った結論に達
してしまう．しかし，F 統計量を使えばこの誤りを回避することができる．なぜなら
ば F 統計量は予測変数の数を考慮するからである．

F 統計量を使って予測変数と応答変数の間に関係があるかどうかを判断するアプロー
チは p が比較的小さいとき，また当然のことながら p が n と比較して小さいときには
機能する．しかし予測変数の数が多くなる場合もある．もし $p > n$ であるとすると，
係数の推定に用いる観測データの数よりも，推定する係数 β_j の数の方が多い．この場
合は最小 2 乗法を使って回帰直線を当てはめることさえできない．したがって F 統計
量は使うことができない．また，本章で議論した他のどの方法も使うことができない．
p が大きい場合には，変数増加法など次節で扱うテクニックを使うことになる．この
ような高次元の場合については第 6 章で扱う．

2：重要な変数をどのように選ぶか

前節で論じたように重回帰分析で最初に行うことは，F 統計量を計算して対応する
p 値を検討することである．p 値を吟味した結果，少なくとも 1 つの予測変数が応答

---

[7]　t 統計量の 2 乗が F 統計量になっている．

変数に関係しているとなった場合，次に調べるのはどの予測変数が実際に関係しているのかということである．表 3.4 にある個別の p 値をみてもよいが，すでに論じたように p が大きい場合には誤った判断を下してしまう．

すべての予測変数が応答変数に関係しているということはあり得るが，多くの場合は応答変数は一部の予測変数から影響を受ける．どの予測変数が応答変数に関係しているかを決定し，関係のある予測変数のみを用いてモデルを当てはめることは変数選択と呼ばれ，第 6 章でその詳細を論じる．本節では，古典的なアプローチを手短に紹介するにとどめる．

理想的には予測変数の異なる部分集合を使い，多くのモデルを検討することにより変数選択を行いたいところである．例えば，もし $p = 2$ であれば，以下の 4 つのモデルを考えればよい：(1) どの変数も含まないモデル，(2) X_1 のみを含むモデル，(3) X_2 のみを含むモデル，(4) X_1 と X_2 両方を含むモデル．これらをすべて考慮した上で，一番良いモデルを選べばよい．良いモデルとはどのように決めればよいであろうか．モデルの質を判断するのにいろいろな統計量が使われる．Mallow の C_p，赤池情報量規準 (AIC)，ベイズ情報量規準 (BIC)，そして自由度調整済み R^2 などがある．これらについては第 6 章で詳しく論じる．規則性を探すのに残差などをプロットして異なるモデルを比較し，ベストなものを見つけることもできる．

しかし p 個の変数の部分集合は 2^p 個ある．これはあまり大きくない p においても，すべての予測変数の部分集合を検討することは不可能になるということである．例えば $p = 2$ のときは 4 個 ($2^2 = 4$) のモデルがある．$p = 30$ になると 1,073,741,824 個 ($2^{30} = 1,073,741,824$) ものモデルを比較しなければならない．これは現実的には不可能である．したがって p が非常に小さいという場合を除いて，2^p 個のすべてのモデルを比較することはできない．何らかの別の方法で，少数のモデルのみを考えることで済むような効率の良いアプローチが必要である．以下に 3 つの古典的なアプローチを挙げる．

- 変数増加法．切片のみで予測変数をもたないモデル (ヌルモデル) から始める．これに各予測変数を加えて単回帰モデルを p 個作り，まず，RSS が最小になる変数を加える．次にこのモデルに RSS が最小になるような変数を加えて 2 変数のモデルを得る．これをある条件が満たされるまで繰り返す．

- 変数減少法．すべての変数を含むモデルから始める．p 値が最も大きい，つまり統計的に有意でない変数を取り除く．残った $p-1$ 個の変数を使って回帰を行い，p 値が最大の変数を取り除く．ある条件が満たされるまでこれを繰り返す．このときの条件とは，例えば，すべての変数の p 値が何らかのしきい値よりも小さくなるまでなどの条件である．

- 変数増減法．これは変数増加法と変数減少法を組み合わせたものである．まずは

ヌルモデルから始め，変数増加法と同じように最もよく当てはまる変数を加える．1個ずつ変数を加えていくが，`Advertising` の例で見たように，新しい予測変数がモデルに加えられることにより p 値が増加することがある．そこで，ある変数の p 値があるしきい値よりも大きくなった場合には，その予測変数をモデルから取り除く．このようにして，モデルに含まれる変数の p 値は十分小さく，またモデルに含むと p 値が大きくなってしまうような変数はモデルに含まれないという状態になるまで，増加，減少の手順を繰り返す．

もし $p > n$ であると，変数減少法は使うことができないが，変数増加法はいつでも使うことができる．変数増加法は貪欲なアプローチであるため，後になって不要になる変数を最初に取り込んでしまうかもしれないという問題がある．変数増減法はこれを緩和する．

3：モデルの当てはめ

モデルの当てはめの度合いを数値で測るのに最もよく使われる規準は RSE と R^2 である．これらの量は単回帰の場合と同様に解釈することができる．

単回帰においては，R^2 は応答変数と予測変数の相関係数の 2 乗であった．重回帰においては，$\mathrm{Cor}(Y, \hat{Y})^2$，つまり応答変数と線形モデルによる予測値の相関係数の 2 乗となる．回帰直線の 1 つの特徴は，すべての線形モデルのうち，実は回帰直線がこの相関係数を最大化していることである．

R^2 が 1 に近いということは，モデルが応答変数の分散のうち多くの部分を説明しているということである．`Advertising` においては，表 3.6 にあるように 3 つの予測変数をすべて使って `sales` を予測する場合の R^2 は 0.8972 である．一方，`TV` と `radio` のみを使うモデルにおける R^2 は 0.89719 である．表 3.4 では新聞広告費の p 値は有意ではないが，それでもテレビとラジオだけを含むモデルに新聞を予測変数として加えると，R^2 はわずかに増加している．その変数と応答変数との関係が非常に弱いものであったとしても，変数が増えるごとに R^2 はとにかく増加するのである．これは最小 2 乗法の式に新たな変数を加えると，訓練データに当てはめる精度は必ず向上することによる．このとき，テストデータを予測する精度は上がっているとは限らない．R^2 の値も訓練データを使って計算するので，これも必ず増加する．テレビとラジオだけを予測変数とするモデルに新聞を加えるとわずかだけ R^2 が増加するという事実がモデルから `newspaper` を削除できることの根拠である．実質的には `newspaper` はモデルの精度にまったく貢献していないし，この変数をモデルに入れることにより，過学習となり，精度の低い結果をもたらすことになるであろう．

これに対して，`TV` だけを予測変数とするモデルでは R^2 は 0.61 である（表 3.2）．`radio` をモデルに加えることにより，R^2 はかなり向上する．これはテレビとラジオ広告費を使うモデルの方がテレビの広告費用だけを使うものよりも優れているという

ことである．この改善はTVとradioのみを含むモデルでradio変数のp値を見ることによっても確認できる．

TVとradioのみを予測変数とするモデルのRSEは1.681である．また，newspaperを加えたモデルではRSEは1.686となる(表3.6)．対照的に，TVのみを予測変数とするモデルでは3.26である(表3.2)．これはテレビとラジオの広告費を使うモデルの方がテレビの広告費用だけのモデルよりは(訓練データにおいて)より正確であるという以前の結論を裏付けている．さらに，テレビとラジオの広告費用がすでに予測変数であるならば，新聞の広告費用を予測変数として新たに入れることに意味はない．注意深い読者は，newspaperを変数に加えたとき，RSSは減少するのに，なぜRSEは増加することになるのかと不思議に思うかもしれない．一般的にはRSEの定義は

$$\mathrm{RSE} = \sqrt{\frac{1}{n-p-1}\mathrm{RSS}} \tag{3.25}$$

であり，これは単回帰の場合には式(3.15)となる．したがって，pの増加と比べてRSSの減少量が比較的小さい場合は，RSEが大きくなることが起こりうる．

ここで論じたRSEやR^2だけでなく，実際にデータをプロットしてみることが有効なこともある．視覚で確認することにより，数値だけでは見えなかったモデルに関する問題が明らかになることがある．例を挙げると，図3.5はTV, radio, そしてsales

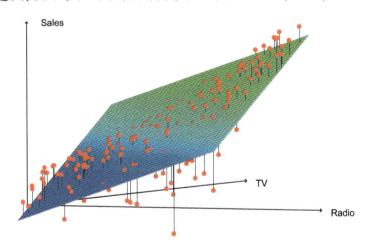

図3.5 AdvertisingデータでTVとradioを予測変数，salesを応答変数として線形回帰を当てはめた．データにははっきりとした非線形の関係があることがみてとれる．正の値の残差(平面の上部)は45度の線に沿っており，これはTVとradioの広告費を均等にした場合にあたる．この線から離れた場所では負の値の残差(その多くは見えていない)となっており，これは費用がより偏った場合にあたる．

の 3 次元プロットである．観測データは最小 2 乗平面よりも上に位置するものもあれば，下に位置するものもある．特に，この線形モデルは広告費が TV のみまたは radio のみに使われた場合には sales を過大に予測する傾向にある．逆に予算が 2 つのメディアに分けて使われた場合には，sales を過小に予測する傾向がある．このような強い非線形のパターンは線形回帰では正確にモデル化することはできない．異なる広告メディアを組み合わせることにより，どちらか片方のメディアを使うよりもセールスをより大きく押し上げる相乗効果，または交互作用が働いていることを示唆している．3.3.2 項において，交互作用項を使うことにより，このような相乗効果を線形モデルで使えるよう拡張する．

4：予　測

重回帰を当てはめると，式 (3.21) により，予測変数が $X_1, X_2, \ldots, X_p$ のとき応答変数 Y の値を予測するのは簡単なことである．しかし，この予測には 3 つの種類の不確かさがある．

(1) $\hat{\beta}_0, \hat{\beta}_1, \ldots, \hat{\beta}_p$ は，$\beta_0, \beta_1, \ldots, \beta_p$ の推定値である．つまり，最小 2 乗法による超平面

$$\hat{Y} = \hat{\beta}_0 + \hat{\beta}_1 X_1 + \cdots + \hat{\beta}_p X_p$$

は母回帰の超平面

$$f(X) = \beta_0 + \beta_1 X_1 + \cdots + \beta_p X_p$$

を推定したものにすぎない．推定した係数の不確かさは第 2 章の削減可能誤差に関係がある．$\hat{Y}$ がどの程度 $f(X)$ に近いかを判断するのに信頼区間を計算することができる．

(2) 当然のことながら，ほとんどの場合において $f(X)$ が線形であるという仮定は近似である．したがってもう 1 つ別の削減可能誤差があり，これをモデルバイアスと呼ぶ．線形モデルを使うというのは，実のところベストな線形近似を推定していることに他ならない．しかし，ここでは線形モデルが正しいとして，バイアスについては考えない．

(3) もし $f(X)$ が既知であるとしても，つまり $\beta_0, \beta_1, \ldots, \beta_p$ の真の値が既知であるとしても，モデル (3.21) の誤差 ϵ のため，完璧に応答変数を予測することは不可能である．第 2 章でこの誤差のことを削減不能誤差と呼んだ．Y と $\hat{Y}$ はどのくらい離れているか．予測区間によってこの問いに答えることができる．予測区間の幅は必ず信頼区間の幅よりも大きい．予測区間は $f(X)$ を予測する際の誤差 (削減可能誤差) と実際の値が母回帰直線からどれだけ離れているか (削減不能誤差) の両方を含むからである．

信頼区間は多くのマーケットにおいての平均 sales に関する不確かさを表すのに使

われる．例えば，1 つのマーケットで TV に$100,000，radio に$20,000 を費やしたとすると，95%信頼区間は [10,985, 11,528] となる．これは 95%の確率でこのような区間が $f(X)$ の真の値を含むということである[*8]．

一方予測区間はある一つのマーケットの sales に関する不確かさを表す．あるマーケットで TV に$100,000，radio に$20,000 を費やしたとすると，95%予測区間は [7,930, 14,580] となる．これはそのマーケットでの真の Y の値が 95%の確率でこの区間に含まれるということである．どちらの区間も 11,256 が中央にあるということに注意されたい．そして予測区間の方が信頼区間よりもかなり広い．これは多くのマーケットの平均 sales よりはある特定のマーケットの sales の方がより不確かであるということを反映している．

3.3 回帰モデルにおける他の考察

3.3.1 質的予測変数

これまでの議論において，線形回帰モデルのすべての変数は量的であった．しかし実務上はいつも量的であるとは限らない．しばしば質的な予測変数を扱うことがある．

例えば，図 3.6 の Credit データは balance (各個人におけるクレジットカード債務平均残高) をはじめとして age，cards (クレジットカードの枚数)，education (就学年数)，income (単位：千ドル)，limit (クレジット限度額)，rating (クレジットスコア) などの量的データである．図 3.6 のそれぞれのグラフは，2 つの変数の散布図である．どの 2 変数かは行および列のラベルで示す．例えば，"Balance" と書いてある場所のすぐ右にある散布図は，balance と age の散布図である．"Age" のすぐ右の散布図は age と cards についての散布図である．これら量的変数の他に 4 つの質的変数がある：gender，student (学生のステータス)，status (結婚しているかどうか)，ethnicity (白人，黒人，アジア系) である．

2 段階のみの質的な予測変数

男性と女性の間にクレジットカード債務残高の違いがあるかどうかを調べたいとする．まずは他の変数は考えないことにする．質的な予測変数 (因子とも呼ばれる) が 2 段階のみの場合，これを回帰モデル化することは容易である．2 つの数値のどちらかをとる指標変数 (またはダミー変数) を作成すればよい．gender であれば

$$x_i = \begin{cases} 1 & i \text{ 番目の人が女性の場合} \\ 0 & i \text{ 番目の人が男性の場合} \end{cases} \tag{3.26}$$

[*8] 別の言い方をすれば，もし Advertising のようなデータセットを多く集め，それぞれのデータセットで (TV に$100,000，radio に$20,000 として) sales の平均に対する信頼区間を構成すると，このようにして構成した信頼区間のうちの 95%が真の sales の平均を含む．

3.3 回帰モデルにおける他の考察

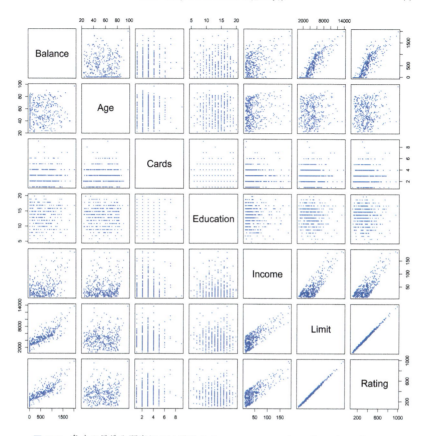

図 3.6 多くの見込み顧客についての balance, age, cards, education, income, limit, rating などを含む Credit データセット.

となる新しい変数を定義して，この変数を回帰方程式の予測変数とすればよい．この結果，モデルは

$$y_i = \beta_0 + \beta_1 x_i + \epsilon_i = \begin{cases} \beta_0 + \beta_1 + \epsilon_i & i\text{ 番目の人が女性の場合} \\ \beta_0 + \epsilon_i & i\text{ 番目の人が男性の場合} \end{cases} \quad (3.27)$$

となる．β_0 は男性のクレジットカード平均債務残高，$\beta_0 + \beta_1$ は女性のクレジットカード平均債務残高と解釈することができる．β_1 は女性と男性のクレジットカード債務残高の平均的な差である．

表 3.7 は式 (3.27) のモデルでの回帰係数の推定値とその他の数値である．男性のクレジットカード平均債務残高は$509.80，女性では$19.73 多くなり，$509.80 + $19.73 = $529.53 であると予測される．しかしここでダミー変数の p 値がとても大きいことに

3. 線 形 回 帰

表 3.7 Credit データを使い，最小 2 乗法により balance を gender に回帰した結果．線形モデルは式 (3.27) による．性別には式 (3.26) のダミー変数を使っている．

	係数	標準誤差	t 統計量	p 値
Intercept	509.80	33.13	15.389	< 0.0001
gender[Female]	19.73	46.05	0.429	0.6690

注意しておきたい．これは性別によるクレジットカードの平均債務残高に統計的な違いがあるという証拠はないことを示している．

式 (3.27) において，女性を 1，男性を 0 とコード化したがこれは適当に設定しただけであって，回帰の当てはめには何の影響もない．しかし，逆にすると係数の解釈は変えなければならない．もし男性を 1，女性を 0 と表したならば，β_0 と β_1 の推定値はそれぞれ 529.53 と -19.73 となったはずである．結果は同じで男性のクレジットカード債務残高は \$529.53 − \$19.73 = \$509.80 で女性は\$529.53 と予測される．さらに別の方法としては，0/1 を使うのではなく，ダミー変数

$$x_i = \begin{cases} 1 & i \text{ 番目の人が女性の場合} \\ -1 & i \text{ 番目の人が男性の場合} \end{cases}$$

を回帰に使うこともできる．これによりモデルは

$$y_i = \beta_0 + \beta_1 x_i + \epsilon_i = \begin{cases} \beta_0 + \beta_1 + \epsilon_i & i \text{ 番目の人が女性の場合} \\ \beta_0 - \beta_1 + \epsilon_i & i \text{ 番目の人が男性の場合} \end{cases}$$

となる．

この場合，β_0 は (性別を考慮しない) 全体のクレジットカードの平均債務残高で，β_1 は女性が平均よりもどの程度多く，男性が平均よりもどの程度少ないかを表していると解釈することができる．この例では β_0 の推定値は男性\$509.80 と女性\$529.53 の平均\$519.665 となるであろう．同様に β_1 の推定値は女性と男性の差の平均\$19.73 の半分で\$9.865 となるであろう．最終的な男性と女性のクレジットカード債務残高は変数の定義の仕方をどのように変えてもまったく同じであることは触れておきたい．異なるのは係数の解釈だけである．

3 段階以上の質的な予測変数

質的な予測変数が 3 つ以上のカテゴリーをもつ場合，ダミー変数 1 つではすべてのカテゴリーを扱えない．この場合，さらにダミー変数を追加すればよい．ethnicity 変数であれば，2 つのダミー変数を以下のように定義すればよい．まず最初に

$$x_{i1} = \begin{cases} 1 & i \text{ 番目の人がアジア系である場合} \\ 0 & i \text{ 番目の人がアジア系でない場合}. \end{cases} \tag{3.28}$$

3.3 回帰モデルにおける他の考察　79

表 3.8　Credit データセットにおいて，`balance` を `ethnicity` に回帰したときの最小
2 乗法による回帰係数の推定値．モデル (3.30) による．人種は式 (3.28) と
(3.29) で定義している．

	係数	標準誤差	t 統計量	p 値
`Intercept`	531.00	46.32	11.464	< 0.0001
`ethnicity[Asian]`	−18.69	65.02	−0.287	0.7740
`ethnicity[Caucasian]`	−12.50	56.68	−0.221	0.8260

2 つ目のダミー変数は

$$x_{i2} = \begin{cases} 1 & i \text{ 番目の人が白人である場合} \\ 0 & i \text{ 番目の人が白人でない場合.} \end{cases} \tag{3.29}$$

両方のダミー変数を回帰に使用することにより，以下のモデルを得る．

$$y_i = \beta_0 + \beta_1 x_{i1} + \beta_2 x_{i2} + \epsilon_i = \begin{cases} \beta_0 + \beta_1 + \epsilon_i & i \text{ 番目の人がアジア系である場合} \\ \beta_0 + \beta_2 + \epsilon_i & i \text{ 番目の人が白人である場合} \\ \beta_0 + \epsilon_i & i \text{ 番目の人が黒人である場合.} \end{cases}$$
$$\tag{3.30}$$

このとき，β_0 は黒人のクレジットカード平均債務残高であり，β_1 はアジア系と黒人との平均的な差を，β_2 は白人と黒人との平均的な差を表している．この方法では常にカテゴリー数よりも 1 つ少ない数のダミー変数が必要である．ダミー変数がないカテゴリー，つまり，この場合は黒人のことをベースラインと呼ぶ．

表 3.8 によると，`balance` の推定ベースライン，つまり黒人についての予測は，$531.00 である．アジア系は黒人よりも$18.69 債務残高が少なく，また白人は黒人よりも$12.50 少ない．しかし 2 つのダミー変数の係数の推定値に関する p 値はとても大きく，人種間でのクレジットカード債務残高に統計的な違いはないことを示している．繰り返しになるが，ベースラインとして選択したカテゴリーは適当に選んだだけで，どの人種をベースラインに選ぼうが最終的な予測値は同じである．しかし，係数や p 値などはダミー変数をどのように設定するかによって変わってくる．それぞれの係数を個々に見るのではなく，F 検定で $H_0 : \beta_1 = \beta_2 = 0$ を検定することもできる．これならば結果はダミー変数の設定の仕方に依存しない．この F 検定の p 値は 0.96であり，`balance` と `ethnicity` は無関係であるという帰無仮説を棄却できない．

ダミー変数を使うアプローチは量的予測変数と質的予測変数を含むモデルにも容易に応用できる．例えば，`balance` を `income` のような量的変数と `student` のような質的変数に回帰するには，`student` についてダミー変数を定義し，`income` とダミー変数を予測変数として重回帰を行えばよい．

ここで議論したダミー変数を使う以外に，質的変数をコード化する方法はたくさん

ある．どのような方法を使っても結局は同じ回帰になるが，係数やその結果の解釈は異なる．またそれぞれの方法は特定の対比を明らかにするようにデザインされている．この件については本書で扱う内容を越えているので，ここでは以上にとどめておく．

3.3.2　線形モデルの拡張

標準的な線形回帰モデル (3.19) を使えば解釈できる結果を得られる．また線形回帰モデルは多くの実際の問題において良く機能する．しかし，線形回帰のモデルや理論はいくつかのかなり限定的な前提条件の上に成り立っており，これらの条件は実際の問題ではしばしば成り立っていないことがある．2 つの重要な仮定は，加法性と線形性である．加法性とは，予測変数 X_i が応答変数 Y に与える影響は他の予測変数とは独立しているということである．線形性とは，X_j を 1 単位変化させたときの Y の変化量は X_j の値に関わらず一定であるということである．本書ではこれらの 2 つの仮定を緩めた高度な方法をいくつも扱うが，ここでは線形モデルを拡張するいくつかの古典的アプローチを紹介する．

加法モデルの仮定を取り除く

これまでの `Advertising` のデータの分析では，`TV` と `radio` の両方が `sales` と関係していると結論づけた．この結論の根拠となった線形モデルの前提条件として，1 つのメディアについての広告費を増加させたことが `sales` に与える影響は，他のメディアの広告費とは無関係ということである．例えば，線形モデル (3.20) によると，変数 `TV` を 1 単位増加させたときの `sales` の平均的増加量は β_1 であり，これは `radio` の広告費によらない．

しかし，この単純なモデルは正しくないかもしれない．ラジオ広告に費用をかけることにより，テレビ広告の効果が上がる．つまり `radio` の増加に伴い `TV` の係数も増加すると仮定する．この状況では\$100,000 の予算があったとして，その半分を `radio` と `TV` に費やすと，全額を `radio` だけ，あるいは `TV` だけに使うよりも `sales` の増加量が大きい．マーケティングではこれを相乗効果またはシナジーと呼び，統計学では交互作用と呼ぶ．図 3.5 は，`Advertising` データでこのような交互作用が存在することを示唆している．`TV` または `radio` のどちらかの値がより小さいときは，真の `sales` は線形モデルの予測よりも小さい．しかし広告費が 2 つのメディアに均等に使われたときは，逆にモデルが `sales` を過小に予測する傾向がある．

標準的な 2 変数の線形回帰モデル

$$Y = \beta_0 + \beta_1 X_1 + \beta_2 X_2 + \epsilon$$

を考える．このモデルでは，X_1 を 1 単位増加させたときに Y は平均 β_1 単位増加する．X_2 の有無に関わらず，この状況は変わらない．つまり X_2 の値に関わらず，X_1 を 1 単位増加させたときに Y は平均 β_1 単位増加するのである．このモデルを拡張し

て交互作用を扱う方法のひとつは，交互作用項と呼ばれる新たな予測変数をモデルに加えることである．交互作用項は X_1 と X_2 の積から構成される．このとき，モデルは

$$Y = \beta_0 + \beta_1 X_1 + \beta_2 X_2 + \beta_3 X_1 X_2 + \epsilon \tag{3.31}$$

となる．

この交互作用項を加えることにより加法モデルの条件を緩めていることを確認する．まず式 (3.31) は

$$Y = \beta_0 + (\beta_1 + \beta_3 X_2) X_1 + \beta_2 X_2 + \epsilon \tag{3.32}$$
$$= \beta_0 + \tilde{\beta}_1 X_1 + \beta_2 X_2 + \epsilon$$

と書ける．ここに $\tilde{\beta}_1 = \beta_1 + \beta_3 X_2$ である．X_2 が変化すると $\tilde{\beta}_1$ も変化するので，X_1 が Y に与える影響は一定ではなくなる．X_2 の値によって X_1 が Y に与える影響は変わるのである．

例えば，工場の生産性について調査したいとする．生産ラインの数 lines と労働者の数 workers を予測変数として，生産量 units を予測したい．生産ラインの数が生産量に与える影響は，労働者の数に依存しているとみるのがもっともらしい．なぜなら，労働者がいなければいくらラインを増やしたところで生産量は増加しないはずだからである．このことにより，units を応答変数とする線形モデルに lines と workers の交互作用項を組み込むことは適切であろう．モデルを当てはめ，

$$\text{units} \approx 1.2 + 3.4 \times \text{lines} + 0.22 \times \text{workers} + 1.4 \times (\text{lines} \times \text{workers})$$
$$= 1.2 + (3.4 + 1.4 \times \text{workers}) \times \text{lines} + 0.22 \times \text{workers}$$

が得られたとする．つまり，生産ラインを 1 つ増やすことにより，生産量は $3.4 + 1.4 \times$ workers だけ増加する．したがって workers が多いほど，lines の影響も大きくなるということになる．

ここで Advertising データを再度考察する．radio, TV，そしてこれらの交互作用項を使って sales を予測するモデルは

$$\text{sales} = \beta_0 + \beta_1 \times \text{TV} + \beta_2 \times \text{radio} + \beta_3 \times (\text{radio} \times \text{TV}) + \epsilon$$
$$= \beta_0 + (\beta_1 + \beta_3 \times \text{radio}) \times \text{TV} + \beta_2 \times \text{radio} + \epsilon \tag{3.33}$$

となる．β_3 の解釈の仕方としては，ラジオの広告費を 1 単位増加 (減少) させたときに，テレビ広告の効果が向上 (低下) する量を表しているといえる．モデル (3.33) の結果を表 3.9 に示す．

表 3.9 は交互作用項を含むモデルの方が，主効果のみのモデルよりも優れていることを強く示唆している．交互作用の項 TV × radio の p 値は極めて小さい．これは

表 3.9 Advertising データにおいて，sales を TV，radio と交互作用項 (3.33) に回帰した結果.

	係数	標準誤差	t 統計量	p 値
Intercept	6.7502	0.248	27.23	< 0.0001
TV	0.0191	0.002	12.70	< 0.0001
radio	0.0289	0.009	3.24	0.0014
TV × radio	0.0011	0.000	20.73	< 0.0001

$H_a : \beta_3 \neq 0$ が真であることの強い根拠となる．つまり，真の関係は明らかに加法モデルではないということである．このモデル (3.33) の R^2 は 96.8% であるのに対して，TV と radio の項のみで交互作用項を含まないモデルでは 89.7% である．加法モデルを当てはめた後の sales の分散のうち $(96.8 - 89.7)/(100 - 89.7) = 69\%$ が新たに加えた交互作用項によって説明されたということである．表 3.9 の係数の推定値をみると，テレビ広告を \$1,000 増加するとき，セールスは $(\hat{\beta}_1 + \hat{\beta}_3 \times \text{radio}) \times 1000 = 19 + 1.1 \times \text{radio}$ 個ほど増加する．またラジオ広告を \$1,000 増加すると，セールスは $(\hat{\beta}_2 + \hat{\beta}_3 \times \text{TV}) \times 1000 = 29 + 1.1 \times \text{TV}$ 個増加する．

この例では，TV，radio，そして交互作用項の p 値はすべて統計的に有意である (表 3.9)．したがって 3 つの変数をすべてモデルに含めるべきである．しかし，時には交互作用項の p 値はとても小さいが主効果 (この場合は TV と radio) の p 値が小さくないということがある．階層の原則によれば，相互作用項をモデルに入れるならば，主効果の係数についての p 値が統計的に有意でなかったとしても，その主効果もモデルに入れるべきである．つまり X_1 と X_2 の交互作用が重要であるならば，X_1 と X_2 そのものもモデルに含めるべきである．もし，係数の p 値が大きかったとしても含めるべきである．この原則の根拠は，$X_1 \times X_2$ が応答変数に関係しているならば，X_1 や X_2 の係数が 0 であるかどうかはあまり重要ではないということである．また $X_1 \times X_2$ はたいがいの場合 X_1 や X_2 に関係しているから，これらをモデルから外すことは交互作用の意味を変えてしまうことになりかねない．

前の例で，2 つの量的変数 TV と radio の交互作用を論じた．交互作用の考え方は質的変数にも，また量的変数と質的変数がともに存在しているときでも同様に当てはまる．実際，質的変数と量的変数の交互作用は特に興味深い意味をもつ．3.3.1 項の Credit データセットをここで再度検討する．今回は balance を量的変数である income と，質的変数である student を使って予測する．交互作用項を含まない場合，モデルは

3.3 回帰モデルにおける他の考察

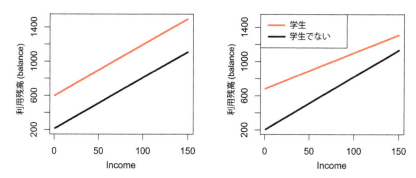

図 3.7 Credit データにおいて，学生と学生でない人の income から balance を予測する最小 2 乗法による回帰直線を示す．左：式 (3.34) のモデルを当てはめた．income と student の交互作用項はない．右：式 (3.35) のモデルを当てはめた．income と student の交互作用項を含む．

$$\text{balance}_i \approx \beta_0 + \beta_1 \times \text{income}_i + \begin{cases} \beta_2 & i \text{ 番目の人が学生である場合} \\ 0 & i \text{ 番目の人が学生でない場合} \end{cases}$$

$$= \beta_1 \times \text{income}_i + \begin{cases} \beta_0 + \beta_2 & i \text{ 番目の人が学生である場合} \\ \beta_0 & i \text{ 番目の人が学生でない場合} \end{cases}$$

(3.34)

である．

これは結局のところ 2 本の平行な直線を当てはめていることに気づいてほしい．片方は学生の直線で，他方は学生でない人の直線である．この 2 本の直線は切片は $\beta_0 + \beta_2$ と β_0 で異なるが，傾きはともに β_1 である．これを図 3.7 の左のグラフに示した．2 本の直線が平行ということは，income を 1 単位増加させることが balance に与える平均的効果は，その人が学生であるか否かには関係がないということを意味する．これは深刻な問題になりうる．なぜなら，income に変化が起きたときのクレジットカード債務残高の影響は学生と学生でない人との間でかなり異なるかもしれないからである．

この問題には交互作用項で対処できる．income と student のダミー変数をかけあわせて交互作用項を作るのである．これでモデルは

$$
\begin{aligned}
\text{balance}_i &\approx \beta_0 + \beta_1 \times \text{income}_i + \begin{cases} \beta_2 + \beta_3 \times \text{income}_i & \text{学生の場合} \\ 0 & \text{学生でない場合} \end{cases} \\
&= \begin{cases} (\beta_0 + \beta_2) + (\beta_1 + \beta_3) \times \text{income}_i & \text{学生の場合} \\ \beta_0 + \beta_1 \times \text{income}_i & \text{学生でない場合} \end{cases}
\end{aligned}
\tag{3.35}
$$

となる．

ここでもまた，学生と学生でない人の2本の直線がある．しかし今回は2本の回帰直線が異なる切片 ($\beta_0 + \beta_2$ と β_0) と異なる傾き ($\beta_1 + \beta_3$ と β_1) をもつ．これにより，収入の変化がもたらすクレジットカード債務残高の変化が，学生と学生でない人には異なる効果があることをモデル化することができる．図 3.7 の右のグラフにモデル (3.35) において推定される income と balance の関係を学生と学生でない人について示した．学生の回帰直線の傾きは，学生でない人よりも小さいことがわかる．これは，学生の場合，収入が増えたときのクレジットカード債務残高の増加は学生でない人よりは小さいことを示唆する．

非線形の関係

これまでに論じたように線形回帰モデル (3.19) は予測変数と応答変数との間に線形

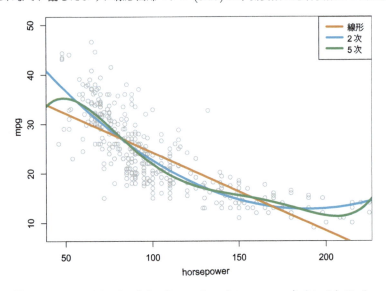

図 3.8 Auto データセット．多くの車について mpg と horsepower をプロットしている．線形回帰直線をオレンジ，horsepower^2 を含めた線形回帰は青，horsepower の 5 次までの項をすべて含む線形回帰を緑で示す．

3.3　回帰モデルにおける他の考察　　　　　　　　　　　　85

表 3.10　Auto データにおいて，最小 2 乗法により mpg を horsepower と horsepower^2 に回帰した場合の係数の推定値.

	係数	標準誤差	t 統計量	p 値
Intercept	56.9001	1.8004	31.6	< 0.0001
horsepower	-0.4662	0.0311	-15.0	< 0.0001
horsepower^2	0.0012	0.0001	10.1	< 0.0001

の関係があるという仮定をしている．しかし，真の関係が非線形である場合もある．ここでは多項式回帰を使い，線形モデルを直接拡張して非線形性を扱う単純な方法を示す．後半の章では，より一般的な場合に非線形関数を当てはめるより複雑な方法を論じる．

　図 3.8 は Auto データに基づき，数多くの車についての mpg (燃費．単位はマイル/ガロン) と horsepower (馬力) の関係を表す．オレンジ線が回帰直線である．明らかに mpg と horsepower の間には関係があり，その関係は非線形である．つまりデータは曲線の関係を示している．線形モデルで非線形の関係を扱う単純な方法は，モデルに含む予測変数に何らかの変換を施して使うことである．例えば，図 3.8 のグラフは 2 次曲線のようである．したがって

$$\text{mpg} = \beta_0 + \beta_1 \times \text{horsepower} + \beta_2 \times \text{horsepower}^2 + \epsilon \tag{3.36}$$

の方がよく当てはまるかもしれない．式 (3.36) は mpg を予測するのに，horsepower の非線形関数を利用している．しかし，それでもこれは線形モデルである．なぜなら式 (3.36) は予測変数に $X_1 = \text{horsepower}$ と $X_2 = \text{horsepower}^2$ を使った線形重回帰だからである．これにより非線形関数を当てはめるのに標準的な線形回帰のソフトウェアを使って $\beta_0, \beta_1, \beta_2$ を推定することができる．図 3.8 の青線はこのようにして得られた 2 次曲線である．2 次曲線の方が単に 1 次の項のみで得られる回帰直線よりもかなり良いようである．直線の R^2 が 0.606 であるのに対し，2 次曲線の R^2 は 0.688 である．また，表 3.10 によると p 値はかなり有意である．

　horsepower^2 を加えることでモデルにこのような改善が見られるのであれば，horsepower^3, horsepower^4，さらに horsepower^5 などを加えてはどうだろうか．図 3.8 の緑線はモデル (3.36) で 5 次までの項を含む回帰曲線である．この曲線は必要以上に曲がっているように見える．高次の項を加えることでより良い当てはめが得られたかどうかは疑問である．

　ここで論じた線形モデルを拡張して非線形の関係を扱えるようにする方法は，回帰モデルの予測変数に多項式を含むことから多項式回帰と呼ばれる．この多項式回帰をはじめとして，線形モデルを拡張する他の方法は第 7 章でさらに論じる．

3.3.3 起こりうる問題

線形回帰モデルをデータセットに当てはめるときにさまざまな問題が起こりうる．最もよく起きる問題は以下の通りである．

(1) 予測変数と応答変数の関係が非線形である．
(2) 誤差項に相関がある．
(3) 誤差項の分散が一定でない．
(4) 外れ値．
(5) てこ比が大きい観測データ．
(6) 共線性．

実用上，これらの問題点を発見し，対処することは科学というより芸術である．数えきれないほどの本が多くのページを費やしてこのトピックについて書いている上に，ここでの議論の中心は線形回帰ではないので，以下に大事な点を手短にまとめる．

1. データの非線形性

線形回帰は予測変数と応答変数の間に線形の関係があることを仮定している．もし真の関係が線形からほど遠いとすると，回帰から得られるほぼすべての結論は疑わしいことになる．またモデルの予測精度もかなり落ちることになる．

残差プロットは非線形を確認するための便利なツールである．ある線形単回帰モデルについて，残差 $e_i = y_i - \hat{y}_i$ と予測変数 x_i をプロットする．重回帰の場合は複数の予測変数があるので，残差と予測値 $\hat{y}_i$ をプロットする．残差プロットは何のパター

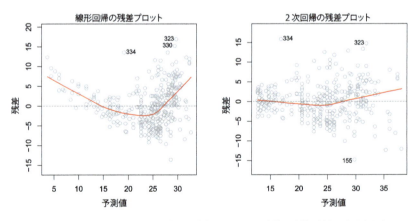

図 3.9 Auto データにおいて，残差と予測値のプロット．赤線は残差に対してなめらかな曲線の当てはめを行い，トレンドを見えやすくしている．左：mpg を horsepower に回帰した．残差に見られる強いトレンドはデータの非線形性を示す．右：mpg を horsepower と horsepower^2 に回帰した．残差にはパターンがほとんどない．

ンもないことが理想であるが，何らかのパターンが存在する場合は線形モデルに問題があることを示している可能性がある．

図 3.9 の左のグラフは Auto データで mpg を horsepower に回帰 (図 3.8) したときの残差プロットである．赤線は残差になめらかに当てはめたもので，トレンドがあることがわかりやすい．残差プロットは明らかに U 字型をしており，データの非線形性を示している．それに対して図 3.9 の右のグラフは，2 次の項を含む式 (3.36) のモデルの残差プロットである．残差にパターンはほとんどないように見える．つまり 2 次の項がデータの当てはめを向上させたといえる．

残差プロットがデータにおける非線形性を示唆している場合，簡単な対処法は予測変数に $\log X, \sqrt{X}, X^2$ などの非線形変換を施すことである．本書の後半では，この件についてさらに高度な非線形アプローチを論じることとする．

2. 誤差の相関

線形回帰の重要な仮定の 1 つに誤差 $\epsilon_1, \epsilon_2, \ldots, \epsilon_n$ に相関関係がないというものがある．これはどういうことか．例えば，誤差に相関関係がないならば，ϵ_i が正だったとしてそれが ϵ_{i+1} の符号についての情報をほとんど，あるいはまったくもたないということである．回帰係数の推定値，応答変数の予測値の標準誤差のいずれも相関関係のない誤差項を仮定している．もし誤差に相関関係があれば，推定された標準誤差は真の標準誤差よりも小さくなる傾向にある．結果として，信頼区間と予測区間は本来あるべきものよりも狭くなる．例えば，名目上 95%の信頼区間が真のパラメータを含む確率が実は 95%よりもかなり小さいということになるかもしれない．さらに，モデルの p 値は本来あるべきものよりも小さくなる．これが起きた場合，統計的に有意ではないものを有意であるとして，誤った結論に達してしまうことになる．要するにもし誤差に相関関係があった場合，本来正しいと思ってはいけないモデルを正しいと思ってしまうことがある．

極端な例だが，間違って同じデータが 2 つずつあると勘違いしたとしよう．つまりすべての観測データについて同じものが 2 つ，誤差項についても同じものが 2 つずつあるとする．この間違いに気づかなければ，標準誤差を計算する際に使うサンプルサイズは $2n$ となる．しかし本当のサンプルサイズは n である．推定される係数はサンプルサイズが $2n$ であっても n であっても変わりないが，信頼区間は $1/\sqrt{2}$ 倍になる．

どのようなときに誤差の間に相関関係が起こりうるだろうか．このような相関関係は時系列データを扱う場合によく起きる．時系列データとは，時間軸上の離散的な点においてデータの測定を行ったものである．多くの場合，時間軸上の隣接する点における測定値には正の相関関係がある．あるデータセットでこの相関関係があるかどうか調べるには，残差を時間の関数としてプロットするとよい．誤差に相関がないならば，目立つような規則性はないはずである．もし誤差に正の相関関係があれば，隣接す

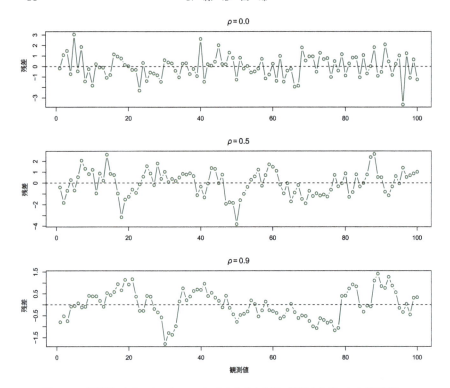

図 3.10 時系列のシミュレーションデータを作成する際，隣接するデータの相関係数 ρ を変化させた．

る点同士の残差が似たような値になるトラッキングの傾向を見せるであろう．図 3.10 に例を示した．上は無相関の誤差項をもつデータに対し，線形回帰をあてはめた場合の残差である．時間に関係したトレンドがあるという証拠はない．これに対して下では隣接するデータ同士の誤差の相関係数は 0.9 である．残差には明らかに規則性がある．隣接する残差は値が似ているのである．最後に，中央は相関係数 0.5 でトラッキングはあるが，その規則性は下ほど明確に現れていない．

　時系列データの誤差項の相関を適切に扱うための多くの方法が開発された．誤差の間の相関については時系列データ以外でも起こる．例えば，人の身長を体重から予測することを考える．もし，この調査の参加者のうちの何人かが同じ家族だったら，同じような食生活をしていたら，また同じ環境要因に触れていたら，誤差に相関がないという仮定に反しているかもしれない．一般に誤差に相関がないということは線形回帰だけでなく他の統計的手法においても非常に重要である．このような相関のリスクを軽減するために，実験をうまくデザインすることが欠かせない．

3. 誤差の分散不均一性

線形回帰モデルのもう1つの重要な仮定は誤差の分散 $\text{Var}(\epsilon_i) = \sigma^2$ が一定ということである．線形回帰モデルにおける標準誤差，信頼区間，仮説検定などはこの仮定に依存する．

残念なことに，しばしば誤差の分散は一定ではない．例えば，誤差の分散は応答変数が増加するに伴って増加するかもしれない．これを分散不均一というが，残差プロットが漏斗の形をしていることにより分散不均一性があるとわかる．図 3.11 の左のグラフの例では残差が応答関数の推定値に伴って増加しているようである．この問題がある場合，1つの解決法としては，応答変数 Y を $\log Y$ や $\sqrt{Y}$ などの凹関数で変換することである．これらの変換は大きい値ほど縮小幅も大きいので分散不均一性をなくすことにつながる．図 3.11 の右のグラフは応答変数を $\log Y$ で変換した後の残差プロットである．残差は一定の分散をもつようになったようである．しかし，データには少し非線形の関係があるようにみえる．

時として応答変数の分散についてよくわかっているという場合もある．例えば i 番目の応答変数を n_i 個の観測データの標本平均とする．このとき各観測データが無相関で分散が σ^2 であったとすると，標本平均は $\sigma_i^2 = \sigma^2/n_i$ の分散をもつことになる．この場合の対処法としては，モデルを当てはめる際に重み付き最小2乗法を使えばよい．重みとしては分散に反比例するもの，この場合は $w_i = n_i$ を使う．ほとんどの線形回帰のソフトウェアでデータに重みをつける機能がある．

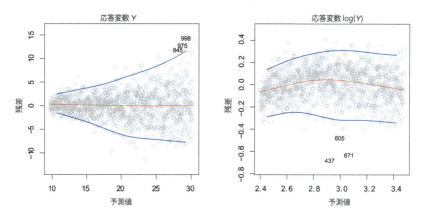

図 3.11 残差プロット．それぞれのプロットでトレンドがわかるよう赤線を残差になめらかに当てはめた．青線は残差についてある分位点を示し，規則性を明らかにした．左：漏斗状の残差プロットは分散不均一を表す．右：応答変数を対数変換したところ，分散不均一性はない．

4. 外れ値

外れ値とは y_i がモデルによって予測される値からとても離れている点である．外れ値にはデータ収集の際の記録ミスなど多くの原因がある．

図 3.12 の左のグラフにある赤い点 (観測データ 20) は典型的な外れ値である．赤実線が最小 2 乗法による回帰直線，青破線は外れ値を取り除いた後の回帰直線である．この場合は外れ値を取り除いても回帰直線にはほとんど影響がない．傾きはほとんど変化がなく，切片がわずかに減少したのみである．外れ値の予測変数が異常値ではない場合，最小 2 乗法による回帰直線にあまり影響を与えないということはよくある．しかし，外れ値が回帰直線にあまり影響がないとしても，他の問題が起きる．この例では外れ値を含んだ場合の RSE は 1.09 であるが，外れ値を取り除くと 0.77 と激減する．RSE は信頼区間や p 値を計算するのに使われるため，たった 1 つのデータが RSE を増加させるということは回帰の解釈をする上で問題になる．同じように外れ値は R^2 を 0.892 から 0.805 に減少させている．

残差プロットを使って外れ値の存在を確かめることができる．この例では，図 3.12 の中央にある残差プロットにおいて，はっきりと外れ値がわかる．しかし実用上は，残差がどの程度大きければその観測データが外れ値であると判断するのかは難しい問題である．この問題を考えるのに，残差プロットではなく，ステューデント化残差をプロットする．これは各残差 e_i を標準誤差の推定値で割ったものである．ステューデント化残差の絶対値が 3 より大きいデータはおそらく外れ値であろう．図 3.12 の右のグラフにおいて，外れ値のステューデント化残差は 6 を越えているのに対し，他のデータはすべて -2 と 2 の間の値である．

データを収集，記録する際のエラーにより外れ値が出たという場合は，単にそれらの観測データを取り除けばよい．しかし外れ値はモデルが不十分であるとき，例えば予測変数が足りないなどの理由によっても起きるので，注意が必要である．

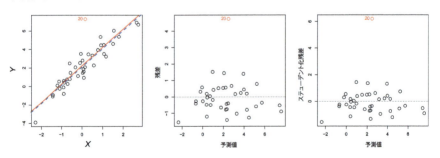

図 3.12 **左**：最小 2 乗回帰直線は赤，外れ値を取り除いた後の回帰線は青．**中央**：残差プロットにより外れ値の存在を確認することができる．**右**：外れ値のステューデント化残差は 6 である．通常 -3 と 3 の間の値をとる．

5. てこ比が大きい観測データ

外れ値とは，観測データの予測変数の値 x_i にしては応答変数の値 y_i が通常の値からかけ離れているという点であった．それに対して，てこ比の大きい点とは，x_i の値が通常の値からかけ離れている場合である．例を挙げると，図 3.13 の左のグラフにある観測データ 41 は予測変数の値が他のデータからかけ離れて大きいのでてこ比が大きい．（図 3.13 のデータは図 3.12 とほぼ同じであるが，1 つだけてこ比の大きな点を加えてある．）赤線は最小 2 乗法によって当てはめた回帰直線であり，青破線は観測データ 41 を取り除いた後に当てはめた回帰直線である．図 3.13 と図 3.12 の左のグラフを比べてみると，てこ比の大きな点を取り除く方が，外れ値を取り除いた場合よりも最小 2 乗法による回帰直線への影響がはるかに大きいことがみてとれる．実際てこ比の大きいデータは推定された回帰直線に大きな影響を与えがちである．もし，この回帰直線がわずか 1 つか 2 つのデータに大きな影響を受けるということであれば，これは分析する上で心配のもとである．なぜならば，これらの 1 つか 2 つのデータに何らかの問題があるために回帰全体の妥当性を失うかもしれないからである．このような理由で，てこ比の大きい点を見つけることはとても大切である．

単回帰ではてこ比が異常な観測データは容易にわかる．予測変数の値が通常の範囲から外れているデータを見つければよい．多くの予測変数がある重回帰では，それぞれの予測変数の値は通常の範囲内であっても，すべての予測変数を考慮した場合には異常となっていることがある．図 3.13 の中央のグラフでは X_1 と X_2 の 2 つの予測変数の例を示す．ほとんどすべての観測データの予測変数の値は青破線の楕円の中に含まれているが，赤い点のデータだけは外れている．しかし X_1 の値だけ見ると異常ではないし，X_2 の値のみ見ても異常ではない．このようなことがあるので，X_1 だ

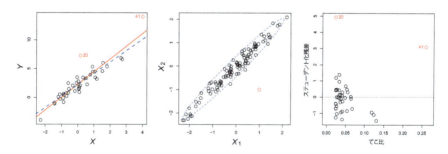

図 3.13　**左**：観測データ 41 はてこ比が大きいが，観測データ 20 のてこ比は大きくない．赤線はすべてのデータを使った際の回帰直線で，青線は観測データ 41 を取り除いて回帰したもの．**中央**：赤い点の X_1 の値は驚くべき値ではない．X_2 の値も普通の値である．しかし，それでも他のデータからはかけ離れており，したがっててこ比が大きい．**右**：観測データ 41 のてこ比は大きい．また残差も大きい．

け，あるいは X_2 だけを見ていると，このてこ比の大きな点を見つけることができない．この問題は予測変数が 3 つ以上あるときはさらに深刻である．なぜなら，すべてのデータを同時にプロットする方法がないからである．

観測データのてこ比を数量化する統計量 h_i を計算する．この値が大きいとき，その観測値のてこ比が大きいことを意味する．単回帰の場合

$$h_i = \frac{1}{n} + \frac{(x_i - \bar{x})^2}{\sum_{i'=1}^{n}(x_{i'} - \bar{x})^2} \tag{3.37}$$

となる．

式より明らかなように，x_i と $\bar{x}$ の距離が増加するにつれて h_i も増加する．この h_i を複数の予測変数の場合に容易に拡張することができるが，ここでは扱わないことにする．てこ比 h_i は常に $1/n$ と 1 の間の数である．また，すべてのデータの h_i の標本平均は必ず $(p+1)/n$ である．あるデータの h_i が $(p+1)/n$ よりもかなり大きい場合は，その点のてこ比は大きいと疑ってみるとよい．

図 3.13 の右のグラフは左のグラフのデータのステューデント化残差と h_i をプロットしたものである．観測値 41 は，h_i とステューデント化残差の両方が非常に大きい．言い換えれば，これは外れ値でもあり，てこ比の大きい観測値でもある．これは大変危険な組み合わせである．また，このプロットから観測値 20 が図 3.12 の回帰直線にほとんど影響がない理由もわかる．このデータはてこ比が小さいのである．

6. 共線性

共線性とは 2 つまたはそれ以上の予測変数に強い相関があることを指す．Credit データを使った共線性の例を図 3.14 に示す．図 3.14 の左のグラフでは，2 つの予測変数 `limit` と `age` の間に明らかな関係があるようには見えない．これに対して右の

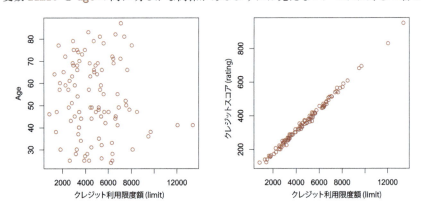

図 3.14 Credit データセットの散布図．左：age と limit のプロット．これら 2 つの共線性はない．右：rating と limit のプロット．強い共線性がある．

3.3 回帰モデルにおける他の考察

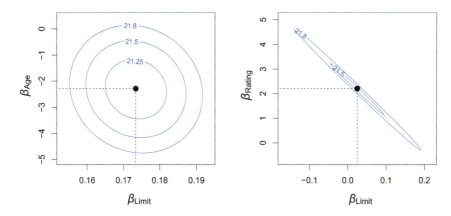

図 3.15 Credit データセットにおける回帰で β を変化させたときの RSS の値を示す等高線図．左右それぞれのグラフで黒点は RSS を最小化する点を表す．左：balance を age と limit に回帰した．最小値をとる点は明確に決まる．右：balance を rating と limit に回帰した．共線性のため RSS の値が最小値に近い点 $(\beta_{\text{Limit}}, \beta_{\text{Rating}})$ が多数存在する．

グラフでは，予測変数 limit と rating には強い相関がある．このときに共線性があるという．共線性があることは回帰分析では大きな問題となる．共線性があると，応答変数に与える影響をひとつひとつの予測変数に分けて考えることが難しいからである．言い換えると，limit と rating は一緒に増減するので，それぞれの変数が応答変数 balance にどのように影響しているのか分けて考えることが難しいのである．

図 3.15 では共線性から生じる困難を見ることができる．左のグラフは balance を limit と age に回帰した際の異なる回帰係数の推定値における RSS (3.22) を示す等高線図である．それぞれの楕円は同じ RSS をもつ係数の組を表す．中央に近くなるにつれて RSS は小さくなる．黒点とそこから引いた黒破線で RSS を最小化する係数の推定値を示した．すなわち，黒点が最小 2 乗法による推定値である．limit 軸と age 軸のスケールは等高線図が係数の推定値から標準誤差の 4 倍まで含まれるように決めた．このようにしてプロットはとりうるであろうすべての係数の推定値を含む．例えば limit の係数はほぼ間違いなく 0.15 と 0.20 の間であるといえる．

それに対し，図 3.15 の右のグラフは balance を limit と rating に回帰したときの各回帰係数の推定値における RSS 等高線である．2 つの変数に高い共線性があることはすでにわかっている．さて，この場合，等高線はたいへん細長い谷になっている．そのため係数の推定値は広い範囲で似たような RSS を与える．したがって，データのわずかな変化が RSS を最小にする係数，すなわち最小 2 乗推定値を細長い楕円のどこへでも移動させてしまう可能性がある．これは係数を推定する上で大きな不確か

94　　　　　　　　　　　　　　3. 線 形 回 帰

表 3.11　Credit データをもとにした 2 つの重回帰モデル. モデル 1 は balance を age
と limit に, モデル 2 は balance を rating と limit に重回帰している. 共
線性のため, $\hat{\beta}_{\text{limit}}$ の標準誤差はモデル 2 では 12 倍にもなっている.

		係数	標準誤差	t 統計量	p 値
モデル 1	Intercept	−173.411	43.828	−3.957	< 0.0001
	age	−2.292	0.672	−3.407	0.0007
	limit	0.173	0.005	34.496	< 0.0001
モデル 2	Intercept	−377.537	45.254	−8.343	< 0.0001
	rating	2.202	0.952	2.312	0.0213
	limit	0.025	0.064	0.384	0.7012

さを生む. limit の係数の値の範囲はおおよそ −0.2 から 0.2 である. これは limit
と age を使った左のグラフと比べると 8 倍の増加である. 興味深いことに limit と
rating はそれぞれ大きな不確かさを示すが, ほぼ確実にこの谷の等高線のどこかに
存在する. 例えば limit と rating の係数の値がそれぞれ −0.1 と 1 になることはほ
ぼないであろう. しかし, 片方の変数だけ見た場合はこれらの値は十分とりうる.

　共線性は回帰係数の推定値の精度を落とすので, $\hat{\beta}_j$ の標準誤差を増加させる. それ
ぞれの予測変数の t 統計量は $\hat{\beta}_j$ をその標準誤差で割ったものであるということを思
い出してほしい. したがって共線性は t 統計量を減少させる. 結果として共線性があ
る場合, 帰無仮説 $H_0 : \beta_j = 0$ を棄却しないことになるかもしれない. これが意味す
るところは, 共線性によって仮説検定の検出力, つまり係数が 0 でないことを間違い
なく見つける確率が減少したということである.

　表 3.11 で 2 つの異なる重回帰モデルの結果を比べる. 最初のモデルは balance を
age と limit に, 2 つ目のモデルは balance を rating と limit に重回帰したもの
である. 最初のモデルでは age, limit ともに p 値が非常に小さく, かなり統計的に
有意である. 2 番目のモデルでは limit と rating の共線性により, limit の係数の
推定値の標準誤差が 12 倍も増加し, p 値は 0.701 に増加した. limit 変数の重要さ
が共線性によって隠れてしまったともいえる. これを防ぐには, 回帰を当てはめる際
に, 共線性の問題があるかどうか確かめ, 対処することが望ましい.

　共線性を確かめる簡単な方法は, 予測変数の相関行列をまず見ることである. 相関
行列の要素のうち, 絶対値の大きいものは相関が高い 2 つの変数を表している. した
がって, そのデータには共線性の問題がある. 残念なことに, 相関行列をながめるだけ
ではすべての共線性を見つけることはできない. 2 つの変数間の相関が高くなくても,
3 つまたはそれ以上の変数が共線性をもつことがある. これを多重共線性と呼ぶ. 多
重共線性を査定するより良い方法は, 相関行列を見るのではなく, 分散拡大要因 (VIF:
variance inflation factor) を計算することである. VIF はすべての変数を含めたとき
の $\hat{\beta}_j$ の分散を, その変数だけの場合の $\hat{\beta}_j$ の分散で割ったものである. VIF の最小値

は 1 であり，これは多重共線性がないことを示す．大抵の場合は予測変数の間に多少の共線性は存在する．慣習的に VIF が 5 あるいは 10 を上回っていると共線性が問題となる．それぞれの変数の VIF は

$$\mathrm{VIF}(\hat{\beta}_j) = \frac{1}{1 - R^2_{X_j | X_{-j}}}$$

で計算する．ここに $R^2_{X_j | X_{-j}}$ は X_j を他のすべての予測変数に回帰したときの R^2 である．もし $R^2_{X_j | X_{-j}}$ が 1 に近いと，これは共線性の存在を意味し，したがって VIF は大きくなる．

Credit データで balance を age, rating, limit に回帰した結果，予測変数の VIF はそれぞれ 1.01, 160.67, 160.59 であった．予想通り，データにはかなりの共線性がある．

共線性があるとき，対処法は 2 つある．1 つ目は回帰から問題のある変数のうち 1 つを取り除くことである．通常これを実行しても回帰直線の当てはめにあまり悪影響はない．なぜなら，共線性があるということはそもそも他の変数がモデルに含まれている限り，その変数は必要ないということだからである．例えば，予測変数から rating を取り除き，age と limit のみにすると，VIF はとり得る最小値の 1 に近くなる．また R^2 は 0.754 から 0.75 になる．つまり，rating を予測変数から取り除くことで回帰の当てはまり具合を低下させることなく，共線性の問題を効果的に解決したということである．共線性について 2 つ目の対処法は，共線性のある変数をまとめて 1 つの予測変数にすることである．例えば，limit と rating の変数を標準化し，それらの平均をとることで，その人の信用度を測る新しい変数を作るとよいかもしれない．

3.4 マーケティングプラン

ここでは，Advertising データについて，本章の冒頭で挙げた 7 つの問いに対する答えを与えていく．

(1) 広告費とセールスの間に関係はあるのか

この問いに対しては，式 (3.20) のように sales を TV, radio, newspaper に重回帰し，帰無仮説 $H_0 : \beta_{\mathrm{TV}} = \beta_{\mathrm{radio}} = \beta_{\mathrm{newspaper}} = 0$ を検定することで答えることができる．3.2.2 項で見たように，F 統計量を使って帰無仮説を棄却すべきかどうかを判断する．この場合，表 3.6 にある F 統計量に対応する p 値はとても小さい．これは広告費とセールスとの間に関係があることについての明白な根拠となる．

(2) 関係はどの程度強いのか

3.1.3 項ではモデルの精度を測る方法を 2 つ論じた．まず 1 つ目は RSE であ

る．RSE は母回帰直線と応答変数の標準誤差を推定する．Advertising デー
タでは，RSE は 1,681 で，応答変数の標本平均は 14,022 である．つまり誤差
はおおよそ 12%である．2 つ目は R^2 で，これは応答変数の分散のうち，何%が
予測変数によって説明されているかを表すものであった．予測変数は sales の
分散のほぼ 90%を説明している．RSE と R^2 は表 3.6 にある．

(3) どのメディアがセールスに貢献するのか

この問いに答えるには，それぞれの予測変数の t 統計量を検証すればよい (3.1.2
項)．表 3.4 の重回帰では TV と radio の p 値は小さい，しかし newspaper の
p 値はそうでない．これは TV と radio のみが sales に関係しているというこ
とを示唆している．第 6 章でこの点についてより詳しく論じる．

(4) 各メディアがセールスにどの程度影響するか

3.1.2 項では，$\hat{\beta}_j$ の標準誤差を使って β_j の信頼区間を求めた．Advertising
データでは，95%信頼区間は：TV においては $(0.043, 0.049)$，radio においては
$(0.172, 0.206)$，そして newspaper では $(-0.013, 0.011)$ であった．TV と radio
の信頼区間は狭く，0 とはほど遠い．これはこの 2 つのメディアが sales と関
係していることの証拠である．しかし，newspaper の信頼区間は 0 を含む．つ
まりこの変数は TV や radio の値からすると統計的に有意ではないといえる．

3.3.3 項では共線性が大きな標準誤差をもたらすことを学んだ．newspaper
の信頼区間が広いのは共線性によるものであろうか．TV, radio, newspaper の
VIF 値はそれぞれ 1.005, 1.145, 1.145 であり，共線性は見られないようである．

それぞれの広告メディアが単独でセールスにどのくらい影響があるかを調べ
るには，3 つの別々の線形回帰を行えばよい．結果は表 3.1 と表 3.3 にある．TV
と sales の間に，また radio と sales の間には強い関係があることを示して
いる．newspaper と sales の間には，TV と radio を無視したときにはそれほ
ど強くない関係がある．

(5) 将来のセールスをどのくらいの精度で予測できるか

応答変数は式 (3.21) を使って予測できる．精度については応答変数 $Y = f(X) + \epsilon$
を予測したいのか，それともその平均 $f(X)$ (3.2.2 項) を予測したいのかによ
る．もし前者であれば予測区間，後者であれば信頼区間を使う．予測区間は削
減不能誤差 ϵ を含むため，常に信頼区間よりも広い．

(6) 関係は線形であるか

3.3.3 項で，残差プロットを使って非線形性を確認した．関係が線形であるな
ら，残差プロットにパターンはみられないはずである．Advertising データに
ついては，図 3.5 で非線形性を確認したが，残差プロットでもこれが確認でき
るはずである．3.3.2 項では，非線形性を扱えるようにするために予測変数を

変換して線形回帰を行うことを考えた.

(7) **広告メディア間の相乗効果はあるか**
標準の線形回帰モデルは予測変数と応答変数の関係は加法的であると仮定している. 加法モデルはそれぞれの予測変数の応答変数に対する影響が他の変数の値と関係ないので, モデルを解釈しやすい. しかし, データセットによっては, 加法モデルの仮定が現実的ではない場合もある. 3.3.2 項では, 加法的ではない関係を扱えるよう, 交互作用項を含めて回帰を行った. 交互作用項の p 値が小さいときにこのような作用が働いていることを示している. 図 3.5 から, `Advertising` データは加法モデルではない可能性がある. 交互作用項をモデルに加えることで, R^2 はおよそ 90%から 97%くらいまで向上する.

3.5 線形回帰と K 最近傍法の比較

第 2 章で論じたように, 線形回帰は $f(X)$ に線形関数を仮定するので, パラメトリック法の 1 つである. パラメトリック法にはいくつかの特長がある. いくつかの係数だけを推定すればよいので, 多くの場合, 当てはめることが容易である. 線形回帰の場合, 係数を解釈することも, 統計的に有意かどうかを検定することも容易である. しかし, パラメトリック法にも欠点がある. その構造上, $f(X)$ の形については強い仮定を課している. もし, 定義した関数の形が真のモデルとかけ離れている場合, かつ予測精度を上げたいという場合には, パラメトリック法は機能しない. 例えば, X と Y の間に線形の関係を仮定したモデルで, 真の関係が非線形であった場合, そのモデルはデータによく当てはまらないであろう. またそのモデルから導かれた結論は疑わしいものになる.

これに対して, ノンパラメトリック法は $f(X)$ の形について明示的に仮定しないので, 回帰を行うに際して比較的柔軟な別のアプローチを提供する. 本書ではいろいろなノンパラメトリック法を扱う. ここでは, 最も単純で広く知られたノンパラメトリック法である K 近傍回帰について考える. K 近傍回帰は第 2 章で扱った K 最近傍法分類器に関係している. ある K と予測点 x_0 について, K 近傍回帰はまず x_0 に最も近い K 個の観測データを特定する. この K 個のデータを $\mathcal{N}_0$ で表す. そして $\mathcal{N}_0$ のすべての訓練データの平均をとることにより, $f(x_0)$ を予測する. つまり

$$\hat{f}(x_0) = \frac{1}{K} \sum_{x_i \in \mathcal{N}_0} y_i$$

である.

図 3.16 は 2 個の予測変数 $(p=2)$ がある場合の K 近傍回帰の例である. 左は $K=1$ の場合, 右は $K=9$ である. $K=1$ とすると K 近傍回帰は訓練データを完璧に補間

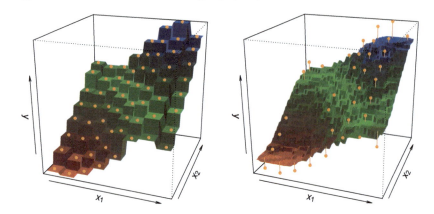

図 3.16 64 個の 2 次元データ (オレンジの点) に K 最近傍法を使い, $\hat{f}(X)$ をプロットした. 左: $K=1$ とすると, 荒い階段関数となる. 右: $K=9$ とすると, よりなめらかになる.

し, 階段関数となる. $K=9$ としても K 近傍回帰は階段関数ではあるが, 9 個のデータを平均しているため同じ推定値になる領域はかなり小さい. 結果的に回帰はなめらかになる. 一般に, 最適な K の値は第 2 章で論じたバイアスと分散のトレードオフによって決まる. K が小さいとき, 最も柔軟な当てはめを行うため, バイアスは小さいが分散は大きい. 分散が大きいのは, ある領域での予測値がたった 1 つの観測データによって決まるという事実による. これに対して, K が大きいときには, なめらかで分散の小さい当てはめになる. ある領域での予測値はいくつかの点の平均であるから, 1 つの観測データに変化があってもその影響は小さい. しかし, なめらかにすることで $f(X)$ の構造の一部を隠してしまい, バイアスを生じさせるかもしれない. 第 5 章ではテスト誤差を推定する方法をいくつか紹介する. これらの方法により, K 近傍回帰において最適な K を求めることができる.

どのような場合に最小 2 乗法による線形回帰のようなパラメトリック法が, K 近傍回帰のようなノンパラメトリック法よりも優れているであろうか. 答えは単純である. パラメトリック法で選んだ関数の型が真の f に類似しているならば, パラメトリック法の方がノンパラメトリック法よりも優れた性能をもつ. 図 3.17 は線形単回帰モデルで生成したデータによる例である. 黒実線は $f(X)$ を表す. 青実線は $K=1$ および $K=9$ での K 近傍回帰である. この場合, $K=1$ はあまりに変動が激しい. $K=9$ の方はなめらかで $f(X)$ により近く当てはまっている. しかし真の関係が線形であるから, ノンパラメトリック法で線形回帰に匹敵するような精度を求めることは難しい. 図 3.18 の左のグラフにある青破線は同じデータに線形回帰を当てはめたものである. これはほぼ完璧である. 図 3.18 の右のグラフにおいて, このデータの場合, 線形回帰

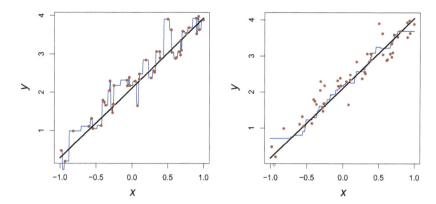

図 3.17 K 近傍回帰の例．予測変数が 1 次元の 100 個のデータについて $\hat{f}(X)$ をプロットした．黒実線は真の関係を示す．**左**：青線は $K=1$ の場合を示し，訓練データを補間する (完璧にすべての訓練データを通る)．**右**：青線は $K=9$ の場合を示す．なめらかな当てはめとなっている．

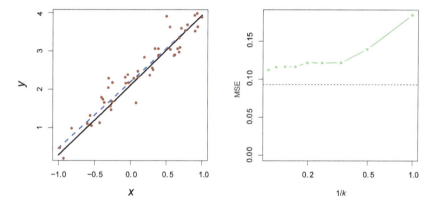

図 3.18 図 3.17 のデータをさらに考察する．**左**：青破線は最小 2 乗法による回帰直線．$f(X)$ (黒線) は線形であるから，最小 2 乗法による回帰直線は $f(X)$ をとても高い精度で予測する．**右**：水平の黒破線は最小 2 乗法による回帰直線でのテスト MSE．緑の実線は K 近傍回帰による MSE．横軸は $1/K$ (対数軸)．$f(X)$ は線形であるから，線形回帰は K 近傍回帰よりもテスト MSE が小さい．K 近傍回帰では，K の値が一番大きいときに一番良い結果が得られる．つまり $1/K$ が小さいほど良い結果が得られる．

の方が K 近傍回帰よりも優れていることがわかる．緑実線はテスト MSE を $1/K$ の関数として示したものである．K 近傍回帰での誤差は黒破線で示した線形回帰のテスト MSE よりもはるかに大きい．MSE をみる限り K の値が大きいときは K 近傍回帰は少しだけ最小 2 乗法による線形回帰よりも劣る．K の値が小さいときは，K 近傍

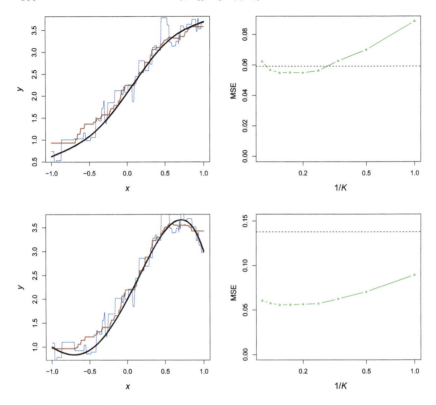

図 3.19 **上段左**：X と Y の関係はわずかに非線形 (黒実線) のとき，$K = 1$ (青) と $K = 9$ (赤) で K 近傍回帰の結果を示す．**上段右**：わずかに非線形のデータにおいて，最小 2 乗回帰 (水平な黒線) と $1/K$ を変化させたときの K 近傍回帰 (緑線) によるテスト MSE．**下段左右**：上段と同様．ただし X と Y には強い非線形の関係がある．

回帰は最小 2 乗法による線形回帰よりもかなり劣る．

　実際には X と Y の真の関係が完璧に線形だということはまれである．図 3.19 は線形回帰と K 近傍回帰を X と Y の非線形の度合いを変えて比べたものである．上段では，真の関係はほとんど線形に近い．この場合，K が小さい値では線形回帰のテスト MSE は K 近傍回帰よりも優れているとわかる．しかし $K \geq 4$ のときは K 近傍回帰の方が線形回帰よりも優れている．下段はさらに非線形が強い例である．このときはすべての K の範囲において K 近傍回帰の方が線形回帰よりもかなり優れている．非線形の度合いを強くしたときに，ノンパラメトリック法のテスト MSE はほとんど変化がないが，線形回帰のテスト MSE は激しく増加している．

　図 3.18 と図 3.19 は真の関係が線形であるとき，K 近傍回帰は線形回帰よりもわず

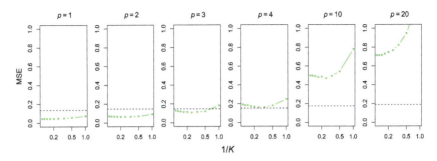

図 3.20 変数の数 p を増加させたときの線形回帰 (黒破線) と K 近傍回帰 (緑線) のテスト MSE. 真の関数は図 3.19 の下段に見られるように最初の変数について非線形であり，他の変数に依存しない．線形回帰の精度はノイズ変数を増やすごとに徐々に悪化するが，K 近傍回帰は p を増やすとより急速に悪化する．

かに劣り，真の関係が非線形であるときは，K 近傍回帰は線形回帰よりもずっと優れているということを示している．実用上，真の関係は未知であり，K 近傍回帰の方が選ばれるべきだと結論付けるかもしれない．なぜなら，真の関係が線形の場合において，K 近傍回帰は最悪でも線形回帰よりはすこし劣るという程度であり，真の関係が非線形であれば K 近傍回帰の方が線形回帰よりもかなりよい結果を得られるからである．しかし，実際には真の関係が強い非線形である場合でも K 近傍回帰は線形回帰よりも劣る場合もある．特に図 3.18 と図 3.19 において予測変数は 1 個 ($p = 1$) であるが，高次元の場合は K 最近傍回帰はしばしば線形回帰よりも劣る．

図 3.20 は図 3.19 の下段と同じ強い非線形のデータを使った．ここではさらに応答変数と関係ないノイズ変数をモデルに加えた．変数の数が $p = 1$ や $p = 2$ であるとき，K 近傍回帰は線形回帰よりも性能が良い．しかし，$p = 3$ のときは結果はどちらとも言えず，$p \geq 4$ となると線形回帰の方が K 近傍回帰よりも優れている．実際，高次元にしたとき，線形回帰のテスト MSE は少し悪化しているだけであるが，K 近傍回帰では MSE は 10 倍以上も悪くなっている．高次元にしたときの精度の低下は K 近傍回帰ではよく起こる問題である．これは高次元では実質的に標本サイズが小さくなることによる．このデータセットでは 100 個の訓練データがある．$p = 1$ であれば，$f(X)$ に対して高精度な推定を行うのに十分な情報である．しかし，この 100 個のデータを 20 次元 ($p = 20$) に広げると，データの近傍にほかのデータがないという現象が起きる．これを次元の呪いと呼ぶ．つまり p が大きくなると，観測データ x_0 から最も近い K 個のデータは，p 次元空間で x_0 からとても遠くになってしまうのである．このため $f(x_0)$ の予測精度は落ち，したがって K 近傍回帰はよくあてはまらない．一般的なルールとして，パラメトリック法は 1 つの予測変数あたりの観測データの数が少ないときにノンパラメトリック法よりも優れている．

低次元の場合でさえも，解釈がしやすいという理由で，K 近傍法よりも線形回帰の方が好ましいと思うかもしれない．K 近傍回帰のテスト MSE が線形回帰よりもわずかに小さいだけであれば，わずかな精度を諦めて，p 値がわかっている少数の係数で記述できる単純なモデルを選ぼうとするかもしれない．

3.6　実習：線形回帰

3.6.1　ライブラリ

R の基本ディストリビューションに含まれていないライブラリ，つまり関数やデータをまとめたものは，`library()` 関数を使って読み込む．最小 2 乗法による回帰や，その他の基本的な分析をする関数は基本ディストリビューションに標準で含まれている．しかし標準ライブラリに含まれない少々変わった関数を使うには新たにライブラリを導入する必要がある．ここでは MASS パッケージを読み込む．このパッケージには大量のデータや関数が含まれている．また ISLR パッケージも読み込む．この ISLR パッケージは本書にあるデータなどを含む．

```
> library(MASS)
> library(ISLR)
```

ライブラリを読み込む際にエラーメッセージが出たときは，おそらくシステムにそのライブラリがインストールされていない．MASS などのライブラリは R に含まれており，コンピュータに別途インストールする必要はない．しかし ISLR など他のパッケージを使用するには，まずダウンロードしなければならない．これは R の中で実行可能である．例えば Windows の場合，Packages タブの下にある Install package メニューを選び，ミラーサイトを指定すると，ダウンロード可能なパッケージのリストが現れる．そこでインストールしたいパッケージを選ぶだけで後は R が自動的にパッケージをダウンロードしてくれる．または，R コマンドラインで `install.packages("ISLR")` を実行してもよい．パッケージをインストールするのはそのライブラリを利用する前に一度だけ行えばよい．しかし，パッケージを使う際に毎回 `library()` 関数を実行しなければならない．

3.6.2　線形単回帰

MASS ライブラリの中に Boston データセットが入っている．Boston データセットはボストン近郊の 506 地域での家の価格の中央値 medv のデータが記録されている．ここでは rm (1 軒あたり平均部屋数)，age (平均築年数)，lstat (低所得層家庭の割合) などの 13 個の予測変数を用いて medv を予測することとする．

```
> fix(Boston)
> names(Boston)
```

```
[1] "crim"   "zn"    "indus"   "chas"    "nox"    "rm"     "age"
[8] "dis"    "rad"   "tax"     "ptratio" "black"  "lstat"  "medv"
```

データセットについてより詳細に知りたいときは?Boston を実行すればよい.

まず初めに, medv を応答変数, lstat を予測変数として, lm() 関数により線形単回帰を当てはめる. この関数は lm(y ~ x,data) の様に使う. ここで y は応答変数, x は予測変数, data はこれらの 2 変数が保存されているデータセットである.

```
> lm.fit=lm(medv~lstat)
Error in eval(expr, envir, enclos) : Object "medv" not found
```

このコマンドを実行するとエラーとなる. R は変数 medv と lstat がどのデータセットに含まれているか認識できないからである. 変数が Boston に含まれると R に認識させるには, lm 関数を実行する際に オプション data=Boston を指定するか, または lm を実行する前に attach を実行すればよい.

```
> lm.fit=lm(medv~lstat,data=Boston)
> attach(Boston)
> lm.fit=lm(medv~lstat)
```

lm.fit を実行すると, モデルの基本情報がいくつか出力される. より詳細な情報が欲しいならば summary(lm.fit) を使う. これにより係数の標準誤差や p 値, また R^2 や F 統計量なども表示される.

```
> lm.fit

Call:
lm(formula = medv ~ lstat)

Coefficients:
(Intercept)         lstat
      34.55         -0.95

> summary(lm.fit)

Call:
lm(formula = medv ~ lstat)

Residuals:
   Min     1Q Median     3Q    Max
-15.17  -3.99  -1.32   2.03  24.50

Coefficients:
             Estimate Std. Error t value Pr(>|t|)
(Intercept)  34.5538     0.5626    61.4   <2e-16 ***
lstat        -0.9500     0.0387   -24.5   <2e-16 ***
---
Signif. codes:  0 ?***? 0.001 ?**? 0.01 ?*? 0.05 ?.? 0.1 ? ? 1

Residual standard error: 6.22 on 504 degrees of freedom
```

```
Multiple R-squared: 0.544,        Adjusted R-squared: 0.543
F-statistic:  602 on 1 and 504 DF,  p-value: <2e-16
```

names() 関数で，lm.fit には他にどのような情報があるかを知ることができる．名前を指定して，例えば lm.fit$coefficients のように入力し，欲しい情報だけを出力することもできるが，coef() などの総称的関数を使う方が安全である．

```
> names(lm.fit)
 [1] "coefficients"  "residuals"      "effects"
 [4] "rank"          "fitted.values"  "assign"
 [7] "qr"            "df.residual"    "xlevels"
[10] "call"          "terms"          "model"
> coef(lm.fit)
(Intercept)         lstat
      34.55         -0.95
```

推定された係数の信頼区間を求めるには confint() を使う．

```
> confint(lm.fit)
              2.5 % 97.5 %
(Intercept) 33.45 35.659
lstat       -1.03 -0.874
```

predict() 関数を使えば，ある lstat の値について medv の信頼区間と予測区間を得ることができる．

```
> predict(lm.fit,data.frame(lstat=c(5,10,15)),
        interval="confidence")
    fit    lwr    upr
1 29.80 29.01 30.60
2 25.05 24.47 25.63
3 20.30 19.73 20.87
> predict(lm.fit,data.frame(lstat=c(5,10,15)),
        interval="prediction")
    fit     lwr    upr
1 29.80 17.566 42.04
2 25.05 12.828 37.28
3 20.30  8.078 32.53
```

例えば，lstat の値を 10 とした場合の 95%信頼区間は $(24.47, 25.63)$ であり，95%予測区間は $(12.828, 37.28)$ である．予想通り，信頼区間と予測区間は同じ値を中央に (lstat が 10 のとき medv は 25.05) もつが，後者の方がかなり広い．

plot() および abline() 関数を使い，medv と lstat について最小 2 乗法による回帰直線をプロットする．

```
> plot(lstat,medv)
> abline(lm.fit)
```

lstat と medv の間には非線形の関係があるようだが，これについてはこの実習の後半で調べる．

3.6 実習：線形回帰 105

abline() 関数は最小 2 乗法による線形回帰直線に限らず，どんな直線も表示する
ことができる．切片 a で傾き b の直線を引くには，abline(a,b) と入力する．以下
は点や線を表示する際のオプションを指定した例である．lwd=3 を指定すると，回帰
直線の太さが 3 倍になる．plot() や lines() 関数でも同様の指定ができる．pch を
指定することにより，プロットのシンボルを変更することができる．

```
> abline(lm.fit,lwd=3)
> abline(lm.fit,lwd=3,col="red")
> plot(lstat,medv,col="red")
> plot(lstat,medv,pch=20)
> plot(lstat,medv,pch="+")
> plot(1:20,1:20,pch=1:20)
```

次にプロットを使って分析する．これらのうち，いくつかは 3.3.3 項で扱った．lm()
関数の返り値を直接 plot() に渡すことにより 4 つの分析用プロットが自動的に生成
される．通常はこの関数を実行するとプロットが 1 つずつ表示される．Enter キーを
押すことにより，次のプロットが表示される．しかし，4 つのプロットを同時に見る
ことができれば便利である．これを行うには par() 関数を使う．par() 関数は，出
力部分を区分けして，複数のプロットを同時に表示するよう R に命令する．例えば，
par(mfrow=c(2,2)) はプロット出力を 2 × 2 に分割する．

```
> par(mfrow=c(2,2))
> plot(lm.fit)
```

または，residuals() 関数を用いて，線形回帰の残差を計算することもできる．
rstudent() を使えばステューデント化残差を求めることができるので，当てはめ値
と併せてこれをプロットすることもできる．

```
> plot(predict(lm.fit), residuals(lm.fit))
> plot(predict(lm.fit), rstudent(lm.fit))
```

残差プロットを見ると，非線形性がみてとれる．てこ比は予測変数がいくつあろう
が，hatvalues() で求めることができる．

```
> plot(hatvalues(lm.fit))
> which.max(hatvalues(lm.fit))
375
```

which.max() 関数はベクトルの要素のうち最大の値を見つける．この場合，てこ比
が最大となる観測データが何番目のデータかを返す．

3.6.3 線形重回帰

最小 2 乗法による重回帰を当てはめるには，再び lm() を使う．x1, x2, x3 の 3 つ
の予測変数のモデルに当てはめるには lm(y~x1+x2+x3) のように使う．summary() 関
数ですべての予測変数の回帰係数が表示される．

```
> lm.fit=lm(medv~lstat+age,data=Boston)
> summary(lm.fit)

Call:
lm(formula = medv ~ lstat + age, data = Boston)

Residuals:
   Min     1Q  Median     3Q    Max
-15.98  -3.98  -1.28   1.97  23.16

Coefficients:
            Estimate Std. Error t value Pr(>|t|)
(Intercept) 33.2228     0.7308   45.46  <2e-16 ***
lstat       -1.0321     0.0482  -21.42  <2e-16 ***
age          0.0345     0.0122    2.83  0.0049 **
---
Signif. codes: 0 ?***? 0.001 ?**? 0.01 ?*? 0.05 ?.? 0.1 ? ? 1

Residual standard error: 6.17 on 503 degrees of freedom
Multiple R-squared: 0.551,      Adjusted R-squared: 0.549
F-statistic:  309 on 2 and 503 DF,  p-value: <2e-16
```

Boston データセットは 13 個の変数があるので，すべての予測変数をモデルに含む回帰を行うときにはこれらをすべて入力するのは面倒である．このようなときは省略形を使うことができる．

```
> lm.fit=lm(medv~.,data=Boston)
> summary(lm.fit)

Call:
lm(formula = medv ~ ., data = Boston)

Residuals:
    Min      1Q   Median      3Q     Max
-15.594  -2.730  -0.518   1.777  26.199

Coefficients:
             Estimate Std. Error t value Pr(>|t|)
(Intercept)  3.646e+01  5.103e+00   7.144 3.28e-12 ***
crim        -1.080e-01  3.286e-02  -3.287 0.001087 **
zn           4.642e-02  1.373e-02   3.382 0.000778 ***
indus        2.056e-02  6.150e-02   0.334 0.738288
chas         2.687e+00  8.616e-01   3.118 0.001925 **
nox         -1.777e+01  3.820e+00  -4.651 4.25e-06 ***
rm           3.810e+00  4.179e-01   9.116  < 2e-16 ***
age          6.922e-04  1.321e-02   0.052 0.958229
dis         -1.476e+00  1.995e-01  -7.398 6.01e-13 ***
rad          3.060e-01  6.635e-02   4.613 5.07e-06 ***
tax         -1.233e-02  3.761e-03  -3.280 0.001112 **
ptratio     -9.527e-01  1.308e-01  -7.283 1.31e-12 ***
black        9.312e-03  2.686e-03   3.467 0.000573 ***
lstat       -5.248e-01  5.072e-02 -10.347  < 2e-16 ***
---
```

3.6 実習：線形回帰　　　　107

```
Signif. codes:  0 '***' 0.001 '**' 0.01 '*' 0.05 '.' 0.1 ' ' 1

Residual standard error: 4.745 on 492 degrees of freedom
Multiple R-Squared: 0.7406,     Adjusted R-squared: 0.7338
F-statistic: 108.1 on 13 and 492 DF,  p-value: < 2.2e-16
```

数値的な要約を個々に表示するには，名前 (?summary.lm で何があるかを調べることができる) を指定する．したがって summary(lm.fit)$r.sq で R^2 が，summary(lm.fit)$sigma で RSE が表示される．vif() 関数は car パッケージに含まれており，これで分散拡大要因を計算することができる．car パッケージは R の標準パッケージでは提供されていないので，使う前に R の install.packages コマンドによりダウンロードする必要がある．

```
> library(car)
> vif(lm.fit)
   crim      zn   indus    chas     nox      rm     age
   1.79    2.30    3.99    1.07    4.39    1.93    3.10
    dis     rad     tax ptratio   black   lstat
   3.96    7.48    9.01    1.80    1.35    2.94
```

もし 1 つの変数だけを除いたすべての変数を使って回帰を当てはめたい場合はどうすれば良いだろうか．例えば，上にある出力結果を見ると，age は p 値が高い．したがって，この予測変数を取り除いて回帰を当てはめたいと考えるだろう．以下に age 以外のすべての予測変数を使う方法を示す．

```
> lm.fit1=lm(medv~.-age,data=Boston)
> summary(lm.fit1)
...
```

または update() 関数を使うこともできる．

```
> lm.fit1=update(lm.fit, ~.-age)
```

3.6.4　交互作用項

線形モデルに交互作用項を加えるのは lm() 関数で容易に行うことができる．lstat:black とすれば R は lstat と black の交互作用項をモデルに加える．lstat*age とすることにより，lstat, age と交互作用項 lstat×age を同時に予測変数に加える．つまりこれは lstat+age+lstat:age の省略形である．

```
> summary(lm(medv~lstat*age,data=Boston))

Call:
lm(formula = medv ~ lstat * age, data = Boston)

Residuals:
   Min     1Q Median     3Q    Max
```

108   3. 線 形 回 帰

```
-15.81  -4.04  -1.33   2.08  27.55

Coefficients:
              Estimate Std. Error t value Pr(>|t|)
(Intercept) 36.088536   1.469835   24.55  < 2e-16 ***
lstat       -1.392117   0.167456   -8.31 8.8e-16 ***
age         -0.000721   0.019879   -0.04   0.971
lstat:age    0.004156   0.001852    2.24   0.025 *
---
Signif. codes:  0 '***' 0.001 '**' 0.01 '*' 0.05 '.' 0.1 ' ' 1

Residual standard error: 6.15 on 502 degrees of freedom
Multiple R-squared: 0.556,     Adjusted R-squared: 0.553
F-statistic:  209 on 3 and 502 DF,  p-value: <2e-16
```

3.6.5 予測変数の非線形変換

lm() 関数は予測変数の非線形変換も扱うことができる．例えば，ある予測変数 X について，I(X^2) とすることにより X^2 の項を作ることができる．I() を使うのは，formula オブジェクトの中では^は特別な意味をもつからである．I() で囲むことにより R の標準用法である X の 2 乗という意味で使える．これで medv を lstat と $lstat^2$ に回帰することができる．

```
> lm.fit2=lm(medv~lstat+I(lstat^2))
> summary(lm.fit2)

Call:
lm(formula = medv ~ lstat + I(lstat^2))

Residuals:
    Min     1Q Median     3Q    Max
-15.28  -3.83  -0.53   2.31  25.41

Coefficients:
             Estimate Std. Error t value Pr(>|t|)
(Intercept) 42.86201    0.87208    49.1   <2e-16 ***
lstat       -2.33282    0.12380   -18.8   <2e-16 ***
I(lstat^2)   0.04355    0.00375    11.6   <2e-16 ***
---
Signif. codes:  0 '***' 0.001 '**' 0.01 '*' 0.05 '.' 0.1 ' ' 1

Residual standard error: 5.52 on 503 degrees of freedom
Multiple R-squared: 0.641,     Adjusted R-squared: 0.639
F-statistic:  449 on 2 and 503 DF,  p-value: <2e-16
```

2 次の項の p 値がほぼ 0 であるから，モデルは改善されたことになる．anova() 関数を使って，2 次式の当てはめが線形よりもどの程度優れているかをさらに数量化することができる．

```
> lm.fit=lm(medv~lstat)
```

3.6 実習：線形回帰　　　　　　　109

```
> anova(lm.fit,lm.fit2)
Analysis of Variance Table

Model 1: medv ~ lstat
Model 2: medv ~ lstat + I(lstat^2)
  Res.Df   RSS Df Sum of Sq    F Pr(>F)
1    504 19472
2    503 15347  1      4125  135 <2e-16 ***
---
Signif. codes:  0 '***' 0.001 '**' 0.01 '*' 0.05 '.' 0.1 ' ' 1
```

ここで Model 1 は lstat だけを予測変数とする線形モデル，Model 2 は lstat と $lstat^2$ の 2 つを含む 2 次モデルである．anova() 関数は 2 つのモデルを比較した仮説検定を行う．帰無仮説は 2 つの回帰モデルは同程度データに当てはまっているとし，対立仮説は 2 次項を含むモデルの方が優れているとする．F 統計量は 135，p 値は実質的に 0 である．これにより，lstat だけを含むモデルよりも，lstat と $lstat^2$ を含むモデルの方がはるかに優れているということが明白となる．前半で medv と lstat の関係が非線形であることを見たのであるから，この結果は当然である．

```
> par(mfrow=c(2,2))
> plot(lm.fit2)
```

上記を実行すると $lstat^2$ を含んだモデルでは，残差にほとんど規則性はないようである．

3 次の項をモデルに含めるなら，I(X^3) を予測変数に指定すればよい．しかし，高次の多項式を扱うにつれて入力が次第に面倒になる．より効率的に入力するには，lm() 関数の引数に poly() 関数を使えばよい．例えば，5 次までの多項式による当てはめを行うには次のようにする．

```
> lm.fit5=lm(medv~poly(lstat,5))
> summary(lm.fit5)

Call:
lm(formula = medv ~ poly(lstat, 5))

Residuals:
    Min      1Q  Median      3Q     Max
-13.543  -3.104  -0.705   2.084  27.115

Coefficients:
                Estimate Std. Error t value Pr(>|t|)
(Intercept)       22.533      0.232   97.20  < 2e-16 ***
poly(lstat, 5)1 -152.460      5.215  -29.24  < 2e-16 ***
poly(lstat, 5)2   64.227      5.215   12.32  < 2e-16 ***
poly(lstat, 5)3  -27.051      5.215   -5.19  3.1e-07 ***
poly(lstat, 5)4   25.452      5.215    4.88  1.4e-06 ***
poly(lstat, 5)5  -19.252      5.215   -3.69  0.00025 ***
---
```

110　　　　　　　　　　　　　　3. 線 形 回 帰

```
Signif. codes:  0 '***' 0.001 '**' 0.01 '*' 0.05 '.' 0.1 ' ' 1

Residual standard error: 5.21 on 500 degrees of freedom
Multiple R-squared: 0.682,      Adjusted R-squared: 0.679
F-statistic:  214 on 5 and 500 DF,  p-value: <2e-16
```

この結果によると，5次までの項を含めるとモデルの当てはめはさらに良くなっていることがわかる．しかし，5次より高次の項を加えても回帰の当てはめに関して有意な p 値を得られない．

もちろん予測変数を変換するのは何も多項式を使う方法だけに限られているわけではない．以下は対数変換の例である．

```
> summary(lm(medv~log(rm),data=Boston))
...
```

3.6.6　質的な予測変数

ここでは Carseats データを使用する．これは ISLR ライブラリに含まれているデータである．多くの予測変数を用いて，400 軒の店舗におけるチャイルドシートの Sales を予測したい．

```
> fix(Carseats)
> names(Carseats)
 [1] "Sales"       "CompPrice"   "Income"      "Advertising"
 [5] "Population"  "Price"       "ShelveLoc"   "Age"
 [9] "Education"   "Urban"       "US"
```

Carseats には Shelveloc などの質的な予測変数がある．Shelveloc はそれぞれの店舗でチャイルドシートが陳列されている棚の位置に関する質を表す変数である．この変数は Bad, Medium, Good のうちのいずれかの値をとる．Shelveloc のような質的変数があるとき，R は自動的にダミー変数を作る．以下に交互作用項をいくつか含む重回帰モデルの結果を示す．

```
> lm.fit=lm(Sales~.+Income:Advertising+Price:Age,data=Carseats)
> summary(lm.fit)

Call:
lm(formula = Sales ~ . + Income:Advertising + Price:Age, data =
    Carseats)

Residuals:
   Min     1Q Median     3Q    Max
-2.921 -0.750  0.018  0.675  3.341

Coefficients:
                Estimate Std. Error t value Pr(>|t|)
(Intercept)     6.575565   1.008747    6.52 2.2e-10 ***
CompPrice       0.092937   0.004118   22.57 < 2e-16 ***
```

```
Income              0.010894    0.002604     4.18   3.6e-05 ***
Advertising         0.070246    0.022609     3.11   0.00203 **
Population          0.000159    0.000368     0.43   0.66533
Price              -0.100806    0.007440   -13.55   < 2e-16 ***
ShelveLocGood       4.848676    0.152838    31.72   < 2e-16 ***
ShelveLocMedium     1.953262    0.125768    15.53   < 2e-16 ***
Age                -0.057947    0.015951    -3.63   0.00032 ***
Education          -0.020852    0.019613    -1.06   0.28836
UrbanYes            0.140160    0.112402     1.25   0.21317
USYes              -0.157557    0.148923    -1.06   0.29073
Income:Advertising  0.000751    0.000278     2.70   0.00729 **
Price:Age           0.000107    0.000133     0.80   0.42381
---
Signif. codes:  0 '***' 0.001 '**' 0.01 '*' 0.05 '.' 0.1 ' ' 1

Residual standard error: 1.01 on 386 degrees of freedom
Multiple R-squared: 0.876,      Adjusted R-squared: 0.872
F-statistic:  210 on 13 and 386 DF,  p-value: <2e-16
```

contrasts() 関数は R がどのようにダミー変数を定義したかを返す.

```
> attach(Carseats)
> contrasts(ShelveLoc)
        Good Medium
Bad       0     0
Good      1     0
Medium    0     1
```

?contrasts で他の対比や，対比の指定方法について知ることができる.

R は商品棚が望ましい場所であれば 1，そうでなければ 0 となるダミー変数 ShelveLocGood を定義している．また商品棚が標準的な場所であれば 1，その他の場合は 0 となるダミー変数 ShelveLocMedium も定義している．商品棚の場所が悪いときは，2 つのダミー変数は 0 である．回帰の結果を見ると，ShelveLocGood の係数は正であるから，これは商品陳列の場所が良ければ，(悪い場所に比べて) セールスが大きくなることを示している．ShelveLocMedium の係数は正ではあるが小さい．つまり商品棚が標準的な場所であるとき，悪い場所のときよりはセールスが高いが，良い場所には及ばないことを示している.

3.6.7 関数の定義

これまで見てきたように，R には多くの便利な関数がある．しかも，より多くの関数が R ライブラリの形で提供されている．しかし，しばしば自分たちが行いたい作業をするための関数がない場合もある．この場合，自分で関数を書くとよい．例えば，以下に ISLR と MASS を読み込む簡単な関数を示す．新しい関数を定義する前は R はエラーを返す.

```
> LoadLibraries
```

```
Error: object 'LoadLibraries' not found
> LoadLibraries()
Error: could not find function "LoadLibraries"
```

ここで，関数を作ろう．`+`記号は`R`が出力しているものであり，ユーザーが入力するものではないことに注意されたい．`{`記号により，`R`は複数の関数が入力されると理解する．`{`の後 Enter を押すことにより，`R`は`+`を表示する．このようにして1つ関数を入力するごとに Enter を押していけば，いくらでも関数を入力し続けることができる．最後に`}`で`R`にこれ以上続きがないことを認識させる．

```
> LoadLibraries=function(){
+ library(ISLR)
+ library(MASS)
+ print("The libraries have been loaded.")
+ }
```

ここで`LoadLibraries`と入力すると，`R`はその関数の中身を表示する．

```
> LoadLibraries
function(){
library(ISLR)
library(MASS)
print("The libraries have been loaded.")
}
```

この関数を実行すると，ライブラリが読み込まれ，print 文が表示される．

```
> LoadLibraries()
[1] "The libraries have been loaded."
```

3.7 演習問題

理論編

(1) 表 3.4 にある p 値に対応する帰無仮説を記述せよ．これらの p 値からどのような結論が得られるか説明せよ．その際に (線形モデルの係数ではなく) `sales`, `TV`, `radio`, `newspaper` などを用いて説明すること．

(2) K 最近傍法による分類と回帰の違いを正確に説明せよ．

(3) 5つの予測変数をもつデータを考える．$X_1 = \text{GPA}$, $X_2 = \text{IQ}$, $X_3 =$ 性別 (女性は 1，男性は 0)，$X_4 = \text{GPA}$ と IQ の交互作用項，$X_5 = \text{GPA}$ と性別の交互作用項とする．応答変数は卒業後の初任給 (単位：千ドル) とする．最小2乗法で回帰モデルを当てはめ，$\hat{\beta}_0 = 50$, $\hat{\beta}_1 = 20$, $\hat{\beta}_2 = 0.07$, $\hat{\beta}_3 = 35$, $\hat{\beta}_4 = 0.01$, $\hat{\beta}_5 = -10$ を得た．

  (a) 以下の文のうちどれが正しいか．またそれはなぜか．

i. IQ と GPA を固定した場合，男性の方が女性よりも平均的に給料が高い．

ii. IQ と GPA を固定した場合，女性の方が男性よりも平均的に給料が高い．

iii. IQ と GPA を固定した場合，GPA が十分高ければ男性の方が女性よりも平均的に給料が高い．

iv. IQ と GPA を固定した場合，GPA が十分高ければ女性の方が男性よりも平均的に給料が高い．

(b) IQ が 110 で GPA が 4.0 の女性の給料を予測せよ．

(c) 次の真偽を判定し，説明せよ：GPA と IQ の交互作用項の係数は非常に小さいので，交互作用があるという根拠はほとんどない．

(4) 応答変数と 1 つの予測変数について 100 個 ($n = 100$) のデータを観測した．線形回帰と，3 次多項式での回帰 $Y = \beta_0 + \beta_1 X + \beta_2 X^2 + \beta_3 X^3 + \epsilon$ をそれぞれ当てはめた．

(a) X と Y の真の関係が $Y = \beta_0 + \beta_1 X + \epsilon$ であるとする．線形単回帰を当てはめたときの訓練 RSS と 3 次式の回帰における訓練 RSS を考えた場合，どちらの方がより小さくなるといえるか．両方等しくなると考えられるか．または，情報不足により判断できないか．説明せよ．

(b) (a) において，テスト RSS を比べた場合について答えよ．

(c) X と Y の真の関係は線形ではないと仮定する．しかし，どの程度非線形かは未知である．線形単回帰を当てはめたときの訓練 RSS と 3 次式の回帰における訓練 RSS を考えた場合，どちらの方がより小さくなるといえるか．両方等しくなると考えられるか．または情報不足により判断できないか．説明せよ．

(d) (c) において，テスト RSS を比べた場合について答えよ．

(5) 切片のない線形回帰を当てはめた場合を考える．この場合 i 番目の予測値は

$$\hat{y}_i = x_i \hat{\beta}$$

である．ここで

$$\hat{\beta} = \left(\sum_{i=1}^{n} x_i y_i \right) \Big/ \left(\sum_{i'=1}^{n} x_{i'}^2 \right) \tag{3.38}$$

である．このとき，

$$\hat{y}_i = \sum_{i'=1}^{n} a_{i'} y_{i'}$$

と書けることを示せ．また，$a_{i'}$ は何であるか．

(この結果より，線形回帰の予測値は観測データの応答値の線形結合であるといえる．)

(6) 式 (3.4) より，線形単回帰の場合，最小 2 乗法による回帰直線は常に $(\bar{x}, \bar{y})$ を通ることを示せ．

(7) 本章で，線形単回帰により Y を X に回帰したとき，R^2 (式 (3.17)) は X と Y の相関係数 (式 (3.18)) の 2 乗に等しいことを述べた．これを証明せよ．簡単のため，$\bar{x} = \bar{y} = 0$ と仮定してもよい．

応 用 編

(8) ここでは Auto データセットを使って線形単回帰を当てはめる．
  (a) lm() 関数を使い，mpg を応答変数，horsepower を予測変数として線形単回帰を当てはめよ．summary() 関数により結果を出力せよ．結果について説明せよ．例えば，以下の点について述べよ．
    i. 予測変数と応答変数に関係はあるか．
    ii. 予測変数と応答変数の関係はどの程度の強さか．
    iii. 予測変数と応答変数の関係は正か負か．
    iv. horsepower の値が 98 であるとき，mpg の予測値を答えよ．また 95%信頼区間と予測区間も答えよ．
  (b) 予測変数と応答変数をプロットせよ．abline() 関数を使い，最小 2 乗法による回帰直線を表示せよ．
  (c) plot() 関数を使い，回帰診断図を作成せよ．当てはめに問題があるか論じよ．

(9) ここでは Auto データセットに線形重回帰を当てはめる．
  (a) データセットに含まれるすべての変数を使い，散布図を作成せよ．
  (b) cor() 関数を使い，相関行列を計算せよ．変数 name は質的変数なので取り除いておくこと．
  (c) lm() を使い，mpg を応答変数，name 以外のすべてを予測変数とする線形重回帰を当てはめよ．summary() で結果を出力せよ．結果について考察せよ．例えば，以下の点について述べよ．
    i. 予測変数と応答変数に関係はあるか．
    ii. 予測変数のうちどれが応答変数と統計的に有意な関係にあると思われるか．
    iii. 変数 year の係数はどのようなことを示唆しているか．
  (d) plot() により回帰診断図を作成せよ．何か問題があれば論じよ．残差プロットに，異常に大きな外れ値があるか．てこ比のグラフには異常に大き

3.7 演習問題　　　　115

なてこ比を示すデータはあるか.

(e) *と:の記号を用いて, 交互作用を含む線形回帰モデルを当てはめよ. 交互作用項のうち統計的に有意なものはあるか.

(f) $\log(X)$, $\sqrt{X}$, X^2 などの変換を試し, 何か発見があれば説明せよ.

(10) この問いでは Carseats データセットを使う.

(a) Price, Urban, US を使って Sales を予測する重回帰モデルを当てはめよ.

(b) モデルの各係数をそれぞれ解釈せよ. 変数のうち, いくつかは質的変数であることに注意すること.

(c) モデルを表す式を書け. 質的変数を正しく扱うこと.

(d) どの予測変数について帰無仮説 $H_0 : \beta_j = 0$ を棄却するか.

(e) 前問で応答変数と関係があるとした予測変数だけを用いてモデルを当てはめよ.

(f) (a) と (e) のモデルはどの程度よく当てはまっているか.

(g) (e) のモデルから, 回帰係数の 95%信頼区間を求めよ.

(h) (e) のモデルに外れ値やてこ比の大きい観測データはあるか.

(11) ここでは, 切片のない線形単回帰において帰無仮説 $H_0 : \beta = 0$ の t 統計量について調べる. まず初めに, 予測変数 x と応答変数 y のシミュレーションデータを次のように作成する.

```
> set.seed(1)
> x=rnorm(100)
> y=2*x+rnorm(100)
```

(a) 切片を含めずに y を x に線形単回帰せよ. 係数の推定値 $\hat{\beta}$, その標準誤差の推定値, 帰無仮説 $H_0 : \beta = 0$ についての t 統計量と p 値を求めよ. 結果について説明せよ. (切片なしで回帰するには lm(y~x+0) とすればよい.)

(b) 切片を含めずに x を y に線形単回帰せよ. 係数の推定値, その標準誤差の推定値, 帰無仮説 $H_0 : \beta = 0$ についての t 統計量と p 値を求めよ. 結果について説明せよ.

(c) (a) と (b) の結果はどのような関係にあるか.

(d) 切片のない Y から X への回帰では, 帰無仮説 $H_0 : \beta = 0$ についての t 統計量は $\hat{\beta}/\mathrm{SE}(\hat{\beta})$ の形をしている. ここで $\hat{\beta}$ は式 (3.38) にある. また

$$\mathrm{SE}(\hat{\beta}) = \sqrt{\frac{\sum_{i=1}^{n}(y_i - x_i\hat{\beta})^2}{(n-1)\sum_{i'=1}^{n} x_{i'}^2}}$$

である.

(本問にある式は 3.1.1 項 および 3.1.2 項にあるものと少し異なる. こ

れはここでの回帰に切片がないとしているからである.) t 統計量が以下
で求められることを数学的に証明せよ. また, R を用いることにより, こ
れが正しいことを数値的に示せ.

$$\frac{(\sqrt{n-1})\sum_{i=1}^n x_i y_i}{(\sum_{i=1}^n x_i^2)(\sum_{i'=1}^n y_{i'}^2) - (\sum_{i'=1}^n x_{i'} y_{i'})^2}.$$

(e) (d) の結果を使って, y を x に回帰した場合と x を y に回帰した場合で t
統計量が等しいことを確認せよ.

(f) R を使って, 切片がある場合の回帰において, 帰無仮説 $H_0 : \beta_1 = 0$ の t
統計量は y を x に回帰した場合も x を y に回帰した場合も等しいことを
示せ.

(12) 本問では線形単回帰で切片がない場合について考える.

(a) 切片がない場合に Y を X に線形回帰した際の $\hat{\beta}$ は式 (3.38) である. ど
のような条件であれば X を Y に回帰したときと Y を X に回帰したとき
の回帰係数の推定値が等しくなるか.

(b) X を Y に回帰したときと Y を X に回帰したときで回帰係数の推定値が
異なるような 100 個 ($n = 100$) のデータを R で作成せよ.

(c) X を Y に回帰したときと Y を X に回帰したときで回帰係数の推定値が
等しいような 100 個 ($n = 100$) のデータを R で作成せよ.

(13) この演習ではシミュレーションデータを自分で作成し, そのデータに線形単回
帰を当てはめる. 同じ結果が得られるよう, (a) を始める前に `set.seed(1)` を
実行すること.

(a) `rnorm()` 関数を使って, $N(0, 1)$ に従う 100 個のデータを要素とするベ
クトル x を作成せよ. これが特徴変数の X となる.

(b) `rnorm()` 関数を使って, $N(0, 0.25)$ に従う 100 個のデータを要素とする
ベクトル eps を作成せよ.

(c) x と eps を使って以下のモデルによりベクトル y を作成せよ.

$$Y = -1 + 0.5X + \epsilon. \tag{3.39}$$

ベクトル y の長さを答えよ. また, この線形モデルで β_0 と β_1 の値は
何か.

(d) x と y の関係を示す散布図を作成せよ. 観察した結果を考察せよ.

(e) x を使って y を予測する最小 2 乗モデルを当てはめよ. 得られたモデル
を検証せよ. $\hat{\beta}_0$, $\hat{\beta}_1$ は β_0, β_1 と比べてどのような値となるか.

(f) (d) で得られた散布図に最小 2 乗法による回帰直線を表示せよ. 色を変え
て母回帰直線を表示せよ. `legend()` を使って適当な凡例を挿入せよ.

(g) x と x^2 を使って y を予測する多項式回帰を当てはめよ. 2 次の項がモデルを改善しているか. 説明せよ.

(h) データのノイズを小さくして (a)〜(f) を繰り返せ. モデル (3.39) 自体は変更せずに, (b) において正規分布に従う誤差項 ϵ の分散を小さくすればよい. 結果を考察せよ.

(i) データのノイズを大きくして (a)〜(f) を繰り返せ. モデル (3.39) 自体は変更せずに, (b) において誤差項 ϵ を生成する際に使う正規分布の分散を大きくすればよい. 結果を考察せよ.

(j) もともとのデータセットを使ったとき, β_0 と β_1 の信頼区間はどのようになるか. よりノイズの小さいデータの場合, よりノイズの多いデータの場合それぞれについて併せて答えよ. また, 結果を考察せよ.

(14) この問題では共線性について扱う.

(a) R で以下を実行せよ:

```
> set.seed(1)
> x1=runif(100)
> x2=0.5*x1+rnorm(100)/10
> y=2+2*x1+0.3*x2+rnorm(100)
```

最後の行で y を $x1$ と $x2$ の関数として線形モデルを定義している. この線形モデルを書け. 回帰係数は何か.

(b) $x1$ と $x2$ の相関を調べよ. 2 つの変数の関係を示す散布図を作成せよ.

(c) このデータをもとに, $x1$ と $x2$ を使って y を予測する最小 2 乗法による回帰を当てはめよ. 結果について考察せよ. $\hat{\beta}_0$, $\hat{\beta}_1$, $\hat{\beta}_2$ を求めよ. これらは真の β_0, β_1, β_2 と比べてどのような値となっているか. 帰無仮説 $H_0 : \beta_1 = 0$ を棄却することはできるか. $H_0 : \beta_2 = 0$ の帰無仮説は棄却することはできるか.

(d) $x1$ のみを使って y を予測する最小 2 乗法による回帰を当てはめよ. 結果について述べよ. 帰無仮説 $H_0 : \beta_1 = 0$ を棄却することはできるか.

(e) $x2$ のみを使って y を予測する最小 2 乗法による回帰を当てはめよ. 結果について述べよ. 帰無仮説 $H_0 : \beta_1 = 0$ を棄却することはできるか.

(f) (c)〜(e) で得られた結果に矛盾はないか. 説明せよ.

(g) 新たなデータが計測されたとする. しかし, 残念ながらこのデータには計測ミスがあった.

```
> x1=c(x1, 0.1)
> x2=c(x2, 0.8)
> y=c(y,6)
```

新たなデータを含め (c)〜(e) を繰り返せ. それぞれのモデルにこの新

しいデータはどのような影響を与えているか．それぞれのモデルにおいて，新たなデータは外れ値か．てこ比が高いか．説明せよ．

(15) この問題では本章の実習でも扱った Boston データセットを使う．このデータセットの他の変数を使い，人口あたりの犯罪率を予測したい．つまり人口あたりの犯罪率が応答変数，その他の変数が予測変数である．

(a) それぞれの予測変数について応答変数を予測する線形単回帰を当てはめよ．結果を説明せよ．予測変数と応答変数の間に統計的に有意な関係があるのはどのモデルか．いくつかプロットを作成してそれが妥当であることを説明せよ．

(b) すべての予測変数を使い応答変数を予測する重回帰モデルを当てはめよ．結果を説明せよ．どの変数について帰無仮説 $H_0 : \beta_j = 0$ を棄却することができるか．

(c) (a) と (b) の結果はどのような点で異なるか．(a) で得た単回帰での回帰係数を x 軸，(b) で得られた重回帰での回帰係数を y 軸にとりプロットせよ．つまり，1 つの予測変数がプロット上の 1 つの点に対応する．その変数の単回帰による係数が x 軸，重回帰による係数が y 軸である．

(d) 応答変数といずれかの予測変数の間に非線形の関係はあるか．これに答えるため，それぞれの予測変数 X について以下のモデル

$$Y = \beta_0 + \beta_1 X + \beta_2 X^2 + \beta_3 X^3 + \epsilon$$

を当てはめよ．

4 分類
Classification

　第3章で扱った線形回帰モデルは応答変数 Y が量的であると仮定していた．しかし多くの場合，応答変数は質的である．例えば，目の色は青，茶，緑など質的変数である．質的変数はしばしばカテゴリー変数とも呼ばれる．本書ではこれらの用語は同じものとする．本章では，質的な応答変数を予測する方法を扱う．この方法は分類と呼ばれる．観測データについて質的な応答変数を予測することを，その観測データを分類すると言う．なぜなら，観測データをカテゴリーあるいはクラスに割り当てるからである．一方で，分類する際にはまず質的変数がそれぞれのカテゴリーに属する確率を予測する．この意味で回帰モデルのようでもある．

　質的な応答変数を予測する上で使われる分類の方法は多くあり，分類器と呼ばれる．2.1.5項と2.2.3項において，これらの方法のいくつかについてすでに見てきた．本章では，最も広く使われる分類器を3つ紹介する．ロジスティック回帰，線形判別分析，K 最近傍法である．一般化加法モデル，木，ランダムフォレストやブースティング，サポートベクターマシンのようなよりコンピュータの計算力を必要とする方法は本書の後半で扱う．

4.1　分類問題の概要

　分類の問題はよく生じるものである．おそらく回帰よりも多いであろう．以下に例を挙げる．
(1) 救急処置室に搬送されてきた患者の症状から考えられる原因は3つある．この患者の症状は3つのうちどれが原因であるか．
(2) オンライン銀行はユーザーの IP アドレス，過去のこれまでの履歴などによって，いま行われている取引が詐欺であるかどうかを判断しなければならない．
(3) ある病気に罹患している人と健康な人の多くの DNA 配列データをもとにして，生物学者はどの DNA 変異がその病気を起こすのかを知りたい．

　回帰の場合と同様に，分類の場合も訓練データ $(x_1, y_1), \ldots, (x_n, y_n)$ を使って分類器を学習する．分類器は訓練データだけでなく，訓練データとして使わなかったテス

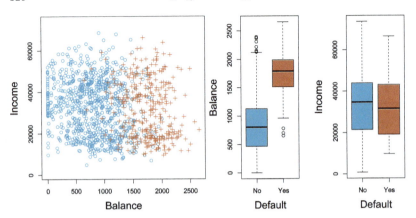

図 4.1 Default データセット．左：多くの顧客についての年収と月末のクレジットカード債務残高．支払いが滞った顧客はオレンジで，返済している顧客は青でプロットした．中央：default の値ごとの balance の箱ひげ図．右：default の値ごとの income の箱ひげ図．

トデータにおいても良い性能でなければならない．

本章では，分類の考え方をシミュレーションにより生成した Default データを使いながら説明する．年収と各月のクレジットカード債務残高をもとにして，顧客がクレジットカードの返済を怠るか否かを予測する．このデータは図 4.1 に示した．10,000 人の顧客について，年収 income と各月の債務残高 balance をプロットした．図 4.1 の左では，ある月の返済を怠った顧客はオレンジで，それ以外の顧客は青で示した．(全体としては債務不履行となる顧客はおよそ 3% であるから，返済している顧客についてはその一部しかプロットしていない．) 債務不履行になる顧客は，そうでない顧客よりも債務残高が多いように見える．図 4.1 の右で，2 組の箱ひげ図を示す．1 つ目は 2 値変数 default により balance の分布がどのように変化するかを示す．2 つ目は同様に income の分布を示す．本章では，balance (X_1) と income (X_2) が与えられたときに，default (Y) を予測するモデルを作る方法について学ぶ．Y は量的変数ではないので，第 3 章の線形回帰モデルを用いることは適切でない．

図 4.1 を見れば，予測変数 balance と応答変数 default の間には明らかに関係があることに気付く．実際の多くの例では，予測変数と応答変数の間の関係はこれほど強くはない．しかし，本章での分類の方法を学習するにあたって，予測変数と応答変数の関係が大きなこの例を用いる．

4.2 なぜ線形回帰を用いないのか

冒頭において，質的な応答変数の場合は線形回帰は適切ではないと論じた．これはなぜであろうか．

救急治療室に運び込まれた患者の症状から，病名を予測したいとする．例を単純にするため，患者は脳卒中，薬物過剰摂取，てんかん性発作のうちのいずれかであるとする．これらを量的な応答変数

$$Y = \begin{cases} 1 & 脳卒中の場合 \\ 2 & 薬物過剰摂取の場合 \\ 3 & てんかん性発作の場合 \end{cases}$$

へコード化することを考える．このコード化を使い，最小2乗法によって線形回帰を当てはめ，予測変数 $X_1, \ldots, X_p$ に対応する応答変数 Y を予測できそうなものである．残念ながら，上のコード化によると，薬物過剰摂取は脳卒中とてんかん性発作の間にあることになるし，脳卒中と薬物過剰摂取の違いは薬物過剰摂取とてんかん性発作の違いと同じということになる．実際にはこのようにすべき理由はない．例えば，以下のコード化

$$Y = \begin{cases} 1 & てんかん性発作の場合 \\ 2 & 脳卒中の場合 \\ 3 & 薬物過剰摂取の場合 \end{cases}$$

も同様に合理的である．しかしこれは3つの病状についてまったく異なる関係を示すことになる．これらの異なるコード化を使えば，根本的に異なる線形モデルとなり，テストデータにおいて全く異なる予測をすることになる．

もしも応答変数のとりうる値が，例えば $mild$ (症状が軽い)，$moderate$ (中程度)，$severe$ (重い) などのように自然な順序がある場合，かつ $mild$ と $moderate$ の違いが $moderate$ と $severe$ の違いと似たようなものだと言えるならば，1, 2, 3 と割り当てるのは理にかなっていると言える．しかし残念ながら，一般的には3クラス以上ある質的変数を量的変数に変換して線形回帰が機能するような方法はない．

質的な2値変数であれば，まだ対処のしようがある．例えば，患者の病状が脳卒中と薬物過剰摂取のどちらかであるとする．このとき，3.3.1項で扱ったダミー変数を使って

$$Y = \begin{cases} 0 & 脳卒中の場合 \\ 1 & 薬物過剰摂取の場合 \end{cases}$$

のように応答変数をコード化することができる．そしてこの2値応答変数を使って線

形回帰を当てはめ，$\hat{Y} > 0.5$ であれば薬物過剰摂取，その他の場合は脳卒中であると予測することになる．2 値変数の場合，上記を逆に割り当てたとしても，線形回帰がまったく同じ予測をすることは容易に示される．

2 値の応答変数に 0/1 を上のように割り当てた場合，最小 2 乗法による回帰を使うことは道理にかなっている．線形回帰で得られる $X\hat{\beta}$ がこの場合においては $\Pr(薬物過剰摂取|X)$ の推定値となるのである．しかし線形回帰を行った場合，推定値が区間 $[0, 1]$ から外れる場合 (図 4.2 参照) があり，これでは確率とは言えなくなってしまう．それでも，この予測値は順序付けのために用いることができ，確率の大雑把な推定値として使うことができる．興味深いことに，線形回帰を使って 2 値応答変数を予測する分類は，4.4 節で扱う線形判別分析 (LDA) と同じものになる．

しかし，ダミー変数を用いたアプローチは 3 つ以上のカテゴリーのある質的変数の場合には簡単に拡張することができない．これらの理由により，質的変数を扱うのにより適した分類の方法を使うことが望ましい．以下でこれらを論じることとする．

4.3 ロジスティック回帰

`Default` データを思い出してほしい．応答変数である `default` の値は 2 つのカテゴリー `Yes` または `No` のどちらかであった．応答変数 Y を直接モデルするのではなく，ロジスティック回帰においては，Y が特定のカテゴリーに属する確率をモデル化する．

`Default` データにおいては，ロジスティック回帰は債務不履行の確率をモデル化する．例えば，ある債務残高 `balance` において債務不履行になる確率は

$$\Pr(\texttt{default} = \texttt{Yes}|\texttt{balance})$$

と書ける．

$\Pr(\texttt{default} = \texttt{Yes}|\texttt{balance})$ を簡単に $p(\texttt{balance})$ と書く．この値は 0 と 1 の間の数値である．`balance` の値が与えられれば，`default` の予測を行うことができる．例えば，$p(\texttt{balance}) > 0.5$ のとき，`default` = `Yes` と予測できるかもしれない．または，顧客の債務不履行のリスクについてより保守的な会社であれば，例えば $p(\texttt{balance}) > 0.1$ のようにより低い境界値を使うかもしれない．

4.3.1 ロジスティックモデル

$p(X) = \Pr(Y = 1|X)$ と X の間の関係をどのようにすればモデル化することができるであろうか．(便宜上，応答変数には一般的な 0/1 を割り当てることとする)．4.2 節では，線形回帰モデルを使ってこのような確率を表すことを論じた：

$$p(X) = \beta_0 + \beta_1 X. \tag{4.1}$$

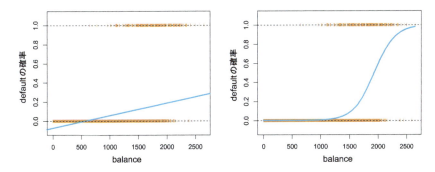

図 4.2 Default データを使った分類.左:線形回帰を使った場合の default の確率の推定値.負の値も見られる.オレンジで示したのは default (No または Yes) を 0/1 の値にコード化したものである.右:ロジスティック回帰を用いて default の確率を予測した.すべての確率は 0 と 1 の間にある.

このアプローチにより balance を使って default=Yes を予測した場合,図 4.2 の左に示されたモデルが得られる.この方法には問題があることがわかる.まず債務残高が 0 に近いと,債務不履行の確率が負の値になってしまう.また,債務残高がとても大きいと,確率が 1 よりも大きくなってしまう.これらはもちろん道理に合わない.債務不履行の確率は,クレジットカード債務残高に関わらず,0 と 1 の間でなければならないはずである.このような問題が起きるのは,クレジットカード債務のデータだけに限らない.0 と 1 を割り当てた 2 値応答変数に直線を当てはめた場合,原理的には (X の範囲を限定しなければ) ある X の値については $p(X) < 0$ となり,またある X については $p(X) > 1$ となる.

この問題を避けるため,$p(X)$ はすべての X について 0 と 1 の間となるような関数を使わなければならない.この条件を満たす関数は多くある.ロジスティック回帰においては,ロジスティック関数

$$p(X) = \frac{e^{\beta_0+\beta_1 X}}{1+e^{\beta_0+\beta_1 X}} \tag{4.2}$$

を使う.

モデル (4.2) を当てはめるのに,最尤推定法 (最尤法) を用いる.最尤法については次節で詳しく扱う.図 4.2 の右は,Default データにロジスティック回帰モデルを当てはめた結果である.債務残高が少ない場合,債務不履行の確率は 0 に近いが,負の値にはなっていない.また債務残高が多い場合を見ると,債務不履行の確率は大きいが,1 より大きくはなっていない.ロジスティック関数は常に S 字型の曲線をなす.したがって X の値に関わらず,意味のある予測を得ることができる.また,ロジスティックモデルは左の線形回帰モデルよりも確率の範囲をよりよくとらえているようである.確率の推定値の (訓練データ全体での) 平均はどちらを使っても 0.0333 であ

り，これはデータ全体での債務不履行の割合と同じである．

式 (4.2) を少し変形することにより

$$\frac{p(X)}{1 - p(X)} = e^{\beta_0 + \beta_1 X} \tag{4.3}$$

を得る．$p(X)/[1 - p(X)]$ はオッズと呼ばれ，0 と ∞ の間のどの値もとりうる．オッズが 0 や ∞ に近いということは債務不履行の確率がそれぞれ低い，または高いことを示している．例えば，$p(X) = 0.2$ とすると $\frac{0.2}{1-0.2} = 1/4$ であるから，オッズが $1/4$ とは，5 人のうち 1 人が債務不履行に陥るということである．同様に，$p(X) = 0.9$ から $\frac{0.9}{1-0.9} = 9$ であるから，オッズが 9 とは，10 人のうち 9 人が債務不履行に陥るということである．オッズは定義から賭博の戦略によく関係しており，競馬においては伝統的に確率ではなくオッズの方が用いられる．

式 (4.3) の両辺の対数をとることにより，

$$\log\left(\frac{p(X)}{1 - p(X)}\right) = \beta_0 + \beta_1 X \tag{4.4}$$

を得る．左辺は対数オッズまたはロジットと呼ばれる．ロジスティック回帰モデル (4.2) は，X について線形なロジットをもつことがわかる．

第 3 章より，線形回帰モデルにおける β_1 は，X を 1 単位増加させたときの Y の平均変化量である．それに対して，ロジスティック回帰モデルにおいては，X を 1 単位増加させると，対数オッズを β_1 だけ増加させる (式 (4.4))．あるいはオッズを e^{β_1} 倍にする (式 (4.3))．しかし，式 (4.2) において X と $p(X)$ の関係は線形ではないため，β_1 は X を 1 単位増加させたときの $p(X)$ の変化に対応していない．X を 1 単位変化させたときの $p(X)$ の変化量は X の値に依存する．しかし X の値に関わらず，β_1 が正であれば，X を増加させたときに $p(X)$ も増加する．また β_1 が負であれば，X を増加させた時に $p(X)$ は減少する．図 4.2 の右を見ると，X と $p(X)$ の関係は直線ではないこと，また X を 1 単位変化させたときの $p(X)$ の変化率は X に依存していることが確認できる．

4.3.2 回帰係数の推定

式 (4.2) の係数 β_0 と β_1 は未知であり，訓練データを使って推定しなければならない．第 3 章では，未知の回帰係数を推定するのに，最小 2 乗法を使った．モデル (4.4) を当てはめるのに (非線形) 最小 2 乗法を使うことも考えられるが，より一般的な最尤法の方が好ましい．なぜなら最尤推定の方が統計的によりよい特性をもっているからである．直観的には，以下のように最尤推定を使ってロジスティック回帰を当てはめる：式 (4.2) を使って予測したそれぞれの顧客の債務不履行の確率 $\hat{p}(x_i)$ が，その顧客の返済状況にできるだけ近い値になるように β_0 と β_1 を推定する．つまり，式 (4.2)

4.3 ロジスティック回帰 125

表 4.1 Default データにおいて，balance を入力変数として default に関する確率を予測するロジスティック回帰モデルの回帰係数の推定値．balance が 1 単位増加すると，default の対数オッズが 0.0055 増加する．

	係数	標準誤差	z 統計量	p 値
Intercept	-10.6513	0.3612	-29.5	< 0.0001
balance	0.0055	0.0002	24.9	< 0.0001

に代入して $p(X)$ を計算した結果が，債務不履行の顧客については 1 に近い数値に，また債務不履行でない顧客については 0 に近い数値になるよう，$\hat{\beta}_0$ と $\hat{\beta}_1$ を選びたいのである．この考え方は，以下の尤度関数によって定式化される．

$$\ell(\beta_0, \beta) = \prod_{i:y_i=1} p(x_i) \prod_{i':y_{i'}=0} (1 - p(x_{i'})). \tag{4.5}$$

この尤度関数を最大化するような $\hat{\beta}_0$ と $\hat{\beta}_1$ を選ぶ．

最尤法は本書全体を通して，非線形モデルを当てはめるときに用いられる一般的な方法である．実際，線形回帰において最小 2 乗法は最尤推定の特別な場合である．本書では，最尤推定の詳細について数学的に調べることはしない．しかし一般的に，ロジスティック回帰やその他のモデルは R などの統計ソフトウェアで簡単に当てはめることができるので，最尤法の詳細について扱う必要はないであろう．

表 4.1 は Default データにおいて，balance から default=Yes となる確率を予測するロジスティック回帰の結果をまとめたものである．$\hat{\beta}_1 = 0.0055$ であり，balance が増加すると default の確率も増加することがわかる．正確には，balance が 1 単位増加したとき，default の対数オッズは 0.0055 増加する．

表 4.1 におけるロジスティック回帰の結果の多くは，第 3 章の線形回帰の結果と類似している．例えば，標準誤差を計算することによって回帰係数の推定値の正確さを計測することができる．表 4.1 の z 統計量は，p.62 の表 3.1 にある線形回帰の結果にある t 統計量と同じ役割をしている．例えば，β_1 の z 統計量は $\hat{\beta}_1/\mathrm{SE}(\hat{\beta}_1)$ であり，(絶対値が) 大きな z 統計量は帰無仮説 $H_0 : \beta_1 = 0$ を棄却する根拠となる．この帰無仮説は $p(X) = \frac{e^{\beta_0}}{1+e^{\beta_0}}$，つまり default の確率は balance に依存しないとする．表 4.1 で balance の p 値は小さいので，H_0 を棄却することができる．つまり balance と default の確率の間には関係があるということになる．表 4.1 の切片には通常それほど関心が持たれることはない．切片の役割は，確率の平均を全データのうちクラスが 1 のデータの割合に合わせることである．

4.3.3 ロジスティック回帰における予測

回帰係数が推定されたならば，後はクレジットカードの債務残高に対して default の確率を計算するのみである．例えば，表 4.1 の係数の推定値を使うと，balance が \$1,000 である顧客については，債務不履行の確率は 1%以下であると予測される．

$$\hat{p}(X) = \frac{e^{\hat{\beta}_0 + \hat{\beta}_1 X}}{1 + e^{\hat{\beta}_0 + \hat{\beta}_1 X}} = \frac{e^{-10.6513 + 0.0055 \times 1000}}{1 + e^{-10.6513 + 0.0055 \times 1000}} = 0.00576.$$

これに対し，債務残高が\$2,000 の顧客が債務不履行に陥る確率はさらに高く，0.586 つまり 58.6%であると予測される．

ロジスティック回帰モデルでも，3.3.1 項と同じようにダミー変数を使うことにより，質的な予測変数を使うことができる．例えば，Default データセットには student という質的変数がある．モデルを当てはめるには，学生には 1 を，学生以外には 0 となるダミー変数を作成すればよい．学生であるか否かにより，債務不履行の確率を予測するロジスティック回帰の結果を表 4.2 に示す．ダミー変数の係数は正であり，p 値は統計的に有意である．これは学生の方が学生でない人よりも，債務不履行の確率が高いことを表している：

$$\widehat{\Pr}(\texttt{default=Yes}|\texttt{student=Yes}) = \frac{e^{-3.5041 + 0.4049 \times 1}}{1 + e^{-3.5041 + 0.4049 \times 1}} = 0.0431,$$

$$\widehat{\Pr}(\texttt{default=Yes}|\texttt{student=No}) = \frac{e^{-3.5041 + 0.4049 \times 0}}{1 + e^{-3.5041 + 0.4049 \times 0}} = 0.0292.$$

表 4.2 Default データにおいて，学生であるかないかによって default に関する確率を予測するロジスティック回帰係数の推定値．学生か否かをダミー変数で符号化しており，学生の場合は 1 を，学生でない場合は 0 を割り当てる．このダミー変数は表では student[Yes] と表した．

	係数	標準誤差	z 統計量	p 値
Intercept	−3.5041	0.0707	−49.55	< 0.0001
student[Yes]	0.4049	0.1150	3.52	0.0004

4.3.4 多重ロジスティック回帰

ここでは，複数の予測変数を使って 2 値の応答変数を予測する．第 3 章で線形単回帰モデルを重回帰モデルに拡張したように，ここでは式 (4.4) を以下のように拡張する：

$$\log\left(\frac{p(X)}{1 - p(X)}\right) = \beta_0 + \beta_1 X_1 + \cdots + \beta_p X_p. \tag{4.6}$$

ここに，$X = (X_1, \ldots, X_p)$ は p 個の予測変数である．式 (4.6) から以下を得る．

$$p(X) = \frac{e^{\beta_0 + \beta_1 X_1 + \cdots + \beta_p X_p}}{1 + e^{\beta_0 + \beta_1 X_1 + \cdots + \beta_p X_p}}. \tag{4.7}$$

4.3.2 項と同じように，$\beta_0, \beta_1, \ldots, \beta_p$ の推定には最尤法を用いる．

表 4.3 に balance, income（単位：千ドル）そして学生か否かを表す student を使い，default の確率を予測する多重ロジスティック回帰モデルの係数を示す．

4.3 ロジスティック回帰　　　　127

表 4.3　Default データについて, balance, income, および学生か否かにより, default に関する確率を予測するロジスティック回帰モデルの係数の推定値. 学生か否かはダミー変数 student[Yes] でコード化しており, 学生であれば 1 を, 学生でないならば 0 を割り当てた. income の単位は千ドル.

	係数	標準誤差	z 統計量	p 値
Intercept	−10.8690	0.4923	−22.08	< 0.0001
balance	0.0057	0.0002	24.74	< 0.0001
income	0.0030	0.0082	0.37	0.7115
student[Yes]	−0.6468	0.2362	−2.74	0.0062

　ここで得られた結果は驚くべきものである. balance と student を表すダミー変数についての p 値はとても小さい. つまりこれらの変数は default の確率に関係している. しかし, ダミー変数の係数は負である. これは学生の顧客の方が学生でない顧客よりも債務不履行になりにくいということである. それに対して, 表 4.2 ではダミー変数の係数は正であった. 表 4.2 では顧客が学生であると債務不履行の確率が増加するのに, 表 4.3 では減少するというのはどういうことであろうか. 図 4.3 の左で, この一見矛盾しているような現象を理解することができる. 学生の顧客と学生でない顧客の債務不履行の確率をクレジットカード債務残高の関数として, オレンジと青の線でそれぞれ示す. 多重ロジスティック回帰モデルにおいて student の係数が負であるということは, balance と income の値を固定したときに, 学生の顧客の方が学生でない顧客よりも債務不履行になりにくいことを表している. 確かに, 図 4.3 の左を見ると, balance の値に関わらず, 学生の顧客の方が, 学生でない顧客よりも債務不履行の確率は低いことがわかる. 一方, プロットの横軸近くにある水平の破線はすべての balance と income の値での学生と学生でない顧客の債務不履行の平均確率を表し, ここでは逆の現象が見られる. つまり全体としては, 学生の債務不履行の確率の方が, 学生でない顧客よりも高いのである. 結果として, 表 4.2 のロジスティック回帰での変数 student の係数は正になっている.

　図 4.3 の右がこの矛盾を説明している. 変数 student と balance には相関がみられる. 学生のクレジットカード債務残高は高くなる傾向があり, その高い債務残高によって債務不履行の確率が高くなっている. つまり, 図 4.3 の左からわかるように学生はクレジットカードの債務残高が大きく, そのため債務不履行の可能性も高いのである. したがって, クレジットカードの債務残高が同じであれば, 学生の方が学生でない顧客よりも債務不履行の確率は低いものの, 全体としては学生の方が学生でない顧客よりもクレジットカードの債務残高が高くなる傾向にあるため, 学生の方が学生でない顧客よりも高い確率で債務不履行に陥るのである. これは与信管理の観点からクレジットカード会社にとってとても重要な点である. クレジットカード債務残高についての情報がない場合, 学生は学生でない顧客よりもリスクが高いが, クレジット

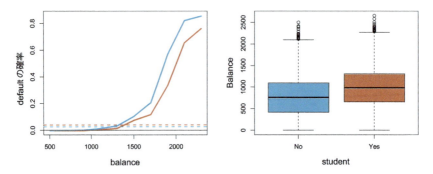

図 4.3 Default データにおける交絡.左:学生の顧客 (オレンジ) と学生でない顧客 (青) が債務不履行に陥る確率.実線はクレジットカード債務残高 balance の関数として債務不履行となる確率を表す.水平の破線は債務残高に関わらず全体における債務不履行となる確率の平均.右:学生の顧客 (オレンジ) と学生でない顧客 (青) の場合についての balance の箱ひげ図.

カードの債務残高が同じであれば,学生の方が学生でない顧客よりもリスクが低い.

この単純な例により,他の予測変数が関係があるのに,単一の変数のみを使って回帰を当てはめることの危険性と難しさがわかる.線形回帰の場合と同様,1 つだけの予測変数を使って得られた結果は,複数の変数を使った場合の結果とまったく異なることもありうる.特に予測変数同士に相関がある場合はこのような現象が起こる.一般に,図 4.3 に見られる現象を交絡と呼ぶ.

表 4.3 の回帰係数を式 (4.7) に代入することにより,予測を行うことができる.例えば,クレジットカード債務残高が\$1,500 で年収が\$40,000 の学生について債務不履行の可能性を予測すると

$$\hat{p}(X) = \frac{e^{-10.869+0.00574\times1500+0.003\times40-0.6468\times1}}{1+e^{-10.869+0.00574\times1500+0.003\times40-0.6468\times1}} = 0.058 \quad (4.8)$$

となる.債務残高と年収が同じで,学生でない顧客の場合は

$$\hat{p}(X) = \frac{e^{-10.869+0.00574\times1500+0.003\times40-0.6468\times0}}{1+e^{-10.869+0.00574\times1500+0.003\times40-0.6468\times0}} = 0.105 \quad (4.9)$$

である.(ここで,表 4.3 の income の係数の推定値を 40 倍している.40,000 倍ではない.income の単位が千ドルであることに注意されたい.)

4.3.5 多項ロジスティック回帰

応答変数に 3 つ以上のカテゴリーに分けたい場合もある.例えば,4.2 節では,救急病棟での病名は脳卒中,薬物過剰摂取,てんかん性発作の 3 つであった.この場合,2 つの確率 $\Pr(Y = 脳卒中|X)$ と $\Pr(Y = 薬物過剰摂取|X)$ をモデル化し,残りは $\Pr(Y = てんかん性発作|X) = 1 - \Pr(Y = 脳卒中|X) - \Pr(Y = 薬物過剰摂取|X)$

ということになる.これまでに扱ったカテゴリーが 2 つの場合のロジスティック回帰はカテゴリーが 3 つ以上の場合に拡張することができる.しかし実用上はあまり使われていない.理由の 1 つには次節で扱う判別分析がより広く使われていることである.そのため,ここでは多項ロジスティック回帰の詳細には触れず,そのようなアプローチも存在し,また,R でそれは可能であると述べるにとどめる.

4.4 線形判別分析 (LDA: linear discriminant analysis)

ロジスティック回帰では,応答変数のカテゴリーが 2 つの場合,式 (4.7) により $\Pr(Y = k|X = x)$ を直接モデル化する.統計学の専門用語を使えば,このとき,ある予測変数 X が与えられた下での Y の条件付き分布をモデル化している.これらの確率を推定するのに,他の少し間接的なアプローチを考える.この新しいアプローチでは,各応答カテゴリー (つまり与えられた Y) について,予測変数 X の確率分布をモデル化する.そしてベイズの定理を使って条件の対応を逆にして,$\Pr(Y = k|X = x)$ を推定する.これらの確率分布に正規性を仮定する場合,このモデルはロジスティック回帰と非常に似た形となる.

ロジスティック回帰があるのに,なぜ別の方法を使うのであろうか.いくつかの理由がある:

- カテゴリーがよく分離されている場合,ロジスティック回帰の回帰係数は驚くほど不安定である.線形判別分析ではこのような問題は起きない.
- n が小さく,各カテゴリーにおいて予測変数 X が近似的に正規分布に従うのであれば,線形判別分析はこの状況下でもロジスティック回帰よりも安定している.
- 4.3.5 項にあるように,線形判別分析は 3 つ以上のカテゴリーがある際には広く使われる.

4.4.1 分類におけるベイズの定理の応用

観測したデータを,K 個 $(K \geq 2)$ のクラスのうちの 1 つに分類したいとする.つまり,質的応答変数の Y は,別々で順序のない K 個の値のいずれかをとるのである.ランダムに選んだ観測データが k 番目のクラスに属する事前確率を π_k とする.これはある観測データが応答変数 Y の k 番目のクラスである確率である.また,k 番目のクラスから得られた観測データの確率密度関数を $f_k(x) \equiv \Pr(X = x|Y = k)$[*1)] とする.つまり k 番目のクラスの観測データが $X \approx x$ である確率が高いならば $f_k(x)$ は比較的大きく,逆に k 番目のクラスの観測データが $X \approx x$ である確率が低いならば

[*1)] 正確にはこの定義は X が離散確率変数の場合である.連続確率変数の場合は,X が x のまわりの微小領域 dx に含まれる確率が $f_k(x)dx$ となる.

$f_k(x)$ は小さい. ここでベイズの定理により

$$\Pr(Y = k | X = x) = \frac{\pi_k f_k(x)}{\sum_{l=1}^{K} \pi_l f_l(x)}. \tag{4.10}$$

以前に使った表記法に従い, $p_k(X) = \Pr(Y = k | X)$ とする. 4.3.1 項では直接 $p_k(X)$ を求めたが, ここでは π_k と $f_k(X)$ の推定値を式 (4.10) に代入すればよい. 一般に, 母集団から無作為抽出された Y の標本があれば, π_k を推定するのは容易である. k 番目のクラスにある訓練データの割合を計算するだけでよい. しかし, $f_k(X)$ の推定は, 確率密度関数について何らかの単純な仮定をしないならば, より困難になる傾向がある. $p_k(x)$ を観察データ $X = x$ が k 番目のクラスに属する事後確率と呼ぶ. つまり, 観測された予測変数の値が与えられた下で, 観測データが k 番目のクラスに属する確率である.

第 2 章から, 観測データを $p_k(X)$ が最大となるクラスに分類するベイズ分類器は, すべての分類器の中で誤分類率が最小になる. (もちろんそのためには式 (4.10) のすべての項が正しくなければならない.) したがって, $f_k(X)$ を推定する方法がわかれば, ベイズ分類器を近似した分類器を作ることができる. これが次項のトピックである.

4.4.2　1 変数の場合の線形判別分析

ここではまず $p = 1$, すなわち予測変数が 1 つの場合を考える. $p_k(x)$ を推定するために, $f_k(x)$ を推定して式 (4.10) に代入したいところである. そして $p_k(x)$ が最大となるようなクラスに分類する. $f_k(x)$ を推定するため, まずその型についていくつか仮定する.

$f_k(x)$ が正規分布 (ガウス分布) であると仮定する. 1 次元の場合には, 正規分布の確率密度関数は

$$f_k(x) = \frac{1}{\sqrt{2\pi}\sigma_k} \exp\left(-\frac{1}{2\sigma_k^2}(x - \mu_k)^2\right) \tag{4.11}$$

となる. ここに, μ_k と σ_k^2 はそれぞれ k 番目のクラスの平均と分散である. しばらくの間 $\sigma_1^2 = \cdots = \sigma_K^2$, つまり K 個のクラスすべてで分散が等しいと仮定し, 記号を簡略にするためにこれを σ^2 と表す. 式 (4.11) を式 (4.10) に代入することにより

$$p_k(x) = \frac{\pi_k \frac{1}{\sqrt{2\pi}\sigma} \exp\left(-\frac{1}{2\sigma^2}(x - \mu_k)^2\right)}{\sum_{l=1}^{K} \pi_l \frac{1}{\sqrt{2\pi}\sigma} \exp\left(-\frac{1}{2\sigma^2}(x - \mu_l)^2\right)} \tag{4.12}$$

を得る. (式 (4.12) において, π_k は観測されたデータが k 番目のクラスに属する事前確率を表す. 円周率の $\pi \approx 3.14159$ ではない.) ベイズ分類器は, 観測されたデータ $X = x$ を式 (4.12) が最大となるクラスに分類する. 式 (4.12) の対数をとり整理することにより, これは観測データを

4.4 線形判別分析

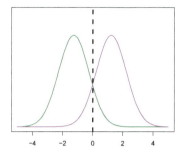
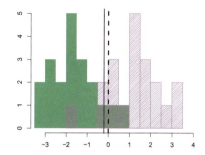

図 4.4 **左**：2つの1次元正規分布の確率密度関数．垂直の破線がベイズ決定境界．**右**：20個のデータをそれぞれのクラスから観測し，ヒストグラムを作成した．ベイズ決定境界は垂直の破線で示す．垂直の実線が訓練データから推定される LDA 決定境界．

$$\delta_k(x) = x \cdot \frac{\mu_k}{\sigma^2} - \frac{\mu_k^2}{2\sigma^2} + \log(\pi_k) \tag{4.13}$$

が最大となるクラスに分類することと同値であることが容易にわかる．例えば，$K=2$ かつ $\pi_1 = \pi_2$ だとすると，ベイズ分類器は $2x(\mu_1 - \mu_2) > \mu_1^2 - \mu_2^2$ であればクラス1に，その他の場合はクラス2に分類する．この場合，ベイズ決定境界は

$$x = \frac{\mu_1^2 - \mu_2^2}{2(\mu_1 - \mu_2)} = \frac{\mu_1 + \mu_2}{2} \tag{4.14}$$

となる点に該当する．

図 4.4 の左に例を示す．2つの正規分布の確率密度関数 $f_1(x)$ と $f_2(x)$ が示されており，これらは2つの別のクラスを表す．2つの確率密度関数において平均と分散はそれぞれ $\mu_1 = -1.25, \mu_2 = 1.25, \sigma_1^2 = \sigma_2^2 = 1$ である．2つの確率密度関数は一部重なっているので，ある $X = x$ について，それがどちらのクラスに属するかは明確でない．観測されたデータがどちらのクラスから得られたものかが同程度にありうる，つまり $\pi_1 = \pi_2 = 0.5$ とすると，式 (4.14) よりベイズ分類器は $x < 0$ であればクラス1に，そうでなければクラス2に分類する．このケースでベイズ分類器の計算ができるのは，X が各クラスで正規分布に従っており，すべてのパラメータが既知であることによる．実際には，ベイズ分類器の計算をすることはできない．

実際には，各クラスで X が正規分布に従うことが確かであっても，パラメータ $\mu_1, \ldots, \mu_K, \pi_1, \ldots, \pi_K, \sigma^2$ を推定しなければならない．線形判別分析はパラメータ π_k, μ_k, σ^2 の推定値を式 (4.13) に代入することによりベイズ分類器を近似する．特に，以下の推定値が用いられる：

$$\hat{\mu}_k = \frac{1}{n_k} \sum_{i:y_i=k} x_i,$$

$$\hat{\sigma}^2 = \frac{1}{n-K} \sum_{k=1}^{K} \sum_{i:y_i=k} (x_i - \hat{\mu}_k)^2. \tag{4.15}$$

ここに，n は訓練データの総数，n_k は k 番目のクラスに属する訓練データの数である．μ_k の推定値は単に k 番目のクラスに属する訓練データの標本平均であり，$\hat{\sigma}^2$ は K 個のクラスそれぞれについての標本分散の重み付き平均を計算したものであるといえる．各クラスの確率 $\pi_1, \ldots, \pi_K$ が既知の場合もあるので，その場合はこれらの値を直接使うことができる．その情報がない場合は，LDA は訓練データの中で k 番目のクラスから得られたデータの割合を使って π_k を推定する．つまり

$$\hat{\pi}_k = n_k/n \tag{4.16}$$

である．

LDA 分類器は式 (4.15) と式 (4.16) の推定値を式 (4.13) に代入し，観測値 $X = x$ を

$$\hat{\delta}_k(x) = x \cdot \frac{\hat{\mu}_k}{\hat{\sigma}^2} - \frac{\hat{\mu}_k^2}{2\hat{\sigma}^2} + \log(\hat{\pi}_k) \tag{4.17}$$

が最大になるようなクラスに分類する．分類器の名前にある "線形" という言葉は，式 (4.17) の判別関数 $\hat{\delta}_k(x)$ が x について（より複雑な関数ではなく）線形であることに由来する．

図 4.4 の右では各クラスから無作為に 20 個の観測データを抽出し，ヒストグラムを作成したものである．LDA を使うには，まず式 (4.15) と式 (4.16) を使い，$\pi_k, \mu_k,$ σ^2 を推定することから始める．そして式 (4.17) を最大にするクラスに分類することにより黒実線で示された決定境界を計算する．この線よりも左であれば緑のクラスに，右であれば紫のクラスに分類される．このケースでは，$n_1 = n_2 = 20$ であるから，$\hat{\pi}_1 = \hat{\pi}_2$ となる．結果として，決定境界は 2 つのクラスの標本平均のちょうど中央にあたる．図から LDA 決定境界は $(\mu_1 + \mu_2)/2 = 0$ で与えられるベイズ決定境界よりも少しだけ左に寄っているようである．LDA 分類器はこのデータではどの程度正確に分類するであろうか．ここで使っているのはシミュレーションデータであるから，ベイズ誤分類率と LDA テスト誤分類率を計算するためにいくらでも観測データを作成することができる．ベイズ誤分類率は 10.6%，LDA テスト誤分類率は 11.1% であった．つまり，LDA 分類器のテスト誤分類率は実現可能な最小の誤分類率よりも 0.5% だけ大きいのである．これは LDA がこのデータセットにおいてとても良く機能するということを表している．

繰り返しになるが，それぞれのクラスの観測データがクラスごとの平均と共通の分

散 σ^2 の正規分布に従っているとき，これらのパラメータを推定してベイズ分類器に代入することにより，LDA 分類器は得られる．4.4.4 項では，仮定を少し緩めて，クラスごとに異なる分散 σ_k^2 をもつ場合を扱う．

4.4.3 多変数の場合の線形判別分析

ここでは LDA 分類器を予測変数が複数の場合に拡張する．$X = (X_1, X_2, \ldots, X_p)$ が多変量正規分布 (多変量ガウス分布) に従っており，各クラスの平均ベクトルと，共通の共分散行列をもつとする．まずはこのような分布について以下に手短に論じる．

多変量正規分布は，それぞれの変数は式 (4.11) による 1 次元正規分布に従っており，各変数間には相関があるという確率分布である．$p=2$ のときの多変量正規分布の例を図 4.5 に示した．曲面の高さが，X_1 と X_2 がその点の近傍にあるときの確率を表している．左右ともに，曲面を X_1 軸または X_2 軸に平行して切り取ったとき，切り口は 1 次元正規分布の形をしている．図 4.5 の左では $\mathrm{Var}(X_1) = \mathrm{Var}(X_2)$ かつ $\mathrm{Cor}(X_1, X_2) = 0$ である．この曲面はベル形をしている．しかし，変数に相関関係がある場合，あるいは分散が異なる場合には，図 4.5 の右にあるように，ベル形が歪む．この場合，ベルの土台の形は円ではなく，楕円形になる．p 次元の確率変数ベクトル X が多変量正規分布に従っていることを $X \sim N(\mu, \boldsymbol{\Sigma})$ と表記する．ここで $E(X) = \mu$ は X の (p 個の要素をもつ) 平均ベクトルであり，$\mathrm{Cov}(X) = \boldsymbol{\Sigma}$ は X の $p \times p$ 共分散行列である．正式には，多変量正規分布の確率密度関数は

$$f(x) = \frac{1}{(2\pi)^{p/2}|\boldsymbol{\Sigma}|^{1/2}} \exp\left(-\frac{1}{2}(x-\mu)^T \boldsymbol{\Sigma}^{-1}(x-\mu)\right) \tag{4.18}$$

と定義される．予測変数の数が $p > 1$ である場合，LDA 分類器を使う上で，k 番目のクラスからのデータは多変量正規分布 $N(\mu_k, \boldsymbol{\Sigma})$ に従うことを仮定する．ここで μ_k はそのクラスの平均ベクトル，また $\boldsymbol{\Sigma}$ は K 個すべてのクラスに共通の共分散行列で

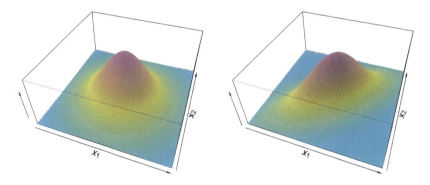

図 4.5　$p=2$ の場合の多変量正規分布を示す．左：2 つの予測変数は相関関係がない．
右：2 つの予測変数の相関係数は 0.7.

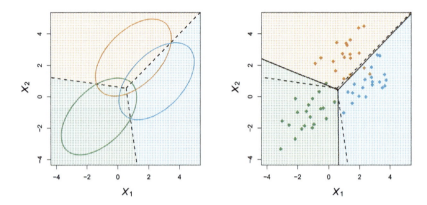

図 4.6 3つのクラスの例．各クラスの観測データは $p=2$ の多変量正規分布から得られている．平均ベクトルはクラスごとに異なり，共分散行列は各クラス共通．**左**：各クラスの95%を含む楕円を示す．破線はベイズ決定境界．**右**：各クラスから20個のデータを生成した．これらのデータによるLDA決定境界を黒実線で，ベイズ決定境界をこちらにも破線で示した．

ある．k番目のクラスの確率密度関数 $f_k(X=x)$ を式 (4.10) に代入し，少し式の変形を行うと，ベイズ分類器は観測データ $X=x$ を

$$\delta_k(x) = x^T \boldsymbol{\Sigma}^{-1} \mu_k - \frac{1}{2}\mu_k^T \boldsymbol{\Sigma}^{-1} \mu_k + \log \pi_k \qquad (4.19)$$

が最大となるようなクラスに分類することがわかる．これは式 (4.13) をベクトルおよび行列の場合に拡張したものである．

図 4.6 の左に例を示した．各クラスごとの平均ベクトルと，共通の共分散行列をもつ3つの正規分布のクラスが示されている．3つの楕円は，それぞれのクラスの95%を含む領域を表す．破線はベイズ決定境界である．言い換えると，これら破線は $\delta_k(x) = \delta_\ell(x)$ となる x である．つまり $k \neq l$ において

$$x^T \boldsymbol{\Sigma}^{-1} \mu_k - \frac{1}{2}\mu_k^T \boldsymbol{\Sigma}^{-1} \mu_k = x^T \boldsymbol{\Sigma}^{-1} \mu_l - \frac{1}{2}\mu_l^T \boldsymbol{\Sigma}^{-1} \mu_l \qquad (4.20)$$

である．(式 (4.19) にある $\log \pi_k$ は消えている．これは3つのクラスの訓練データの数が等しい，つまり π_k は各クラスに共通であることによる．) ベイズ決定境界を表す直線が3本あるのは，クラスの組み合わせが3対あることによる．つまり，それぞれのベイズ決定境界がクラス1とクラス2，クラス1と3，クラス2と3を分類するのである．これら3本のベイズ決定境界は予測変数の空間を3つの領域に分ける．ベイズ分類器は，観測データをそれが存在する領域により分類する．

ここでもまた，未知のパラメータ $\mu_1, \ldots, \mu_K, \pi_1, \ldots, \pi_K$，そして $\boldsymbol{\Sigma}$ を推定しなければならない．ここで使う式は，1次元の際に利用した式 (4.15) によく類似している．新たに観測されたデータ $X=x$ を分類するには，LDA はこれらの推定されたパラ

メータを式 (4.19) に代入し，$\hat{\delta}_k(x)$ が最大となるようなクラスに分類する．式 (4.19) において，$\delta_k(x)$ は x について線形の関数である．すなわち LDA の分類は，x の要素の 1 次結合のみによってなされる．これが線形判別分析に "線形" という言葉が入っているさらなる理由である．

図 4.6 の右においては，3 つのクラスのそれぞれから 20 個の観測データを得たものである．LDA 決定境界は黒実線で示されている．全体的に，LDA 決定境界は破線で示されたベイズ決定境界に類似している．ベイズおよび LDA 分類器の誤分類率はそれぞれ 0.0746 と 0.0770 であり，このデータにおいては，LDA はとても良く機能している．

`Default` データを使って，ある顧客が債務不履行に陥るかどうかを，クレジットカードの債務残高と学生であるか否かの情報を使って，LDA により予測することができる．10,000 個の訓練データに当てはめた LDA モデルの訓練誤分類率は 2.75% であった．これはとても小さい誤分類率のようでもあるが，以下 2 点のことに注意されたい．

- まず，訓練誤分類率は通常テスト誤分類率よりも低く，本当に大事なのはテスト誤分類率の方である．言い換えると，この分類器を実際に新たな顧客が債務不履行になるかどうかを予測するのに用いた場合，誤分類率は悪くなる．その理由は，訓練データにおいて特に良い性能をもつようにモデルのパラメータを推定するからである．サンプルサイズ n に対するパラメータの数 p の比が高くなるにつれて，過学習の問題は顕著になる．ここでは $p = 2$ と $n = 10,000$ であり，過学習の問題はないと考える．

- 2 番目に，訓練データにおいて債務不履行に陥るのは 3.33% であるので，クレジットカード債務残高や学生であるか否かに関係なく，どの顧客も債務不履行にならないと予測するような簡単で役に立たない分類器 (ヌル分類器) を考えたときに，この分類器の誤分類率は 3.33% である．ヌル分類器は LDA 分類器の誤分類率よりもわずかに高いだけなのである．

実用上は，この例のような 2 値分類器では 2 種類の誤分類が考えられる．債務不履行になる顧客を債務不履行にならないと分類してしまう誤分類と，逆に債務不履行にならない顧客を債務不履行になると分類してしまう誤分類である．この 2 種類の誤分類のうち，どちらが起きているかを知りたいことがよくある．表 4.4 に，`Default` データを使い，このような情報を表示するのに便利な混同行列を示す．LDA は 104 人が債務不履行になると予測していることがわかる．このうち，81 人が実際に債務不履行になり，23 人は債務不履行にならなかった．したがって，9,667 人の債務不履行にならなかった人のうちわずか 23 人が誤って分類されたのである．これはとても小さい誤分類率のようである．しかし，333 人の債務不履行に陥った人のうち，252 人

136   4. 分   類

表 4.4 Default データセットの 10,000 個の訓練データをもとに，LDA による予測
と実際の債務履行状況を比べる混同行列．行列の対角線上にある数は正しく分
類された顧客の数であり，それ以外の要素は誤って分類された顧客の数である．
LDA は債務を履行している人のうち 23 人，債務不履行に陥った人のうち 252
人を誤分類した．

| | | 実際の債務の状況 | | |
		履行	不履行	合計
予測された	履行	9,644	252	9,896
債務の状況	不履行	23	81	104
	Total	9,667	333	10,000

(75.7%) が LDA によって誤って分類されている．つまり，全体の誤分類率は低いが，
債務不履行になった人たちについての誤分類率はとても高い．リスクの高い顧客を見
つけたいクレジットカード会社の立場からすると，誤分類率が 252/333 = 75.7% と
いうのは受け容れがたいことであろう．

クラスごとの性能も医学や生物学では重要である．感度，特異度などの用語で，
分類器やスクリーニングテストの性能を表す．感度とは，債務不履行になる人のう
ち，正しく予測された人の割合であり，ここでは 24.3%にとどまっている．また，特
異度は，債務不履行にならない人のうち，正しく予測された人の割合で，ここでは
$(1 - 23/9667) \times 100 = 99.8\%$ である．

LDA はなぜ債務不履行になる人たちについて正確さを欠くのであろうか．別の言い
方をすれば，なぜ感度がこれほど低いのであろうか．これまで見てきたように，LDA
は (正規分布に従っているという仮定が正しいなら) すべての分類器のうち，総誤分類
率が最小となるベイズ分類器を近似するものである．つまり，ベイズ分類器は誤分類
の種類を問わず，間違って分類されるデータの数を最小化する．そして，このような
誤分類には，債務不履行にならない顧客を債務不履行になると予測してしまうものと，
逆に債務不履行に陥る顧客を債務不履行にならないと予測してしまうものがある．こ
れに対して，クレジットカード会社は特に債務不履行になる顧客について間違った分
類をすることを避けたいと考えている．債務不履行に陥らない顧客を間違って分類し
てしまうことは，もちろんこれも避けたいであろうが，それほど問題にはならない．
この後，LDA を修正して，クレジットカード会社の要求を満たす分類器を開発するこ
とができることを示す．

ベイズ分類器は，観測データを事後確率 $p_k(X)$ が最大となるクラスに分類する．2
クラスの場合，もし

$$\Pr(\texttt{default=Yes}|X = x) > 0.5 \tag{4.21}$$

であれば債務不履行のクラスに分類することになる．

したがってベイズ分類器とそれを拡張した LDA は観測データを債務不履行である

4.4 線形判別分析　　　137

表 4.5　`Default` データセットの 10,000 個の訓練データを使用して，LDA による予測と実際の債務不履行の状況を比べる混同行列．債務不履行の事後確率が 20% 以上の顧客を債務不履行と予測する．

		実際の債務の状況		
		履行	不履行	合計
予測した	履行	9,432	138	9,570
債務の状況	不履行	235	195	430
	合計	9,667	333	10,000

と分類するのに事後確率 50% を境界とする．しかし，もし債務不履行の顧客についての誤った分類を重要視するなら，この境界を下げることを考えてみる．例えば，債務不履行に陥る事後確率が 20% 以上の顧客を債務不履行クラスに分類するのである．つまり，式 (4.21) が成り立つ場合に債務不履行クラスに分類するのではなく

$$\Pr(\mathtt{default=Yes}|X = x) > 0.2 \tag{4.22}$$

となる場合に債務不履行に分類するのである．

　この場合の誤分類率を表 4.5 に示す．ここでは LDA は 430 人が債務不履行に陥ると予測する．333 人の実際に債務不履行になる顧客のうち，LDA は 138 人 (41.4%) については誤分類するが，残りは正しく分類する．これは 50% を境界とした場合の誤分類率 75.7% からすると大きな改善である．しかし，この改善には副作用がある．債務不履行にならない人のうち，235 人が誤分類されているのである．結果として，総誤分類率はわずかに上昇して 3.73% となった．しかしクレジットカード会社はこの誤分類率の上昇を重視しないであろう．その代わりに債務不履行に陥る顧客をより正確に見つけることができるためである．

　図 4.7 は債務不履行に陥る事後確率の境界を変化させた場合のトレードオフを示す．境界値を変化させたときの誤分類率の変化が見て取れる．式 (4.21) にあるように 0.5 を境界とした場合，黒実線でわかるように総誤分類率は最小化される．これは予想されたことである．なぜならベイズ分類器は 0.5 を境界とし，またベイズ分類器は総誤分類率を最小化することが知られているからである．しかし，境界値 0.5 を使った場合，債務不履行に陥る顧客についての誤分類率は極めて高い (青破線)．境界を小さくするにつれて，債務不履行者についての誤分類率は着実に低下し，しかし債務不履行にならない顧客についての誤分類率は増加する．どのようにしてベストな境界値を選べばよいのだろうか．このような決断には，債務不履行に関わる費用など，特定分野の知識を必要とする．

　ROC 曲線はすべての境界について 2 種類の誤分類率を同時に表示する際によく使われるグラフである．"ROC" という名前は歴史的には通信理論に由来している．これは receiver operating characteristics の略である．

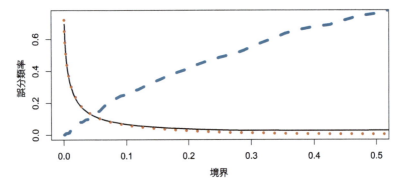

図 4.7 Default データセットにおいて，分類する際に使う事後確率の境界の関数として誤分類率を示すグラフ．黒実線は総誤分類率を表す．青破線は債務不履行の顧客のうち誤分類された人の割合．オレンジ破線は債務不履行にならない顧客のうち誤分類された人の割合である．

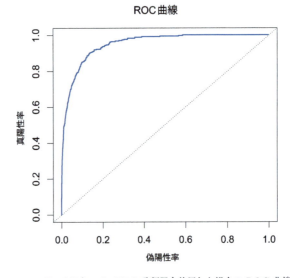

図 4.8 Default データにおいて，LDA 分類器を使用した場合の ROC 曲線．債務不履行の事後確率の境界を変化させたときの 2 種の誤分類率をプロットした．実際の境界値は示されていない．縦軸 (真陽性率) は感度，つまりある境界値を用いたとき，債務不履行になる顧客のうち，正しく分類された者の割合である．横軸 (偽陽性率) は 1− 特異度，つまり同じ境界値を用いたとき，債務不履行でない顧客のうち，債務不履行と誤分類される割合である．理想的な ROC 曲線は左上の角に沿うように描かれる．すなわち感度が高く，1− 特異度が低いということである．クレジットカードの債務残高と学生か否かの状況が債務不履行の確率に関係していないときには破線の"無情報"分類器となる．

表 4.6　分類器あるいは診断テストを用いた際に起こりうる結果.

		実際のクラス				合計
		− or Null		+ or Non-null		
予測	− or Null	真陰性	True Negative. (TN)	偽陰性	False Negative. (FN)	N*
クラス	+ or Non-null	偽陽性	False Positive. (FP)	真陽性	True Positive. (TP)	P*
	合計		N		P	

表 4.7　表 4.6 の数値をもとにした分類と診断テストの精度評価のための指標.

用語		定義	同義語
偽陽性率	False Pos. Rate	FP/N	第 1 種の過誤, 1 − 特異度
真陽性率	True Pos. Rate	TP/P	1 − 第 2 種の過誤, 検出力, 感度, 再現率
陽性的中率		TP/P*	適合率, 1 − 偽発見率
陰性的中率		TN/N*	

図 4.8 は訓練データによる LDA 分類器の ROC 曲線である. ある分類器の, すべての境界値における全体的な性能を表すものとして, ROC 曲線下面積 (AUC: area under the curve) がある. 理想的な ROC 曲線は左上に沿うように描かれるので, AUC は大きいほど良いことになる. このデータにおいては, AUC は 0.95 であり, 最大値の 1 に非常に近い値となり, これはとても良いと言える. (訓練データとは別のテストデータを使って評価したとき) ランダムに分類する分類器の AUC は 0.5 であることが予想される. ROC 曲線はすべての境界値を考慮するので, 分類器の比較に便利である. 4.3.4 項のロジスティック回帰をこのデータに使った場合の ROC 曲線は, LDA を使った場合と区別がつかない. そのため, ここでは表示しないことにした.

上記で見てきたように, 分類器の境界値を変更することにより, 真陽性率と偽陽性率が変化する. これらの数値はそれぞれ分類器の感度, 1− 特異度とも呼ばれる. この状況では用語がわからなくなってしまうので, まとめた表を示す. 表 4.6 は分類器 (または診断テスト) を母集団に適用した際の起こりうる結果である. 疫学の文献と関連付けた場合, "+" は検出したい "病気" であり, "−" は "病気ではない" 状態と言える. 古典的な仮説検定の文脈で言えば, "−" は帰無仮説であり, "+" は対立仮説である. さらに, Default データにおいては, "+"は債務不履行の顧客, "−"は債務不履行にならない顧客である.

表 4.7 は, このような状況の際によく使われる性能指標である. 偽陽性率と真陽性率の分母には, それぞれのクラスに属するサンプルの数を使う. これに対して, 陽性的中率と陰性的中率の分母は, それぞれのクラスに予測されたサンプルの数である.

4.4.4　2 次判別分析

これまで論じてきたように, LDA では各クラスでの観測データは, クラスごとの平均ベクトルと K 個すべてのクラスに共通の共分散行列をもつ多変量正規分布に従うと仮定している. 2 次判別分析 (QDA: quadratic discriminant analysis) は別の方法を

提供する．LDA と同様に，QDA も各クラスの観測データは正規分布に従うと仮定し，パラメータの推定値をベイズの定理に代入することにより予測を行う．しかし，LDA と異なるのは，QDA では各クラスが各々の共分散行列をもつということである．つまり，k 番目のクラスからの観測データ X は $N(\mu_k, \Sigma_k)$ に従っている．ここで Σ_k は k 番目のクラスの共分散行列である．この仮定により，ベイズ分類器は $X = x$ を

$$\delta_k(x) = -\frac{1}{2}(x - \mu_k)^T \Sigma_k^{-1}(x - \mu_k) - \frac{1}{2}\log|\Sigma_k| + \log \pi_k$$

$$= -\frac{1}{2}x^T \Sigma_k^{-1} x + x^T \Sigma_k^{-1}\mu_k - \frac{1}{2}\mu_k^T \Sigma_k^{-1}\mu_k - \frac{1}{2}\log|\Sigma_k| + \log \pi_k \quad (4.23)$$

が最大となるようなクラスに分類する．つまり QDA は，まず Σ_k, μ_k, π_k の推定値を式 (4.23) に代入し，それから $X = x$ を上式が最大となるクラスに分類する．式 (4.19) とは異なり，式 (4.23) は x の 2 次関数となっていることから，QDA と呼ばれている．

なぜ K 個のクラスにおける共分散行列が共通かそうでないかが重要なのであろうか．別の言い方をすれば，なぜ LDA が QDA よりも良い，または QDA の方が良いと言えるのであろうか．答えはバイアスと分散のトレードオフにある．p 個の予測変数があるとき，共分散行列を推定するには，$p(p+1)/2$ 個のパラメータを推定することになる．QDA では，各クラスで共分散行列を求めるので，合計 $Kp(p+1)/2$ 個のパラメータとなる．50 個の予測変数があるとすれば，これは 1,275 の倍数となり，かなり多くのパラメータである．代わって K 個のクラスがすべて共通の共分散行列をもつと仮定すれば，LDA は x について線形となる．つまり線形関数の Kp 個の係数を推定すればよい．結果的に LDA は QDA に比べると柔軟性の点で劣り，分散はより小さい．予測精度の向上が見込まれるかもしれないが，ここにトレードオフがある．LDA の K 個のクラスが共通の共分散行列をもつという仮定が大きく誤っている場合，LDA は大きなバイアスの問題が生じることになる．大まかに言えば，訓練データが少ないために，分散を減少させることが重要となる場合，LDA は QDA よりも良い場合が多い．これに対して，訓練データが豊富で，分類器の分散が問題とならないとき，あるいは K 個のクラスの共分散行列が共通であるという仮定が明らかに正当化できないときなどは QDA の方が良いであろう．

図 4.9 は 2 つのシナリオにおいて LDA と QDA を評価したものである．左において，2 つの正規分布のクラスは共に X_1 と X_2 の相関係数が 0.7 であるとした．結果として，ベイズ決定境界は線形であり，LDA 決定境界により正確に近似されている．この場合，QDA 決定境界はあまりよくない．これはバイアスが減少しない上に，分散も大きいことによるものである．対照的に，同図の右においては，オレンジのクラスは相関係数が 0.7，青のクラスでは -0.7 とした．ベイズ決定境界は 2 次曲線であり，QDA の方が LDA よりもこの境界をよく近似している．

4.5 分類法の比較   141

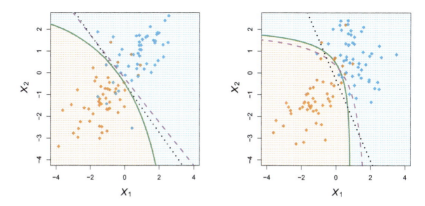

図 4.9 左：2 つのクラスで $\Sigma_1 = \Sigma_2$ の場合のベイズ (紫破線), LDA (黒破線), QDA (緑実線) による決定境界．網掛けが QDA の決定規則を表す．ベイズ決定境界は線形であるので，LDA の方が QDA よりもより正確に近似している．右：詳細については左と同様．ただし $\Sigma_1 \neq \Sigma_2$ である．ベイズ決定境界は非線形であるので，QDA の方が LDA よりもより正確にベイズ決定境界を近似している．

 4.5 分類法の比較

本章では，ロジスティック回帰，LDA，QDA などの分類法を扱ってきた．第 2 章では K 最近傍法についても論じた．ここでは，さまざまなシナリオを考慮し，どの方法が他よりも良いかを検討する．

過程は異なるものの，ロジスティック回帰と LDA は近い関係にある．2 クラスで $p=1$ の予測変数の場合を考える．$p_1(x)$ と $p_2(x) = 1 - p_1(x)$ はそれぞれ観測データ $X = x$ がクラス 1 またはクラス 2 に属する確率である．LDA によれば，式 (4.12) と式 (4.13) (そして多少の式変形) により，対数オッズは

$$\log\left(\frac{p_1(x)}{1 - p_1(x)}\right) = \log\left(\frac{p_1(x)}{p_2(x)}\right) = c_0 + c_1 x \quad (4.24)$$

である．ここに，c_0 と c_1 は μ_1, μ_2 と σ^2 の関数である．式 (4.4) より，ロジスティック回帰においては

$$\log\left(\frac{p_1}{1 - p_1}\right) = \beta_0 + \beta_1 x \quad (4.25)$$

である．

式 (4.24) と式 (4.25) はともに x の線形関数である．したがって，ロジスティック回帰と LDA の両方ともに線形の決定境界となる．2 つの方法の相違点は，β_0 と β_1 は最尤法によって推定されるのに対し，c_0 と c_1 は正規分布の平均と分散を推定して計算したものである．多変量データ，つまり $p > 1$ の場合も LDA とロジスティック

回帰の間には同じ関係がある.

ロジスティック回帰と LDA の違いは,当てはめの手続きであるから,これら 2 つの方法はよく似た結果をもたらすと思われるかもしれない.これはしばしば正しいが,いつもそうであるとは限らない.LDA では,観測データは各クラス共通の共分散行列をもつ正規分布から得られると仮定しているので,この仮定が当てはまる場合にはロジスティック回帰よりも機能することが多い.反対に,これらの正規分布に関する仮定が当てはまらない場合には,ロジスティック回帰の方が優れている.

第 2 章で触れたように,K 最近傍法は本章で扱った分類器とはまったく異なるアプローチである.観測データ $X = x$ について,x に最も近い K 個の訓練データを見つける.その上でこれらのデータがどこに属するかを多数決によって分類する.よって K 最近傍法はまったくノンパラメトリックなアプローチである.また,決定境界の形について何の前提も設けない.したがって,K 最近傍法は,決定境界がより非線形なときには,LDA やロジスティック回帰よりも優れていると期待できる.逆に,K 最近傍法はどの変数が重要かという問いには答えてくれない.また表 4.3 のような係数の表は得られない.

最後に,QDA はノンパラメトリックな K 最近傍法と線形の LDA,そしてロジスティック回帰の折衷法としての側面がある.QDA は 2 次の決定境界を仮定するので,線形よりも広い範囲の問題を正確にモデル化することができる.QDA は K 最近傍法ほどは柔軟ではないが,それでも訓練データが少ないときには優れていると言える.なぜなら決定境界についていくつか仮定を設けているからである.

これらの 4 つの分類法を評価するために,6 つのシナリオを使いデータを作成した.3 つのシナリオでは,ベイズ決定境界は線形で,残りの 3 つでは非線形とした.それぞれのシナリオにおいて,100 個のランダムな訓練データを作成した.これらの訓練データについて,それぞれの分類法を適用し,多くのテストデータを使ってテスト誤分類率を求めた.線形のシナリオでの結果は図 4.10 に,非線形のシナリオの結果は図 4.11 に示した.K 最近傍法では,最寄りのデータとして用いる個数 (K) を決めなければならない.ここでは 2 つの K を使った.一方は $K = 1$,他方は,第 5 章で扱う交差検証によって自動的に選択される K の値である.これを KNN-CV 法 (K nearest neighborhood–cross validation) と呼ぶ.

6 つのうちどのシナリオでも,2 個の予測変数 ($p = 2$) がある.以下にシナリオを説明する.

シナリオ 1:2 つのクラスそれぞれにおいて,20 個の訓練データを作成する.各クラスからの観測データは,相関なしの正規分布であり,各クラスで平均は異なる.これらは LDA における仮定であるから,図 4.10 の左を見ると,LDA が予想通

4.5 分類法の比較

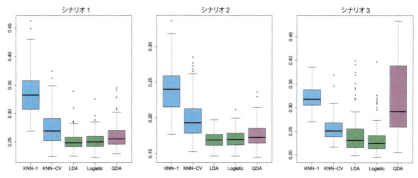

図 4.10 線形シナリオでのテスト誤分類率の箱ひげ図.

り優れている．K 最近傍法は性能があまりよくない．なぜなら，増加する分散を打ち消すだけのバイアスの減少がないからである．QDA も LDA ほどはよくない．これは必要以上に柔軟な分類器を当てはめたことによる．ロジスティック回帰は線形の決定境界を仮定するので，結果として LDA よりわずかに劣るだけであった．

シナリオ 2：詳細はシナリオ 1 と同じ．ただし各クラスにおいて，2 つの予測変数の相関係数は -0.5 とした．図 4.10 の中央を見ると，分類器の相対的な評価としては，シナリオ 1 とほとんど変化はない．

シナリオ 3：X_1 と X_2 を t 分布として各クラス 50 個のデータを生成した．t 分布は正規分布に似た形をしているが，より極端な値，すなわち平均からより離れた点をとる傾向にある．この状況において，決定境界はここでも線形であり，ロジスティック回帰の枠組みが当てはまる．しかし観測データは正規分布に従っていないので，LDA の仮定には反する．図 4.10 の右を見ると，ロジスティック回帰と LDA が他よりも優れているようである．そしてこの 2 つの中では，ロジスティック回帰が LDA よりも優れている．特に，QDA は正規分布に従っていないことにより，かなり性能が悪くなっている．

シナリオ 4：データは正規分布で生成されたが，クラス 1 では予測変数の相関係数を 0.5，クラス 2 では -0.5 とした．これは QDA の仮定に対応しており，2 次の決定境界となる．図 4.11 の左において，QDA が他のどのアプローチよりも優れている．

シナリオ 5：各クラスにおいて，観測データは正規分布，そして相関関係のない予測変数を仮定した．しかし，応答はロジスティック関数とし，予測変数として X_1^2, X_2^2, $X_1 \times X_2$ を用いた．結果的に 2 次の決定境界となる．図 4.11 の中央を見ると QDA がこの場合においても最も優れており，次に KNN-CV が優れていた．線形の方法はここではあまりよく機能しなかった．

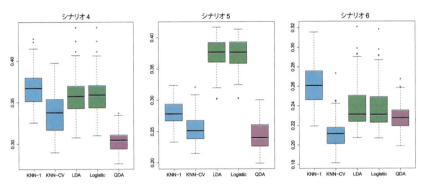

図 4.11　非線形シナリオでのテスト誤分類率の箱ひげ図.

シナリオ 6：詳細はシナリオ 5 と同様．ただし応答変数はさらに複雑な非線形関数により抽出された．結果として QDA の 2 次決定境界でさえも十分にデータをモデル化することができない．図 4.11 の右を見ると，QDA は線形の方法よりもわずかに優れているようである．ここでは柔軟な KNN-CV が最も優れていた．しかし $K=1$ での K 最近傍法はすべての中で最も性能が悪かった．ここでわかることは，データが複雑な非線形のとき，K 最近傍法のようなノンパラメトリック法を用いたとしても，適切ななめらかさが選択されていない場合は，正確な結果が得られないということである．

以上の 6 つのシナリオから，すべての状況で優れている方法はないということがわかる．真の決定境界が線形の場合，LDA とロジスティック回帰が機能する場合が多い．境界がゆるやかな非線形の場合，QDA が優れているかもしれない．最後に，かなり複雑な決定境界の場合，K 最近傍法のようなノンパラメトリック法が優れているかもしれない．しかしノンパラメトリック法でのなめらかさの程度は注意深く選択されなければならない．次章では適切ななめらかさの選択の仕方，そしてより一般的に，最善の方法を選択するためのアプローチを検討する．

最後に，第 3 章では予測変数の変換をすることにより，予測変数と応答変数の間の非線形の関係を回帰でモデル化できるとした．分類の問題でも，同様のことが言える．例えば，予測変数に X^2, X^3，さらには X^4 を含めることにより，より柔軟なロジスティック回帰を作ることができる．この場合，ロジスティック回帰の精度が向上するかどうかは，柔軟さの増加に伴う分散の増加をバイアスの十分な減少によって相殺することができるかどうかによっている．LDA についても同じことができる．LDA に 2 次や積の項を加えることにより，もちろん推定されるパラメータは異なるが，モデルの型としては QDA と同じになる．このように，LDA モデルと QDA モデルの間

を行き来することができる．

4.6 実習：ロジスティック回帰，線形判別分析，2 次判別分析，K 最近傍法

4.6.1 株価データ

まず ISLR ライブラリにある Smarket データに対し，数値や図を用いてデータセットの数値的な要約を与える．このデータセットは，2001 年の年初から，2005 年の年末までの 1,250 日の S&P 500 株価指数の利益率である．日次でその前 5 日分の利益率，Lag1 から Lag5 までを記録した．他のデータとしては，Volume (前日の取引量，単位：10 億株), Today (当日の利益率), Direction (株式市場はその日 Up したか，または Down したか) の記録を用いることができる．

```
> library(ISLR)
> names(Smarket)
[1] "Year"      "Lag1"      "Lag2"      "Lag3"      "Lag4"
[6] "Lag5"      "Volume"    "Today"     "Direction"
> dim(Smarket)
[1] 1250    9
> summary(Smarket)
      Year           Lag1                Lag2
 Min.   :2001   Min.   :-4.92200   Min.   :-4.92200
 1st Qu.:2002   1st Qu.:-0.63950   1st Qu.:-0.63950
 Median :2003   Median : 0.03900   Median : 0.03900
 Mean   :2003   Mean   : 0.00383   Mean   : 0.00392
 3rd Qu.:2004   3rd Qu.: 0.59675   3rd Qu.: 0.59675
 Max.   :2005   Max.   : 5.73300   Max.   : 5.73300
      Lag3                Lag4                Lag5
 Min.   :-4.92200   Min.   :-4.92200   Min.   :-4.92200
 1st Qu.:-0.64000   1st Qu.:-0.64000   1st Qu.:-0.64000
 Median : 0.03850   Median : 0.03850   Median : 0.03850
 Mean   : 0.00172   Mean   : 0.00164   Mean   : 0.00561
 3rd Qu.: 0.59675   3rd Qu.: 0.59675   3rd Qu.: 0.59700
 Max.   : 5.73300   Max.   : 5.73300   Max.   : 5.73300
     Volume           Today           Direction
 Min.   :0.356   Min.   :-4.92200   Down:602
 1st Qu.:1.257   1st Qu.:-0.63950   Up  :648
 Median :1.423   Median : 0.03850
 Mean   :1.478   Mean   : 0.00314
 3rd Qu.:1.642   3rd Qu.: 0.59675
 Max.   :3.152   Max.   : 5.73300
> pairs(Smarket)
```

cor() 関数はデータセットにあるすべての予測変数のすべてのペアの相関係数を行列に表す．以下のうち，最初のコマンドはエラーになる．Direction が質的変数であるためである．

```
> cor(Smarket)
```

146　　　　　　　　4. 分　　　　類

```
Error in cor(Smarket) : 'x' must be numeric
> cor(Smarket[,-9])
          Year      Lag1      Lag2      Lag3      Lag4      Lag5
Year    1.0000   0.02970   0.03060   0.03319   0.03569   0.02979
Lag1    0.0297   1.00000  -0.02629  -0.01080  -0.00299  -0.00567
Lag2    0.0306  -0.02629   1.00000  -0.02590  -0.01085  -0.00356
Lag3    0.0332  -0.01080  -0.02590   1.00000  -0.02405  -0.01881
Lag4    0.0357  -0.00299  -0.01085  -0.02405   1.00000  -0.02708
Lag5    0.0298  -0.00567  -0.00356  -0.01881  -0.02708   1.00000
Volume  0.5390   0.04091  -0.04338  -0.04182  -0.04841  -0.02200
Today   0.0301  -0.02616  -0.01025  -0.00245  -0.00690  -0.03486
         Volume     Today
Year     0.5390    0.03010
Lag1     0.0409   -0.02616
Lag2    -0.0434   -0.01025
Lag3    -0.0418   -0.00245
Lag4    -0.0484   -0.00690
Lag5    -0.0220   -0.03486
Volume   1.0000    0.01459
Today    0.0146    1.00000
```

　予想どおり，lag 変数と当日の利益率の相関は 0 に近い．つまり，当日の利益率と
その前数日の利益率にはほぼ相関がない．実際，相関があると考えられるのは Year
と Volume の間のみである．データをプロットすると，Volume は時間とともに増加し
ていることがわかる．つまり，2001 年から 2005 年まで 1 日の平均出来高は増加して
いる．

```
> attach(Smarket)
> plot(Volume)
```

4.6.2　ロジスティック回帰

　次に，ロジスティック回帰を当てはめ，Lag1 から Lag5，および Volume を使って
Direction を予測するモデルを考える．glm() 関数は一般化線形モデルを当てはめる．
一般化線形モデルはロジスティック回帰を含んでいる．glm() 関数の用法は lm() 関
数の用法と類似している．ただし R に使うのはロジスティック回帰であり，他の一般
化線形モデルではないことを指定するために，family=binomial を引数として渡さな
ければならない．

```
> glm.fits=glm(Direction~Lag1+Lag2+Lag3+Lag4+Lag5+Volume,
    data=Smarket,family=binomial)
> summary(glm.fits)

Call:
glm(formula = Direction ~ Lag1 + Lag2 + Lag3 + Lag4 + Lag5
    + Volume, family = binomial, data = Smarket)

Deviance Residuals:
```

4.6 実習：ロジスティック回帰，線形判別分析，2 次判別分析，K 最近傍法　　147

```
    Min      1Q   Median      3Q      Max
  -1.45   -1.20    1.07     1.15     1.33

Coefficients:
            Estimate Std. Error z value Pr(>|z|)
(Intercept) -0.12600    0.24074   -0.52     0.60
Lag1        -0.07307    0.05017   -1.46     0.15
Lag2        -0.04230    0.05009   -0.84     0.40
Lag3         0.01109    0.04994    0.22     0.82
Lag4         0.00936    0.04997    0.19     0.85
Lag5         0.01031    0.04951    0.21     0.83
Volume       0.13544    0.15836    0.86     0.39

(Dispersion parameter for binomial family taken to be 1)

    Null deviance: 1731.2  on 1249   degrees of freedom
Residual deviance: 1727.6  on 1243   degrees of freedom
AIC: 1742

Number of Fisher Scoring iterations: 3
```

　最小の p 値は Lag1 のものである．この予測変数の係数が負であることは株式市場が昨日上昇した場合，今日は上がりそうにないということである．しかし，p 値が 0.15 というのは比較的大きな値であるから Lag1 と Direction の間に本当にそのような関係があるという明白な根拠とは言えない．

　次に coef() 関数を使い，当てはめたモデルの係数だけに注目する．summary() 関数でも係数の p 値などの情報を得ることができる．

```
> coef(glm.fits)
(Intercept)        Lag1          Lag2          Lag3          Lag4
   -0.12600     -0.07307      -0.04230       0.01109       0.00936
       Lag5       Volume
    0.01031      0.13544
> summary(glm.fits)$coef
            Estimate Std. Error z value Pr(>|z|)
(Intercept) -0.12600     0.2407   -0.523    0.601
Lag1        -0.07307     0.0502   -1.457    0.145
Lag2        -0.04230     0.0501   -0.845    0.398
Lag3         0.01109     0.0499    0.222    0.824
Lag4         0.00936     0.0500    0.187    0.851
Lag5         0.01031     0.0495    0.208    0.835
Volume       0.13544     0.1584    0.855    0.392
> summary(glm.fits)$coef[,4]
(Intercept)        Lag1          Lag2          Lag3          Lag4
      0.601        0.145         0.398         0.824         0.851
       Lag5       Volume
      0.835        0.392
```

　predict() 関数はある予測変数の値が与えられたときに，株式市場が上昇する確率を予測する．オプション type="response"を指定することにより，R はロジットなど

ではなく，$\Pr(Y = 1|X)$ の形で確率を出力する．predict() 関数にデータが与えられなかった場合は，ロジスティック回帰モデルを当てはめるのに使われた訓練データで確率が計算される．ここでは，最初の 10 個の確率のみを表示した．これらの値は株式市場が上昇する確率である．なぜなら contrasts() 関数の結果より R は Up を 1 としたダミー変数を定義しているからである．

```
> glm.probs=predict(glm.fits,type="response")
> glm.probs[1:10]
    1     2     3     4     5     6     7     8     9    10
0.507 0.481 0.481 0.515 0.511 0.507 0.493 0.509 0.518 0.489
> contrasts(Direction)
     Up
Down  0
Up    1
```

ある特定の日に株式市場が上がるか下がるかを予測するために，これらの確率を Up または Down のクラスに変換しなければならない．以下の 2 つのコマンドにより，株式市場上昇の推定確率が 0.5 よりも大きいかどうかによってクラスの予測ベクトルを生成する．

```
> glm.pred=rep("Down",1250)
> glm.pred[glm.probs>.5]="Up"
```

最初のコマンドで 1,250 個の要素が Down であるベクトルを作成する．2 行目では，株式市場上昇の確率が 0.5 を超える要素をすべて Up に変更する．この予測において table() 関数を使うと，いくつの観測データが正しくまたは誤って分類されたかを示す混同行列を作成することができる．

```
> table(glm.pred,Direction)
        Direction
glm.pred Down  Up
    Down  145 141
    Up    457 507
> (507+145)/1250
[1] 0.5216
> mean(glm.pred==Direction)
[1] 0.5216
```

混同行列の対角成分は正しく予測されたもの，それ以外は誤って予測されたものである．このモデルは株式市場が上昇した日を 507 日，そして下降した日を 145 日，合計 $507 + 145 = 652$ 日について正確に予測したことになる．mean() 関数で予測が正しかった日の割合を計算することができる．このケースではロジスティック回帰が株式市場の動きを正しく予測したのは 52.2% である．

一見すると，ロジスティック回帰を使えば，ランダムに割り当てるよりも少しは良い予測ができているようである．しかし，これは誤解である．なぜならば，ここでは，

4.6 実習：ロジスティック回帰，線形判別分析，2 次判別分析，K 最近傍法 149

同じ 1,250 個のデータをモデルの訓練にもテストにも使っているからである．つまり $100 - 52.2 = 47.8\%$ は訓練誤分類率である．以前確認したように，訓練誤分類率は多くの場合，実態よりもかなり楽観的な数値となる．つまりテスト誤分類率よりも小さくなる傾向にある．ロジスティック回帰の正確さをより適切に評価するには，一部のデータのみを使用してモデルを当てはめ，その後取りおきしたデータを使って評価するとよい．このようにしてモデルを当てはめたデータではなく，株式市場の動きが未知である将来の日々の予測をする場合の誤分類率をより現実的に評価できる．

このような方法を使うのに，まず 2001 年から 2004 年までの観測値を含むベクトルを作成する．そしてこのベクトルを使って 2005 年のデータを取りおくことにする．

```
> train=(Year<2005)
> Smarket.2005=Smarket[!train,]
> dim(Smarket.2005)
[1] 252    9
> Direction.2005=Direction[!train]
```

train オブジェクトは観測データに対応する 1,250 の要素をもったベクトルである．これらの要素のうち 2005 年よりも前のものは TRUE，2005 年のものは FALSE とする．train の要素は TRUE か FALSE のいずれかであるので，これはブールベクトルである．ブールベクトルを使うことにより，行列の行あるいは列の部分集合を取り出すことができる．例えば，Smarket[train,] コマンドでは株価データセットのうち，train の要素が TRUE である 2005 年より前のものだけからなる部分行列を取り出す．!記号でブールベクトルの要素を反転させることができる．すなわち!train は train と類似したベクトルであるが，train で TRUE の要素は!train では反転して FALSE になっており，同様に train で FALSE の要素は!train では反転して TRUE になっている．したがって，Smarket[!train,] コマンドは train が FALSE である，つまり 2005 年のデータのみを含む部分行列を生成する．上記の出力にあるように，このようなデータは 252 個ある．

ここで，subset 引数を使って 2005 年より前のデータのみを使い，ロジスティック回帰を当てはめる．その後で，2005 年のテストデータを使い，株式市場が上下する確率を予測する．

```
> glm.fits=glm(Direction~Lag1+Lag2+Lag3+Lag4+Lag5+Volume,
    data=Smarket,family=binomial,subset=train)
> glm.probs=predict(glm.fits,Smarket.2005,type="response")
```

訓練とテストに使用したデータはまったく重複なく異なることに注意されたい．訓練は 2005 年より前のデータのみを使用して行い，テストは 2005 年のデータのみで行っている．最後に，2005 年の予測をし，実際の株式市場の上下と比較する．

```
> glm.pred=rep("Down",252)
```

150 4. 分　　類

```
> glm.pred[glm.probs>.5]="Up"
> table(glm.pred,Direction.2005)
        Direction.2005
glm.pred Down Up
    Down   77 97
    Up     34 44
> mean(glm.pred==Direction.2005)
[1] 0.48
> mean(glm.pred!=Direction.2005)
[1] 0.52
```

!=記号は"等しくない"ことを意味する．したがって最後の関数はテスト誤分類率を計算する．結果はどちらかというと残念なものである．テスト誤分類率は 52％で，すなわちランダムに割り当てるよりも悪いのである．もちろん，この結果はまったく驚くべきものではない．一般に前日の株価の変化から将来の株式市場の動向を予測することはできないからである．(もしそのようなことができるのであれば，本書の著者は統計学の本など書かずに，株で大儲けしているはずである．)

このロジスティック回帰モデルでは，すべての予測変数について p 値がまったく面白みに欠ける数値で，p 値が最小となるのは Lag1 のものであるが，これでもあまり小さくはない．Direction の予測にあまり有効でないと思われる変数を取り除くことによってもっと有効なモデルに改善することはできないであろうか．結局のところ，応答変数と関係のない予測変数を使うことはテスト誤分類率を悪くする傾向にある (このような予測変数は分散を増加させるがバイアスを減少させないからである．) そのため，これらの予測変数を取り除けば改善が見込まれる．以下に元のロジスティック回帰モデルにおいて最も予測に有効であると思われる Lag1 と Lag2 のみを使って再度ロジスティック回帰を当てはめた．

```
> glm.fits=glm(Direction~Lag1+Lag2,data=Smarket,family=binomial,
    subset=train)
> glm.probs=predict(glm.fits,Smarket.2005,type="response")
> glm.pred=rep("Down",252)
> glm.pred[glm.probs>.5]="Up"
> table(glm.pred,Direction.2005)
        Direction.2005
glm.pred Down  Up
    Down   35  35
    Up     76 106
> mean(glm.pred==Direction.2005)
[1] 0.56
> 106/(106+76)
[1] 0.582
```

結果は前よりは若干よさそうである．株価の上下が 56％で正しく予測されている．しかし，ここで注意したいのは，毎日とにかく株式市場は上昇するという単純な予測をしても，56％の確率で正しいということである．したがって，総誤分類率の点で，ロジ

スティック回帰は単純予想と同じである．しかし，混同行列を見ると，ロジスティック回帰が株式市場の上昇を予測したときには，58%の確率で正しい．そうであれば，モデルが株式市場の上昇を予測した場合には買い，下降を予測した日は売買を行わないという戦略が良いかもしれない．もちろん実際にはこの小さな改善が真の改善なのかそれともランダムな現象なのかはもう少し注意して調べる必要がある．

特定の Lag1 と Lag2 の値についての利益を予測したいとする．特にここでは，Lag1 と Lag2 がそれぞれ 1.2 と 1.1 である日について，また 1.5 と −0.8 である日について Direction を予測する．これを行うには predict() 関数を利用する．

```
> predict(glm.fits,newdata=data.frame(Lag1=c(1.2,1.5),
    Lag2=c(1.1,-0.8)),type="response")
      1          2
    0.4791     0.4961
```

4.6.3 線形判別分析

ここでは Smarket データを使い LDA を行う．R では，LDA モデルを当てはめるのに lda() 関数を使う．これは MASS ライブラリに含まれる関数である．LDA 関数の用法は lm() や glm() と同様である．ただし family オプションはない．2005 年より前のデータのみを使い，モデルを当てはめる．

```
> library(MASS)
> lda.fit=lda(Direction~Lag1+Lag2,data=Smarket,subset=train)
> lda.fit
Call:
lda(Direction ~ Lag1 + Lag2, data = Smarket, subset = train)

Prior probabilities of groups:
  Down    Up
 0.492  0.508

Group means:
         Lag1     Lag2
Down   0.0428   0.0339
Up    -0.0395  -0.0313

Coefficients of linear discriminants:
         LD1
Lag1  -0.642
Lag2  -0.514
> plot(lda.fit)
```

LDA の出力より，$\hat{\pi}_1 = 0.492$，$\hat{\pi}_2 = 0.508$ である．つまり 49.2%の訓練データが株式市場が下がった日のものである．また，グループ平均もわかる．これらの数値は，それぞれのクラス内での予測変数の平均であり，LDA では μ_k の推定値として用いられる．この結果から，株式市場が上がる日には過去 2 日間の利益が負であり，株式市

場が下がる日には過去の利益が正である傾向にあると言える．線形判別係数を使って Lag1 と Lag2 の線形結合を与え，LDA 決定規則を作る．つまりこれらは式 (4.19) における $X = x$ の係数である．もし $-0.642 \times$ Lag1 $- 0.514 \times$ Lag2 が大きいならば，LDA 分類器は株式市場が上がると予測し，小さいならば LDA 分類器は株式市場が下がると予測する．訓練データにより線形判別関数の値 $-0.642 \times$ Lag1 $- 0.514 \times$ Lag2 を計算して，plot() 関数でプロットする．

predict() 関数は 3 つの要素をもつリストを生成する．最初の要素 class は，株式市場の動く方向についての予測を示す．2 番目の要素 posterior は行列で，この行列の第 k 列がその観測データが k 番目のクラスである確率 (式 (4.10)) を示す．最後に，x が前に述べた線形判別関数の値である．

```
> lda.pred=predict(lda.fit, Smarket.2005)
> names(lda.pred)
[1] "class"     "posterior" "x"
```

4.5 節で見たように，LDA とロジスティック回帰の予測はほぼ同一である．

```
> lda.class=lda.pred$class
> table(lda.class,Direction.2005)
          Direction.2005
lda.pred Down  Up
    Down   35  35
    Up     76 106
> mean(lda.class==Direction.2005)
[1] 0.56
```

事後確率 50%の境界を使い，lda.pred$class の予測を再現することができる．

```
> sum(lda.pred$posterior[,1]>=.5)
[1] 70
> sum(lda.pred$posterior[,1]<.5)
[1] 182
```

このモデルの事後確率の出力は，株式市場が下がる確率であることに注意されたい．

```
> lda.pred$posterior[1:20,1]
> lda.class[1:20]
```

予測する際に事後確率 50% 以外の境界を使うのも容易である．例えば，株式市場が下がると確かな場合，例えば事後確率が少なくとも 90%である場合のみ，株式市場が下がる予測としたいとする．

```
> sum(lda.pred$posterior[,1]>.9)
[1] 0
```

2005 年にはこの条件にあたる日はない．実は 2005 年全体で，株式市場が下がる事後確率が最大の日でも 52.02%である．

4.6 実習：ロジスティック回帰，線形判別分析，2 次判別分析，K 最近傍法　　153

4.6.4　2 次判別分析

次に Smarket データに QDA モデルを当てはめる．R において QDA は qda() 関数に実装されている．qda() 関数は MASS ライブラリに含まれている．lda() と同様の構文で用いる．

```
> qda.fit=qda(Direction~Lag1+Lag2,data=Smarket,subset=train)
> qda.fit
Call:
qda(Direction ~ Lag1 + Lag2, data = Smarket, subset = train)

Prior probabilities of groups:
 Down    Up
0.492 0.508

Group means:
        Lag1    Lag2
Down  0.0428  0.0339
Up   -0.0395 -0.0313
```

グループ平均も出力される．しかし線形判別関数の係数はない．これは QDA 分類器では予測変数の線形関数ではなく 2 次関数を使うからである．predict() 関数は LDA のときと同様である．

```
> qda.class=predict(qda.fit,Smarket.2005)$class
> table(qda.class,Direction.2005)
          Direction.2005
qda.class Down  Up
     Down   30  20
     Up     81 121
> mean(qda.class==Direction.2005)
[1] 0.599
```

興味深いことに，2005 年のデータはモデルを当てはめる際に使っていないにも関わらず，QDA による予測はおよそ 60%の確率で正しい．株価データを正確にモデル化することは極めて難しいとされているので，このレベルの正確さというのは非常に良いものである．このことから，QDA の仮定する 2 次形式の方が，LDA やロジスティック回帰における線形の仮定よりも真の関係をよりよくとらえていると言えよう．しかし，実際にお金を賭ける前に，この方法で一貫して株式市場に勝つことができるかどうかをより大量のデータセットで評価してみることをお薦めする．

4.6.5　K 最近傍法

ここでは knn() 関数を使い K 最近傍法を行う．knn() 関数は class ライブラリに含まれている．この関数は，これまでに扱ってきた他のモデルを当てはめる関数とはかなり異なっている．まずモデルを当てはめ，その後でそのモデルを使って予測を行うというこれまでの 2 段階のアプローチではなく，knn() 関数は 1 つのコマンドで予

測まで行う．この関数は4つの引数をとる．

(1) 訓練データの予測変数を含む行列．以下 `train.X` とする．

(2) 予測するために使うデータの予測変数を含む行列．以下 `test.X` とする．

(3) 訓練データのクラスを含むベクトル．以下 `train.Direction` とする．

(4) 分類器が使う近傍点の数 K．

`cbind()` を使い `Lag1` と `Lag2` を結びつけて，訓練用とテスト用の2つの行列を作成する．`cbind` は column bind の略である．

```
> library(class)
> train.X=cbind(Lag1,Lag2)[train,]
> test.X=cbind(Lag1,Lag2)[!train,]
> train.Direction=Direction[train]
```

ここで `knn()` 関数を使い，2005年の日付の株式市場の動きを予測する．近傍点を探す過程で複数の点が等距離になった場合，`R` は無作為に選ぶので，結果の再現性を担保するためには，`knn()` 関数を実行する前に乱数のシードを設定しなければならない．

```
> set.seed(1)
> knn.pred=knn(train.X,test.X,train.Direction,k=1)
> table(knn.pred,Direction.2005)
        Direction.2005
knn.pred Down Up
    Down   43 58
    Up     68 83
> (83+43)/252
[1] 0.5
```

$K=1$ での結果はあまり良くない．観測データの50%が正しく予測されただけである．もちろん $K=1$ とすることにより，必要以上に柔軟なモデルの当てはめを行っているのかもしれない．以下に同様の分析を $K=3$ で行う．

```
> knn.pred=knn(train.X,test.X,train.Direction,k=3)
> table(knn.pred,Direction.2005)
        Direction.2005
knn.pred Down Up
    Down   48 54
    Up     63 87
> mean(knn.pred==Direction.2005)
[1] 0.536
```

結果は少し改善された．しかし K をさらに増加しても，これ以上には改善されない．このデータにおいては，QDA がこれまで検討した方法の中で最も優れているようである．

4.6.6 Caravan 保険データへの適用

最後に，K 最近傍法を Caravan データセットに適用する[訳注1]．Caravan データセットは ISLR ライブラリに入っている．このデータセットは 5,822 人の人口動態情報を 85 個の予測変数で測定している．応答変数は Purchase で，それぞれの個人がキャラバン保険を買うかどうかを表す．このデータセットによると，保険を購入したのは 6%だけである．

```
> dim(Caravan)
[1] 5822    86
> attach(Caravan)
> summary(Purchase)
  No   Yes
5474   348
> 348/5822
[1] 0.0598
```

K 最近傍法はあるテストデータのクラスを，そのデータから近い距離にある点を見つけることによって予測するので，変数のスケールには注意する必要がある．スケールの大きい変数は観測データ間の距離に強く影響するので，スケールの小さい変数よりも K 最近傍法分類器に与える影響が大きくなるのである．例えば，salary (単位：ドル) と age (単位：歳) の 2 つの変数を含むデータセットがあるとする．年収が\$1,000 増減することと，年齢の違いが 50 歳あることと比べた場合，K 最近傍法に関する限り，前者の方が非常に大きいことになる．したがって，K 最近傍法の結果はほぼ salary によって決定され，age はほとんど何の影響もないことになってしまう．通常の感覚ではまったく逆で，年収における\$1,000 の違いは年齢が 50 歳違うことと比べると非常に小さいはずである．さらに，K 最近傍法におけるスケールの問題が重要であることを示す別の問題もある．もし salary を日本円で，age を分で表した場合，ドルと年を使って得た分類結果とまったく異なるものになるということである．

この問題に対処する良い方法として，データを標準化し，すべての変数が平均 0，標準偏差 1 となるようにすることである．これにより，すべての変数は同等のスケールとなる．標準化するのには scale() 関数を使う．データを標準化するのに，質的変数 Purchase をもつ第 86 列は除外する．

```
> standardized.X=scale(Caravan[,-86])
> var(Caravan[,1])
[1] 165
> var(Caravan[,2])
[1] 0.165
> var(standardized.X[,1])
[1] 1
> var(standardized.X[,2])
```

訳注 1　caravan とは牽引するキャンピングカーのようなものである．

```
[1] 1
```

これにより，`standardized.X` のすべての列は平均 0，標準偏差 1 となる．

ここで，観測データのうち最初の 1,000 件をテスト用に，残りを訓練用に分割する．訓練データについて $K = 1$ として K 最近傍法を当てはめ，テストデータでこれを評価する．

```
> test=1:1000
> train.X=standardized.X[-test,]
> test.X=standardized.X[test,]
> train.Y=Purchase[-test]
> test.Y=Purchase[test]
> set.seed(1)
> knn.pred=knn(train.X,test.X,train.Y,k=1)
> mean(test.Y!=knn.pred)
[1] 0.118
> mean(test.Y!="No")
[1] 0.059
```

`test` は 1 から 1,000 までの数値を要素とするベクトルである．`standardized.X[test,]` とすることにより，1 から 1,000 までの番号が振られたデータを含む部分行列を生成する．また，`standardized.X[-test,]` によって，1 から 1,000 以外の番号が振られたデータを含む部分行列を生成する．1,000 件のテストデータによる K 最近傍法の誤分類率は 12% を少し下回るほどである．一見すると，この数値はある程度良いように思われる．しかし保険を買った人は 6% のみであるから，予測変数の値によらず No と予測するだけで誤分類率を 6% に下げることができる．

保険を販売するのにいくらかの費用がかかるとする．例えば，営業員が見込み客を一件ずつ訪問しなければならない場合などである．もし会社がただランダムに顧客を訪問していると，そのうち 6% でしか保険が売れないのであるから，訪問するのにかかる費用からすると成功率としては低すぎるかもしれない．ランダムに訪問するのではなく，会社としては，保険を購入しそうな顧客に絞り込んで訪問したいはずである．その場合，全体の誤分類率は重要ではない．この場合，保険を購入するであろうと予測された顧客のうち，実際保険を購入する顧客の割合の方が重要である．

実は $K = 1$ の K 最近傍法は，保険を購入するであろうと予測された顧客についてはランダムに分類するよりははるかに良い結果になる．保険を購入すると予測された 77 人のうち 9 人，つまり 11.7% が実際に保険を購入しているのである．これはランダムな分類よりも 2 倍も良い割合である．

```
> table(knn.pred,test.Y)
        test.Y
knn.pred  No Yes
     No  873  50
     Yes  68   9
```

4.6　実習：ロジスティック回帰，線形判別分析，2 次判別分析，K 最近傍法　　157

```
> 9/(68+9)
[1] 0.117
```

$K = 3$ にすると成功率は 19%に上昇する．$K = 5$ では 26.7%となる．これはランダムに分類する方法の 4 倍以上の確率である．K 最近傍法は複雑なデータにおいて，真のパターンを発見しているようである．

```
> knn.pred=knn(train.X,test.X,train.Y,k=3)
> table(knn.pred,test.Y)
         test.Y
knn.pred  No Yes
     No  920  54
     Yes  21   5
> 5/26
[1] 0.192
> knn.pred=knn(train.X,test.X,train.Y,k=5)
> table(knn.pred,test.Y)
         test.Y
knn.pred  No Yes
     No  930  55
     Yes  11   4
> 4/15
[1] 0.267
```

比較のため，ロジスティック回帰を当てはめる．分類器の予測確率の境界として 0.5 を使うと，これに問題があるとわかる．テストデータのうち，わずか 7 人だけが保険を購入すると予測されたのである．さらに悪いことに，これら 7 人とも予測が外れている．しかし境界を 0.5 にしなければならないわけではない．予測された購入確率が 0.25 を越えたときに購入すると予測すれば，もっと良い結果になる．これによると，33 人が保険を購入すると予測され，これらの人について 33%の確率で正しい結果となる．ランダムに分類するよりも 5 倍以上良い結果である．

```
> glm.fits=glm(Purchase~.,data=Caravan,family=binomial,
    subset=-test)
Warning message:
glm.fits: fitted probabilities numerically 0 or 1 occurred
> glm.probs=predict(glm.fits,Caravan[test,],type="response")
> glm.pred=rep("No",1000)
> glm.pred[glm.probs>.5]="Yes"
> table(glm.pred,test.Y)
         test.Y
glm.pred  No Yes
     No  934  59
     Yes   7   0
> glm.pred=rep("No",1000)
> glm.pred[glm.probs>.25]="Yes"
> table(glm.pred,test.Y)
         test.Y
glm.pred  No Yes
     No  919  48
```

```
    Yes  22   11
> 11/(22+11)
[1] 0.333
```

4.7 演習問題
理論編
(1) 式を変形することにより，式 (4.2) と式 (4.3) が同値であることを証明せよ．すなわち，ロジスティック回帰を表す上で，ロジスティック関数による表示と，ロジットを用いた形式が同値であることを証明せよ．

(2) 本章では，観測データを分類する際，式 (4.12) が最大となるクラスに分類することと，式 (4.3) が最大となるクラスに分類することは同値であるとした．これが正しいことを証明せよ．つまり，k 番目のクラスによる標本が $N(\mu_k, \sigma^2)$ に従うとき，ベイズ分類器は判別関数が最大となるクラスに分類することを証明せよ．

(3) この問題はクラスごとに異なる平均ベクトルと共分散行列をもつ場合の QDA モデルを扱い，単純な $p = 1$ の場合を考える．つまり 1 変数である．

　K 個のクラスがあるとする．観測データが k 番目のクラスの場合は，X は 1 次元の正規分布 $N(\mu_k, \sigma_k^2)$ に従う．1 次元正規分布の確率密度関数は式 (4.11) に与えられている．この場合において，ベイズ分類器は線形ではないことを証明せよ．さらに 2 次であることを示せ．

ヒント：4.4.2 項の議論が参考になるが，本問では $\sigma_1^2 = \cdots = \sigma_K^2$ ではない．

 (4) 特徴の数 p が大きくなると，K 最近傍法をはじめとする局所的アプローチ，すなわち予測するためのテストデータの近傍の観測データのみを使用して予測を行う方法は精度が落ちる傾向にある．この現象は次元の呪いと呼ばれ，ノンパラメトリック法では p が大きくなるとしばしば精度が落ちることと関連している．以下でこの問題について調べる．

　　(a) 1 変数 X の観測データがある ($p = 1$)．X は $[0, 1]$ の一様分布に従うとする．それぞれの観測データには応答変数の値が対応している．ここでテストデータの応答変数を予測するのに，そのデータの予測変数から X の 10％の範囲にある観測データのみを使うこととする．例えば，$X = 0.6$ であれば，$[0.55, 0.65]$ の範囲にあるデータを使用する．予測を行うのに使用する観測データの数の平均的な割合を答えよ．

　　(b) 次に 2 変数の場合 ($p = 2$) を考える．変数を X_1, X_2 とし，(X_1, X_2) は $[0, 1] \times [0, 1]$ の一様分布に従うとする．テストデータから X_1 について

10%, X_2 について 10%の範囲にある観測データを用いて予測したい．例えば，テストデータが $X_1 = 0.6$, $X_2 = 0.35$ である場合，X_1 については $[0.55, 0.65]$, X_2 については $[0.3, 0.4]$ の範囲の観測データを使う．予測に使用するデータの平均的な割合を答えよ．

(c) さらに変数が 100 個の場合 ($p = 100$) を考える．これまでと同様にそれぞれの変数は 0 から 1 までの値をとり，一様分布に従っている．テストデータからそれぞれの変数について 10%の範囲の観測データを使って予測を行う．この場合，データのうち実際に使われるものの割合を求めよ．

(d) 以上 (a) から (c) までの結果をもとに，K 最近傍法においては，p が大きくなるにつれてテストデータの近傍のデータが少なくなっていくことを示せ．

(e) あるテストデータについて，その周りに訓練データの平均 10%を含むような p 次元超立方体を用いて予測したい．$p = 1, 2, 100$ の 3 つの場合，超立方体の各辺の長さを求め，結果を論じよ．

注：超立方体とは，立方体を一般化したものである．$p = 1$ のとき，超立方体は線分であり，$p = 2$ であれば正方形となる．$p = 100$ であれば 100 次元の立方体である．

(5) ここでは LDA と QDA の違いについて考察する．

(a) ベイズ決定境界が線形である場合，訓練データで予測を行うと LDA と QDA のどちらの方が精度が高いか．テストデータにおいてはどのようになるか．

(b) ベイズ決定境界が非線形である場合，訓練データで予測を行うと LDA と QDA のどちらの方が精度が高いか．テストデータにおいてはどのようになるか．

(c) 一般的に，サンプルサイズ n が大きいと，LDA に対して QDA のテストデータにおける予測精度は向上するか，低下するか，それとも変化なしか．説明せよ．

(d) ある問題においてベイズ決定境界が線形であっても，LDA よりも QDA の方がよりよいテスト誤分類率を示す．なぜなら，QDA は柔軟であり，線形決定境界もモデル化することができるからである．真偽を示し，その理由を説明せよ．

(6) 統計学の授業を履修している学生のデータを集めた．変数は $X_1 = $ 勉強時間，$X_2 = $ 学部での評定平均，$Y = $ 統計学で評価 A をとったかどうかである．ロジスティック回帰を当てはめ，係数を推定したところ，$\hat{\beta}_0 = -6, \hat{\beta}_1 = 0.05, \hat{\beta}_2 = 1$ であった．

160   4. 分　　　　類

   (a) 40 時間勉強し，学部の評定平均が 3.5 である学生が統計学で A をとる確
      率を予測せよ．

   (b) 上の (a) の学生が統計学の授業で A をとる確率を 50%にしたいとき，何
      時間勉強する必要があるか．

(7) ある株式会社が今年配当を出すかどうか (配当あり，または配当なし) を昨年の
利益率 X (%) によって予測したい．多くの株式会社についてデータを収集した
ところ，配当ありの会社についての X の標本平均は $\bar{X} = 10$ であった．配当
なしの会社については $\bar{X} = 0$ であった．さらに，両方の会社を含む X の標本
分散は $\hat{\sigma}^2 = 36$ であった．80%の会社が配当を出したことがわかっている．X
が正規分布に従うとして，昨年の利益率が $X = 4$ であった場合にその会社が今
年配当を出す確率を予測せよ．

ヒント：正規分布の確率密度関数は $f(x) = \frac{1}{\sqrt{2\pi\sigma^2}} e^{-(x-\mu)^2/2\sigma^2}$ である．ベイ
ズの定理を利用するとよい．

(8) データセットを半分に分割し，訓練データとテストデータを作成する．ここで
は 2 つの分類法を比べる．まずロジスティック回帰を当てはめたところ，訓練
データでは誤分類率は 20%，テストデータでは誤分類率は 30%であった．次に
K 最近傍法 ($K = 1$) を当てはめたところ，訓練データとテストデータをあわせ
た全体データにおいて誤分類率は 18%であった．これらの結果に基づくと，新
たに観測されるデータを分類するのにどちらの分類法を用いればよいか．また
それはなぜか．

(9) ここではオッズについて考える．

   (a) クレジットカード債務不履行のオッズが 0.37 である顧客のうち，実際に
      債務不履行になる割合を求めよ．

   (b) ある顧客がクレジットカードの債務不履行になる確率が 16%であるとき，
      この顧客が債務不履行になるオッズを計算せよ．

応　用　編

(10) ここでは ISLR パッケージに含まれる Weekly データを使用する．このデータは
本章の実習で使用した Smarket データと類似している．ただし Weekly データ
は 1990 年の最初から 2010 年の終わりまでの 21 年間についての週ごとの利益
1,089 件である．

   (a) Weekly データについて，数値や図により要約せよ．何らかの規則性が見
      られるか．

   (b) データ全体を使用し，ロジスティック回帰を当てはめよ．その際 Direction
      を応答変数とし，5 個の lag 変数と Volume を予測変数とせよ．summary

関数で結果を表示せよ．統計的に有意な予測変数はあるか．あるとするならば，それはどの変数か．

(c) 混同行列を作成せよ．全体で予測が正しい割合を求めよ．混同行列から，ロジスティック回帰がどのような種類の誤りをしているとわかるか．

(d) 1990 年から 2008 年までのデータを訓練データとして使い，ロジスティック回帰を当てはめよ．この際 Lag2 のみを予測変数として用いよ．混同行列を作成し，取りおきしたデータ (2009 年から 2010 年までのデータ) のうち予測が正しい割合を求めよ．

(e) LDA により (d) に答えよ．

(f) QDA により (d) に答えよ．

(g) K 最近傍法 ($K = 1$) により (d) に答えよ．

(h) 以上のうち，どの方法で最も良い結果が得られるか．

(i) 他の予測変数の組み合わせにおいて，変数の変換や交互作用も含めて，上記の方法を比べよ．取り置きしたデータについて，どの変数，分類法を用いた場合に最も良い結果が得られたかを述べよ．また混同行列を示せ．K 最近傍法の K の値についてもさまざまな値で実行すること．

(11) ここでは，Auto データセットにおいて，ある車の燃費が良いか悪いかを予測するモデルを考える．

(a) 2 値変数 mpg01 を作り，mpg が中央値よりも大きければ 1，中央値よりも小さければ 0 を与えよ．中央値は median() 関数で求めることができる．data.frame() 関数により mpg01 と Auto に含まれる他の変数をまとめたデータセットを作成するとよい．

(b) グラフを用いて，mpg01 と他の変数の関係を見つけよ．どの変数が mpg01 を予測するのに最も適していると思われるか．散布図や箱ひげ図を使うとよい．どのような知見が得られたか説明せよ．

(c) データ全体を訓練データとテストデータに分割せよ．

(d) (b) において mpg01 に最も関係していると思われる変数を使い，mpg01 を予測する LDA を訓練データに当てはめよ．LDA によるテスト誤分類率を求めよ．

(e) (b) において mpg01 に最も関係していると思われる変数を使い，mpg01 を予測する QDA を訓練データに当てはめよ．QDA によるテスト誤分類率を求めよ．

(f) (b) において mpg01 に最も関係していると思われる変数を使い，mpg01 を予測するロジスティック回帰モデルを訓練データに当てはめよ．このモデルによるテスト誤分類率を求めよ．

162   4. 分   類

(g) 訓練データに K 最近傍法を適用し `mpg01` を予測するモデルを作成せよ．異なる K の値を試してみること．(b) において `mpg01` に最も関係があるとした変数のみを用いること．テスト誤分類率を求めよ．このデータにおいて，どの K の値が最も精度が高いと思われるか．

(12) ここでは関数を作成する練習を行う．

(a) 2 の 3 乗を出力する関数 `Power()` を作成せよ．つまりこの関数は 2^3 を計算し，その結果を出力する．

ヒント：x の a 乗を計算するには `x^a` とすればよい．結果を出力するには `print()` 関数を用いればよい．

(b) 次に 2 個の任意の数 `x` と `a` を渡すことにより，`x^a` を出力する関数 `Power2()` を作成せよ．まず関数を以下のように書き始めるとよい．

```
> Power2=function(x,a){
```

この関数を実行するにはコマンドラインで例えば以下のように入力する．

```
> Power2(3,8)
```

結果は 3^8，つまり 6561 となるはずである．

(c) 上記で作成した `Power2()` 関数を使い，10^3, 8^{17}, および 131^3 を計算せよ．

(d) `x^a` の結果を出力するのではなく，R オブジェクトとして結果を返す関数 `Power3()` を作成せよ．関数の中において `result` という名前のオブジェクトに `x^a` の値を保存し，その結果を以下のように `return()` すればよい．

```
return(result)
```

この行が関数の最後，} 記号の直前にあるはずである．

(e) `Power3()` を利用して，$f(x) = x^2$ のグラフをプロットせよ．x 軸は 1 から 10 までの整数を表示し，y 軸は x^2 を表示する．座標軸の名前を適切に表示し，グラフに適当な名前をつけよ．x 軸のみ，y 軸のみ，または両方を対数変換して表示せよ．`plot()` 関数の引数に `log="x"`, `log="y"`, `log="xy"` などとするとよい．

(f) 特定の `a` に対し，`x` のある範囲について `x` と `x^a` の組をプロットする関数 `PlotPower()` を作成せよ．例えば

```
> PlotPower(1:10,3)
```

とした場合，x 軸は $1, 2, \ldots, 10$ の値をとり，y 軸は $1^3, 2^3, \ldots, 10^3$ の値をとるはずである．

(13) `Boston` データを使い，ある地域の犯罪率が中央値よりも大きいか小さいかを予測する分類モデルを当てはめよ．予測変数の組み合わせを変えて，ロジスティッ

ク回帰，LDA，及び K 最近傍法を実行せよ．このとき，得られた知見について
説明せよ．

5 リサンプリング法
Resampling Methods

リサンプリングは近代統計学に欠くことのできないものである．リサンプリングにおいては，訓練データから標本を抽出しては関心のあるモデルを当てはめ，それを繰り返すことによりモデルについての新たな情報を得る．例えば，線形回帰におけるばらつきを推定するために，訓練データから異なる標本を繰り返し抽出し，その度に標本に線形回帰を当てはめ，結果がどの程度異なるかを調べることができる．このような方法により，元々の訓練データを使ってモデルをただ一度当てはめるだけでは得られない情報を得ることができるかもしれない．

リサンプリング法は多くの計算を必要とする．なぜなら訓練データの異なる部分集合を使って同じ統計的手法を何度も当てはめることになるからである．しかし近年のコンピュータの発達により，一般にリサンプリング法に必要とされる計算量は手が届かないほどではない．本章では，リサンプリング法のうち，最もよく使われる2つの方法，交差検証とブートストラップについて論じる．これらは両方とも，多くの統計的学習法を適用する上で非常に重要なツールである．例えば，交差検証はある統計的学習法を評価する際，その方法に関するテスト誤差を推定するため，または適切な柔軟さを設定するために使われる．モデルの性能を比較する過程はモデル評価，また適切な柔軟さを設定する過程はモデル選択と呼ばれる．ブートストラップはさまざまな状況で使われるが，最も一般的にはある統計的学習法において推定されたパラメータの精度を測るために使われる．

5.1 交差検証

第2章において，テスト誤差と訓練誤差の違いについて説明した．テスト誤差は新たな観測データに対し，応答変数をある統計的学習法を使って予測した場合の平均的な誤差のことである．ここで，新たな観測データとはもちろん統計的学習法を訓練する際には使われていなかった測定値である．あるデータセットにおいて，テスト誤差が小さければ，その統計的学習法を使う根拠となる．テストデータが手に入るのであればテスト誤差は簡単に計算できるが，残念ながら通常はテストデータは手元にない．

これに対して，訓練誤差は訓練に使われたデータに統計的学習法を適用することにより容易に計算できる．しかし第2章で見たように，通常，訓練誤差はテスト誤差と大きく異なり，特に前者は後者よりもかなり小さい値になることもある．

テスト誤差を直接推定できるような大きなテストデータセットがない場合，手元にある訓練データを使ってこれを推定できるような方法が多くある．いくつかの方法では数学的に訓練誤差を調節してテスト誤差を推定するのであるが，これらについては第6章にて論じる．本節では，モデルの当てはめを行う際に訓練データのうちいくつかを取りおきして，その取りおきしたデータに統計的学習法を適用することにより，テスト誤差を推定する方法を扱う．

5.1.1項〜5.1.4項では，議論を単純にするため，応答変数が量的である場合に回帰を当てはめるケースを仮定する．5.1.5項では，応答変数が質的である場合の分類のケースを検討する．応答変数が量的，質的によらず，考え方は変わらないことがわかる．

5.1.1　ホールドアウト検証

ある観測データについて統計的学習法を当てはめた場合のテスト誤差を推定したいとする．ホールドアウト検証では，図5.1のような簡単な方法をとる．まず観測データをランダムに訓練データと検証データに分割する．モデルは訓練データに当てはめられ，このモデルを使い検証データにおいて応答変数を予測する．ホールドアウト検証誤差の評価としては，応答変数が量的であれば通常MSEが使われるが，これがテスト誤差の推定値となる．

ホールドアウト検証を Auto データセットを用いて説明する．第3章で見たように, mpg と horsepower の間の関係は非線形のようである．また horsepower と horsepower^2 を使って mpg を予測するモデルの方が線形モデルよりも精度が高い．ここで3次やそれ以上の項を使うことにより，さらに良い結果が得られるのではないかと考えるのは自然なことであろう．第3章では線形回帰で3次またはより高次の項についてのp値を調べることによりこれを判断した．しかし同様なことがホールドアウト検証でも判

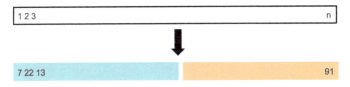

図 5.1　ホールドアウト検証を図解した．n 個の観測データをランダムに訓練データ (青．7, 22, 13 などを含む) と検証データ (ベージュ．91 などを含む) に分割する．統計的学習法を訓練データに当てはめ，検証データにおいて性能を評価する．

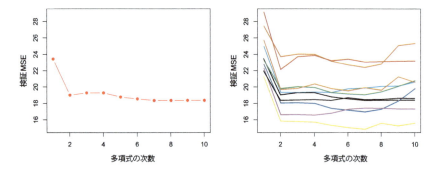

図 5.2 ホールドアウト検証を Auto データに適用し，horsepower の多項式で mpg を予測したときのテスト誤差を推定した．左：訓練データと検証データに分割した時の検証 MSE．右：データを訓練用と検証用に毎回ランダムに分割しなおして，ホールドアウト検証を 10 回繰り返した．このアプローチにおける検証 MSE のばらつきがわかる．

断できる．まず 392 個の観測データを 196 個の訓練データと 196 個の検証データに分割する．さまざまな回帰モデルを訓練データに当てはめ，検証データに使った際の性能を表すものとして，ホールドアウト検証 MSE を図 5.2 の左に示した．2 次モデルでは検証 MSE が線形モデルよりもかなり小さくなるが，3 次モデルでは 2 次よりもわずかに大きくなっている．これにより 3 次の項を回帰に含めることで 2 次よりも良い予測にはなっていないと言える．

図 5.2 の左を得るにあたり，データを訓練データと検証データの 2 つにランダムに分割したことを思い出してほしい．データに対し無作為な 2 分割を繰り返せば，検証 MSE についていくらか異なる値が得られるであろう．このことを示すために，図 5.2 の右においては，Auto データセットにおいて訓練データと検証データの分割を無作為に 10 回繰り返し，10 本の異なる検証 MSE 曲線を描いた．10 本の曲線はすべて 2 次のモデルの方が線形モデルよりも検証 MSE が小さい．さらに，10 本すべてにおいて，3 次またはより高次の項を含めてもあまり精度が上がらないことを示している．ここで 10 本の曲線はそれぞれの回帰モデルにおいて異なるテスト MSE の推定値を示していることに注意されたい．また，どの回帰モデルが検証 MSE を最小にするかについての結果も異なっている．これらの曲線がばらついていることから，少しでも確信をもって言えることといえば，線形モデルはこのデータには適していないということである．

ホールドアウト検証は概念的には単純であり実装しやすいが，以下の点が問題になることがある．

(1) 図 5.2 の右に見られるように，どのデータが訓練データに，または検証データ

に含まれるかにより，ホールドアウト検証によるテスト誤差の推定値にはかなりばらつきがある．

(2) ホールドアウト検証においては，全データのうち検証データを除く訓練データのみによりモデルを当てはめる．統計的学習法は訓練データが少ないと精度が落ちる傾向にある．つまり検証誤差は手元にあるデータすべてを使って当てはめたモデルのテスト誤差よりも大きくなる傾向にあるかもしれないことが示唆される．

これ以降の項では，これらの点を改善するため，ホールドアウト検証を改良した交差検証と呼ばれる方法について論じる．

5.1.2 1つ抜き交差検証

1つ抜き交差検証 (LOOCV: leave-one-out cross-validation) は 5.1.1 項のホールドアウト検証に似ているが，その欠点を考慮し，改善したものである．

ホールドアウト検証と同様，LOOCV は手元にあるデータを 2 つに分割する．しかし，2 つの同等の大きさのデータに分割するのではなく，1 つのデータ (x_1, y_1) のみを検証データとして用いる．残りのデータ $\{(x_2, y_2), \ldots, (x_n, y_n)\}$ は訓練データとなる．統計的学習法を $n-1$ 個の訓練データに当てはめ，取りおきした値 x_1 を用いて予測値 $\hat{y}_1$ を得る．(x_1, y_1) は当てはめる際には使っていないので，$\mathrm{MSE}_1 = (y_1 - \hat{y}_1)^2$ は近似的にテスト誤差の不偏推定値となる．しかし，バイアスがないものの，MSE_1 はテスト誤差の良い推定値ではない．たった1つのデータ (x_1, y_1) によるため，分散が大きいためである．

そこで，この手続きを繰り返す．(x_2, y_2) を検証データとし，$n-1$ 個の他のデータ $\{(x_1, y_1), (x_3, y_3), \ldots, (x_n, y_n)\}$ を訓練データとしてモデルを当てはめ，$\mathrm{MSE}_2 = (y_2 - \hat{y}_2)^2$ を計算する．これを n 回繰り返すことにより n 個の 2 乗誤差 $\mathrm{MSE}_1, \ldots, \mathrm{MSE}_n$ を得る．これら n 個の検証 MSE の平均を LOOCV におけるテスト MSE の推定値とする：

$$\mathrm{CV}_{(n)} = \frac{1}{n} \sum_{i=1}^{n} \mathrm{MSE}_i. \tag{5.1}$$

図 5.3 に LOOCV のアプローチを図解した．

LOOCV はホールドアウト検証に比べていくつかの大きな長所がある．まず，バイアスがかなり小さい．LOOCV では，繰り返し $n-1$ 個の訓練データを用いて統計的学習法を当てはめる．この $n-1$ 個のデータは手元にあるデータのほぼすべてである．ホールドアウト検証では通常訓練データはデータ全体の半分程度であるから，これは大きな違いである．結果として，LOOCV 誤差はホールドアウト検証ほどはテスト誤差を過大評価しない．次に，訓練データと検証データをランダムに分割するため，

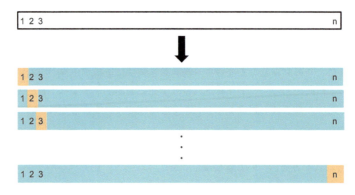

図 5.3 LOOCV を図解した. n 個のデータのうち 1 つのデータ以外すべてを含む訓練データ (青) とただ 1 つのデータのみを含む検証データ (ベージュ) に繰り返し分割する. n 個の検証 MSE を平均することにより, テスト誤差を推定する. 最初の訓練データは観測データ 1 以外のすべて, 2 番目の訓練データは観測データ 2 以外のすべて, 以下同様となる.

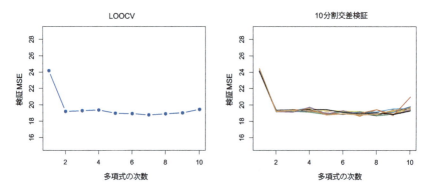

図 5.4 `Auto` データセットにおいて, `horsepower` の多項式で `mpg` を予測した際のテスト誤差を推定するために LOOCV を適用した. 左：LOOCV 誤差曲線. 右：10 分割交差検証を 9 回行った. 毎回データをランダムに 10 分割した. 図は 9 本の 10 分割交差検証誤差曲線であり, その違いはわずかである.

ホールドアウト検証では毎回異なる結果を得るが, LOOCV は毎回同じ結果となる. 訓練データと検証データに分割する際のランダム性がないのである.

`Auto` データにおいて, `mpg` を予測するのに `horsepower` の多項式を使って線形回帰を当てはめ, テスト MSE の推定値を求めるのに LOOCV を使った. 結果は図 5.4 の左に示す.

LOOCV は n 回モデルを当てはめることになるため, 実装するには高い計算量を必要とする可能性がある. n が大きい場合, または, 1 つのモデルを当てはめるのに時

間がかかる場合には，LOOCV は非常に多くの時間を要する．しかし最小 2 乗法による線形または多項式回帰では，以下の式

$$\mathrm{CV}_{(n)} = \frac{1}{n} \sum_{i=1}^{n} \left(\frac{y_i - \hat{y}_i}{1 - h_i} \right)^2 \tag{5.2}$$

により，LOOCV をただ 1 つのモデルを当てはめるのと同じ計算量で行うことができる．ここに，$\hat{y}_i$ は元々のデータにおける最小 2 乗法で得られた式による i 番目の予測値である．また h_i は p.92，式 (3.37) のてこ比である．これは通常の MSE のようである．違いは i 番目の残差を $1 - h_i$ で割っていることである．てこ比は $1/n$ と 1 の間の数であり，観測データがその当てはまりの良さにどれだけ影響するかを表している．したがって，てこ比の大きいデータの残差は必要な量だけ水増しされて，この等式が成り立つのである．

LOOCV は一般的な方法で，どのような予測モデルでも使うことができる．例えば，ロジスティック回帰，LDA，あるいは今後論じるいずれの方法においても使うことができる．便利な式 (5.2) は常に成り立つというわけではないから，これが使えないケースではモデルの当てはめを n 回繰り返さなければならない．

5.1.3　k 分割交差検証

LOOCV 以外の方法に k 分割交差検証法がある．k 分割交差検証においては，観測データをおよそ同じサイズの k 個のグループまたはブロックに分割する．最初のグループを検証に使い，残りの $(k-1)$ 個のグループを使ってモデルを当てはめる．その後平均 2 乗誤差 MSE_1 を取りおきしたグループで計算する．これを k 回繰り返し，毎回異なるグループを検証データとして使用する．結果としてテスト誤差の推定値は $\mathrm{MSE}_1, \mathrm{MSE}_2, \ldots, \mathrm{MSE}_k$ の k 個が得られる．これらの平均をとることにより k 分割交差検証の推定値を求める：

$$\mathrm{CV}_{(k)} = \frac{1}{k} \sum_{i=1}^{k} \mathrm{MSE}_i. \tag{5.3}$$

図 5.5 に k 分割交差検証を図解で示す．

LOOCV は k 分割交差検証で $k = n$ とした特別な場合であることが容易にわかる．実際にはよく $k = 5$ や $k = 10$ を使って k 分割交差検証が行われる．$k = 5$ や $k = 10$ とすることが，$k = n$ とするよりも好都合な点はどのようなものであろうか．まず明らかなのは計算量の点である．LOOCV では統計的学習法を n 回当てはめることが必要である．この場合，計算量が膨大になる可能性がある (ただし最小 2 乗法による線形回帰であれば式 (5.2) を使うことができる)．しかし，交差検証はほとんど全ての統計的学習法に応用可能かつ一般的な方法である．統計的学習法を当てはめる手順において計算量が多くなるものがいくつかあり，特に n が非常に大きい場合の LOOCV

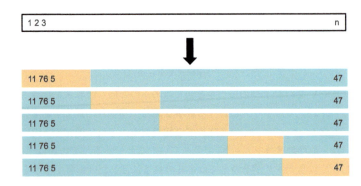

図 5.5 5分割交差検証を図解した. n 個の観測データを重複のない5個のグループにランダムに分割する. それぞれのグループは検証データ (ベージュ), 残りは訓練データ (青) となる. テスト誤差は5回推定した MSE の平均で推定される.

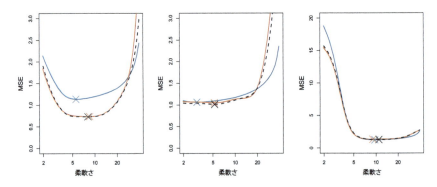

図 5.6 図 2.9 (左), 図 2.10 (中央), 図 2.11 (右) のシミュレーションデータによる真のテスト MSE とテスト MSE の推定値. 真のテスト MSE は青, LOOCV による推定値は黒の破線, 10 分割交差検証による推定値はオレンジで示した. X 印はそれぞれの MSE 曲線の最小値を示す.

などでは計算量が問題になるかもしれない. これに対して, 10 分割交差検証を行うのに必要な統計的学習法の当てはめは10回だけであり, より実行しやすいであろう. 5.1.4 項で見られるように, 5 分割交差検証, 10 分割交差検証には計算量に関してだけではなく, バイアスと分散のトレードオフについても有利な点がある.

図 5.4 の右では, Auto データセットにおける 10 分割交差検証を 9 つ示す. それぞれにおいて, ランダムにデータを 10 分割し, 異なる 10 分割で交差検証を行った. 図からわかるように, データ分割の仕方が異なることにより交差検証によるテスト誤差の推定値にばらつきが生じる. しかし, このばらつきは通常ホールドアウト検証 (図 5.2 の右) によるテスト誤差の推定値のばらつきよりはかなり小さい.

5.1 交差検証

実際のデータを扱う際は，真のテスト MSE は未知である．したがって，交差検証による推定値の精度評価を行うことは難しい．しかし，シミュレーションデータを使えば真のテスト MSE を計算することができるので，交差検証の精度を評価することができる．図 5.6 では，第 2 章の図 2.9, 2.10, 2.11 のシミュレーションデータセットに平滑化スプラインを当てはめ，交差検証による推定値と真のテスト MSE をプロットした．真のテスト MSE は青で示した．黒の破線とオレンジの実線はそれぞれ LOOCV と 10 分割交差検証による推定値である．3 つのプロットすべてにおいて，2 つの交差検証による推定値はともに極めて類似している．図 5.6 の右では，真のテスト MSE と交差検証による曲線はほぼ一致している．図 5.6 の中央では，真のテスト MSE 曲線と交差検証による曲線は柔軟さが低い範囲では類似しているが，柔軟さが高くなると交差検証 MSE はテスト MSE を過大評価する傾向にある．図 5.6 の左では，交差検証による曲線は全体の形としては正しいが，テスト MSE を過小評価する傾向にある．

交差検証を行う目的は，ある統計的学習法が独立したデータにおいてどの程度の性能を示すかを判断することかもしれない．このとき，テスト MSE の推定値そのものが問題となる．しかし一方で，テスト MSE の推定値の曲線がどこで最小値を与えるかのみに興味があるという場合もある．交差検証をさまざまな統計的学習法について行ったり，ある統計的学習法についていろいろな柔軟さのレベルを試みて，最もテスト誤差が小さくなるレベルを見つけたい場合などである．この場合，テスト MSE の推定曲線がどこで最小値をとるかが重要であって，テスト MSE の推定値そのものはそれほど重要ではない．図 5.6 によると，交差検証は真のテスト MSE よりも低く見積もることはあるものの，交差検証による MSE 曲線を最小にする点はどれも正しい柔軟さのレベル，つまり真のテスト MSE を最小にする点に近い．

5.1.4 k 分割交差検証におけるバイアスと分散のトレードオフ

5.1.3 項にあるように，k 分割交差検証 $(k < n)$ は LOOCV に比べて計算量において有利である．しかしよく調べると計算量の点よりも重要となりうる長所がある．それは，k 分割交差検証は LOOCV よりもテスト誤差をより高い精度で推定できる場合が多いということである．これはバイアスと分散のトレードオフに関係がある．

5.1.1 項では，ホールドアウト検証はデータセットのうち半分のみを使って統計的学習法を当てはめるため，テスト誤差を過大に評価する傾向にあるとした．この論理で考えると，それぞれの訓練データが $n-1$ 個，つまりほぼすべてのデータを使う LOOCV はテスト誤差にほぼバイアスはないことが容易にわかる．そして $k = 5$ や $k = 10$ などで k 分割交差検証を行うことは，中間程度のバイアスということになる．なぜならそれぞれの訓練データはおおよそ $(k-1)n/k$ 個のデータを含み，これは LOOCV より少ないがホールドアウト検証よりはかなり多いからである．したがってバイアスを

削減したいのであれば LOOCV の方が k 分割交差検証よりも好ましいことは明らかである.

しかしながら,推定の過程において,バイアスだけが重要ではない.分散についても考える必要がある.$k < n$ であるならば,LOOCV の方が k 分割交差検証よりも分散が大きくなることがわかっている.なぜそのようになるのであろうか.LOOCV を行う際には,実際は n 回のモデル当てはめを行ってその平均をとっているのであるが,これらのモデルはほとんど同一のデータを用いて当てはめたものである.したがって,これらの結果の間はかなり強い (正の) 相関がある.これに対して,$k < n$ の場合の k 分割交差検証では,やはり k 回のモデルの当てはめをしてその結果を平均しているのであるが,これらの k 個のモデルの間にはそれほど相関がない.なぜならモデル間におけるデータの重複が少ないからである.相関関係の強い数値の平均は相関関係の弱い数値の平均よりも分散が大きいので,LOOCV によるテスト誤差の推定値は k 分割交差検証によるものよりも分散が大きくなる傾向にある.

まとめると,k 分割交差検証における k の選択にはバイアスと分散のトレードオフが関係している.通常はこの点を考慮して,$k = 5$ または $k = 10$ で k 分割交差検証を行う.これらの値であればバイアスも分散も過度に大きくなることなく,テスト誤差の推定が可能であることが実証的に示されているからである.

5.1.5　分類における交差検証

本章ではこれまでのところ,Y が量的変数である回帰における交差検証を扱ってきた.Y は量的変数であるから MSE でテスト誤差を評価した.しかし交差検証は Y が質的変数である分類の問題においても非常に有用な方法である.分類の場合も,本章でこれまで論じたように交差検証を行えばよいが,ただテスト誤差に MSE を使うのではなく,誤分類されたデータの数を使う.例えば,分類において,LOOCV 誤差 (誤分類率) は以下となる:

$$\mathrm{CV}_{(n)} = \frac{1}{n} \sum_{i=1}^{n} \mathrm{Err}_i. \tag{5.4}$$

ここに $\mathrm{Err}_i = I(y_i \neq \hat{y}_i)$ である.k 分割交差検証誤分類率とホールドアウト検証誤分類率も同様に定義することができる.

例として,図 2.13 にある 2 次元の分類のデータを使い,さまざまなロジスティック回帰の当てはめを試みる.図 5.7 の上段左では,このデータセットに標準のロジスティック回帰モデルを当てはめた場合に推定される決定境界を黒実線で示した.

これはシミュレーションデータであるから,真のテスト誤分類率を求めることができる.真の誤分類率は 0.201 で,ベイズ誤分類率 0.133 よりもかなり大きい.明らかにロジスティック回帰ではベイズ決定境界をモデルする上で十分な柔軟さがない.

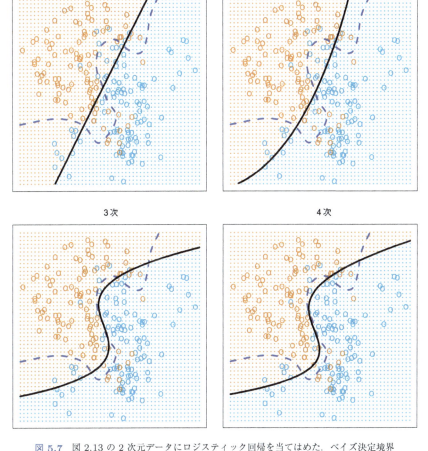

図 5.7 図 2.13 の 2 次元データにロジスティック回帰を当てはめた．ベイズ決定境界は紫の破線で表す．線形，2 次，3 次，4 次のロジスティック回帰によって推定された決定境界を黒で表す．4 つのロジスティック回帰のテスト誤分類率はそれぞれ 0.201, 0.197, 0.160, 0.162 である．ベイズ誤分類率は 0.133 である．

3.3.2 項の回帰で論じたように，予測変数の多項式を利用することにより容易にロジスティック回帰を拡張し，非線形の決定境界を得ることができる．例えば，2 次ロジスティック回帰を以下

$$\log\left(\frac{p}{1-p}\right) = \beta_0 + \beta_1 X_1 + \beta_2 X_1^2 + \beta_3 X_2 + \beta_4 X_2^2 \quad (5.5)$$

により当てはめることができる．図 5.7 の上段右にこの結果を示す．決定境界は曲線になっている．しかしテスト誤分類率は 0.197 へとわずかに改善したにすぎない．予

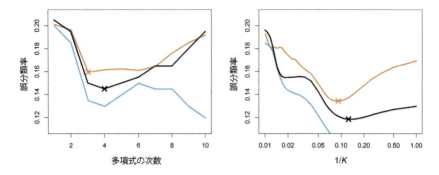

図 5.8　図 5.7 の 2 次元データにおけるテスト誤分類率 (茶)，訓練誤分類率 (青)，10 分割交差検証誤分類率 (黒)．左：予測変数の多項式を用いたロジスティック回帰．多項式の次数を x 軸にとった．右：近傍点の数 K を変化させた K 最近傍法分類器．

測変数の 3 次の多項式を使ってロジスティック回帰を行った図 5.7 の下段左では，かなり改善していることが確認できる．ここではテスト誤分類率は 0.160 まで減少した．4 次 (下段右) まで含めると，テスト誤分類率はわずかに増加する．

　実際のデータにおいてはベイズ決定境界もテスト誤分類率も未知である．この状況で，図 5.7 の 4 つのロジスティック回帰モデルのうち，どのモデルを選べばよいのであろうか．これを決めるのに交差検証を行うのである．図 5.8 の左では，予測変数の 10 次までの多項式を使ってロジスティック回帰を当てはめており，10 分割交差検証の結果を黒実線で示した．真のテスト誤分類率は茶で，また訓練誤分類率は青で示した．以前にも見たように，柔軟さを増すにつれて，訓練誤分類率は減少する傾向にある．(図では，訓練誤分類率は単調減少しているわけではないが，モデルを高次にするにしたがって全体的には誤分類率は減少している．) 対照的に，テスト誤分類率は典型的な U 字型をしている．10 分割交差検証誤分類率はテスト誤分類率を非常によく近似している．10 分割交差検証はテスト誤分類率を過小に評価しているところもあるが，4 次の多項式を使ったときに最小となっている．テスト誤分類率曲線は 3 次で最小となるから非常に近いといえる．実際，4 次までの多項式を使えばテスト誤分類率は良い結果になると思われる．なぜなら，真のテスト誤分類率は 3 次，4 次，5 次，6 次でほぼ変化がないからである．

　図 5.8 の右では，K 最近傍法による分類について左と同様の 3 つの曲線を K の関数として示す．(ここでは横軸は交差検証の分割の数ではなく，K 最近傍法で使用する近傍点の数である．) ここでもまた，統計的学習法が柔軟になるにつれて，訓練誤分類率は減少している．したがって最適な K の値を選ぶのに訓練誤分類率を使うことはできない．交差検証の誤分類率の曲線はテスト誤分類率をわずかに過小評価する

が，最小値を与える K の値は最適値に非常に近い．

5.2 ブートストラップ

ブートストラップは，ある推定値や統計的学習法についての不確かさを評価するのに使われる，幅広く応用可能で非常に強力な統計ツールである．単純な例では，線形回帰の係数の標準誤差を推定する際，ブートストラップを使うことができる．しかし線形回帰に限っては，このことは特に有用だということはない．第 3 章で見たように，R のような標準的な統計ソフトで標準誤差などは自動的に計算することができるからである．しかし，ブートストラップが力を発揮するところは，ばらつきを測ることが他の方法では困難な場合や，統計ソフトがばらつきに関する統計量を自動的に出力しない場合など，さまざまな統計的学習法に応用できる点にある．

本節では，最善の投資法を決めるという簡単な例でブートストラップを説明する．5.3 節では，線形モデルにおける回帰係数のばらつきを評価するのにブートストラップを利用することを考える．

ある額のお金を利回りがそれぞれ X と Y である 2 つの金融商品に投資することを考える．ここで X と Y は確率変数である．手持ちの金額のうち割合 α を X に，残り $1-\alpha$ を Y に投資することとする．これら 2 つの金融商品の利回りにはばらつきがあるから，投資の総リスク，すなわち分散を最小にするような α を選びたい．つまり $\mathrm{Var}(\alpha X + (1-\alpha) Y)$ を最小化したい．リスクを最小化するのは

$$\alpha = \frac{\sigma_Y^2 - \sigma_{XY}}{\sigma_X^2 + \sigma_Y^2 - 2\sigma_{XY}} \tag{5.6}$$

で，ここに $\sigma_X^2 = \mathrm{Var}(X)$, $\sigma_Y^2 = \mathrm{Var}(Y)$, $\sigma_{XY} = \mathrm{Cov}(X,Y)$ である．

現実的には，$\sigma_X^2, \sigma_Y^2, \sigma_{XY}$ は未知である．これらの推定値 $\hat{\sigma}_X^2, \hat{\sigma}_Y^2, \hat{\sigma}_{XY}$ を過去の X と Y の観測データより計算することができる．そして以下の式を使い，投資の分散を最小化する α を推定することができる．

$$\hat{\alpha} = \frac{\hat{\sigma}_Y^2 - \hat{\sigma}_{XY}}{\hat{\sigma}_X^2 + \hat{\sigma}_Y^2 - 2\hat{\sigma}_{XY}}. \tag{5.7}$$

図 5.9 はシミュレーションデータセットにより α を推定した結果である．それぞれのグラフにおいて，利回り X と Y について 100 組を生成するシミュレーションを行った．これらの利回りデータを使って σ_X^2, σ_Y^2 を推定し，これらを式 (5.7) に代入して α の推定値を得る．4 つのシミュレーションデータセットで得られた $\hat{\alpha}$ の値は 0.532 から 0.657 に渡った．

α の推定値の精度を数値化したいと考えるのは自然なことであろう．$\hat{\alpha}$ の標準誤差を推定するため，シミュレーションによって X と Y を 100 組生成し，式 (5.7) を使って

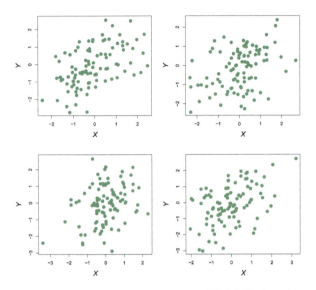

図 5.9 それぞれのグラフはシミュレーションによって得られた利回り X と Y 100 組の結果を示す．α の推定値は左上 0.576, 右上 0.532, 左下 0.657, 右下 0.651 である．

α を推定するプロセスを 1,000 回繰り返した．これにより α の推定値を 1,000 個得たことになる．これらを $\hat{\alpha}_1, \hat{\alpha}_2, \ldots, \hat{\alpha}_{1000}$ と呼ぶことにする．図 5.10 の左はこの推定値のヒストグラムである．データを生成するときのパラメータは $\sigma_X^2 = 1$, $\sigma_Y^2 = 1.25$, $\sigma_{XY} = 0.5$ としたので，真の α は 0.6 であることは既知である．この真の値を垂直の実線でヒストグラムに表した．1,000 個の α の推定値の平均は

$$\bar{\alpha} = \frac{1}{1000} \sum_{r=1}^{1000} \hat{\alpha}_r = 0.5996$$

であり，真の値 $\alpha = 0.6$ に非常に近い．また推定値の標準偏差は

$$\sqrt{\frac{1}{1000 - 1} \sum_{r=1}^{1000} (\hat{\alpha}_r - \bar{\alpha})^2} = 0.083$$

である．これは $\hat{\alpha}$ の精度に非常に近い：$\text{SE}(\hat{\alpha}) \approx 0.083$．大まかに言えば母集団から無作為抽出した標本では，$\hat{\alpha}$ と α の違いはおよそ平均 0.08 だといえる．

残念ながら実際には，真の分布を使って新たなデータを生成することなどできないから，上に示した方法で $\text{SE}(\hat{\alpha})$ を推定することはできない．しかしブートストラップを使えば，新たな標本を得るのと同等なことをコンピュータで行うことにより，実際に新たな標本を生成することなく $\hat{\alpha}$ のばらつきを推定することができる．真の分布か

5.2 ブートストラップ

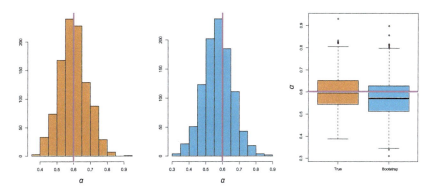

図 5.10 **左**：真の分布で 1,000 個のデータをシミュレーションによって発生させ，α の推定値を得たときのヒストグラム．**中央**：単一のデータセットから 1,000 個のブートストラップ標本を取り出し，α の推定値を得たときのヒストグラム．**右**：左と中央のグラフにおける α の推定値の箱ひげ図．それぞれの図でピンク線は真の α の値を示す．

ら独立したデータセットを繰り返し得るのではなく，もともと手元にあるデータそのものから標本を抽出するのである．

3 件 ($n = 3$) だけを含む簡単なデータセット Z によるブートストラップの概略を図 5.11 に示す．まずデータセットから n 個のデータを無作為抽出することによりブートストラップ標本 Z^{*1} を作成する．抽出の際には重複を許す．つまりブートストラップ標本の中にはまったく同じデータが複数存在してもよいということである．この例では Z^{*1} は 3 番目のデータを 2 度，1 番目のデータは 1 度だけ含んでいる．2 番目のデータは含まれない．Z^{*1} にデータが含まれるというのは，X と Y の両方の値が含まれていることである．Z^{*1} を使い，α のブートストラップ推定値を求め，これを $\hat{\alpha}^{*1}$ と呼ぶ．以上を B 回 (B は大きな値) 繰り返し，B 個の異なるブートストラップデータセット $Z^{*1}, Z^{*2}, \ldots, Z^{*B}$ と，対応する α の推定値を B 個 $\hat{\alpha}^{*1}, \hat{\alpha}^{*2}, \ldots, \hat{\alpha}^{*B}$ を得る．以下の式により，ブートストラップ推定値の標準誤差を求めることができる．

$$\mathrm{SE}_B(\hat{\alpha}) = \sqrt{\frac{1}{B-1} \sum_{r=1}^{B} \left(\hat{\alpha}^{*r} - \frac{1}{B} \sum_{r'=1}^{B} \hat{\alpha}^{*r'} \right)^2}. \tag{5.8}$$

これをもって元のデータセットから推定した $\hat{\alpha}$ の標準誤差の推定値とする．

ブートストラップによるアプローチを図 5.10 の中央に示す．これは，1,000 個の異なるブートストラップ標本から得られた α の推定値のヒストグラムである．このヒストグラムは単一のデータセットをもとにして作成されている．したがって実在のデータから作成することができる．このヒストグラムは真の分布から 1,000 個のデータセットをシミュレーションにより生成して得られた α の推定値の理想的なヒストグ

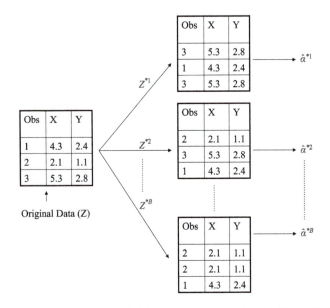

図 5.11 3個 ($n = 3$) のデータを含む小標本でブートストラップを応用した場合の図解．それぞれのブートストラップ標本は，元のデータから重複を許して抽出した n 個のデータである．それぞれのブートストラップ標本を使って α の推定値を得る．

ラム (左) と非常に類似している．特に式 (5.8) によるブートストラップ推定値の標準誤差 $\mathrm{SE}_B(\hat{\alpha})$ は 0.087 であり，シミュレーションにより生成した 1,000 個のデータによる推定値 0.083 に非常に近い．同図の右では，左と中央の結果を箱ひげ図によって表している．箱ひげ図もまた非常に類似しており，$\hat{\alpha}$ に関するばらつきを推定するのにブートストラップは効果的であることがわかる．

5.3 実習：交差検証とブートストラップ

ここでは，本章で扱ったリサンプリング法の実習を行う．

5.3.1 ホールドアウト検証

ここでは Auto データセットにさまざまな線形モデルを当てはめた場合のテスト誤差を推定するためホールドアウト検証を用いる．

まず set.seed() 関数を実行し，R の乱数生成器のシード値を指定する．これにより，読者も以下にある結果とまったく同じものを得ることができる．交差検証など結果にランダム性をともなう分析を行う場合には，シード値を指定するのは良いことで

ある．後でまったく同じ結果を再現することができるからである．

まず sample() 関数を使って元々の 392 件のデータから無作為に 196 件を抽出し，観測データを半分に分割する．これらを訓練データとする．（ここでは sample の省略形を使った．詳しくは ?sample を参照のこと．）

```
> library(ISLR)
> set.seed(1)
> train=sample(392,196)
```

そして，lm() 関数で subset オプションを指定することにより，訓練データのみを用いて線形回帰を当てはめる．

```
> lm.fit=lm(mpg~horsepower,data=Auto,subset=train)
```

次に predict() 関数で 392 件のデータすべての応答変数を予測し，mean() 関数で検証データの 196 件について MSE を計算する．以下では -train により，訓練データにはないデータのみを選択している．

```
> attach(Auto)
> mean((mpg-predict(lm.fit,Auto))[-train]^2)
[1] 26.14
```

これより，線形回帰において推定されたテスト MSE は 26.14 である．poly() 関数で 2 次と 3 次の多項式回帰についてテスト誤差を推定する．

```
> lm.fit2=lm(mpg~poly(horsepower,2),data=Auto,subset=train)
> mean((mpg-predict(lm.fit2,Auto))[-train]^2)
[1] 19.82
> lm.fit3=lm(mpg~poly(horsepower,3),data=Auto,subset=train)
> mean((mpg-predict(lm.fit3,Auto))[-train]^2)
[1] 19.78
```

検証誤差はそれぞれ 19.82 と 19.78 である．訓練データとして異なるものを選べば，検証誤差はもちろん異なる．

```
> set.seed(2)
> train=sample(392,196)
> lm.fit=lm(mpg~horsepower,subset=train)
> mean((mpg-predict(lm.fit,Auto))[-train]^2)
[1] 23.30
> lm.fit2=lm(mpg~poly(horsepower,2),data=Auto,subset=train)
> mean((mpg-predict(lm.fit2,Auto))[-train]^2)
[1] 18.90
> lm.fit3=lm(mpg~poly(horsepower,3),data=Auto,subset=train)
> mean((mpg-predict(lm.fit3,Auto))[-train]^2)
[1] 19.26
```

このデータ分割によると，検証データにおける線形，2 次，3 次の誤差はそれぞれ 23.30, 18.90, 19.26 である．

180   5. リサンプリング法

これらの結果は以前のものと一致している．つまり mpg を予測するのに，horsepower
の 2 次式の方が 1 次式よりも精度が高い．また 3 次の項を含めることによりモデルの
性能が良くなるとは言えない．

5.3.2 1 つ抜き交差検証

LOOCV による推定値は glm() と cv.glm() 関数を使って，どの一般化線形
モデルについても自動的に計算される．第 4 章の実習では，glm() 関数に引数
family="binomial"を渡してロジスティック回帰を行った．もし family を指定せ
ずに glm() を使うと，lm() のように線形回帰を当てはめる．例えば

```
> glm.fit=glm(mpg~horsepower,data=Auto)
> coef(glm.fit)
(Intercept)   horsepower
     39.936       -0.158
```

と

```
> lm.fit=lm(mpg~horsepower,data=Auto)
> coef(lm.fit)
(Intercept)   horsepower
     39.936       -0.158
```

はまったく同じ線形回帰モデルとなる．本章の実習では，lm() 関数ではなく，glm()
関数を使うことにする．cv.glm() 関数を使うためである．cv.glm() 関数は boot ラ
イブラリに含まれる．

```
> library(boot)
> glm.fit=glm(mpg~horsepower,data=Auto)
> cv.err=cv.glm(Auto,glm.fit)
> cv.err$delta
    1     1
24.23 24.23
```

cv.glm() 関数はいくつかの要素をもつリストを生成する．delta ベクトルにある
2 つの数値は交差検証の結果である．この場合，2 つの数値は (小数点以下 2 位まで)
等しい．そしてこの値は式 (5.1) にある LOOCV 統計量にあたる．2 つの数値が異な
る場合については後で扱う．ここでは交差検証によるテスト誤差の推定値は 24.23 で
ある．

この手順を繰り返して，徐々に複雑な多項式を当てはめることができる．これを自
動化するために，for() 関数を使い，ループ処理によって $i=1$ から $i=5$ までの多
項式回帰を当てはめ，交差検証誤差を計算し，その結果を cv.error ベクトルの i 番
目の要素として保存することを繰り返す．まず最初にベクトルを初期化する．

```
> cv.error=rep(0,5)
> for (i in 1:5){
```

5.3 実習：交差検証とブートストラップ   181

```
+ glm.fit=glm(mpg~poly(horsepower,i),data=Auto)
+ cv.error[i]=cv.glm(Auto,glm.fit)$delta[1]
+ }
> cv.error
[1] 24.23 19.25 19.33 19.42 19.03
```

図 5.4 にあるように，テスト MSE の推定値は線形から 2 次にすることにより急激に減少する．しかし，それ以上高次の多項式を使っても明らかな改善は見られない．

5.3.3　k 分割交差検証

`cv.glm()` 関数は k 分割交差検証にも使うことができる．以下ではよく用いられる k の値として $k = 10$ を選び，`Auto` データセットを使う．以前と同様，乱数のシード値を設定し，交差検証誤差を保存するベクトルを初期化後，1 次から 10 次までの多項式を当てはめた結果を保存する．

```
> set.seed(17)
> cv.error.10=rep(0,10)
> for (i in 1:10){
+ glm.fit=glm(mpg~poly(horsepower,i),data=Auto)
+ cv.error.10[i]=cv.glm(Auto,glm.fit,K=10)$delta[1]
+ }
> cv.error.10
[1] 24.21 19.19 19.31 19.34 18.88 19.02 18.90 19.71 18.95 19.50
```

計算時間は LOOCV よりもかなり短いことに気づく．(原理的には，式 (5.2) が利用できることから，最小 2 乗法による線形モデルの LOOCV の計算時間は k 分割交差検証よりも速いはずである．しかし残念ながら `cv.glm()` 関数はこの式を使っていない．) やはりここでも 3 次またはより高次の多項式を使うことにより，2 次の場合よりもテスト誤差が減少することは確認できない．

5.3.2 項では，LOOCV を行った際の `delta` の 2 つの数値はほぼ等しかった．k 分割交差検証では，`delta` の 2 つの数値はわずかに異なる．最初の数値は式 (5.3) にある標準の k 分割交差検証による推定値である．もう 1 つの数値は，バイアス調整後のものである．このデータセットでは，2 つの推定値は非常に近い値となっている．

5.3.4　ブートストラップ

ブートストラップを応用する上で，ここでは 5.2 節の簡単な例と，`Auto` データセットに線形回帰を当てはめた際の精度の推定の例を扱う．

統計量の精度推定

ブートストラップの長所の 1 つは，ほとんど全ての場面で使うことができるということである．複雑な計算は不要である．R でブートストラップを行うのは以下の 2 つのステップを実行するだけである．まず，求めたい統計量を計算する関数を作る．次に，`boot()` 関数を使い，標本の復元抽出を繰り返し，ブートストラップを行う．`boot()`

182   5. リサンプリング法

関数は boot ライブラリに含まれている.

5.2 節で ISLR パッケージにある Portfolio データセットを使った. このデータに
ブートストラップを使うには, まず alpha.fn() 関数を作る. この関数は, (X, Y) の
データおよび α の推定に使われるデータを示したベクトルを引数として受け取る. そ
して指定されたデータを使って α を推定し, 出力する.

```
> alpha.fn=function(data,index){
+ X=data$X[index]
+ Y=data$Y[index]
+ return((var(Y)-cov(X,Y))/(var(X)+var(Y)-2*cov(X,Y)))
+ }
```

この関数は, 引数 index で指定されたデータに式 (5.7) を適用して α の推定値を出
力する ("返す" とも言う). 例えば, 以下のコマンドは R は 100 個すべてのデータを
使って α を推定する.

```
> alpha.fn(Portfolio,1:100)
[1] 0.576
```

次のコマンドでは, sample() 関数で 1 番目から 100 番目までのデータから 100 個
のデータを無作為に復元抽出している. これにより毎回新しいブートストラップ標本
を作成し, そのデータで $\hat{\alpha}$ を再度計算していることになる.

```
> set.seed(1)
> alpha.fn(Portfolio,sample(100,100,replace=T))
[1] 0.596
```

このコマンドを何度も実行し, α の推定値を記録, 標準偏差を計算することにより,
ブートストラップを実装することができる. しかし boot() 関数を使えばこれらを自動
化できる. 以下では α のブートストラップ推定を 1,000 回 ($R = 1,000$) 行っている.

```
> boot(Portfolio,alpha.fn,R=1000)

ORDINARY NONPARAMETRIC BOOTSTRAP

Call:
boot(data = Portfolio, statistic = alpha.fn, R = 1000)

Bootstrap Statistics :
     original       bias      std. error
t1*  0.5758      -7.315e-05   0.0886
```

出力の最後を見ると, 元々のデータを使った推定値は $\hat{\alpha} = 0.5758$ で, $\mathrm{SE}(\hat{\alpha})$ のブー
トストラップ推定値は 0.0886 である.

線形回帰モデルの精度の推定

ブートストラップを使って, 統計的学習法の係数の推定値や予測のばらつきを評価
することができる. ここでは Auto データセットで, horsepower を使って mpg を予

測する線形回帰の切片 β_0 と傾き β_1 の推定値のばらつきを評価するためにブートストラップを使う．ブートストラップで得た推定値と 3.1.2 項にある $\mathrm{SE}(\hat{\beta}_0)$ と $\mathrm{SE}(\hat{\beta}_1)$ の式を使って得られた結果を比べる．

まず簡単な関数 boot.fn() を作り，Auto データセットとデータのインデックスを読み込んで線形回帰モデルの切片と傾きを推定する．そして 392 個のデータ全部にこの関数を使い，第 3 章にある通常の線形回帰係数の式により β_0 と β_1 を推定する．ここでは関数を定義するのが一行で済むため，始めと終わりに { と } を使う必要がない．

```
> boot.fn=function(data,index)
+ return(coef(lm(mpg~horsepower,data=data,subset=index)))
> boot.fn(Auto,1:392)
(Intercept) horsepower
    39.936   -0.158
```

この boot.fn() 関数を使い，データを無作為復元抽出して，切片と傾きをブートストラップにより推定することもできる．ここに 2 つの例を示す．

```
> set.seed(1)
> boot.fn(Auto,sample(392,392,replace=T))
(Intercept) horsepower
   38.739     -0.148
> boot.fn(Auto,sample(392,392,replace=T))
(Intercept) horsepower
   40.038     -0.160
```

次に，boot() 関数により，1,000 回ブートストラップ標本の抽出を行い，切片と傾きの推定値の標準誤差を求める．

```
> boot(Auto,boot.fn,1000)

ORDINARY NONPARAMETRIC BOOTSTRAP

Call:
boot(data = Auto, statistic = boot.fn, R = 1000)

Bootstrap Statistics :
     original     bias     std. error
t1* 39.936      0.0297    0.8600
t2* -0.158     -0.0003    0.0074
```

これによると，ブートストラップによる切片 β_0 の推定値の標準誤差 $\mathrm{SE}(\hat{\beta}_0)$ は 0.86，傾き β_1 の推定値の標準誤差 $\mathrm{SE}(\hat{\beta}_0)$ は 0.0074 である．3.1.2 項で論じた通り，線形モデルにおいては回帰係数の推定値の標準誤差を計算する公式がある．summary() 関数によってこの結果を得ることができる．

```
> summary(lm(mpg~horsepower,data=Auto))$coef
            Estimate Std. Error t value  Pr(>|t|)
(Intercept)   39.936    0.71750    55.7 1.22e-187
horsepower    -0.158    0.00645   -24.5  7.03e-81
```

3.1.2 項の公式で得られる $\hat{\beta}_0$ と $\hat{\beta}_1$ の推定標準誤差は切片については 0.717, 傾きについては 0.0064 である. 興味深いことに, これらはブートストラップの結果と幾分異なる. これはブートストラップに問題があるということであろうか. 実は逆である. p.60 の式 (3.8) はいくつかの仮定の下で得られていることを思い出してほしい. 例えば式には未知のノイズの分散 σ^2 があり, RSS により σ^2 を推定する. 標準誤差の公式は線形モデルが正しいことを前提としないが, σ^2 の推定値は線形モデルであることを仮定している. p.84 の図 3.8 にあるように, データには非線形の関係があり, 線形回帰の残差が大きくなる. したがって $\hat{\sigma}^2$ も過大評価される. 次に, 標準的な公式は (あまり現実的ではないが) x_i は固定されており, ばらつきの原因はすべて誤差 ϵ_i によると仮定している. ブートストラップではこのような仮定を必要としない. したがって $\hat{\beta}_0$ と $\hat{\beta}_1$ の標準誤差はブートストラップの方が `summary()` 関数よりも高精度で推定できる.

以下ではデータに 2 次モデルを当てはめたとき, ブートストラップによる推定標準誤差と通常の線形回帰による推定値を計算する. このモデルはデータによく当てはまっているため (図 3.8), $\mathrm{SE}(\hat{\beta}_0)$, $\mathrm{SE}(\hat{\beta}_1)$, $\mathrm{SE}(\hat{\beta}_2)$ に対するブートストラップ推定値と通常の推定値はよく一致している.

```
> boot.fn=function(data,index)
+ coefficients(lm(mpg~horsepower+I(horsepower^2),data=data,
    subset=index))
> set.seed(1)
> boot(Auto,boot.fn,1000)

ORDINARY NONPARAMETRIC BOOTSTRAP

Call:
boot(data = Auto, statistic = boot.fn, R = 1000)

Bootstrap Statistics :
      original      bias     std. error
t1*  56.900      6.098e-03  2.0945
t2*  -0.466     -1.777e-04  0.0334
t3*   0.001      1.324e-06  0.0001

> summary(lm(mpg~horsepower+I(horsepower^2),data=Auto))$coef
                Estimate Std. Error t value Pr(>|t|)
(Intercept)     56.9001    1.80043       32 1.7e-109
horsepower      -0.4662    0.03112      -15  2.3e-40
I(horsepower^2)  0.0012    0.00012       10  2.2e-21
```

5.4 演習問題

理論編

(1) 分散の基本的な(統計的)特性と1変数の微分法を使って，式 (5.6) を導け．すなわち，式 (5.6) で得られる α が $\mathrm{Var}(\alpha X + (1-\alpha)Y)$ を最小化することを証明せよ．

(2) ここでは，あるデータがブートストラップ標本に含まれる確率を求める．n 個のデータを含む観測データからブートストラップ標本を得たとする．

   (a) ブートストラップ標本の最初のデータが元の標本の j 番目のデータでない確率を求め，説明せよ．

   (b) ブートストラップ標本の2番目のデータが元の標本の j 番目のデータでない確率を求めよ．

   (c) j 番目のデータがブートストラップ標本に含まれない確率は $(1-1/n)^n$ であることを示せ．

   (d) $n=5$ の場合，j 番目のデータがブートストラップ標本に含まれる確率を求めよ．

   (e) $n=100$ の場合，j 番目のデータがブートストラップ標本に含まれる確率を求めよ．

   (f) $n=10{,}000$ の場合，j 番目のデータがブートストラップ標本に含まれる確率を求めよ．

   (g) 整数 n の値を1から10,000まで変化させたとき，j 番目のデータがブートストラップ標本に含まれる確率をプロットせよ．この結果からわかることを答えよ．

   (h) ここで $n=100$ のブートストラップ標本が j 番目のデータを含む確率を数値的に考察する．$j=4$ とする．ブートストラップ標本を繰り返し作成し，毎回そのブートストラップ標本に4番目のデータがあるかどうかを記録する．

```
> store=rep(NA, 10000)
> for(i in 1:10000){
    store[i]=sum(sample(1:100, rep=TRUE)==4)>0
  }
> mean(store)
```

   この結果からわかることを答えよ．

(3) k 分割交差検証の復習をする．

   (a) k 分割交差検証がどのように行われるか説明せよ．

   (b) k 分割交差検証を以下の2つのアプローチと比べた場合の長所と短所を述

べよ.

　　i. ホールドアウト検証

　　ii. LOOCV

(4) 予測変数 X が与えられたときの応答変数 Y を予測するために，ある統計的学習法を使うとする．予測の標準誤差をどのように推定するかについて詳しく説明せよ．

応　用　編

(5) 第 4 章で，Default データセットにおいて，income と balance を予測変数として default の確率を予測するロジスティック回帰を行った．ここではこのロジスティック回帰モデルにおけるテスト誤差を推定するために，ホールドアウト検証を用いる．分析を開始する前に乱数シード値を設定すること．

　(a) income と balance を使って default の確率を予測するロジスティック回帰モデルを当てはめよ．

　(b) ホールドアウト検証を用いて，このモデルのテスト誤差を推定せよ．以下の手順で行うこと．

　　　i. データセットを訓練データと検証データに分割せよ．

　　　ii. 訓練データのみを用いてロジスティック回帰モデルを当てはめよ．

　　　iii. 検証データを用いて，それぞれの顧客について債務返済状況の予測をせよ．その際，その顧客の債務不履行になる事後確率を計算し，0.5 よりも大きい場合は default のカテゴリーに分類することとする．

　　　iv. 検証データの誤分類率，つまり検証データのうち，誤って分類されたデータの割合を求めよ．

　(c) データの分割の仕方を変えた上で (b) のプロセスを 3 回繰り返せ．結果を考察せよ．

　(d) 次に default の確率を予測するのに income と balance に加えて student のダミー変数を使うロジスティック回帰モデルを考える．このモデルのテスト誤分類率をホールドアウト検証によって推定せよ．student を示すダミー変数をモデルに含めることでテスト誤分類率が減少するか否かを答えよ．

(6) 引き続き Default データセットにおいて，default の確率を income と balance により予測するロジスティック回帰モデルを考える．特に，income と balance のロジスティック回帰係数の標準誤差を 2 つの方法，(1) ブートストラップを用いる方法，(2) glm() 関数に実装された標準誤差を計算する公式による方法に

より推定する. 分析を開始する前に乱数シード値を設定すること.

  (a) `summary()` 関数と `glm()` 関数を使い, `income` と `balance` の両方を予測変数とする多重ロジスティック回帰係数の標準誤差を推定せよ.

  (b) `boot.fn()` 関数を定義せよ. この関数は `Default` データとそのインデックスを受け取り, 多重ロジスティック回帰モデルの `income` と `balance` の係数の推定値を出力するものとする.

  (c) `boot()` 関数と先に定義した `boot.fn()` を使い, `income` と `balance` のロジスティック回帰係数の推定値の標準誤差を推定せよ.

  (d) `glm()` 関数を使って得られる推定標準誤差とブートストラップ関数を使って得られたものとを比較し, 説明せよ.

(7) 5.3.2 項と 5.3.3 項において, `cv.glm()` 関数を使って LOOCV によるテスト誤差の推定を行った. 別の方法として, `glm()` と `predict.glm()` のみを使い, for ループで繰り返すことにより LOOCV によるテスト誤差の推定を行うことができる. このアプローチを用いて, `Weekly` データにロジスティック回帰を当てはめたときの LOOCV 誤分類率を計算する. LOOCV 誤分類率は式 (5.4) である.

  (a) `Lag1` と `Lag2` を使って `Direction` を予測するロジスティック回帰モデルを当てはめよ.

  (b) `Lag1` と `Lag2` を使って `Direction` を予測するロジスティック回帰モデルを当てはめよ. ただし, 当てはめには最初のデータのみ除き, それ以外のすべてのデータを使うこと.

  (c) (b) のモデルを使い, 最初のデータの `Direction` を予測せよ. Pr(`Direction` = ``Up``|`Lag1, Lag2`) > 0.5 であれば最初のデータは Up であると予測するとよい. 最初のデータは正しく分類されたか.

  (d) データの数を n とし, $i = 1$ から $i = n$ まで for ループで以下を繰り返せ:

    i. i 番目のデータのみを除いたすべてのデータを使い, `Lag1` と `Lag2` を使って `Direction` を予測するロジスティック回帰モデルを当てはめよ.

    ii. i 番目のデータについて株価が上昇する事後確率を求めよ.

    iii. i 番目のデータの事後確率を用いて株価が上がるか否かを予測せよ.

    iv. i 番目のデータについて予測が正しかったか否かを記録せよ. 予測が誤っている場合は 1, そうでない場合は 0 とせよ.

  (e) (d)iv で得られた n 個の結果の平均をとり, LOOCV によるテスト誤分類率の推定値を求めよ. また, 結果を考察せよ.

(8) シミュレーションデータにおいて, 交差検証を行う.

188   5. リサンプリング法

(a) 下記の要領でシミュレーションデータを作成せよ.

```
> set.seed(1)
> x=rnorm(100)
> y=x-2*x^2+rnorm(100)
```

　このデータセットにおいて n は何か. また p は何か. データの生成に
使われたモデルを数式で表せ.

(b) X と Y の散布図を作成せよ. 結果からわかることを考察せよ.

(c) 乱数シード値を設定し, 以下の 4 つのモデルを最小 2 乗法により当ては
めた場合の LOOCV 誤差を計算せよ.

　　i. $Y = \beta_0 + \beta_1 X + \epsilon$

　　ii. $Y = \beta_0 + \beta_1 X + \beta_2 X^2 + \epsilon$

　　iii. $Y = \beta_0 + \beta_1 X + \beta_2 X^2 + \beta_3 X^3 + \epsilon$

　　iv. $Y = \beta_0 + \beta_1 X + \beta_2 X^2 + \beta_3 X^3 + \beta_4 X^4 + \epsilon$

data.frame() 関数を使って X と Y を両方含むデータセットを作成する
とよい.

(d) 乱数シードを変えて (c) を繰り返し, 結果を考察せよ. (c) で得た結果と
同じか. その理由を答えよ.

(e) (c) にあるモデルのうち, LOOCV 誤差が最小であるものはどれか. これ
は期待通りの結果であったか. 説明せよ.

(f) 最小 2 乗法により当てはめた (c) の各モデルの回帰係数の推定値が統計
的に有意かどうか述べよ. この結果は交差検証による結論と一致してい
るか.

(9) ここでは MASS ライブラリに含まれる Boston データセットを使う.

(a) データセットから, medv の母平均を推定せよ. これを $\hat{\mu}$ とする.

(b) $\hat{\mu}$ の標準誤差を推定せよ. 結果をどのように読み取るかについて説明せよ.
ヒント:標本平均の標準誤差を計算するには, 標本標準偏差をデータの数
の平方根で割ればよい.

(c) ブートストラップを用いることにより $\hat{\mu}$ の標準誤差を推定せよ. (b) にお
ける結果と比べてどのようになっているか.

(d) (c) で得られたブートストラップ推定値より, medv の母平均に対する 95% 信
頼区間を求めよ. t.test(Boston$medv) で得られる結果と比べよ.
ヒント:95% 近似信頼区間は $[\hat{\mu} - 2\mathrm{SE}(\hat{\mu}), \hat{\mu} + 2\mathrm{SE}(\hat{\mu})]$ となる.

(e) データセットから, 母集団における中央値の推定値 $\hat{\mu}_{med}$ を求めよ.

(f) $\hat{\mu}_{med}$ の標準誤差を推定したい. 残念ながら中央値の標準誤差を簡単に計
算する公式はない. ブートストラップを利用して中央値の標準誤差を推定

せよ. 得られた結果を考察せよ.

(g) データセットから, ボストン近郊の `medv` の 10 パーセンタイルの推定値を求めよ. この結果を $\hat{\mu}_{0.1}$ とする (`quantile()` 関数を使うとよい).

(h) ブートストラップを使い $\hat{\mu}_{0.1}$ の標準誤差を推定せよ. 得られた結果を考察せよ.

6 線形モデル選択と正則化
Linear Model Selection and Regularization

回帰においては，通常，標準的な線形モデル

$$Y = \beta_0 + \beta_1 X_1 + \cdots + \beta_p X_p + \epsilon \tag{6.1}$$

で応答変数 Y と予測変数 $X_1, X_2, \ldots, X_p$ の関係を記述する．第 3 章で論じたように，通常最小 2 乗法によりこのモデルを当てはめる．

本章以降においては，線形モデルの枠組を拡張するアプローチを論じる．第 7 章では非線形で加法的な関係を扱えるようにするために，式 (6.1) を一般化する．また第 8 章ではさらに一般的な非線形モデルを論じる．しかし線形モデルは推論の点で明確な長所があり，現実の問題を扱う際には非線形法と比較して決して劣ることはない．したがって，非線形の世界に飛び立つ前に，本章では，最小 2 乗法ではなく何か別の方法で当てはめることにより，簡単な線形モデルを改良する．

なぜ最小 2 乗法ではなく，別の方法を使うのであろうか．これから見ていくように，他の方法の方が予測精度が高く，モデルの解釈が容易となるからである．

- 予測精度：応答変数と予測変数との間の真の関係が近似的に線形であるならば，最小 2 乗法による推定値のバイアスは小さい．もし $n \gg p$，つまり観測データの数 n が変数の数 p よりもはるかに大きいならば，最小 2 乗法による推定値は分散も小さくなる傾向にある．したがってテストデータにおいて良い性能を発揮する．しかし，もし n が p よりもあまり大きくない場合，最小 2 乗法の予測はばらつきが生じ，過学習となり，結果として訓練に使われなかったデータ，つまりこれから得られるデータにおける予測精度は落ちることになる．また $p > n$ の場合，最小 2 乗法では回帰係数が一意的に定まらない．分散が無限大となり，最小 2 乗法は使えなくなるのである．回帰係数に制約を課す，あるいは回帰係数を縮小推定することにより，しばしばバイアスの増加をわずかにとどめながら分散を小さくすることができる．これにより訓練データとして使われなかったデータの応答変数に対する予測精度をかなり向上させることができる．
- モデルの解釈可能性：予測変数のうちのいくつか，または多くが実は応答変数と関係がないということはよくある．このような無意味な変数を入れてしまうこと

でモデルは必要以上に複雑になってしまう．これら不必要な変数を取り除く，つまり該当する係数を 0 にすることにより，より解釈が容易なモデルにすることができる．最小 2 乗法で係数が正確に 0 になることはそれほど起こらない．本章では，変数選択を自動的に行う，つまり，重回帰モデルから無意味な変数を取り除くアプローチを論じる．

最小 2 乗法を式 (6.1) に当てはめることに代わる方法は古典的，近代的なものを含めて多く存在する．本章では以下の 3 つの重要な方法について論じる．

- 部分集合選択　p 個の予測変数のうち，応答変数に関係すると思われる部分集合を特定する．関係している変数のみを使って最小 2 乗法によりモデルを当てはめる．
- 縮小推定　p 個の予測変数すべてを使いモデルを当てはめる．しかし係数の推定値は最小 2 乗法を使ったときと比べ，縮小して 0 により近い値となる．この縮小 (正則化とも呼ばれる) により，分散を減少させる効果がある．どのような縮小推定を行うかにより，正確に 0 と推定されることがある．したがって縮小推定は変数選択も行うことができる．
- 次元削減　p 個の予測変数を M 次元部分空間に射影する．ここに，$M < p$ である．これは変数の異なる線形結合，つまり射影を M 個計算することにより実行できる．これらの M 個の射影を予測変数として用い，最小 2 乗法により線形回帰モデルを当てはめる．

これ以降の節では，上記のアプローチをより詳細に論じる．それぞれの長所，短所についても論じる．本章では第 3 章の線形回帰モデルの拡張と修正について述べるが，同様の考え方は第 4 章の分類のモデルのように，他の方法に応用することができる．

6.1　部分集合選択

本節では予測変数の部分集合を選ぶための方法を検討する．ここでは最良部分集合選択，およびステップワイズ法による変数選択について論じる．

6.1.1　最良部分集合選択

最良部分集合選択を行うには，p 個の予測変数の考え得るすべての組み合わせについて最小 2 乗法による回帰を当てはめる．つまり，1 変数の p 個のモデル，2 変数の $\binom{p}{2} = p(p-1)/2$ 個のモデルなどをすべて検討するのである．このようにしてできたモデルすべてのうち，最良のものを特定する．

2^p 個のモデルからベストなものを選ぶというのは簡単なことではない．通常アルゴリズム 6.1 のように 2 段階に分けて行われる．

192   6. 線形モデル選択と正則化

アルゴリズム 6.1　最良部分集合選択

Step 1　$\mathcal{M}_0$ を予測変数を持たないヌルモデルとする．このモデルは予測値として単に標本平均を使う．

Step 2　$k = 1, 2, \ldots p$ について：
    (a) k 個の予測変数をもつモデル $\binom{p}{k}$ 個すべてに回帰を当てはめる．
    (b) $\binom{p}{k}$ 個のモデルすべてからベストなものを選ぶ．これを $\mathcal{M}_k$ とする．ベストなモデルとは RSS が最小となるもの，または R^2 が最大となるものである．

Step 3　$\mathcal{M}_0, \ldots, \mathcal{M}_p$ のうち，ただ 1 つのベストなモデルを選ぶ．判断規準は交差検証予測誤差，C_p (AIC)，BIC，自由度調整済み決定係数 R^2 などである．

アルゴリズム 6.1 では，Step 2 で，ある部分集合のサイズにおける (訓練データにおいて) ベストなモデルを見つけている．これにより 2^p 個のモデルからベストを選ぶ問題が，$p+1$ 個に縮小された．図 6.1 では，これらの $p+1$ 個のモデルは赤線で示した下限に対応する．

ここで，すべての中でベストのモデルを選択するには，これらの $p+1$ 個の中から選択すればよい．この作業を行う際には注意が必要である．なぜならば，これら $p+1$ 個のモデルにおいて特徴の数を増やすと RSS は単調減少し，R^2 は単調増加するからである．したがって，これらの統計量でベストなモデルを選ぶと，常にすべての変数を含んだモデルを選ぶことになってしまう．問題は，RSS が小さい，あるいは R^2 が大きい場合，それはあくまで訓練誤差が小さいということであり，それに対して実際に選択したいのはテスト誤差が小さいモデルであるということである．(第 2 章の図 2.9 〜2.11 で見たように，訓練誤差はテスト誤差に比べてかなり小さくなる傾向にあり，訓練誤差が小さいことは必ずしもテスト誤差が小さいことを保証しないのである)．したがって，Step 3 においては，交差検証予測誤差，C_p，BIC，自由度調整済み R^2 などにより $\mathcal{M}_0, \mathcal{M}_1, \ldots, \mathcal{M}_p$ からベストなものを選ぶ．これらの手法は 6.1.3 項で論じる．

最良部分集合選択の例を図 6.1 に示す．第 3 章で議論した Credit データセットに 11 個の予測変数の異なる部分集合を用いて最小 2 乗回帰モデルを当てはめた結果に対応したプロットである．ここで，変数 ethnicity は 3 段階の質的変数であり，したがって 2 個のダミー変数により表される．この場合，ダミー変数は別の変数として表される．変数の数の関数としてそれぞれのモデルにおける RSS と R^2 統計量をプロットした．赤線はそれぞれの予測変数の数において，RSS または R^2 についてベストなモデルを結んだものである．この図を見てわかることは，予想通り，変数の数が増えるにつれて RSS や R^2 は改善するということである．しかし 3 変数を境に，予測変数を増やしても RSS も R^2 もほとんど改善していない．

最小 2 乗回帰における最良部分集合選択の手法について示したが，同様の考え方はロジスティック回帰などの他の手法にも応用できる．ロジスティック回帰であれば，

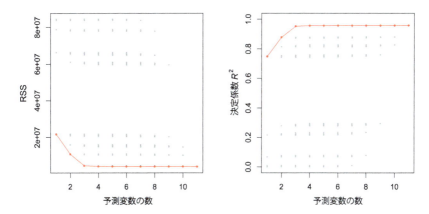

図 6.1 Credit データセットの 10 個の予測変数の部分集合のうち可能なモデルすべてについて RSS と R^2 をプロットした．赤線がそれぞれの予測変数の数における RSS と R^2 によるベストなモデルを示す．データセットには 10 個の予測変数しかないが，x 軸には 1 から 11 までである．これは変数のうち 1 つが 3 つの値のどれかをとる質的変数であり，2 つのダミー変数を作成したためである．

アルゴリズム 6.1 の Step 2 において，モデルを RSS によりランク付けする代わりに，より広いクラスのモデルで RSS の役割をなす逸脱度という量を用いる．逸脱度は最大対数尤度を -2 倍したものであり，逸脱度が小さいほど当てはまりは良いということになる．

最良部分集合選択は単純であり，また理論的にも興味ある手法ではあるが，計算量の面で問題がある．p が増加するにつれて，検討しなければならないモデルの数が急激に増えるのである．一般的に p 個の予測変数があれば考慮するモデルの数は 2^p 個となる．$p = 10$ であればおよそ 1,000 個のモデルを検討するし，$p = 20$ ならば 100 万個以上のモデルを検討しなければならない．そのため最良部分集合選択は最新のコンピュータをもってしても p が 40 以上の場合には計算量的に困難である．分枝限定法と呼ばれる変数選択を一部省略する近道のようなアルゴリズムもあるが，これもまた p が大きくなるにつれて限界がある．また分枝限定法の利用は最小 2 乗回帰に限られる．次に最良部分集合選択に代わる手法で計算が効率的な方法について論じる．

6.1.2 ステップワイズ法

計算量の面から，最良部分集合選択は p が非常に大きいと行うことができない．p が大きいとき，また他の統計的な問題がある．探索空間が大きければ大きいほど，将来のデータを予測する能力がないのに訓練データでは性能が良く見えるモデルを選択する確率が増えてしまうのである．探索空間が大きいと過学習，そして係数の推定値の分散が大きくなる問題がある．

194　　　　　　　　　　6.　線形モデル選択と正則化

以上の理由により，より限定されたモデルのみで探索を行うステップワイズ法は最良部分集合選択に代わる方法として魅力がある．

変数増加法

変数増加法は最良部分集合選択に代わる方法として計算量的に効率のよい方法である．最良部分集合選択が p 個の予測変数で可能なすべての部分集合を含む 2^p 個のモデルを検討するのに対して，変数増加法はかなり少数のモデルのみを検討する．変数増加法では変数なしのモデルから始めて，1 つずつ変数を加えていくという作業をすべての変数がモデルに入るまで繰り返す．特に，それぞれの段階でモデルに新たに入る 1 つの変数として，当てはめを一番よく改善するものを選ぶ．正式に変数増加法の手順をアルゴリズム 6.2 に示す．

アルゴリズム 6.2　変数増加法

Step 1　変数をまったく含まないヌルモデルを $\mathcal{M}_0$ とする．

Step 2　$k = 0, \ldots, p-1$ について以下を繰り返す：

　　(a) $\mathcal{M}_k$ の予測変数に含まれない変数のうち，どれか 1 つを加えることによって構成される $p-k$ 個のモデルを考える．

　　(b) $p-k$ 個のモデルのうち，ベストなものを選び，これを $\mathcal{M}_{k+1}$ とする．ここにベストとは RSS が最小である，または R^2 が最大であることとする．

Step 3　交差検証予測誤差，C_p (AIC)，BIC，自由度調整済み R^2 などにより $\mathcal{M}_0, \ldots, \mathcal{M}_p$ の中からベストなモデルを選ぶ．

最良部分集合選択では 2^p 個のモデルを当てはめることになるのに対し，変数増加法はまず最初にヌルモデル，そして k 回目 $(k = 0, \ldots, p-1)$ の繰り返しループで $p-k$ 個のモデルを当てはめる．これによって検討するモデルの総数は $1 + \sum_{k=0}^{p-1}(p-k) = 1 + p(p+1)/2$ 個となる．これは相当な違いである．$p = 20$ のとき，最良部分集合選択では 1,048,576 個のモデルを検討しなければならないが，変数増加法ならば 211 個のみを検討すれば良い[*1]．

アルゴリズム 6.2 Step 2(b) において，$\mathcal{M}_k$ に新たに加える変数を選ぶのに $p-k$ 個のモデルからベストなものを選んでいる．その際，単に RSS が最小なモデル，あるいは R^2 が最大のモデルを選べばよい．しかし Step 3 では，変数の数の異なるもののうちベストなモデルを選ばなければならない．これはより難解な内容であるため，6.1.3 項であらためて論じる．

変数増加法が計算量の点で最良部分集合選択に勝っていることは明らかである．実用上，変数増加法は良い性能を示すが，p 個の変数で考えうる 2^p 個すべてのモデルのうちでベストなモデルを発見できるという保証はない．例として，3 個の予測変数

[*1]　変数増加法は $p(p+1)/2 + 1$ 個のモデルを検討するが，これはモデル空間において誘導探索を行う．したがって実効的なモデル空間は $p(p+1)/2 + 1$ よりかなり大きくなる．

6.1 部分集合選択 195

表 6.1 Credit データセットの最初の 4 変数までのモデルにおいて，最良部分集合選択と変数増加法を使用した場合のベストなモデルとされた変数．3 変数まではまったく同じ結果であるが，4 変数では異なる．

変数の数	最良部分集合	変数増加法
1	rating	rating
2	rating, income	rating, income
3	rating, income, student	rating, income, student
4	cards, income, student, limit	rating, income, student, limit

$(p = 3)$ をもつデータセットを考える．1 変数でのベストなモデルは X_1 を含み，2 変数でのベストなモデルは X_2 と X_3 を使ったものであるとする．この場合，変数増加法では 2 変数のベストモデルを見つけることができない．$\mathcal{M}_1$ は X_1 を含むため，$\mathcal{M}_2$ は X_1 ともう 1 つ別の変数を含むことになるからである．

この現象を確認するため，Credit データセットで最良部分集合選択と変数増加法の 4 変数までの結果を表 6.1 に示す．最良部分集合選択も変数増加法も 1 変数の場合については rating を選び，2 変数，3 変数の場合は income と student を加えている．しかし最良部分集合選択は 4 変数の場合に rating と cards を入れ替えているのに対し，変数増加法は rating を引き続き選択しなければならない．この例では，図6.1 によると 3 変数でも 4 変数でも RSS に大きな違いはないので 3 変数と 4 変数のどちらを選んでもよいと考えられる．

変数増加法は高次元 $(n < p)$ の場合にも適用することができる．しかし，この場合，モデルは $\mathcal{M}_0, \ldots, \mathcal{M}_{n-1}$ までとなる．これは $p \geq n$ の場合，モデルを当てはめるのに使われる最小 2 乗法の解が一意に定まらないからである．

変数減少法

変数増加法と同様に，変数減少法は最良部分集合選択に代わる効率的な方法である．しかし変数増加法とは逆に，変数減少法では，まず p 個すべての予測変数を含む最小2 乗モデルから出発して，反復計算によって 1 つずつ最も不要な予測変数を減らしていく．詳細についてはアルゴリズム 6.3 を参照されたい．

アルゴリズム 6.3　変数減少法

Step 1　p 個すべての予測変数を含むフルモデルを $\mathcal{M}_p$ とする．

Step 2　$k = p, p - 1, \ldots, 1$ について以下のループを繰り返す：
    (a) $\mathcal{M}_k$ から予測変数を一つだけ除いてできる k 個のモデルを考える．これらは $k - 1$ 個の予測変数をもつ．
    (b) これら k 個のモデルのうちベストなモデルを選び，これを $\mathcal{M}_{k-1}$ とする．ここに，ベストとは RSS が最小のもの，または R^2 が最大のものとする．

Step 3　$\mathcal{M}_0, \ldots, \mathcal{M}_p$ のうち，ベストなモデルを交差検証予測誤差，C_p (AIC)，BIC，自由度調整済み R^2 などにより選ぶ．

変数増加法と同様，変数減少法が探索するのは $1 + p(p+1)/2$ 個のモデルのみである．したがって最良部分集合選択が適用できないほど p が大きなケースにも適用することができる[*2]．また，変数増加法と同じく，p 個の予測変数のすべての部分集合でベストなモデルを発見できるという保証はない．

変数減少法を行うには，(フルモデルを当てはめるため) サンプルサイズ n が変数の数 p よりも大きいという条件を必要とする．これに対し，変数増加法は，$n < p$ の場合にも使うことができる．したがって p が非常に大きい場合には唯一の実行可能な方法といえる．

変数増減法

最良部分集合選択，変数増加法，変数減少法は，まったく同じ結果ではないが，一般的に非常に類似した結果を示す．別の方法として，変数増加法と変数減少法のハイブリッドともいえる方法がある．ここでは，変数が変数増加法のようにモデルに順次加えられていくのだが，新たな変数をモデルに加える際に，モデルの当てはめに貢献しない変数を取り除くこともある．このような手法は擬似的な最良部分集合選択のようであるが，変数増加法または変数減少法の計算量の面での長所を生かしたものとなっている．

6.1.3 最適モデルの選択

最良部分集合選択，変数増加法，変数減少法では p 個の予測変数の部分集合を使用した一連のモデルを作ることになる．これらの手法を実装するには，モデルを評価する方法が必要である．6.1.1 項で論じたように，すべての予測変数を含むモデルが常に RSS を最小，R^2 を最大とする．なぜなら，これらの量は訓練誤差に関係しているからである．訓練誤差ではなく，テスト誤差を最小にするようなモデルを選びたいのである．ここで明らかなように，また第 2 章で見たように，訓練誤差をテスト誤差の推定値として使用するのはあまり良くない．したがって RSS や R^2 は予測変数の数が異なるモデルを比べて最適なものを選ぶ際には適していない．

テスト誤差について最適なモデルを選ぶため，テスト誤差を推定する必要がある．よく用いられる手法を以下に 2 つ示す：

(1) 訓練誤差を過学習によるバイアスを考慮して調整することにより，テスト誤差を間接的に推定する．

(2) 第 5 章で論じたホールドアウト検証や交差検証法により直接的にテスト誤差を推定する．

[*2]　変数増加法と同様，変数減少法は誘導探索を行うので，実効的には $1 + p(p+1)/2$ よりもかなり多くのモデルを検討している．

C_p, AIC, BIC, 自由度調整済み R^2

第 2 章で，一般的に訓練 MSE はテスト MSE を過小評価することを示した．(MSE = RSS/n であったことを思い出すこと．) これは，最小 2 乗法によりモデルを当てはめるときに，(テスト RSS ではなく) 訓練 RSS を最小化するように回帰係数を推定しているからである．特に，モデルの予測変数の数を増やせば訓練誤差は減少するが，テスト誤差は減少するとは限らない．よって訓練 RSS や訓練 R^2 は変数の数が異なるモデルの中から最適なモデルを選ぶ際には使うことができない．

しかし，モデルの予測変数の数に応じて，訓練誤差を調整する方法がいくつもある．これらの手法を使うことにより，変数の数が異なるモデルの中で最適なものを選ぶことができる．これらのうち 4 つの手法：C_p，赤池情報量規準 (AIC: Akaike information criterion)，ベイズ情報量規準 (BIC: Bayesian information criterion)，自由度調整済み R^2 について以下で論じる．図 6.2 は Credit データにおいて最良部分集合選択を行ったときの，それぞれの変数の数におけるベストなモデルの C_p, BIC，自由度調整済み R^2 を示す．

d 個の予測変数をもつ最小 2 乗モデルにおいて C_p によるテスト MSE 推定値は下の式

$$C_p = \frac{1}{n}\left(\text{RSS} + 2d\hat{\sigma}^2\right) \tag{6.2}$$

で計算される．ここに，$\hat{\sigma}^2$ は式 (6.1) の応答変数の測定値に関する誤差 ϵ の分散の推

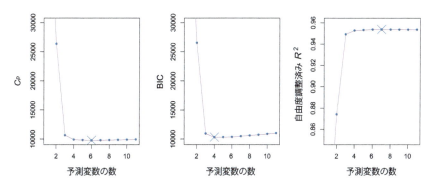

図 6.2 Credit データセットにおける C_p，ベイズ情報量規準 BIC，自由度調整済み R^2 による各予測変数の数における最適モデル (図 6.1 での最小境界)．C_p と BIC はテスト MSE の推定値である．中央においてはテスト誤差の BIC 推定値が 4 変数以降で増加する傾向が見られる．中央以外では 4 変数以降でほぼ平坦である．

198 6. 線形モデル選択と正則化

定値である[*3]. 通常 $\hat{\sigma}^2$ は予測変数をすべて含んだモデルを使い推定する. 訓練誤差がテスト誤差を過小評価する傾向にあるため, C_p 統計量は訓練 RSS に $2d\hat{\sigma}^2$ の罰則項を与えようとするのである. モデルに含む予測変数の数が増えると, 罰則項も増加するのは明らかである. これは訓練 RSS の減少を調整しようという意図である. 本書で扱う範囲を越えているが, もし式 (6.2) の $\hat{\sigma}^2$ が σ^2 の推定値としてバイアスのないものであるならば, C_p はテスト MSE の推定値としてバイアスがないと証明できる. 結果として, テスト誤差の低いモデルで C_p 統計量は小さい値を示すこととなり, 最適なモデルを選ぶ際には, C_p の値が最小となるものを選べばよい. 図 6.2 において, C_p によれば income, limit, rating, cards, age, student の 6 個の変数をもつモデルを選択する.

AIC 規準は最尤法によるさまざまなクラスのモデルの当てはめに対し定義される. 誤差が正規分布に従う式 (6.1) の場合, 最尤法と最小 2 乗法は同等である. この場合 AIC は

$$\mathrm{AIC} = \frac{1}{n\hat{\sigma}^2}\left(\mathrm{RSS} + 2d\hat{\sigma}^2\right)$$

となる. ここに, 式を簡単にするため定数項を省略した. これにより最小 2 乗法では C_p と AIC は比例関係にあることがわかるので, 図 6.2 では C_p のみを表示した.

BIC はベイズ統計の見地に立って定義されているが, C_p に (そして AIC にも) 類似した形になっている. d 個の予測変数のある最小 2 乗法で得たモデルにおいて, 重要でない定数項を除いた BIC は

$$\mathrm{BIC} = \frac{1}{n\hat{\sigma}^2}\left(\mathrm{RSS} + \log(n)d\hat{\sigma}^2\right) \tag{6.3}$$

となる.

C_p と同様, テスト誤差が小さいときに BIC も小さい値をとる. したがって, 一般的には BIC の値が最小になるモデルを選ぶとよい. BIC では C_p の $2d\hat{\sigma}^2$ を $\log(n)d\hat{\sigma}^2$ で置き換えている. ここに n はデータの数である. $n > 7$ のとき $\log n > 2$ であるから, BIC は概して変数が多いモデルに対してより重い罰則項を課す. したがって BIC では C_p よりも小さいモデルを選ぶことになる. 図 6.2 でまさにこのことが確認できる. Credit データセットにおいて, BIC は income, limit, cards, student の 4 つの予測変数を含むモデルを選んでいる. この例では, 曲線はかなり平坦になっているため, 4 変数でも 6 変数でも精度にそれほど差はない.

自由度調整済み R^2 もまた変数の数が異なるモデルの中から選ぶ際によく使われるアプローチである. 第 3 章で通常の R^2 を $1 - \mathrm{RSS}/\mathrm{TSS}$ と定義した. ここに

[*3]　Mallow の C_p を $C_p' = \mathrm{RSS}/\hat{\sigma}^2 + 2d - n$ と定義する場合もある. これも上式と同等である. $C_p = \frac{1}{n}\hat{\sigma}^2(C_p' + n)$ の関係があるので C_p が最小であれば C_p' も最小となるからである.

TSS $= \sum(y_i - \overline{y})^2$ は応答変数の総平方和である．RSS は変数をモデルに加えることにより必ず減少するので，変数が増えれば増えるほど R^2 は増加する．d 個の変数を持つ最小 2 乗法で得たモデルにおける自由度調整済み R^2 は以下のように計算される．

$$\text{自由度調整済み } R^2 = 1 - \frac{\text{RSS}/(n - d - 1)}{\text{TSS}/(n - 1)}. \tag{6.4}$$

テスト誤差が小さいモデルで C_p, AIC, BIC が小さい値を示すのに対し，自由度調整済み R^2 は大きい値となる．自由度調整済み R^2 を最大化することは $\frac{\text{RSS}}{n-d-1}$ を最小化することと同じである．モデルに含まれる変数の数を増やすと RSS は常に減少するが，分母の d のため，$\frac{\text{RSS}}{n-d-1}$ は増加するかもしれないし減少するかもしれない．

直観的には，自由度調整済み R^2 はモデルに含まれるべき変数を含んだ上でそれ以上他のノイズ変数をモデルに加えると，RSS がわずかだけ減少する．ノイズ変数を加えればもちろん d は増加し，$\frac{\text{RSS}}{n-d-1}$ は増加する．結果として自由度調整済み R^2 は減少する．以上より，理論的には自由度調整済み R^2 を最大とするモデルが正しい変数のみを含み，ノイズ変数を含んでいないことになる．R^2 と異なり，自由度調整済み R^2 はモデルに不必要な変数を含めるとその対価を払わなければならないのである．図 6.2 に Credit データにおける自由度調整済み R^2 を示す．この統計量を使うと，C_p と AIC が選んだモデルに gender を加えた 7 つの変数を使うことになる．

C_p, AIC, BIC を使うことは理論的に厳格に正当化されているが，これを論じることは本書の扱う範囲外である．これらが正当化される理論は漸近的な論法による (つまり n が非常に大きいと仮定する)．自由度調整済み R^2 については，広く使われ，そして直観的にわかりやすい量であるにも関わらず，C_p, AIC, BIC ほどには理論的な関心が持たれていない．これらすべての量は利用法も計算法も単純である．ここでは AIC, BIC, C_p の式を最小 2 乗による線形回帰の場合について示したが，これらの量はより一般的なモデルについても定義することができる．

ホールドアウト検証と交差検証

以上の手法の他に，第 5 章で扱ったホールドアウト検証や交差検証法を使って直接テスト誤差を推定することもできる．対象となるモデルのホールドアウト検証誤差や交差検証誤差を計算し，推定誤差が最小となるようなモデルを選べばよい．この手法は直接テスト誤差を推定しており，また真のモデルについての仮定がより少ないという点で，AIC, BIC, C_p, そして自由度調整済み R^2 より優れていると言える．またこれらはより幅広い状況でのモデル選択に対応することができる．モデルの自由度 (モデルに含まれる変数の数) の決定が難しい場合や，誤差の分散 σ^2 の推定が難しい場合などでさえ用いることができる．

従来，p が大きい場合や n が大きい場合には交差検証に必要な計算量が莫大であることから，モデル選択には，AIC, BIC, C_p, 自由度調整済み R^2 がよく使われた．し

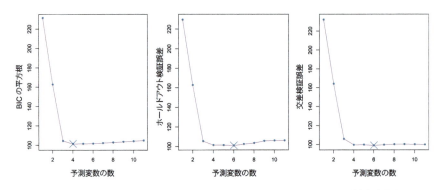

図 6.3 Credit データセットにおいて，$d = 1, \ldots, 11$ とし，d 個の予測変数を含むモデルについて 3 つの量をプロットした．それぞれにおいてベストなモデルは青い×印で示した．**左**：BIC の平方根．**中央**：ホールドアウト検証誤差．**右**：交差検証誤差．

かし，現在ではコンピュータの高速化により，交差検証をするのに必要な計算量はもはや問題になることはない．したがって，交差検証は検討される多くのモデルのうち最適なものを選ぶ際のより魅力的なアプローチである．

図 6.3 では，Credit データセットでの d 変数でのベストなモデルについて，BIC，ホールドアウト検証誤差，交差検証誤差を d の関数としてプロットした．ホールドアウト検証誤差は無作為に 3/4 を訓練データ，残りを検証データとして計算した．交差検証誤差は 10 分割 ($k = 10$) により行った．この場合，ホールドアウト検証および交差検証では 6 変数のモデルを選ぶ．しかし 3 つともすべて，4, 5, 6 変数でテスト誤差はほぼ同じである．

実際，図 6.3 の中央と右において，テスト誤差曲線は極めて平坦である．3 変数のモデルは明らかに 2 変数のものよりもテスト誤差の推定値が小さくなっているが，3 変数から 11 変数まで，テスト誤差の推定値はかなり類似している．さらに，訓練データと検証データの分割の仕方を変えたり，または交差検証の分割数を変えるなどすれば，当然テスト誤差の推定値を最小化するモデルは異なるであろう．この場合，1 標準誤差ルールを使うとよい．まず，それぞれのモデルの予測変数の数において推定されたテスト MSE の標準誤差を計算する．そして，テスト誤差の推定値が曲線の最小値から 1 標準誤差以内にあるもののうち最小のモデルを選ぶのである．このようなことをする根拠は，いくつかのモデルがほぼ同程度の性能である場合にはなるべく単純なモデル，つまり予測変数の数が少ないモデルを選びたいということである．ここでは，1 標準誤差ルールによるとホールドアウト検証，交差検証法とも 3 変数のモデルを選ぶことになる．

6.2 縮小推定

　6.1 節で述べた部分集合選択は，予測変数の部分集合を含む線形モデルに最小 2 乗法を当てはめた．それに代わる方法として，p 個すべての変数をモデルに含み，係数の推定値を制約，あるいは正則化する仕組みを用いてモデルを当てはめる，つまり係数の推定値を縮小して 0 に近づける (または 0 にする) ことを考える．このような制約がなぜ当てはめを改良するのに効果的なのかはすぐにはわからないであろうが，係数の推定値を縮小することにより，分散がかなり減少するのである．回帰係数を縮小して 0 に近い値にする (または 0 にする) 方法のうち，最もよく知られているのがリッジ回帰と lasso である．

6.2.1　リッジ回帰

　第 3 章で，最小 2 乗法は以下を最小化することで $\beta_0, \beta_1, \ldots, \beta_p$ を推定していた．

$$\mathrm{RSS} = \sum_{i=1}^{n}\left(y_i - \beta_0 - \sum_{j=1}^{p}\beta_j x_{ij}\right)^2.$$

　リッジ回帰は最小 2 乗法と類似しているが，係数を推定するとき，少し異なる関数を最小化することになる．特にリッジ回帰係数 $\hat{\beta}^R$ は

$$\sum_{i=1}^{n}\left(y_i - \beta_0 - \sum_{j=1}^{p}\beta_j x_{ij}\right)^2 + \lambda \sum_{j=1}^{p}\beta_j^2 = \mathrm{RSS} + \lambda \sum_{j=1}^{p}\beta_j^2 \qquad (6.5)$$

を最小化する値である．ここに，$\lambda \geq 0$ はチューニングパラメータであり，別途決定する必要がある．式 (6.5) には，2 つの異なる規準のトレードオフがある．最小 2 乗法と同様，リッジ回帰は RSS を最小化することによりデータによく当てはまる係数を推定する．しかし，$\beta_1, \ldots, \beta_p$ が 0 に近いと，(縮小化のために課される) 罰則項と呼ばれる第 2 項 $\lambda\sum_j \beta_j^2$ も小さいため，β_j の推定値を 0 に近づける (縮小する) 効果がある．チューニングパラメータ λ はこれらの 2 項が回帰係数の推定値に与える影響を制御するためにある．$\lambda = 0$ のとき，罰則項は何の影響ももたらさないので，リッジ回帰は最小 2 乗法となる．しかし $\lambda \to \infty$ とすると，罰則項の影響が大きくなり，リッジ回帰係数は 0 に近づいていく．通常の最小 2 乗法がただ一組の回帰係数をもたらすのに対し，リッジ回帰は各々の λ の値について異なる係数 $\hat{\beta}^R_\lambda$ をもたらす．このとき，適切な λ の値を選ぶことが重要になる．このことについては 6.2.3 項で交差検証法を使うときに論じる．

　式 (6.5) をよく見ると，罰則項は $\beta_1, \ldots, \beta_p$ に対してのものであり，切片 β_0 には関係していない．それぞれの予測変数と応答変数の間に推定される関係を縮小させるのであって，切片，つまり $x_{i1} = x_{i2} = \cdots = x_{ip} = 0$ としたときの応答変数の平均

値を縮小させるわけではない．変数，つまりデータ行列 $\mathbf{X}$ の列がリッジ回帰を当てはめる前に平均を 0 と中心化するならば，切片の推定値は $\hat{\beta}_0 = \bar{y} = \sum_{i=1}^n y_i/n$ の形をとる．

Credit データへの応用

図 6.4 は Credit データについて，リッジ回帰係数を示す．左ではそれぞれの曲線が 10 個の変数のリッジ回帰係数のうちの 1 つに対応し，これを λ の関数として示した．例えば，黒実線は λ を変化させたときの income のリッジ回帰係数である．プロットの左端では λ は実質 0 であるので，リッジ回帰係数は通常の最小 2 乗法による推定値と等しい．しかし λ を増加していくにつれて，リッジ回帰係数は徐々に縮小して 0 に近づいていく．λ が非常に大きいと，すべてのリッジ回帰係数は 0 となり，これは予測変数をまったく含まないヌルモデルに相当する．このプロットでは，income，limit，rating，student の推定値が他と比べてはるかに大きくなっているので，これらの変数を異なる色で表示した．リッジ回帰係数は全体的には λ が増加するにつれて減少するが，rating や income のように，個々の係数は λ の増加に伴って増加する場合もある．

図 6.4 の右では，左と同じリッジ回帰係数であるが，x 軸に λ をとる代わりに，$\|\hat{\beta}_\lambda^R\|_2/\|\hat{\beta}\|_2$ を用いている．ここに，$\hat{\beta}$ は最小 2 乗推定による回帰係数のベクトルである．$\|\beta\|_2$ はベクトル β の ℓ_2 ノルムであり，$\|\beta\|_2 = \sqrt{\sum_{j=1}^p \beta_j^2}$ で定義される．これは原点と β の距離を測っている．λ が増加するにつれて，$\hat{\beta}_\lambda^R$ の ℓ_2 ノルムは常に減少する．したがって $\|\hat{\beta}_\lambda^R\|_2/\|\hat{\beta}\|_2$ も減少する．後者は 1 ($\lambda = 0$ の場合．このときリッジ回帰係数は最小 2 乗法による回帰係数の推定値と等しくなり，ℓ_2 ノルムも等しくなる．) から 0 ($\lambda \to \infty$ の場合．このとき，リッジ回帰係数は零ベクトルとなり，

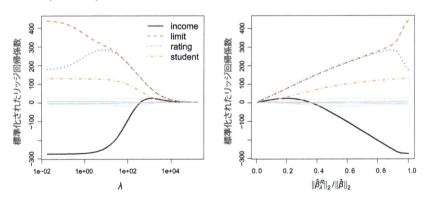

図 6.4 Credit において，標準化されたリッジ回帰係数を λ と $\|\hat{\beta}_\lambda^R\|_2/\|\hat{\beta}\|_2$ の関数としてプロットした．

ℓ_2 ノルムも 0 となる.) までの値をとる. したがって, 図 6.4 右の x 軸はリッジ回帰係数がどの程度 0 に向かって縮小されたかを示している. 小さい値は係数が 0 近くまで縮小されたことを表している.

第 3 章で扱った標準の最小 2 乗法による回帰係数の推定値は, スケールの変更に対して等価である. つまり X_j を定数 c 倍すると係数は単に $1/c$ 倍になるだけである. 別の言い方をすれば, j 番目の予測変数がどんなスケールであろうが, $X_j \hat{\beta}_i$ は不変である. それに対して, リッジ回帰係数は予測変数を定数倍した際には大きく変化する. 例えば, 単位をドルとする変数 income を考える. この変数の単位として千ドルを使うこともよくあるが, その場合 income の値は以前の値と 1,000 倍異なる. ここで式 (6.5) のリッジ回帰には係数の平方和の項があるため, このようなスケールの変化は単に income のリッジ回帰係数で 1,000 倍を考慮すればよいというわけにはいかない. すなわち, $X_j \hat{\beta}_{j,\lambda}^R$ は λ の値だけではなく, j 番目の予測変数のスケールにも依存しているのである. 実際のところ, $X_j \hat{\beta}_{j,\lambda}^R$ の値は他の予測変数のスケールにも依存しているかもしれない. したがって, すべての変数を同じスケールにするように予測変数を

$$\tilde{x}_{ij} = \frac{x_{ij}}{\sqrt{\frac{1}{n} \sum_{i=1}^{n} (x_{ij} - \overline{x}_j)^2}} \tag{6.6}$$

により標準化した上で, リッジ回帰を当てはめるのが最も適切である. 式 (6.6) の分母は, j 番目の予測変数の標準偏差の推定値である. 結果として, 標準化後は, すべての変数の標準偏差は 1 になる. 最終的な結果は予測変数がどのスケールで測られているかに依存しない. 図 6.4 の y 軸は標準化されたリッジ回帰係数である. つまり標準化した予測変数を用いて, リッジ回帰を当てはめた結果である.

リッジ回帰が最小 2 乗法よりも優れている理由

リッジ回帰が最小 2 乗法よりも優れていることの理由は, バイアスと分散のトレードオフにある. λ が増加するに従って, リッジ回帰の柔軟さは減少し, 分散は減少するが, バイアスは増加する. 図 6.5 の左に 45 個の予測変数 ($p = 45$) をもつ 50 個のシミュレーションデータ ($n = 50$) の例を示した. 図 6.5 左の緑の曲線は, リッジ回帰による予測の分散を λ の関数として表した. 最小 2 乗法による回帰係数の推定値, つまり $\lambda = 0$ のときは, 分散は大きいがバイアスがない. しかし λ が増加するに従い, リッジ回帰係数の縮小により予測の分散はかなり削減される. その一方で少しバイアスは増加する. 紫のテスト MSE は分散とバイアスの 2 乗の和の関数であることを思い出してほしい. λ の値が 10 くらいまでは, 分散が急に減少し, バイアス (黒) はほとんど増加していない. 結果として λ が 0 から 10 までの範囲では MSE はかなり減少している. この点以降では, λ が増加することによる分散の効果は薄れ, 係数の縮小が明らかに過小評価することにつながるため, バイアスが大きくなる. MSE はだいたい $\lambda = 30$ 付近で最小となる. 興味深いことに, 分散が大きいことにより, 最

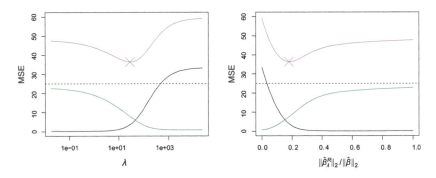

図 6.5 シミュレーションデータにリッジ回帰を当てはめた場合のバイアスの 2 乗 (黒)，分散 (緑)，テスト MSE (紫) を λ または $\|\hat{\beta}_\lambda^R\|_2/\|\hat{\beta}\|_2$ の関数としてプロットした．水平の破線は最小可能 MSE．紫の × 印は MSE が最小になるリッジ回帰モデルを表す．

小 2 乗法によるモデル ($\lambda = 0$) の場合の MSE は，すべての係数を 0 とするヌルモデル，つまり $\lambda \to \infty$ とした場合に相当するほど大きい値を示す．しかし，λ が中間の値のときは，MSE はかなり小さい．

図 6.5 の右は左と同じものであるが，リッジ回帰係数の ℓ_2 ノルムを最小 2 乗法による回帰係数の推定値の ℓ_2 ノルムで割ったものを x 軸としている．左から右に行くにつれてモデルはより柔軟になり，バイアスは減少，分散は増加する．

一般的に，予測変数と応答変数の関係が線形に近いとき，最小 2 乗法による回帰係数の推定値はバイアスは小さいが分散は大きいかもしれない．これは訓練データにおける小さな変化が最小 2 乗法が推定する係数に大きな影響をもたらすということである．特に，図 6.5 の例のように変数の数 p がデータの数 n と同程度に大きい場合，最小 2 乗法による回帰係数の推定値には非常に大きなばらつきがある．また，もし $p > n$ であれば，最小 2 乗法による回帰係数の推定値は一意に定まらない．しかし，その場合でもリッジ回帰はバイアスが少し増える代わりに分散を大きく減少させるので，良い結果が得られる．したがって，リッジ回帰は最小 2 乗法による回帰係数の推定値の分散が大きいときに最も適している手法である．

リッジ回帰は 2^p 個のモデルの探索を必要とする最良部分集合選択において計算量の点で大きな利点をもつ．前に論じたように，p の値があまり大きくない場合でさえも，このような探索は計算量が非常に多く，実用的でないこともある．これに対して，どのような λ の値についても，リッジ回帰はただ一つのモデルを当てはめる．その当てはめの手順の実行は極めて高速である．実際，式 (6.5) をすべての λ について同時に解くのにかかる時間は最小 2 乗法を 1 つのモデルに当てはめるのにかかる時間とほぼ同じであることが知られている．

6.2.2 Lasso

リッジ回帰には明らかな欠点もある．すべての変数の部分集合を使ったモデルを検討する最良部分集合選択，変数増加法，変数減少法などと異なり，リッジ回帰は p 個すべての予測変数を含むモデルを扱う．式 (6.5) の罰則項 $\lambda \sum \beta_j^2$ は，係数を 0 に向かって縮小はするが，($\lambda \to \infty$ としなければ) 正確に 0 にするわけではない．これ自体は予測精度に関して問題がないかもしれない．しかし変数の数 p が大きい場合において，モデルの解釈を困難にする．例えば，Credit データセットにおいて，最も重要な変数は income, limit, rating, student であるように見える．それならばこれらの変数のみを用いてモデルを作りたいところである．しかし，リッジ回帰は常にすべての 10 個の予測変数を含んだモデルを作る．λ を増加させることにより係数の重みを小さくはするであろうが，いずれの変数も除外することはないのである．

Lasso は比較的近年になって使われるようになった手法であり，この欠点を克服しようとするものである．lasso 係数 $\hat{\beta}_\lambda^L$ は以下の量を最小化する：

$$\sum_{i=1}^n \left(y_i - \beta_0 - \sum_{j=1}^p \beta_j x_{ij} \right)^2 + \lambda \sum_{j=1}^p |\beta_j| \ = \mathrm{RSS} + \lambda \sum_{j=1}^p |\beta_j|. \tag{6.7}$$

式 (6.7) を式 (6.5) と比べると，lasso とリッジ回帰は同様の形式をもつことに気づく．唯一の違いは，式 (6.5) のリッジ回帰の罰則項 β_j^2 が，式 (6.7) では lasso の罰則項 $|\beta_j|$ に置き換えられていることである．統計学の用語では，lasso は (ℓ_2 ノルム罰則項ではなく) ℓ_1 ノルム罰則項を使っていると表現する．係数ベクトル β の ℓ_1 ノルムは $\|\beta\|_1 = \sum |\beta_j|$ と定義される．

リッジ回帰と同様，lasso も推定係数を 0 に向かって縮小する．しかし，lasso の場合は，チューニングパラメータ λ が十分大きいときには，ℓ_1 ノルム罰則項がいくつかの係数を正確に 0 にする効果をもつ．したがって，最良部分集合選択と同様，lasso は変数選択を行う．結果的に lasso により作られたモデルは一般的にリッジ回帰によるモデルよりも極めて解釈が容易である．lasso はスパースなモデル，つまり変数の一部分だけを含むモデルを作ると言われる．リッジ回帰と同様，適切な λ の値を設定することは非常に重要である．この議論については 6.2.3 項の交差検証で扱うことにする．

例として，図 6.6 のプロットを考える．これらは Credit データセットに lasso を当てはめて作成したものである．$\lambda = 0$ であれば，lasso は最小 2 乗法となる．そして λ が十分大きくなると，すべての係数を 0 とするヌルモデルとなる．しかし，これら両端を除けば，リッジ回帰と lasso は極めて異なる．図 6.6 の右において，左から右に向かうにしたがって，最初は lasso は予測変数 rating のみのモデルとなる．そして student と limit がほぼ同時にモデルに含まれ，その後すぐに income も入る．最終的には残りの変数もモデルに含まれる．したがって，λ の値により，lasso はモデ

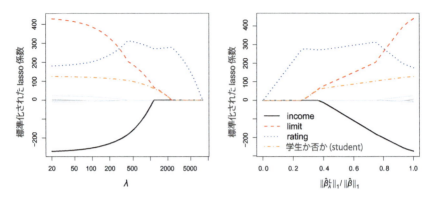

図 6.6 Credit データセットにおいて，標準化された lasso 係数を λ または $\|\hat{\beta}_\lambda^L\|_1/\|\hat{\beta}\|_1$ の関数として表示した．

ルに含まれる変数の数を自由に変えることができる．それに対して，リッジ回帰では変数の重みは λ によるものの，モデルにはすべての変数を含む．

リッジ回帰と lasso の別表現

lasso とリッジ回帰で係数を推定する際，それぞれ以下の問題を解くことになる．

$$\underset{\beta}{\operatorname{minimize}} \left\{ \sum_{i=1}^{n} \left(y_i - \beta_0 - \sum_{j=1}^{p} \beta_j x_{ij} \right)^2 \right\} \quad \text{subject to} \quad \sum_{j=1}^{p} |\beta_j| \leq s, \quad (6.8)$$

$$\underset{\beta}{\operatorname{minimize}} \left\{ \sum_{i=1}^{n} \left(y_i - \beta_0 - \sum_{j=1}^{p} \beta_j x_{ij} \right)^2 \right\} \quad \text{subject to} \quad \sum_{j=1}^{p} \beta_j^2 \leq s. \quad (6.9)$$

つまり，すべての λ について，問題 (6.7) と問題 (6.8) の解が共に同じ lasso 回帰係数となるような s が存在する．同様に，すべての λ について，問題 (6.5) と問題 (6.9) の解が同じリッジ回帰係数を与えるような s が存在する．$p = 2$ のとき，問題 (6.8) によると，lasso による回帰係数は $|\beta_1| + |\beta_2| \leq s$ で定義される菱形の領域で RSS を最小化する．またリッジ回帰係数は $\beta_1^2 + \beta_2^2 \leq s$ で定義される円の中において，RSS を最小化する．

問題 (6.8) を次のように考えることができる．lasso とはつまり予算 s があり，$\sum_{j=1}^{p} |\beta_j|$ をいくらまで大きくできるかについての制約がある下で，RSS を最小化するような回帰係数の推定値を求めることである．s が極めて大きい場合には，この予算はあまり制約にならないので，回帰係数の推定値は大きくすることができる．実際 s が十分大きく，最小 2 乗法の解がその予算内に収まるならば，問題 (6.8) は単に最小 2 乗解をもたらす．それに対して，もし s が小さいならば，予算内となるように $\sum_{j=1}^{p} |\beta_j|$ も小さくならなければならない．同様に，問題 (6.9) のリッジ回帰におい

ても，$\sum_{j=1}^{p} \beta_j^2$ が s を超えないという予算の制約条件がある下で，RSS を最小化するような係数の推定値を探している．

問題 (6.8) と問題 (6.9) において，lasso，リッジ回帰，そして最良部分集合選択の間の密接な関係を見て取れる．以下の問題を考えてみる：

$$\underset{\beta}{\text{minimize}} \left\{ \sum_{i=1}^{n} \left(y_i - \beta_0 - \sum_{j=1}^{p} \beta_j x_{ij} \right)^2 \right\} \quad \text{subject to} \quad \sum_{j=1}^{p} I(\beta_j \neq 0) \leq s. \tag{6.10}$$

ここに，$I(\beta_j \neq 0)$ は指示関数で $\beta_j \neq 0$ のときに 1，その他の場合は 0 をとる．このとき問題 (6.10) は 0 でない係数が s 個より多くならないという制約条件において，RSS を最小化するような係数の推定値を求めることに値する．問題 (6.10) は最良部分集合選択と同一である．残念ながら，(6.10) を解くのは p が大きいと計算量的に不可能である．なぜなら s 個の予測変数をもつ $\binom{p}{s}$ 個のモデルをすべて吟味しなければならないからである．よって，リッジ回帰や lasso は，最良部分集合選択 (6.10) において扱いが困難な予算条件を解きやすい形のものに置き換えることで得られる，計算量的に可能な代替手法としてとらえることができる．もちろん lasso の方がより最良部分集合選択と密接な関係がある．なぜなら lasso のみが問題 (6.8) において十分小さい s についても特徴選択を行うからである．

Lasso の変数選択

なぜ lasso は，リッジ回帰と違い，いくつかの係数の推定値が正確に 0 になるのであろうか．これを解明するには問題 (6.8) と問題 (6.9) が役に立つ．図 6.7 がその状況を説明している．最小 2 乗法による解は $\hat{\beta}$ で示されている．青い菱形と円が問題 (6.8) と問題 (6.9) にある lasso とリッジ回帰におけるそれぞれの制約条件を表している．s が十分大きいならば，制約条件に対応する可能領域は $\hat{\beta}$ を含み，リッジ回帰や lasso 推定値は最小 2 乗法による係数の推定値と同一になる（このように s を大きい値にすることは問題 (6.5) と問題 (6.7) において，$\lambda = 0$ としたことに相当する）．しかし，図 6.7 では最小 2 乗法の解は菱形や円の外側に位置している．つまり最小 2 乗法の解は lasso やリッジ回帰の推定値と同一ではない．

$\hat{\beta}$ を中心とする楕円はそれぞれ RSS が一定の領域を示す．すなわち楕円上の点は RSS の推定値が等しい点を結んでできたものである．楕円が大きくなって最小 2 乗法による係数から離れていくにつれて，RSS は増加していく．問題 (6.8) と問題 (6.9) で，lasso とリッジ回帰係数は楕円を次第に大きくしたとき，最初に制約条件の可能領域と接する点である．リッジ回帰の可能領域は円であり角がないので，通常，最適解は座標軸上とならない．したがってリッジ回帰係数はすべて非零となる．しかし，lasso の可能領域は座標軸上に角があり，楕円はしばしば座標軸上で可能領域に接する．この場合，係数の 1 つが 0 になる．より高次のケースにおいては，複数の係数が

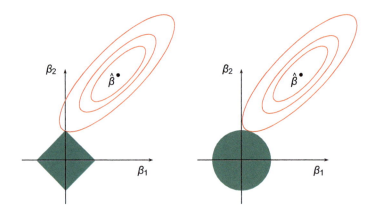

図 6.7 Lasso (左) とリッジ回帰 (右) による誤差の等高線と制約関数. 青い領域が制約条件の可能領域. $|\beta_1|+|\beta_2| \leq s$ および $\beta_1^2 + \beta_2^2 \leq s$. 赤線の楕円は RSS の等高線.

同時に 0 になることもある.図 6.7 では,$\beta_1 = 0$ で楕円と可能領域が接するのでモデルは β_2 のみを含むことになる.

図 6.7 では $p = 2$ の簡単な例を扱った.$p = 3$ のとき,リッジ回帰の制約条件は球になり,lasso については多面体になる.$p > 3$ のとき,リッジ回帰の制約条件は超球,lasso では超多面体になる.しかし,図 6.7 に描かれた考え方は高次の場合にも当てはまる.特に lasso では $p > 2$ のときに多面体や超多面体がとがった角をもつことにより,特徴選択をすることになる.

Lasso とリッジ回帰の比較

Lasso はリッジ回帰に対して大きな長所があることは明白である.lasso は予測変数の一部のみを使い,より単純で解釈の容易なモデルを作るからである.しかし,どちらのモデルの方が予測精度が高いのであろうか.図 6.8 は図 6.5 で用いたシミュレーションデータに lasso を適用したときの分散,バイアスの 2 乗,テスト MSE を示している.明らかに lasso は定性的にはリッジ回帰と同様の振る舞いを示す.つまり λ が増加すると,分散は減少し,バイアスが増加するのである.図 6.8 の右では,破線はリッジ回帰の結果を表す.ここではともに訓練データにおける R^2 の関数として表示した.これはモデルの尺度として便利な方法で,この場合のように,異なった種類の正則化を施したモデルを比べる際に用いられる.この例では lasso とリッジ回帰の結果はほとんど同じバイアスを持つ.しかし,リッジ回帰における分散は lasso における分散よりもわずかに小さい.結果として,リッジ回帰の MSE の最小値は lasso の MSE の最小値よりもわずかに小さい.

しかし,図 6.8 のデータは 45 個の予測変数すべてが応答変数に関係するように生

6.2 縮小推定

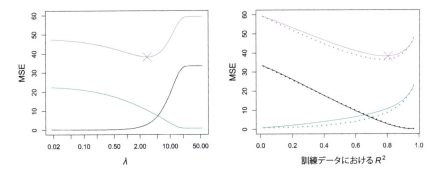

図 6.8 **左**：シミュレーションデータにおける lasso のバイアスの 2 乗 (黒), 分散 (緑), テスト MSE (紫) のプロット. **右**：lasso (実線) とリッジ回帰 (点線) におけるバイアスの 2 乗, 分散, テスト MSE の比較. 横軸は, 共通の尺度として訓練データでの R^2 を使った. 両方のプロットで×印はMSE が最小となる lasso モデルである.

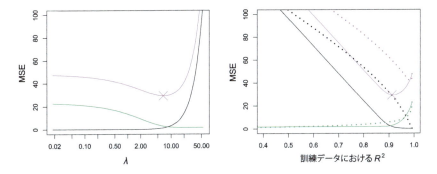

図 6.9 **左**：Lasso におけるバイアスの 2 乗 (黒), 分散 (緑), テスト MSE (紫). シミュレーションデータは図 6.8 で使用したものと同様であるが, ここでは 2 つの予測変数のみが応答変数に関係している. **右**：Lasso (実線) とリッジ回帰 (点線) の比較. バイアスの 2 乗, 分散, テスト MSE のプロット. 横軸には, 共通の尺度として訓練データでの R^2 を使った. 両方のプロットで×印は MSE が最小となる lasso モデルである.

成されている. つまり $\beta_1, \ldots, \beta_{45}$ のいずれも 0 ではない. lasso では正確に 0 の係数があると暗に仮定している. 結果として, この場合においてリッジ回帰が lasso よりも性能が良いことは自然である. 図 6.9 は同様の状況であるが, ここでは 45 個の予測変数のうち 2 個のみが実際に応答変数に関係するようにシミュレーションデータを生成した. ここでは lasso がバイアス, 分散そして MSE のどれにおいてもリッジ回帰よりも優れていることがわかる.

これらの 2 つの例からわかることは, リッジ回帰と lasso のどちらかが一貫して他

方よりも良いということはないということである．一般には，lasso は，少数の予測変数が主で，その他の係数はとても小さい値または 0 であるような場合に適していると考えられる．リッジ回帰は応答変数が多くの予測変数の関数で，すべての係数が同程度の値のときに適しているであろう．しかし，応答変数に関係している予測変数の数を実際のデータでは事前に知ることはできない．あるデータセットにおいて，どちらの手法が適しているかを決定するには交差検証などを使うとよい．

最小 2 乗法による推定値の分散が非常に大きい場合には，リッジ回帰と同様 lasso もバイアスをわずかに増やす代わりに分散を減少させることができる．結果として予測精度がより高くなる．リッジ回帰と異なる点は，lasso は変数選択を行うので，解釈が容易なモデルが得られるという点である．

リッジ回帰にも lasso にも非常に効率的なアルゴリズムがあり，どちらの場合においてもすべての λ について回帰係数を求める問題を最小 2 乗法を一度当てはめるのと同程度の時間で解くことができる．本章の実習ではこれをさらに深く調べることにする．

リッジ回帰と lasso の特別な場合

リッジ回帰と lasso の振る舞いについて直観的に理解するため，以下の特別なケースを検討する．ここで $n = p$，$\mathbf{X}$ は対角行列で対角成分は 1，非対角成分は 0 である．さらに問題を簡単にするため，切片のない回帰を当てはめることにする．以上の仮定により，通常の最小 2 乗問題は

$$\sum_{j=1}^{p}(y_j - \beta_j)^2 \tag{6.11}$$

を最小化するような $\beta_1, \ldots, \beta_p$ を求めることになる．この場合，最小 2 乗法の解は

$$\hat{\beta}_j = y_j$$

となる．また，このときリッジ回帰は

$$\sum_{j=1}^{p}(y_j - \beta_j)^2 + \lambda \sum_{j=1}^{p} \beta_j^2 \tag{6.12}$$

を最小化するような係数を見つけることに相当する．そして lasso は

$$\sum_{j=1}^{p}(y_j - \beta_j)^2 + \lambda \sum_{j=1}^{p} |\beta_j| \tag{6.13}$$

を最小化するような係数を見つけることに相当する．このとき，リッジ回帰係数の推定値は

$$\hat{\beta}_j^R = y_j/(1 + \lambda) \tag{6.14}$$

の形式をとり，また lasso 推定値は

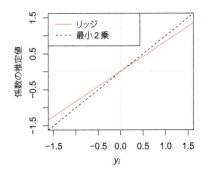
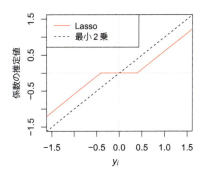

図 6.10　$n=p$ で $\mathbf{X}$ が対角成分に 1 を持つ対角行列の例．左：リッジ回帰係数は最小 2 乗法による推定値と比べて，0 に向かって比例的に縮小している．右：lasso の回帰係数は (しきい値による) 軟判定で 0 に向かう．

$$\hat{\beta}_j^L = \begin{cases} y_j - \lambda/2 & y_j > \lambda/2 \text{ の場合} \\ y_j + \lambda/2 & y_j < -\lambda/2 \text{ の場合} \\ 0 & |y_j| \leq \lambda/2 \text{ の場合} \end{cases} \quad (6.15)$$

の形式をとる．

図 6.10 がこの様子を示している．リッジ回帰と lasso は異なる種類の縮小を行っていることがわかる．リッジ回帰では，最小 2 乗法による回帰係数の推定値はそれぞれ同じ割合で縮小されている．対照的に，lasso は最小 2 乗法による係数を定数 $\lambda/2$ 分だけ 0 方向に縮小している．最小 2 乗法による係数の絶対値が $\lambda/2$ より小さいものは正確に 0 に縮小している．lasso で行われるような種類の縮小は (しきい値による) 軟判定という．lasso がいくつかの係数を縮小して完全に 0 にしてしまうという事実は，lasso が特徴選択を行うことを示している．

$\mathbf{X}$ がより一般的な行列の場合は，図 6.10 で示されているよりも少し複雑な状況となる．しかし，考え方自体はほとんど変わらない．リッジ回帰はデータのすべての次元で同じ割合で縮小を行うのに対し，lasso はすべての係数を同じ値だけ縮小し，十分小さい係数は正確に 0 に縮小する．

リッジ回帰と lasso のベイズ流解釈

ここでは，リッジ回帰と lasso をベイズの観点から見ていくことにする．ベイズ統計では，回帰には係数ベクトル β についての何らかの事前確率 $p(\beta)$ があるとする．ここに $\beta = (\beta_0, \beta_1, \ldots, \beta_p)^T$ である．データの尤度は $f(Y|X, \beta)$ と表すことができる．ここに $X = (X_1, \ldots, X_p)$ である．事前確率と尤度をかけあわせることにより，(定数倍を除く) 事後確率を以下に得る．

$$p(\beta|X, Y) \propto f(Y|X, \beta) p(\beta|X) = f(Y|X, \beta) p(\beta)$$

ここに比例関係はベイズの定理によって示される．また等号は X が与えられたという仮定による．

ここで通常の線形モデル

$$Y = \beta_0 + X_1\beta_1 + \cdots + X_p\beta_p + \epsilon$$

を仮定する．そして誤差は独立であり，正規分布に従うと仮定する．さらに，ある確率密度関数 g について $p(\beta) = \prod_{j=1}^{p} g(\beta_j)$ が成り立つとする．リッジ回帰と lasso は g がある特別な場合において自然に得られることがわかる．

- もし g が平均 0，標準偏差が λ の関数である正規分布の確率密度関数であるとすると，β の事後モード (事後分布の最頻値)，つまり手元のデータによる β の推定値で最も観測される値がリッジ回帰の解となる (実はリッジ回帰の解は事後分布の平均でもある)．
- もし g が平均 0，尺度パラメータが λ の関数である 2 重指数分布 (ラプラス分布) の確率密度関数であるとすると，β の事後モードが lasso の解となる (しかし，lasso の解は事後分布の平均値ではない．実際，事後平均はスパースな (0 を多くもつ) 係数ベクトルを生成しない)．

図 6.11 に事前分布が正規分布と 2 重指数分布である場合の例を示した．ベイズの見地からは，通常の正規誤差の線形モデルにおいて，β の単純な事前分布についての仮定と組み合わせることによりリッジ回帰も lasso も直接得ることができる．lasso の事前分布は 0 において急なピークがあり，正規分布では 0 付近でより太くて平らである．したがって，lasso では先験的に多くの係数が (正確に) 0 になり，リッジ回帰では係数は 0 のまわりに無作為に分布している．

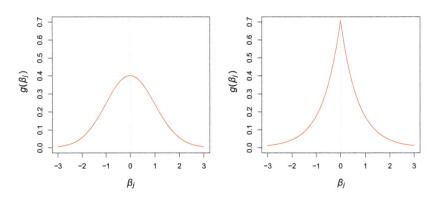

図 6.11　**左**：リッジ回帰は事前分布が正規分布の下での β の事後モードである．**右**：lasso は事前分布が 2 重指数分布の下での β の事後モードである．

6.2.3 チューニングパラメータの選択

6.1 節で，検討中のモデルのうちどれがベストなのかを結論づける方法として部分集合選択が必要だったように，リッジ回帰と lasso では式 (6.5) と式 (6.7) におけるチューニングパラメータ λ の値，あるいは問題 (6.9) と (6.8) における制約条件の s の値を決定する方法が必要とされる．交差検証は，この問題に対処する単純な方法である．さまざまな λ の値について，第 5 章のように交差検証誤差を計算する．そして交差検証誤差が最小になるようなチューニングパラメータを選べばよい．最後に，改めてすべてのデータに最適なチューニングパラメータを使ってモデルを当てはめる．

図 6.12 は `Credit` データセットのリッジ回帰に LOOCV を行い，最適な λ を選んだものである．垂直の破線が選ばれた λ の値を示す．この場合 λ の値は比較的小さい．これは最小 2 乗法に比べてわずかに縮小が施されたことを意味している．さらに曲線の谷は明確でないので，λ の値は広い範囲で同程度の誤差となる．このような例では，単に最小 2 乗法を使うとよいかもしれない．

図 6.13 では図 6.9 におけるシミュレーションデータに lasso を適用し，10 分割交差検証を行った．図 6.13 の左は 10 分割交差検証誤差を示す．右は係数の推定値である．垂直の破線は交差検証誤差が最小となる点である．図 6.13 右の 2 本の色付きの線は，応答変数に関係のある 2 つの予測変数に対応し，それ以外のグレーの線は関係のない予測変数である．これらはそれぞれシグナル変数，ノイズ変数と呼ばれることがある．lasso は 2 つのシグナル変数に大きな係数を推定しているだけでなく，交差検証誤差が最小となるのは，シグナル変数のみが非零のときである．したがって，この lasso と交差検証によりモデルの 2 つのシグナル変数を正しく特定している．変数の数が $p = 45$，データの数が $n = 50$ というかなり難しい状況にも関わらずである．これに対して，図 6.13 右の一番右端にある最小 2 乗法の解は，2 つのシグナル変数の

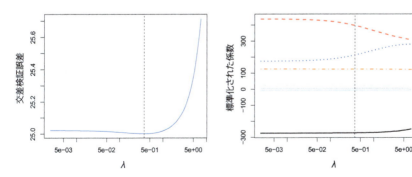

図 6.12 左：`Credit` データにさまざまな λ の値でリッジ回帰を当てはめた結果．右：係数の推定値を λ の関数として表している．垂直の破線は交差検証により選択された λ の値を示している．

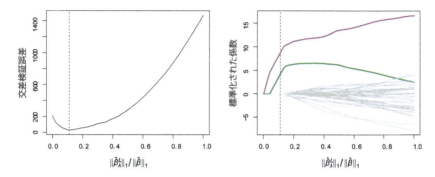

図 6.13 左：図 6.9 のスパースなシミュレーションデータに lasso を当てはめた際の 10 分割交差検証誤差．右：lasso による係数の推定値を表示した．垂直の破線は交差検証誤差が最小となる lasso の当てはめを示している．

うち 1 つだけに大きな係数を推定している．

 ## 6.3 次元削減

本章でこれまでに扱ってきた手法は 2 つの方法により分散を調整している．2 つの方法とは，元々の変数の部分集合を使うこと，そして係数を 0 に向かって縮小することである．これらの手法はどちらも元々の予測変数 $X_1, X_2, \ldots, X_p$ を使って定義されている．ここでは予測変数に変換を施し，変換後の変数に最小 2 乗法を使う手法を探る．これらの手法が次元削減法である．

元々の p 個の予測変数から生成される M 個 $(M < p)$ の線形結合を $Z_1, Z_2, \ldots, Z_M$ とする．すなわち

$$Z_m = \sum_{j=1}^{p} \phi_{jm} X_j. \tag{6.16}$$

ここに $\phi_{1m}, \phi_{2m} \ldots, \phi_{pm}$ は定数，$m = 1, \ldots, M$ である．ここで最小 2 乗法によって線形回帰モデル

$$y_i = \theta_0 + \sum_{m=1}^{M} \theta_m z_{im} + \epsilon_i, \quad i = 1, \ldots, n \tag{6.17}$$

を当てはめる．式 (6.17) において，回帰係数は $\theta_0, \theta_1, \ldots, \theta_M$ である．定数 $\phi_{1m}, \phi_{2m}, \ldots, \phi_{pm}$ を上手に選ぶことにより，このような次元削減は通常の最小 2 乗回帰よりも性能が良くなることがある．つまり，最小 2 乗法を用いて式 (6.17) を当てはめる方が，式 (6.1) よりも良い結果が得られるのである．

次元削減という用語は，この手法が $p + 1$ 個の係数 $\beta_0, \beta_1, \ldots, \beta_p$ を推定する問題から $M + 1$ 個の係数 $\theta_0, \theta_1, \ldots, \theta_M$ を推定する問題に単純化されていることに由来

する．ここに $M < p$ である．つまり，問題の次元が $p+1$ から $M+1$ へと削減されたのである．

式 (6.16) より

$$\sum_{m=1}^{M} \theta_m z_{im} = \sum_{m=1}^{M} \theta_m \sum_{j=1}^{p} \phi_{jm} x_{ij} = \sum_{j=1}^{p} \sum_{m=1}^{M} \theta_m \phi_{jm} x_{ij} = \sum_{j=1}^{p} \beta_j x_{ij}$$

である．ここに

$$\beta_j = \sum_{m=1}^{M} \theta_m \phi_{jm}. \tag{6.18}$$

したがって，式 (6.17) は元々の線形回帰モデル (6.1) の特別な場合であると考えることができる．次元削減は推定された係数 β_j に式 (6.18) の制約条件を課している．係数にこのような制約条件を課すことにより，係数の推定値にバイアスを与える可能性がある．しかし，p が n と比べて大きい場合には，$M \ll p$ とすることにより，係数の分散をかなり減少することができる．$M = p$ かつ Z_m が線形独立の場合，式 (6.18) は新たな制約にはならない．この場合，次元の削減は起こらず，式 (6.17) を当てはめることは元の p 変数を使って最小 2 乗法を使うのと同値である．

すべての次元削減の手法は次の 2 つの段階により行われる．まず，予測変数を変換して $Z_1, Z_2, \ldots, Z_M$ を得る．次に，M 個の予測変数を使ってモデルを当てはめる．しかし，$Z_1, Z_2, \ldots, Z_M$ をどのように選ぶか，つまり ϕ_{jm} をどのように選ぶかについてはさまざまな方法がある．本章では，主成分回帰と部分最小 2 乗法 (PLS) の 2 つについて述べる．

6.3.1　主成分回帰

主成分分析 (PCA: principal component analysis) は大きな変数のセットから低次元の特徴を抽出するためによく使われる手法である．PCA は第 10 章の教師なし学習の手法としてより詳細に論じるので，ここでは回帰における次元削減の手法としての PCA の使用について述べる．

主成分分析の概要

主成分分析 (PCA) は $n \times p$ データ行列 $\mathbf{X}$ の次元を削減する方法である．第 1 主成分の方向は，観測データのばらつきが一番大きくなるような方向である．例えば，図 6.14 は人口 (pop) を千人を単位，またある会社の商品の広告費用 (ad) を千ドルを単位として，100 都市のデータをプロットしたものである．緑の実線で，データの第 1 主成分の方向を表している．この方向がデータのばらつきを最大とするものであると目視で確認することができる．つまり，(図 6.15 の左にあるように) 100 個のデータをこの線に射影したとき，その像の分散が最も大きくなる．これ以外の線に射影すると，像の分散はより小さくなる．観測値をある実線に射影するとは，単にデータから

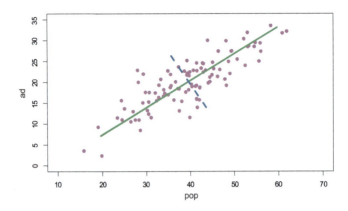

図 6.14　100 の都市における人口 (pop) と広告費用 (ad) を紫点で示した．緑の実線が第 1 主成分，青い破線が第 2 主成分を示している．

最も近い実線上の点を見つけるということである．

図 6.14 のように，第 1 主成分はグラフ上で表すことができるが，数学的にこれはどのように捉えられるであろうか．式は以下の通りである．

$$Z_1 = 0.839 \times (\text{pop} - \overline{\text{pop}}) + 0.544 \times (\text{ad} - \overline{\text{ad}}). \tag{6.19}$$

ここに $\phi_{11} = 0.839$ と $\phi_{21} = 0.544$ は第 1 主成分の重みとなる係数である．この係数が上で示した方向を決定する．式 (6.19) において，$\overline{\text{pop}}$ はデータセットにあるすべての pop の値の平均であり，同様に $\overline{\text{ad}}$ はすべての ad の平均値である．ここで大事なことは，$\phi_{11}^2 + \phi_{21}^2 = 1$ となるような pop と ad のすべての線形結合のうち，この線形結合が分散を最大化するということである．つまりこの線形結合が $\text{Var}(\phi_{11} \times (\text{pop} - \overline{\text{pop}}) + \phi_{21} \times (\text{ad} - \overline{\text{ad}}))$ を最大化する．$\phi_{11}^2 + \phi_{21}^2 = 1$ となるような線形結合に限定していることに注意されたい．さもなくば，分散を増加させるためにただ ϕ_{11} と ϕ_{21} を大きくすればよいということになる．

式 (6.19) では，2 つの係数はともに正であり，同程度の重みである．したがって Z_1 は 2 つの変数のほぼ平均となっている．

$n = 100$ であるから，pop と ad はともに長さ 100 のベクトルである．したがって Z_1 も同様である．例えば

$$z_{i1} = 0.839 \times (\text{pop}_i - \overline{\text{pop}}) + 0.544 \times (\text{ad}_i - \overline{\text{ad}}) \tag{6.20}$$

となる．$z_{11}, \ldots, z_{n1}$ の値は主成分スコアと呼ばれ，これは図 6.15 の右に示されている．

PCA には別の解釈の仕方もある．第 1 主成分ベクトルはデータに最も近い直線である．例えば，図 6.14 において，第 1 主成分はデータから直線に下ろした垂線の距

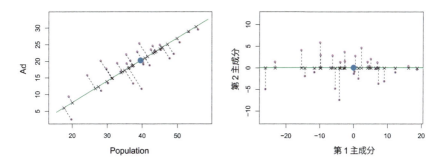

図 6.15 ここでは広告データの一部のみを使用した．pop と ad の平均は青い円で表した．左：第 1 主成分の方向を緑線で示す．これがデータの分散が最大となるような方向である．同時に，これは n 個すべてのデータに最も近い線でもある．各データから主成分までの距離は黒破線で示した．青い点は $(\overline{\text{pop}}, \overline{\text{ad}})$ である．右：左のグラフを回転し，第 1 主成分が x 軸となるようにした．

離の平方和を最小化する．これらの垂線は図 6.15 の左では黒い破線で示されている．×でそれぞれのデータから第 1 主成分への射影を示す．第 1 主成分は射影された点と元々の観測値の距離がなるべく近くなるように選ばれる．

図 6.15 の右は左のグラフを回転させ，第 1 主成分が x 軸になるようにしたものである．式 (6.20) は i 番目のデータの第 1 主成分スコアであるが，これは i 番目のデータに対応する×印と 0 との距離である．例えば，図 6.15 の左のグラフで，左下の端にある点の第 1 主成分スコアは大きな負の値 $z_{i1} = -26.1$ であり，右上の端のデータのスコアは大きな正の値 $z_{i1} = 18.7$ である．これらのスコアは式 (6.20) で直接計算することができる．

第 1 主成分 Z_1 の値は，それぞれの都市で，人口 pop と広告費用 ad を合わせて 1 つの数値で要約したものと考えることができる．この例では，例えば $z_{i1} = 0.839 \times (\text{pop}_i - \overline{\text{pop}}) + 0.544 \times (\text{ad}_i - \overline{\text{ad}}) < 0$ であれば，これは，おおよそ人口が平均よりも小さく，広告費用も平均より小さい都市であると考えることができる．正のスコアはこれと逆を表す．1 つの数字で pop と ad をどの程度上手く要約できるであろうか．この例では，図 6.14 によると pop と ad は近似的に線形の関係があるので，1 つの数値で要約する方法が良く機能するようである．図 6.16 では z_{i1} について pop と ad をプロットした[*4]．これらのプロットでわかるように，2 つの特徴は第 1 主成分と強い関係がある．言い換えれば，第 1 主成分は予測変数 pop と ad に含まれる情報を最も多く捉えているようである．

[*4] 主成分を計算する前に変数 pop と ad を標準化している．したがって，図 6.15 と図 6.16 では横軸のスケールが異なる．

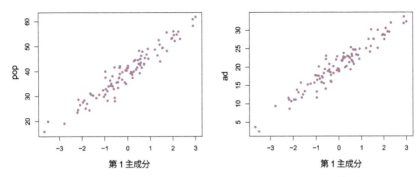

図 6.16　第 1 主成分スコア z_{i1} と pop および ad のプロット．強い関係がわかる．

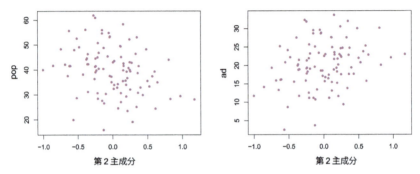

図 6.17　第 2 主成分スコア z_{i2} と pop および ad のプロット．関係は弱い．

これまでのところ第 1 主成分について議論したが，一般的には p 番目までの主成分を導出することができる．第 2 主成分 Z_2 は Z_1 とは相関がない変数の線形結合のうち，分散を最大化するものである．図 6.14 に第 2 主成分の方向を青の破線で示した．Z_1 と Z_2 の相関が 0 であるという条件は，第 1 主成分の軸が第 2 主成分の軸と垂直あるいは直交するということである．第 2 主成分の式は，以下で求められる．

$$Z_2 = 0.544 \times (\text{pop} - \overline{\text{pop}}) - 0.839 \times (\text{ad} - \overline{\text{ad}}).$$

このデータは 2 つの予測変数のモデルであるから，pop と ad のすべての情報は第 2 主成分までに含まれる．しかし，この手法の成り立ちから，第 1 主成分がより多くの情報を含んでいる．例として，図 6.15 の右では，z_{i1} (x 軸) の方が，z_{i2} (y 軸) よりもかなり分散が大きい．第 2 主成分スコアの方が 0 にかなり近いという事実は，この成分があまり情報を持っていないことを表している．もう 1 つの例として，図 6.17 は z_{i2} を pop と ad に対してプロットしたものである．第 2 主成分とこれらの 2 つの予測変数にはほとんど関係がないことがわかる．ここでもまた，pop と ad を正確に表すには第 1 主成分のみで十分であるといえる．

この広告データの例のように2次元データの場合は，第2主成分までしか考えることができない．しかし，他の予測変数，例えば年齢，収入，教育レベルなどのような情報があれば，さらに主成分を構成することができる．それまでの主成分と相関がないという制約の下で，分散を最大化するような主成分を順次作っていけばよいのである．

主成分回帰

主成分回帰 (PCR: principal components regression) の手法は，M 個の主成分 $Z_1, \ldots, Z_M$ を作成し，これらの主成分を予測変数として最小2乗法により線形回帰モデルを当てはめることである．ここで重要なのは，多くの場合，少数の主成分でデータの分散，および応答変数との関係のほとんどを説明できるということである．つまり，$X_1, \ldots, X_p$ で分散が最大となる方向がそのまま Y と関係している方向であると仮定する．この仮定は必ずしも保証されないが，十分妥当な近似であり，しばしば良い結果をもたらす．

PCR についての仮定が成り立つとすれば，$Z_1, \ldots, Z_M$ を予測変数として最小2乗法を用いてモデルを当てはめる方が，$X_1, \ldots, X_p$ を使うよりも良い結果が得られる．なぜならば，応答変数に関係する情報はほとんど，またはすべてが $Z_1, \ldots, Z_M$ に含まれており，$M \ll p$ 個の係数のみを推定するため，過学習の問題を回避できるからである．広告データでは，第1主成分が `pop` と `ad` の両方の分散をほとんど説明しているので，主成分回帰を1変数のみで当てはめ，例えば `sales` のような関心のある応答変数を予測すれば，かなり良い結果になると思われる．

図 6.18 では，図 6.8 と図 6.9 で使用したシミュレーションデータセットに PCR を当てはめた結果を示す．これらのデータはともに，50件の観測データ ($n = 50$) で，45個の予測変数 ($p = 45$) がある．しかし，最初のデータセットでは，応答変数はすべての予測変数の関数であるのに対し，2つ目のデータセットでは，応答変数は2つの予測変数のみを用いて得られている．横軸に回帰モデルの予測変数に使用した主成分

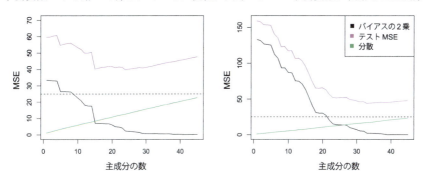

図 **6.18** 2つのシミュレーションデータセットにおいて PCR を適用した．**左**：図 6.8 のシミュレーションデータ．**右**：図 6.9 のシミュレーションデータ．

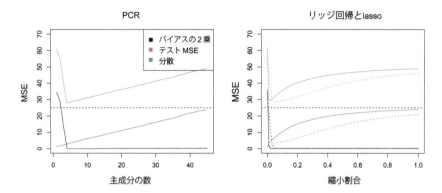

図 6.19 X の第 1 主成分から第 5 主成分までに Y を説明するすべての情報が含まれるようなシミュレーションデータに PCR, リッジ回帰, lasso を適用した. それぞれのグラフで, 削減不能誤差 $\mathrm{Var}(\epsilon)$ は水平の破線で示す. 左：PCR の結果. 右：lasso (実線) とリッジ回帰 (破線) の結果. x 軸は係数の推定値の縮小割合, これは縮小された係数の ℓ_2 ノルムを最小 2 乗による係数の ℓ_2 ノルムで割ったものとして定義されている.

の数 M をとって曲線をプロットした. モデルに含む主成分の数が増えるにしたがって, バイアスは減少しているが, 分散は増加している. 結果として MSE はよくみられる U 字型となっている. $M = p = 45$ のとき, PCR は単にもともとのすべての変数を使って最小 2 乗法を用いて当てはめた結果となる. グラフは PCR において適切な M を選べば最小 2 乗法よりもかなり良い結果が得られることを表している. 左のグラフは特に顕著である. しかし, 図 6.5, 6.8, 6.9 のリッジ回帰と lasso の結果を見ると, この例では PCR は 2 つの縮小法と比べてあまり良くないことがわかる.

図 6.18 において PCR が比較的機能しない理由は, このデータで応答変数を正確にモデル化しようとすると, 多くの主成分が必要になるからである. それに対し, PCR は少数の主成分で予測変数の分散や, 応答変数との関係をモデル化できるようなデータの場合には非常に良く機能する. 図 6.19 の左は, PCR が良く機能するように作成したシミュレーションデータを使用した例である. ここにおいては, 第 5 主成分までで, すべてが説明されているようなデータを作成した. このとき, PCR に含まれる主成分の数 M が増加するにしたがって, バイアスは急速に 0 に近づく. MSE は $M = 5$ において明らかに最小化されている. 図 6.19 の右では, これらのデータにリッジ回帰と lasso を当てはめた結果を示す. これら 3 つの手法すべて最小 2 乗法と比べて明らかな改善が見られる. しかし, PCR とリッジ回帰の方が lasso よりも少し良い結果を示している.

ここで, PCR は $M < p$ 個の予測変数を用いて回帰を行う単純な方法ではあるが,

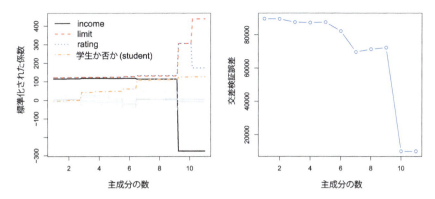

図 6.20 左：Credit データセットにおいて，M を変化させたときの PCR の標準化された係数の推定値．右：PCR を使ったときの 10 分割交差検証 MSE を M の関数としてプロットした．

これは変数選択の手法ではないことに注意されたい．なぜならば，回帰に使われる M 個の主成分はそれぞれが，元の p 個の特徴すべての線形結合であるからである．例えば，式 (6.19) において，Z_1 は pop と ad 両方の線形結合である．したがって，PCR は実用上多くの場面で機能することが多いが，元の特徴の部分集合のみを使うようなモデルにはならない．この意味において，PCR は lasso よりもリッジ回帰に近いといえる．実は PCR とリッジ回帰は密接した関係にあることを示すことができるだけでなく，リッジ回帰は PCR を連続化したものであると考えることさえ可能である[*5]．

PCR では，主成分の数 M は通常交差検証により選ばれる．Credit データセットに PCR を当てはめた結果を図 6.20 に示す．右は 10 分割交差検証誤差を M の関数としてプロットしたものである．これらのデータによると，交差検証誤差が最小となるのは 10 個の主成分 ($M = 10$) を使ったときである．$M = 11$ とした PCR が単純に最小 2 乗法を使った場合に相当するので，この場合は次元削減がほとんど行われていないことを意味する．

PCR を行うときには，主成分を構成する以前に，式 (6.6) を使いそれぞれの予測変数を標準化することが一般に推奨されている．このような標準化を施すことにより，すべての変数を同じスケールで測ることになる．もし標準化をしなかった場合には，分散の大きい変数が主成分において大きな影響力をもつことになり，測定された変数の単位が最終的に PCR に影響してしまうことになる．しかしすべての変数が同じ単位 (例えばキログラムとか，インチ) で計測されていれば，標準化しなくてもよい．

[*5] 詳しくは *Elements of Statistical Learning* (Hastie, Tibshirani, Friedman)(邦訳：統計的学習の基礎 (杉山他訳)) の 3.5 節を参照されたい．

6.3.2 部分最小2乗法

以上で論じた PCR は予測変数 $X_1, \ldots, X_p$ を最もよく表すような方向，あるいは線形結合を見つけるという手法であった．これらの方向は教師なしで見つけることになる．なぜなら応答変数 Y の値は，主成分の方向を決める際には使われていないからである．結果として，PCR には欠点がある．予測変数を最もよく説明する主成分が，応答変数を予測するのにも最適であるという保証がないのである．教師なしの方法の詳細については第10章で論じる．

ここで，部分最小2乗法 (PLS: partial least squares) について論じる．これは PCR に代わる教師ありの手法である．PCR と同様，PLS は次元を削減する手法で，元の特徴の線形結合により新たな特徴 $Z_1, \ldots, Z_M$ を作成し，これら M 個の特徴を使って最小2乗法により線形モデルを当てはめる．しかし PCR と異なるのは，PLS は新たな特徴を教師ありの方法で定めるのである．つまり応答変数 Y を利用して元の特徴をよくとらえているだけでなく，応答変数に関係しているような新たな特徴を見つけるのである．大まかに言えば，PLS は応答変数と予測変数の両方を説明できるような方向を見つけるものである．

次に，どのように第1 PLS が計算されるかについて述べる．p 個の予測変数を標準化した後，PLS は式 (6.16) の各 ϕ_{j1} を X_j 上への Y の線形単回帰における係数と等しくすることにより，最初の方向 Z_1 を計算する．この係数は Y と X_j の相関係数に比例していることがわかる．したがって，$Z_1 = \sum_{j=1}^{p} \phi_{j1} X_j$ を計算する際，PLS は応答変数に最も強く関係している変数に大きな重みを置く．

図 6.21 はシミュレーションにより生成したデータセットにおける PLS の例である．データにおいて予測変数は人口と広告費用，応答変数は 100 の地域におけるセールスである[6]．第1 PLS を実線で，第1主成分を破線で示した．PLS の方向は，`pop` を変化させたときの `ad` の変化が PCA より少なくなるような方向を選んでいる．これは `pop` が `ad` よりも応答変数により強く関係していることを指している．PLS は PCA ほど予測変数に正確に当てはまっていないが，応答変数をよりよく説明している．

第2 PLS を見つけるには，まずそれぞれの変数を Z_1 に回帰し，その残差をとることにより Z_1 における変数を調節する．この残差は，第1 PLS によって説明されていない情報であると解釈できる．そして元のデータから Z_1 を計算したときとまったく同様の方法で，直交化されたデータを使って Z_2 を計算する．この作業を M 回繰り返し，PLS 成分 $Z_1, \ldots, Z_M$ を決定する．最後に PCR とまったく同様に，$Z_1, \ldots, Z_M$ を使って Y を予測するような線形回帰を最小2乗法で当てはめる．

PCR と同様，PLS で使われる部分最小2乗法の軸の数 M はチューニングパラメー

---

[6] このデータは第3章で扱った `Advertising` データとは別のデータである．

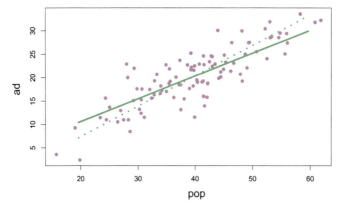

図 6.21　広告データセットにおける第 1 PLS (実線) と第 1 PCR (破線) を示す．

タであり，通常交差検証により選ばれる．一般的に PLS の前に予測変数と応答変数は標準化される．

PLS は計量化学の分野でよく使われる．デジタル化された分光測定の信号では多くの変数があるためである．実用上，PLS はリッジ回帰や PCR よりも正確とはならない．PLS と PCR を比較した場合の PLS の利点は，PLS が教師ありで次元削減するため，バイアスは小さくなることである．しかし，分散が大きくなる可能性もあり，全体としては相殺される．

6.4　高次元の場合に考慮すべき事項

6.4.1　高次元データ

回帰や分類のための統計的手法はほとんどの場合，低次元，つまり，観測データの数 n が特徴の数 p よりもかなり大きい場合を想定している．これは 1 つには歴史的な理由で，統計学を必要とする科学の諸問題の多くが低次元であったことによる．例えば，患者の血圧を年齢，性別，ボディマス指数 (BMI: body mass index) をもとに予測するモデルを作りたいとする．モデルに含まれる予測変数は 3 つ，切片を含めると 4 つである．おそらく何千人という患者の血圧，年齢，性別，BMI データが手に入るであろうから $n \gg p$ であり，低次元の問題ということになる．(ここでの次元とは p の大きさということである．)

この 20 年間の技術進歩により，ファイナンス，マーケティング，医療などのさまざまな分野でデータを集める技術が変革を遂げた．現在では，ほとんど数え切れないほど多くの特徴を集めることが常態化している (つまり p が大きい)．p は非常に大きいかもしれないが，観測データの数 n は費用や標本の手に入れやすさ，その他の理由

より，限られた数しか手に入らない．以下に2つ例を示す：

(1) 血圧を予測するのに，年齢，性別，BMI のみを使うのではなく，予測モデルに一塩基遺伝子多型 (SNP: single nucleotide polymorphisms，比較的よく見られる単独 DNA の突然変異) を含めるかもしれない．このような場合 $n \approx 200$，また $p \approx 500,000$ となる．

(2) マーケティングアナリストがオンラインショッピングにおける購買パターンを知りたいという場合に，オンラインユーザがサーチエンジンに入力した単語すべてを特徴とすることもできる．これは "語の袋" とよく呼ばれるモデルである．ある研究者が数百人または数千人のサーチエンジンユーザの同意を得てすべての検索履歴を記録するような場合だ．あるユーザについて，p 個の単語について検索した (1) または検索しなかった (0) と記録され，大きな2値ベクトルとなる．このとき $n \approx 1,000$ で p はさらに大きい．

観測データの数よりも特徴の方が多いようなデータセットをしばしば高次元と言う．このような場合，最小2乗法のような古典的アプローチは適していない．高次元データを解析時に起こりうる問題については本書の序盤ですでに論じている．なぜなら，これらの問題というのは $n > p$ のときと同様であるからである．問題というのは，バイアスと分散のトレードオフや過学習などを含んでいる．これらの問題についてはいつも考えなければならないが，特徴の数が観測データの数に比べて非常に大きいときは，特に注意が必要である．

高次元という言葉を特徴の数 p が観測データの数 n よりも大きい状況として定義した．しかし以下に論じることは，p が n よりもわずかに小さい場合にも当てはまる．教師ありの統計的学習を使う際には以下のことを常に念頭においておきたい．

6.4.2 高次元の場合における問題点

$p > n$ のときに行われる回帰と分類においては特に気をつけなければならない点や，特別な手法を使う必要がある点を示すために，まずは高次元の場合を想定していない統計的手法を使った場合にどのような問題が起きるかを見ていく．ここでは最小2乗法による回帰を使うが，以下の考え方はロジスティック回帰，線形判別分析，その他の古典的な統計的手法にも当てはまる．

特徴の数 p が観測データの数 n と同じくらいか，またはより大きい場合，第3章で論じた最小2乗法は使うことはできない (むしろ，使うべきではない)．理由は簡単である：特徴と応答の間に真に関係があるかないかに関わらず，最小2乗法は残差が0になるような完全な当てはめとなる係数の推定値を与えてしまうのである．

図 6.22 に1個 $(p = 1)$ の特徴 (と切片) で2つの例を示す．1つはデータの数が20個の場合，そしてもう1つはデータが2個しかない場合である．20個のデータがあ

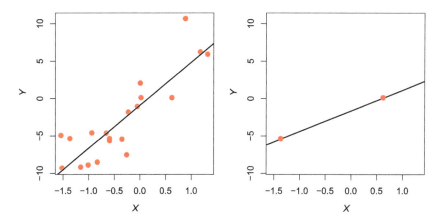

図 6.22 左：低次元の場合における最小 2 乗法による回帰分析．右：2 個の観測データ ($n = 2$) で推定された 2 個のパラメータ (切片と係数 1 つ)．

る場合，$n > p$ であり，最小 2 乗法による回帰直線はデータに完全に当てはまることはない．回帰直線は 20 個のデータをなるべく近似しようとするのである．その一方，データが 2 個のみである場合，どのようなデータであろうとも，回帰直線はデータに完全に当てはまる．これは問題である．なぜならばこの完全に当てはまった回帰直線はほぼ間違いなく過学習だからである．つまり，高次元の場合において，訓練データに完全に当てはめることができるが，その結果，得られた線形モデルは別のテストデータでは性能がとても悪くなるであろう．したがって，これでは有益なモデルとは言えない．実際，図 6.22 でこれを確認することができる．右において得られた最小 2 乗法による回帰直線は左にあるテストデータに使えば非常に良くない結果になることがわかる．問題は単純である：$p > n$ または $p \approx n$ であるとき，最小 2 乗法は柔軟過ぎるため，過学習となる．

図 6.23 ではさらに，特徴の数 p が大きいときに最小 2 乗法を使った際のリスクを示している．20 個のシミュレーションデータ ($n = 20$) を生成し，応答とはまったく関係のない特徴の数を 1 個から 20 個まで使い回帰を行った．図にあるように，モデルに含まれる特徴の数を増やせば R^2 は 1 まで増加し，これにともない訓練 MSE は減少して 0 になる．これらの特徴は応答とまったく関係がないにも関わらずである．一方，別に用意したテストデータでの MSE はモデルに含む特徴が増加するにつれて非常に大きくなっている．なぜならば予測変数を加えるごとに係数の推定値の分散が非常に大きくなっていくからである．テスト MSE を見ると，ベストなモデルはせいぜい数個の変数を含むもののようである．しかし，R^2 や訓練 MSE のみに注目していれば，誤って多くの変数を含むモデルがベストであるという結論に達するかもしれな

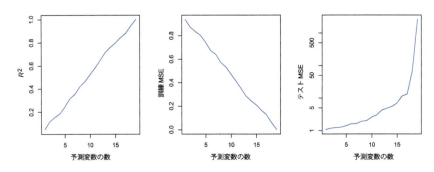

図 6.23 20 個の訓練データ ($n = 20$) で応答変数にまったく関係のない予測変数をモデルに加えたシミュレーションデータ．**左**：R^2 はモデルに含まれる特徴が増えるにつれて 1 まで増加する．**中央**：訓練 MSE は予測変数を増やすにつれて，減少し 0 になる．**右**：テスト MSE はモデルに含まれる予測変数を増やすにつれて増加する．

い．これらの例により，変数が多いデータセットを分析する際には特別に注意を払うことが重要であり，また常に独立したテストデータを使ってモデルを評価することの重要さがわかる．

6.1.3 項で，最小 2 乗法によるモデルに使う変数の数によって訓練 RSS や R^2 を調整する方法を多く扱った．残念ながら，C_p, AIC, BIC などの手法は高次元の状況下においては適切ではない．なぜならば，推定値 $\hat{\sigma}^2$ に問題が生じるからである（例えば第 3 章にある $\hat{\sigma}^2$ の式ではこの場合 $\hat{\sigma}^2 = 0$ となってしまう）．同様に，高次元においては自由度調整済み R^2 を使うことにも問題がある．自由度調整済み R^2 が 1 となるようなモデルを作ることは簡単になるためである．明らかに高次元の場合により適している他の手法が必要である．

6.4.3 高次元の場合における回帰分析

この章で論じてきたあまり柔軟ではない最小 2 乗法によるモデルを当てはめる手法，つまり変数増加法，リッジ回帰，lasso, 主成分回帰などが高次元で回帰分析を行う上でとても有利である．要するに，これらの手法は通常の最小 2 乗法に比べて柔軟でないために，過学習の問題を回避できるのである．

図 6.24 では，簡単なシミュレーションデータを作成し，lasso の性能を示した．特徴の数は $p = 20, 50, 2{,}000$ の 3 つのケースで，それらのうち応答に本当に関係しているのは 20 個である．100 個の訓練データ ($n = 100$) に lasso を実行し，その後テストデータを使い MSE を評価した．特徴の数が増えるごとに，テスト誤差も増加している．$p = 20$ のとき，式 (6.7) の λ の値が小さいときにテスト誤差が最小となった．しかし p が大きいとき，次第に大きな λ がテスト誤差の最小値を与えるようになる．

6.4 高次元の場合に考慮すべき事項 227

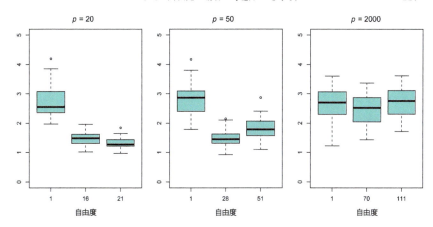

図 6.24 100 個のデータ ($n = 100$) について予測変数 (特徴) の数 p を 3 段階に変えて lasso を行った. p 個の変数のうち 20 個は応答変数に関係している. 式 (6.7) にあるチューニングパラメータ λ を 3 段階に変化させ, テスト MSE の結果を箱ひげ図にした. 結果を読みやすくするため, λ ではなく, 自由度を横軸にとった. lasso においてはこれは単に非零の係数の数である. $p = 20$ のとき, 正則化項が最小のときにテスト MSE は最小となる. $p = 50$ のとき, かなり強い正則化が行われたときにテスト MSE は最小化される. $p = 2000$ のとき, 正則化項に関わらず, lasso では精度がよくない. これは 2000 個の変数のうち 20 個のみが本当に関係していることによる.

それぞれの箱ひげ図において, λ の値ではなく, lasso の自由度を表示した. この場合自由度は単に lasso の係数のうち, 非零であるものの数であり, lasso がどれほど柔軟であるかを表している. 図 6.24 には 3 つの重要な点がある. (1) 正則化または縮小の手法は高次元の問題では重要な役割を果たす. (2) 予測精度について, 適当なチューニングパラメータの値を選択することが非常に重要である. (3) テスト誤差は問題の次元 (特徴または予測変数の数) が大きくなるにつれて増加する傾向がある. もちろん新たにモデルに加えた特徴が本当に応答変数と関係していればこの限りではない.

上記の 3 番目のポイントは高次元での分析では重要な原理で, 次元の呪いと呼ばれる. モデルを当てはめるのに使われる特徴の数を多くすればするほどモデルの精度は上がると思われるかもしれないが, 図 6.24 の左と右を比較すれば, 必ずしもそうでないことがわかる. この例では, p が 20 から 2,000 に増えた際にテスト MSE はほぼ 2 倍になっている. 一般には応答変数と本当に関係しているシグナル変数をモデルに加えればモデルの改善につながる. しかし応答に関係していないノイズ変数を加えてもモデルを悪化させることにしかならず, 結果としてテスト誤差を増加させてしまう. これはノイズ変数が問題の次元を上げるので, 過学習のリスクをより悪化させ, その一方でテスト誤差を改善しないからである (訓練データでたまたま関係があるように

見えたノイズ変数に非零の係数を割り当ててしまう). このように, 何千あるいは何百万の特徴を記録することができるという技術的な進歩は諸刃の剣であることがわかる. 目の前の問題についてこれらの特徴が本当に関係あるならば, それはモデルの予測精度の改善につながる. その一方, 関係のない変数をモデルに入れれば結果は悪くなってしまう. たとえ関係のある変数であっても, その変数の係数を推定することにより新たに加わる分散がバイアス減少の効果よりも大きなものになることもある.

6.4.4 高次元の場合における結果の解釈

Lasso, リッジ回帰, その他の回帰を高次元の状況において行うとき, 得られた結果を読み取るには細心の注意を払う必要がある. 第3章では多重共線性, つまり回帰に使う変数同士に相関があることについて論じた. 高次元の場合, 多重共線性は非常に大きな問題である. モデルのどの変数も, モデルに含まれる他の変数の線形結合で表現できる. つまり, どの予測変数が本当に応答変数に関係しているのか (そもそも関係している予測変数があるのか) について正確な答えを知ることができないということである. また, 回帰に使うべきベストな係数についても正しい答えはわからない. できることといえば, 応答変数の予測に本当に必要な変数に大きな回帰係数が付されていると願うことだけである.

例えば, 500,000 個の SNP をもとに, 血圧を予測したい場合を考える. 変数増加法によって, 17 個の SNP が訓練データにおいて良い精度を示したとする. これらの 17 個の変数が, モデルに含まれなかった他の変数よりも血圧を予測するのにより優れていると結論づけることは間違っている. 選ばれた 17 個の SNP のモデルと同程度の精度で血圧を予測できる 17 個の SNP の組み合わせは他にも多くあることだろう. 独立したデータセットが別にあり, そのデータで変数増加法を使えば, 異なる, しかも同じ変数をまったく含んでいないような SNP を使ったモデルになることもありうる. これはモデルに価値がないということではない. 例えば, そのモデルはある独立した患者のグループの血圧を予測するのに非常に効果的で, したがって臨床現場において医学的にとても役立つということもあるであろう. しかし, 得られた結果を過信しないよう注意を払わなければならない. そして, 血圧を予測する際, 多くのモデルがありうるが, そのうちの1つを見つけたにすぎず, 独立したデータセットでさらに検証しなくてはならないことを強く認識しなければならない.

高次元の場合は誤差やモデルの当てはめに関する評価については特に注意が必要である. $p > n$ である場合, 残差が 0 になる無益なモデルを作ることは簡単である. したがって誤差平方和, p 値, R^2 などの統計量, 訓練データでの当てはまりの程度を表す他の古典的な量は, 高次元におけるモデルの当てはまりの良さの証拠として決して用いるべきではない. 例えば, 図 6.23 において, $p > n$ であれば $R^2 = 1$ となるモデ

ルを得ることは簡単である．この事実を報告すれば，聞いた人は統計的に有効で便利なモデルが得られたと考えるかもしれないが，実は良いモデルであると思わせる証拠にはまったくならないのである．独立したテストデータを使った結果や，交差検証誤差についての報告をすることが重要である．例えば，独立したテストデータを使ってMSE や R^2 を検証することは有効な方法であるが，訓練 MSE は有効ではない．

6.5　実習 1：部分集合選択法

6.5.1　最良部分集合選択

ここでは，`Hitters` データに対し，部分集合選択法を適用する．野球選手の前年の成績に関する統計データを基に，野球選手の `Salary` を予測するものとする．

まず最初に，`Salary` 変数の値が欠測している選手がいる．`is.na()` 関数を使うことにより，欠測値を見つけることができる．入力されたベクトルと同じ長さのベクトルを出力し，欠測値の要素は `TRUE` を，観測されている要素は `FALSE` を返す．`sum()` 関数で欠測値の要素の数を数えることができる．

```
> library(ISLR)
> fix(Hitters)
> names(Hitters)
 [1] "AtBat"     "Hits"      "HmRun"     "Runs"      "RBI"
 [6] "Walks"     "Years"     "CAtBat"    "CHits"     "CHmRun"
[11] "CRuns"     "CRBI"      "CWalks"    "League"    "Division"
[16] "PutOuts"   "Assists"   "Errors"    "Salary"    "NewLeague"
> dim(Hitters)
[1] 322  20
> sum(is.na(Hitters$Salary))
[1] 59
```

したがって 59 人の選手の `Salary` の値が欠測している．`na.omit()` 関数で 1 つでも値が欠測している行を取り除く．

```
> Hitters=na.omit(Hitters)
> dim(Hitters)
[1] 263  20
> sum(is.na(Hitters))
[1] 0
```

(`leaps` ライブラリに含まれる) `regsubsets()` 関数は，モデルに含める予測変数の数を変えたそれぞれの場合のベストなモデルを特定し，ベストな部分集合を選択する．ここでベストとは RSS が最小となるものである．関数の構文は `lm()` と同じである．`summary()` 関数がそれぞれのモデルの予測変数の数における最適な変数を出力する．

```
> library(leaps)
> regfit.full=regsubsets(Salary~.,Hitters)
> summary(regfit.full)
```

```
Subset selection object
Call: regsubsets.formula(Salary ~ ., Hitters)
19 Variables  (and intercept)
...
1 subsets of each size up to 8
Selection Algorithm: exhaustive
         AtBat Hits HmRun Runs RBI Walks Years CAtBat CHits
1 ( 1 ) " "   " "  " "   " " " " " "   " "   " "    " "
2 ( 1 ) " "   "*"  " "   " " " " " "   " "   " "    " "
3 ( 1 ) " "   "*"  " "   " " " " " "   " "   " "    " "
4 ( 1 ) " "   "*"  " "   " " " " " "   " "   " "    " "
5 ( 1 ) "*"   "*"  " "   " " " " " "   " "   " "    " "
6 ( 1 ) "*"   "*"  " "   " " " " "*"   " "   " "    " "
7 ( 1 ) " "   "*"  " "   " " " " "*"   " "   "*"    "*"
8 ( 1 ) "*"   "*"  " "   " " " " "*"   " "   " "    "*"
         CHmRun CRuns CRBI CWalks LeagueN DivisionW PutOuts
1 ( 1 ) " "    " "   "*"  " "    " "     " "       " "
2 ( 1 ) " "    " "   "*"  " "    " "     " "       " "
3 ( 1 ) " "    " "   "*"  " "    " "     " "       "*"
4 ( 1 ) " "    " "   "*"  " "    " "     "*"       "*"
5 ( 1 ) " "    " "   "*"  " "    " "     "*"       "*"
6 ( 1 ) " "    " "   "*"  " "    " "     "*"       "*"
7 ( 1 ) "*"    " "   "*"  " "    " "     "*"       "*"
8 ( 1 ) "*"    "*"   " "  "*"    " "     "*"       "*"
         Assists Errors NewLeagueN
1 ( 1 ) " "     " "    " "
2 ( 1 ) " "     " "    " "
3 ( 1 ) " "     " "    " "
4 ( 1 ) " "     " "    " "
5 ( 1 ) " "     " "    " "
6 ( 1 ) " "     " "    " "
7 ( 1 ) " "     " "    " "
8 ( 1 ) " "     " "    " "
```

アスタリスクはその変数が対応するモデルに含まれることを示す．例えば 2 変数の
モデルのうちベストなものは Hits と CRBI のみを含むものである．何もオプションを
指定しなければ，regsubsets() は 8 変数のモデルまで結果を出力する．しかし nvmax
オプションを指定することにより，変数の数は必要なだけ増やすことができる．以下
に 19 変数までの例を示す．

```
> regfit.full=regsubsets(Salary~.,data=Hitters,nvmax=19)
> reg.summary=summary(regfit.full)
```

summary() 関数は R^2, RSS，自由度調整済み R^2, C_p, BIC なども出力する．これ
らを評価することにより，全体としてベストなモデルを選ぶことができる．

```
> names(reg.summary)
[1] "which"  "rsq"    "rss"    "adjr2"  "cp"     "bic"
[7] "outmat" "obj"
```

例えば，1 変数のみのモデルでは R^2 は 32％であるが，すべての変数を含めるとほ

ほ 55% まで増加する．予想通り，R^2 は変数の数を増やすに連れて単調に増加する．

```
> reg.summary$rsq
 [1] 0.321 0.425 0.451 0.475 0.491 0.509 0.514 0.529 0.535
[10] 0.540 0.543 0.544 0.544 0.545 0.545 0.546 0.546 0.546
[19] 0.546
```

RSS，自由度調整済み R^2, C_p, BIC などをすべてのモデルについてプロットすることが，どのモデルを選ぶべきかを決定する際に役立つ．`type="l"`オプションを指定することにより，`R` はプロットを線でつなげる．

```
> par(mfrow=c(2,2))
> plot(reg.summary$rss,xlab="変数の数",ylab="RSS",type="l")
> plot(reg.summary$adjr2,xlab="変数の数",
      ylab="自由度調整済み$R^2$",type="l")
```

`points()` 関数は `plot()` に似ているが，新しいプロットを作成するのではなく，既に作成されているプロットに対し新たな点を加えていく．`which.max()` 関数により，ベクトルの最大値を持つのが何番目の要素かを表示することができる．以下で，自由度調整済み R^2 値が最大となるモデルを赤点で示す．

```
> which.max(reg.summary$adjr2)
[1] 11
> points(11,reg.summary$adjr2[11], col="red",cex=2,pch=20)
```

同様に C_p および BIC もプロットし，`which.min()` 関数により最小値を与えるモデルを表示する．

```
> plot(reg.summary$cp,xlab="変数の数",ylab="Cp", type='l')
> which.min(reg.summary$cp)
[1] 10
> points(10,reg.summary$cp[10],col="red",cex=2,pch=20)
> which.min(reg.summary$bic)
[1] 6
> plot(reg.summary$bic,xlab="変数の数",ylab="BIC",type='l')
> points(6,reg.summary$bic[6],col="red",cex=2,pch=20)
```

`regsubsets()` 関数には `plot()` が組み込まれており，これを使ってある予測変数の数において，BIC, C_p, 自由度調整済み R^2, AIC などの規準により見つけたベストのモデルに含まれる変数選択の結果を表示することができる．この関数についてより詳しく知りたい場合は`?plot.regsubsets` を入力すればよい．

```
> plot(regfit.full,scale="r2")
> plot(regfit.full,scale="adjr2")
> plot(regfit.full,scale="Cp")
> plot(regfit.full,scale="bic")
```

それぞれのプロットの上段はその統計量を使って評価した最適なモデルに含まれる変数を黒い四角によって表す．例えば，いくつかのモデルにおいて BIC が -150 に近

いが，BIC を最小にするモデルは AtBat, Hits, Walks, CRBI, DivisionW, PutOuts の 6 変数のモデルである．coef() 関数でこのモデルの係数の推定値を表示することができる．

```
> coef(regfit.full,6)
(Intercept)        AtBat         Hits         Walks         CRBI
     91.512       -1.869        7.604         3.698        0.643
  DivisionW      PutOuts
   -122.952        0.264
```

6.5.2 変数増加法と変数減少法

regsubsets() 関数で method="forward" または method="backward" の引数を指定することにより，変数増加法と変数減少法を実行することができる．

```
> regfit.fwd=regsubsets(Salary~.,data=Hitters,nvmax=19,
    method="forward")
> summary(regfit.fwd)
> regfit.bwd=regsubsets(Salary~.,data=Hitters,nvmax=19,
    method="backward")
> summary(regfit.bwd)
```

例えば，変数増加法によると，1 変数でベストなモデルは CRBI のみを含むモデルで，2 変数でベストなモデルはそれに Hits を加えたものである．このデータにおいては，1 変数から 6 変数まで最良部分集合と変数増加法の結果は一致する．しかし 7 変数のモデルでは，変数増加法，変数減少法，最良部分集合の結果は異なる．

```
> coef(regfit.full,7)
(Intercept)         Hits        Walks        CAtBat        CHits
     79.451        1.283        3.227        -0.375        1.496
     CHmRun    DivisionW      PutOuts
      1.442     -129.987        0.237
> coef(regfit.fwd,7)
(Intercept)        AtBat         Hits         Walks         CRBI
    109.787       -1.959        7.450         4.913        0.854
     CWalks    DivisionW      PutOuts
     -0.305     -127.122        0.253
> coef(regfit.bwd,7)
(Intercept)        AtBat         Hits         Walks        CRuns
    105.649       -1.976        6.757         6.056        1.129
     CWalks    DivisionW      PutOuts
     -0.716     -116.169        0.303
```

6.5.3 ホールドアウト検証と交差検証法によるモデル選択

これまで C_p, BIC，自由度調整済み R^2 などで異なる変数の数のモデルを評価し，選択する方法を見てきたが，ここではホールドアウト検証と交差検証を用いてモデルの選択を行う方法について論じる．

6.5 実習1：部分集合選択法   233

このような手法がテスト誤差を正確に推定できるようにするためには，モデルの当てはめは変数選択を含めすべて訓練データのみを用いて行わなければならない．したがって，あるモデルの予測変数の数においてベストのモデルを選択するのも，訓練データのみで行わなければならない．これは細かい点のようであるが，非常に重要である．もし最良部分集合選択にデータすべてを使ったとすると，そこから得られるホールドアウト検証誤差も交差検証誤差もテスト誤差の推定値としては正確ではない．

ホールドアウト検証では，まず観測データを訓練データとテストデータに分割する．このためには，確率変数ベクトル train を作成し，該当データが訓練用であるときは TRUE，その他の場合は FALSE を割り当てる．ベクトル test は，検証データのときに TRUE，そのほかの場合は FALSE を割り当てる．ここで!記号を使うことにより，test では TRUE と FALSE を反転している．乱数のシードを set.seed で指定することにより，読者が同じ訓練データ，検証データを得られるようにする．

```
> set.seed(1)
> train=sample(c(TRUE,FALSE), nrow(Hitters),rep=TRUE)
> test=(!train)
```

ここで最適部分集合選択をするために，訓練データに対し regsubsets() を実行する．

```
> regfit.best=regsubsets(Salary~.,data=Hitters[train,],
    nvmax=19)
```

上において，Hitters データフレームを関数の中で直接分割し，Hitters[train,] とすることにより訓練データのみにアクセスしている．次に各モデルの予測変数の数において最適なモデルのホールドアウト検証誤差を計算する．まずはテストデータからモデルの行列を作成する．

```
test.mat=model.matrix(Salary~.,data=Hitters[test,])
```

model.matrix() 関数はデータから行列 "X" を作成する際に多くの回帰パッケージで使われる．次に，ループにより変数の数 i を変えるたびにその変数の数における最適なモデルの係数を regfit.best で取り出し，さらにテスト用の行列の適切な列と掛け合わせることにより予測を行い，テスト MSE を計算する．

```
> val.errors=rep(NA,19)
> for(i in 1:19){
+    coefi=coef(regfit.best,id=i)
+    pred=test.mat[,names(coefi)]%*%coefi
+    val.errors[i]=mean((Hitters$Salary[test]-pred)^2)
}
```

最適なモデルは 10 個の変数を含むものであるとわかる．

234　　　　　　　　　6. 線形モデル選択と正則化

```
> val.errors
 [1] 220968 169157 178518 163426 168418 171271 162377 157909
 [9] 154056 148162 151156 151742 152214 157359 158541 158743
[17] 159973 159860 160106
> which.min(val.errors)
[1] 10
> coef(regfit.best,10)
(Intercept)       AtBat         Hits        Walks       CAtBat
    -80.275       -1.468        7.163        3.643       -0.186
      CHits       CHmRun       CWalks      LeagueN     DivisionW
      1.105        1.384       -0.748       84.558      -53.029
    PutOuts
      0.238
```

これは少し冗長であるが，`regsubsets()` には `predict()` メソッドが実装されていないことがその理由の1つである．この関数は後に何度も使うので，上記で行った作業を自前の predict メソッドとして定義しておく．

```
> predict.regsubsets=function(object,newdata,id,...){
+ form=as.formula(object$call[[2]])
+ mat=model.matrix(form,newdata)
+ coefi=coef(object,id=id)
+ xvars=names(coefi)
+ mat[,xvars]%*%coefi
+ }
```

この関数は上記で行ったことをほとんどそのまま実行している．一つ複雑な点は，`regsubsets()` 関数の呼び出しの中で使った式をどのようにして取り出すかということである．以下でこの関数を使ってどのように交差検証ができるかを示す．

最後に，すべてのデータを使って最良部分集合選択を行い，最適な10変数のモデルを選択する．より精度の高い係数の推定を行うために，すべてのデータを利用することが重要である．訓練データから得られた変数を使うのではなく，すべてのデータを使って最良部分集合選択を行い，10変数で最適なモデルを選ぶのである．なぜならば全データを使って得られる10変数のモデルでベストなモデルは，訓練データのみを使って得られるモデルとは異なるかもしれないからである．

```
> regfit.best=regsubsets(Salary~.,data=Hitters,nvmax=19)
> coef(regfit.best,10)
(Intercept)       AtBat         Hits        Walks       CAtBat
    162.535       -2.169        6.918        5.773       -0.130
      CRuns         CRBI       CWalks    DivisionW      PutOuts
      1.408        0.774       -0.831     -112.380        0.297
    Assists
      0.283
```

実際に，全データを使って得られた最適な10変数のモデルは訓練データのみを使って得られた最適な10変数のモデルとは異なることがわかる．

6.5 実習1：部分集合選択法 235

次に交差検証により，異なるサイズのモデルから最適なモデルを選ぶ．このアプローチはいささか複雑である．なぜならば，k 個の訓練データセットそれぞれにおいて，最良部分集合選択を行わなければならないからである．しかし，分割を扱う R の構文はよくできており，そのおかげでこの作業も簡単に行うことができる．まず，各観測データを $k = 10$ 分割のどれかに割り当てるベクトルを作成する．そして，結果を保存する行列を作成する．

```
> k=10
> set.seed(1)
> folds=sample(1:k,nrow(Hitters),replace=TRUE)
> cv.errors=matrix(NA,k,19, dimnames=list(NULL, paste(1:19)))
```

ここで for ループにより，交差検証を行う．j 番目の分割において，folds の値が j であるものの要素はテストデータである．それ以外は訓練データである．各モデルサイズにおいて予測を行い (先ほど新たに作成した predict() メソッドが使える) 適当な部分集合によりテスト誤差を計算し，cv.errors 行列の該当する場所に結果を保存する．

```
> for(j in 1:k){
+   best.fit=regsubsets(Salary~.,data=Hitters[folds!=j,],
      nvmax=19)
+   for(i in 1:19){
+     pred=predict(best.fit,Hitters[folds==j,],id=i)
+     cv.errors[j,i]=mean( (Hitters$Salary[folds==j]-pred)^2)
+     }
+   }
```

以上により，(i, j) 番目の要素が j 個の変数をもつモデルで最適なものを使った場合の i 番目の交差検証 MSE であるような 10×19 行列を得る．apply() 関数により，この行列における列ごとの平均を計算し，j 番目の要素が j 個の変数をもつモデルでの交差検証誤差となるようなベクトルを得る．

```
> mean.cv.errors=apply(cv.errors,2,mean)
> mean.cv.errors
 [1] 160093 140197 153117 151159 146841 138303 144346 130208
 [9] 129460 125335 125154 128274 133461 133975 131826 131883
[17] 132751 133096 132805
> par(mfrow=c(1,1))
> plot(mean.cv.errors,type='b')
```

交差検証は 11 変数のモデルを選んだことがわかる．次にすべてのデータを使い，最良部分集合選択を行い，11 変数のモデルを得る．

```
> reg.best=regsubsets(Salary~.,data=Hitters, nvmax=19)
> coef(reg.best,11)
(Intercept)        AtBat         Hits        Walks       CAtBat
    135.751       -2.128        6.924        5.620       -0.139
```

```
      CRuns          CRBI        CWalks      LeagueN     DivisionW
      1.455         0.785        -0.823       43.112      -111.146
    PutOuts       Assists
      0.289         0.269
```

6.6 実習2：リッジ回帰と lasso

ここでは glmnet パッケージを使い，リッジ回帰と lasso を実行する．このパッケージでメイン関数は glmnet() であり，この関数でリッジ回帰，lasso，その他のモデルを当てはめる．この関数は本書でこれまでに使った他の関数と構文が少し異なる．特に，x 行列と y ベクトルを渡さなければならない．また y ~ x の構文は使わない．以下に Hitters データでリッジ回帰を使って Salary を予測する．実際の作業に入る前に，6.5 節と同様，まず不完全データ (欠測値を含むデータ) を削除する．

```
> x=model.matrix(Salary~.,Hitters)[,-1]
> y=Hitters$Salary
```

model.matrix() 関数は x を作成するのに特に便利である．19 個の予測変数に対応する行列を作成するだけでなく，質的変数があればそれらをダミー変数に自動的に変換する．glmnet() は量的変数しか扱えないので，質的変数を自動的に変換する特性は重要である．

6.6.1 リッジ回帰

glmnet() 関数は引数に alpha を指定することにより，どのタイプのモデルを当てはめるかを指定する．alpha=0 ならばリッジ回帰，alpha=1 ならば lasso となる．まずはリッジ回帰を行う．

```
> library(glmnet)
> grid=10^seq(10,-2,length=100)
> ridge.mod=glmnet(x,y,alpha=0,lambda=grid)
```

何も指定しなければ，glmnet() 関数は自動的に指定された λ の範囲でリッジ回帰を行う．しかし，ここでは $\lambda = 10^{10}$ から $\lambda = 10^{-2}$ までの値を指定しており，実質的に切片のみのヌルモデルから最小2乗法まですべてのシナリオをカバーしている．この後で見るように，元々指定された範囲にない λ の値を指定してモデルを計算することもできる．何も指定しなければ，glmnet() 関数は変数を標準化して同じスケールにする．この設定を無効とするには引数に standardize=FALSE を指定する．

λ のそれぞれの値により，リッジ回帰係数ベクトルを行列形式で保存しており，これは coef() 関数により取り出すことができる．この場合，予測変数の数と切片合わせて 20 個あり，λ の値が 100 個あるので，20×100 行列となる．

6.6 実習 2：リッジ回帰と lasso 　　237

```
> dim(coef(ridge.mod))
[1]  20 100
```

λ が大きいときは，λ が小さいときよりも ℓ_2 ノルムで測った係数の推定値がかなり小さくなるはずである．以下は $\lambda = 11{,}498$ のときの係数と ℓ_2 ノルムである．

```
> ridge.mod$lambda[50]
[1] 11498
> coef(ridge.mod)[,50]
(Intercept)        AtBat         Hits        HmRun         Runs
    407.356        0.037        0.138        0.525        0.231
        RBI        Walks        Years       CAtBat        CHits
      0.240        0.290        1.108        0.003        0.012
     CHmRun        CRuns         CRBI       CWalks      LeagueN
      0.088        0.023        0.024        0.025        0.085
  DivisionW      PutOuts      Assists       Errors    NewLeagueN
     -6.215        0.016        0.003       -0.021        0.301
> sqrt(sum(coef(ridge.mod)[-1,50]^2))
[1] 6.36
```

これに対して，$\lambda = 705$ のときの係数と ℓ_2 ノルムは以下のようになる．λ が小さいときの係数の推定値の ℓ_2 ノルムが大きくなっていることに注意されたい．

```
> ridge.mod$lambda[60]
[1] 705
> coef(ridge.mod)[,60]
(Intercept)        AtBat         Hits        HmRun         Runs
     54.325        0.112        0.656        1.180        0.938
        RBI        Walks        Years       CAtBat        CHits
      0.847        1.320        2.596        0.011        0.047
     CHmRun        CRuns         CRBI       CWalks      LeagueN
      0.338        0.094        0.098        0.072       13.684
  DivisionW      PutOuts      Assists       Errors    NewLeagueN
    -54.659        0.119        0.016       -0.704        8.612
> sqrt(sum(coef(ridge.mod)[-1,60]^2))
[1] 57.1
```

predict() 関数でさまざまなことができる．例えば，λ の値を 50 としたときのリッジ回帰係数を求めることができる．

```
> predict(ridge.mod,s=50,type="coefficients")[1:20,]
(Intercept)        AtBat         Hits        HmRun         Runs
     48.766       -0.358        1.969       -1.278        1.146
        RBI        Walks        Years       CAtBat        CHits
      0.804        2.716       -6.218        0.005        0.106
     CHmRun        CRuns         CRBI       CWalks      LeagueN
      0.624        0.221        0.219       -0.150       45.926
  DivisionW      PutOuts      Assists       Errors    NewLeagueN
   -118.201        0.250        0.122       -3.279       -9.497
```

ここで，データを訓練データとテストデータに分けて，リッジ回帰と lasso のテスト誤差を推定する．データセットを無作為に分割するには，以下の 2 つの方法がよく使

われる．1つは，TRUE または FALSE を要素とする確率変数ベクトルを生成し，TRUE
に対応するデータを訓練データとすることである．2つ目は，無作為に1から n まで
のうちの1つの部分集合をとる．つまり，訓練データのインデックスを選ぶのである．
この2つのアプローチはどちらも同様によく機能する．6.5.3項では最初の手法を用
いた．ここでは後者の方法を用いる．

まず，結果が再現できるよう，乱数のシードを設定する．

```
> set.seed(1)
> train=sample(1:nrow(x), nrow(x)/2)
> test=(-train)
> y.test=y[test]
```

次に，訓練データにリッジ回帰を当てはめ，$\lambda = 4$ としてテスト MSE を評価する．
ここで再度 predict() 関数を用いており，引数の type="coefficients" を newx と
置き換えることにより，テストデータでの予測を行っている．

```
> ridge.mod=glmnet(x[train,],y[train],alpha=0,lambda=grid,
    thresh=1e-12)
> ridge.pred=predict(ridge.mod,s=4,newx=x[test,])
> mean((ridge.pred-y.test)^2)
[1] 101037
```

テスト MSE は 101,037 である．もし切片のみのモデルを当てはめていたならば，
テストデータの予測に訓練データの平均を使ったはずである．この場合，テスト MSE
は以下のように計算できる．

```
> mean((mean(y[train])-y.test)^2)
[1] 193253
```

同様の結果は，リッジ回帰で非常に大きな λ の値を使うことによっても得られる．
1e10 とは 10^{10} のことである．

```
> ridge.pred=predict(ridge.mod,s=1e10,newx=x[test,])
> mean((ridge.pred-y.test)^2)
[1] 193253
```

$\lambda = 4$ でリッジ回帰を当てはめると，切片のみのモデルを当てはめるよりもかなり
テスト MSE は小さくなる．次に $\lambda = 4$ のリッジ回帰が最小2乗回帰よりも精度が高
いか否かを調べる．前に見たように，最小2乗法とはすなわち $\lambda = 0$ のリッジ回帰で
あった[7]．

---

[7]　glmnet() で $\lambda = 0$ として最小2乗法とまったく同じ結果を得たい場合は，predict() の引数
　　に exact=T を指定すれば良い．これを指定しない場合は，predict() 関数は glmnet() モデル
　　に使用される λ の範囲の値で補間する．したがって近似的な結果となる．exact=T を指定して
　　も，$\lambda = 0$ の glmnet() と lm() の出力の間には小数点以下3桁で小さな差異がある．これは
　　glmnet() が数値を近似しているためである．

```
> ridge.pred=predict(ridge.mod,s=0,newx=x[test,],exact=T)
> mean((ridge.pred-y.test)^2)
[1] 114783
> lm(y~x, subset=train)
> predict(ridge.mod,s=0,exact=T,type="coefficients")[1:20,]
```

一般的には，もし(罰則項なしの)最小2乗モデルを当てはめたいという場合は，`lm()`関数を使うべきである．なぜならば，係数の標準誤差，p値など，有益な出力が得られるからである．

何の理由もなく$\lambda = 4$を選ぶのではなく，一般には交差検証によってチューニングパラメータλを選ぶのがよいであろう．すでに組み込まれている関数`cv.glmnet()`を使うとよい．何も指定しなければこの関数は10分割交差検証を行うが，もちろん引数`nfolds`を指定することにより変更することができる．交差検証の分割は無作為であるから，ここでも結果の再現性のために乱数のシードを指定する．

```
> set.seed(1)
> cv.out=cv.glmnet(x[train,],y[train],alpha=0)
> plot(cv.out)
> bestlam=cv.out$lambda.min
> bestlam
[1] 212
```

したがって，交差検証誤差が最小となるようなλの値は212である．このλに対応するテストMSEはどの程度であろうか．

```
> ridge.pred=predict(ridge.mod,s=bestlam,newx=x[test,])
> mean((ridge.pred-y.test)^2)
[1] 96016
```

$\lambda = 4$の時よりもさらにテストMSEは改善している．リッジ回帰モデルを交差検証によって得られたλを使い，全体のデータセットに改めて当てはめ，係数を推定する．

```
> out=glmnet(x,y,alpha=0)
> predict(out,type="coefficients",s=bestlam)[1:20,]
(Intercept)        AtBat         Hits        HmRun         Runs
     9.8849       0.0314       1.0088       0.1393       1.1132
        RBI        Walks        Years        CAtBat        CHits
     0.8732       1.8041       0.1307       0.0111       0.0649
      CHmRun        CRuns         CRBI        CWalks      LeagueN
     0.4516       0.1290       0.1374       0.0291      27.1823
   DivisionW      PutOuts      Assists       Errors    NewLeagueN
   -91.6341       0.1915       0.0425      -1.8124       7.2121
```

予想通り，リッジ回帰は変数選択はしないので，どの係数も0とならない．

6.6.2　Lasso

`Hitters`データセットにおいて，リッジ回帰でλを適当に選ぶことにより，最小2乗法や，ヌルモデルよりも精度を改善できることを確認した．ここでは，lassoがリッ

ジ回帰よりも精度の高い，あるいは，結果の解釈が容易なモデルを見つけることができるかを検討する．lasso モデルを当てはめるのに，ここで再度 `glmnet()` 関数を使う．しかし，今回は引数 `alpha=1` を指定する．この点以外は，リッジモデルのときと同様である．

```
> lasso.mod=glmnet(x[train,],y[train],alpha=1,lambda=grid)
> plot(lasso.mod)
```

係数のプロットから，チューニングパラメータの選び方によって，いくつかの係数は正確に 0 になることがわかる．次に交差検証を行い，テスト誤差を計算する．

```
> set.seed(1)
> cv.out=cv.glmnet(x[train,],y[train],alpha=1)
> plot(cv.out)
> bestlam=cv.out$lambda.min
> lasso.pred=predict(lasso.mod,s=bestlam,newx=x[test,])
> mean((lasso.pred-y.test)^2)
[1] 100743
```

このテスト MSE はヌルモデルや最小 2 乗法よりもかなり小さく，かつ，交差検証で適切な λ を選んだリッジ回帰とほぼ同等である．

しかし，lasso にはリッジ回帰よりも優れた点がある．それはスパースな係数の推定を行うことである．ここでは 19 個のうち 12 個の係数が正確に 0 である．つまり λ を交差検証により選んだ lasso モデルは 7 個の変数をもつ．

```
> out=glmnet(x,y,alpha=1,lambda=grid)
> lasso.coef=predict(out,type="coefficients",s=bestlam)[1:20,]
> lasso.coef
(Intercept)       AtBat         Hits       HmRun        Runs
     18.539       0.000        1.874       0.000        0.000
        RBI       Walks        Years       CAtBat       CHits
      0.000       2.218        0.000       0.000        0.000
      CHmRun       CRuns         CRBI       CWalks     LeagueN
      0.000       0.207        0.413       0.000        3.267
   DivisionW     PutOuts      Assists       Errors   NewLeagueN
    -103.485       0.220        0.000       0.000        0.000
> lasso.coef[lasso.coef!=0]
(Intercept)        Hits        Walks        CRuns        CRBI
     18.539       1.874        2.218        0.207        0.413
    LeagueN    DivisionW      PutOuts
      3.267    -103.485        0.220
```

◼ 6.7　実習 3：主成分回帰と部分最小 2 乗回帰

6.7.1　主成分回帰

主成分回帰 (PCR) は `pls` ライブラリに含まれる `pcr()` 関数で実行する．ここでは `Hitters` データで PCR を適用し，`Salary` を予測する．ここでもまた，6.5 節と同

様，まずデータから不完全データを取り除いておくこと．

```
> library(pls)
> set.seed(2)
> pcr.fit=pcr(Salary~., data=Hitters,scale=TRUE,
    validation="CV")
```

pcr() の用法は lm() に似ているが，lm() にないオプションがいくつかある．まず，scale=TRUE を指定することにより，式 (6.6) を使って各予測変数の標準化を行ってから主成分を生成する．これはもちろんそれぞれの変数の単位が結果に影響を与えないようにするためである．また，validation="CV"により，pcr() は 10 分割交差検証誤差をそれぞれの主成分の数 M において計算する．結果は summary() で表示される．

```
> summary(pcr.fit)
Data:    X dimension: 263 19
         Y dimension: 263 1
Fit method: svdpc
Number of components considered: 19

VALIDATION: RMSEP
Cross-validated using 10 random segments.
       (Intercept)  1 comps  2 comps  3 comps  4 comps
CV            452     348.9    352.2    353.5    352.8
adjCV         452     348.7    351.8    352.9    352.1
...

TRAINING: % variance explained
         1 comps  2 comps  3 comps  4 comps  5 comps  6 comps
X          38.31    60.16    70.84    79.03    84.29    88.63
Salary     40.63    41.58    42.17    43.22    44.90    46.48
...
```

CV スコアはそれぞれの主成分の数で $M = 0$ から順に表示されている (ここでは $M = 4$ までの CV を出力した)．pcr() は MSE の平方根を表示していることに注意されたい．通常の MSE を求めるには，これを 2 乗すればよい．例えば MSE の平方根が 352.8 であれば，MSE は $352.8^2 = 124,468$ となる．

交差検証スコアを validationplot() 関数によりプロットすることもできる．val.type="MSEP"を指定することにより，交差検証 MSE がプロットされる．

```
> validationplot(pcr.fit,val.type="MSEP")
```

$M = 16$ 個の主成分のときに交差検証誤差は最小となることがわかる．これは $M = 19$ よりわずかに少なくなっただけである．$M = 19$ のケースとは単に通常の最小 2 乗法を使うことである，なぜならば，PCR ですべての主成分を使えば次元削減は起きないからである．しかし，プロットからは，交差検証誤差は主成分が 1 個のときとほぼ変わらないということがわかっている．これはつまり少数の主成分で事足りるということを指している．

summary() 関数により，回帰に用いられる主成分の数を変えた下で，予測変数の寄与率を求めることができる．この点については第10章で詳しく論じることとする．手短に言えば，これは M 個の主成分が予測変数または応答変数についてのどの程度の情報を含んでいるかを表す量として考えることができる．例えば，$M = 1$ では予測変数の分散のうち，あるいは情報のうち 38.31% しかとらえていない．これに対して $M = 6$ とすると，この割合は 88.63% まで上昇する．もし $M = p = 19$ とすればもちろん 100% となるであろう．

次に訓練データで PCR を行い，テストデータでの結果を評価する．

```
> set.seed(1)
> pcr.fit=pcr(Salary~., data=Hitters,subset=train,scale=TRUE,
    validation="CV")
> validationplot(pcr.fit,val.type="MSEP")
```

7個の主成分 $(M = 7)$ が用いられるときに交差検証誤差は最小となることがわかる．以下でテスト MSE を計算する．

```
> pcr.pred=predict(pcr.fit,x[test,],ncomp=7)
> mean((pcr.pred-y.test)^2)
[1] 96556
```

このテスト MSE はリッジ回帰や lasso の結果と同程度に優れているようである．しかし，PCR の実装の結果として，得られたモデルは解釈するのがより困難なものとなる．なぜならば，変数選択は行われないし，また係数を直接推定するわけでもないからである．

最後に，全データを使い交差検証で選ばれた主成分の個数 $(M = 7)$ で PCR を行う．

```
> pcr.fit=pcr(y~x,scale=TRUE,ncomp=7)
> summary(pcr.fit)
Data:    X dimension: 263 19
         Y dimension: 263 1
Fit method: svdpc
Number of components considered: 7
TRAINING: % variance explained
      1 comps   2 comps   3 comps   4 comps   5 comps   6 comps
X      38.31     60.16     70.84     79.03     84.29     88.63
y      40.63     41.58     42.17     43.22     44.90     46.48
      7 comps
X      92.26
y      46.69
```

6.7.2　部分最小2乗法

部分最小2乗法 (PLS) を plsr() 関数で実行する．この関数もまた pls ライブラリに含まれている．構文は pcr() 関数とまったく同様である．

6.7 実習3：主成分回帰と部分最小2乗回帰

```
> set.seed(1)
> pls.fit=plsr(Salary~., data=Hitters,subset=train,scale=TRUE,
    validation="CV")
> summary(pls.fit)
Data:    X dimension: 131 19
         Y dimension: 131 1
Fit method: kernelpls
Number of components considered: 19

VALIDATION: RMSEP
Cross-validated using 10 random segments.
        (Intercept)  1 comps  2 comps  3 comps  4 comps
CV            464.6    394.2    391.5    393.1    395.0
adjCV         464.6    393.4    390.2    391.1    392.9
...

TRAINING: % variance explained
         1 comps  2 comps  3 comps  4 comps  5 comps  6 comps
X          38.12    53.46    66.05    74.49    79.33    84.56
Salary     33.58    38.96    41.57    42.43    44.04    45.59
...
> validationplot(pls.fit,val.type="MSEP")
```

2個の部分最小2乗法の成分 ($M = 2$) を用いたときに交差検証誤差は最小となる. 次にテスト MSE を評価する.

```
> pls.pred=predict(pls.fit,x[test,],ncomp=2)
> mean((pls.pred-y.test)^2)
[1] 101417
```

テスト MSE はほぼリッジ回帰, lasso, PCR と同等であるか, 少し大きいようである.

最後に, 全てのデータを使い, 交差検証により得られた $M = 2$ で PLS を実行する.

```
> pls.fit=plsr(Salary~., data=Hitters,scale=TRUE,ncomp=2)
> summary(pls.fit)
Data:    X dimension: 263 19
         Y dimension: 263 1
Fit method: kernelpls
Number of components considered: 2
TRAINING: % variance explained
         1 comps  2 comps
X          38.08    51.03
Salary     43.05    46.40
```

Salary の分散のうち, 2成分の PLS では 46.40%が説明されており, これは PCR の最終的な 7 個の主成分を用いたモデルの 46.69%とほぼ等しい. これは PCR が予測変数により説明される分散を最大化するのに対して, PLS は予測変数と応答変数の両方の分散を説明する方向を探すためである.

6.8 演習問題

理 論 編

(1) 最良部分集合選択，変数増加法，変数減少法をあるデータセットに応用する．それぞれの手法において，$0, 1, 2, \ldots, p$ 個の予測変数をもつ $p+1$ 個のモデルが得られる．以下の問いに答えよ．

  (a) k 個の予測変数をもつ 3 つのモデルのうち，訓練 RSS が最小となるものはどれか．

  (b) k 個の予測変数をもつ 3 つのモデルのうち，テスト RSS が最小となるものはどれか．

  (c) 以下のそれぞれに対し，その真偽を答えよ．

   i. 変数増加法により得られた k 変数のモデルに含まれる予測変数は，同じく変数増加法により得られた $(k+1)$ 変数のモデルに含まれる予測変数の部分集合である．

   ii. 変数減少法により得られた k 変数のモデルに含まれる予測変数は，同じく変数減少法により得られた $(k+1)$ 変数のモデルに含まれる予測変数の部分集合である．

   iii. 変数減少法により得られた k 変数のモデルに含まれる予測変数は，変数増加法により得られた $(k+1)$ 変数のモデルに含まれる予測変数の部分集合である．

   iv. 変数増加法により得られた k 変数のモデルに含まれる予測変数は，変数減少法により得られた $(k+1)$ 変数のモデルに含まれる予測変数の部分集合である．

   v. 最良部分集合選択により得られた k 変数のモデルに含まれる予測変数は，同じく最良部分集合選択により得られた $(k+1)$ 変数のモデルに含まれる予測変数の部分集合である．

(2) 以下の (a) から (c) について，i. から iv. のうちどれが正しいか答えよ．また，その理由についても説明せよ．

  (a) Lasso を最小 2 乗法と比較したとき

  (b) リッジ回帰を最小 2 乗法と比較したとき

  (c) 非線形の手法を最小 2 乗法と比較したとき

   i. より柔軟である．したがって，バイアスの増加による効果が分散の減少の効果よりも小さいときには，より精度の高い予測につながる．

   ii. より柔軟である．したがって，分散の増加による効果がバイアスの減少の効果よりも小さいときには，より精度の高い予測につながる．

iii. より柔軟でない. したがって, バイアスの増加による効果が分散の
減少の効果よりも小さいときには, より精度の高い予測につながる.

iv. より柔軟でない. したがって, 分散の増加による効果がバイアスの
減少の効果よりも小さいときには, より精度の高い予測につながる.

(3) ある s を与えた下で, 以下を最小化することにより線形回帰係数を推定する.

$$\sum_{i=1}^{n} \left(y_i - \beta_0 - \sum_{j=1}^{p} \beta_j x_{ij} \right)^2 \quad \text{subject to} \quad \sum_{j=1}^{p} |\beta_j| \le s$$

s を 0 から増加させたときの (a) から (e) のそれぞれについて, i. から v. の
うちどれが正しいか答えよ. また, その理由についても説明せよ.

(a) 訓練 RSS

(b) テスト RSS

(c) 分散

(d) バイアス (の 2 乗)

(e) 削減不能誤差

i. 最初は増加するが, そのうち逆 U 字型に減少し始める.

ii. 最初は減少するが, そのうち U 字型に増加し始める.

iii. 単調に増加する.

iv. 単調に減少する.

v. 一定である.

(4) 以下をある λ について最小化することにより, 線形回帰係数を推定する.

$$\sum_{i=1}^{n} \left(y_i - \beta_0 - \sum_{j=1}^{p} \beta_j x_{ij} \right)^2 + \lambda \sum_{j=1}^{p} \beta_j^2$$

λ を 0 から増加させたときの (a) から (e) のそれぞれについて, i. から v. の
うちどれが正しいか答えよ. また, その理由についても説明せよ.

(a) 訓練 RSS

(b) テスト RSS

(c) 分散

(d) バイアス (の 2 乗)

(e) 削減不能誤差

i. 最初は増加するが, そのうち逆 U 字型に減少し始める.

ii. 最初は減少するが, そのうち U 字型に増加し始める.

iii. 単調に増加する.

iv. 単調に減少する.

v. 一定である.

(5) リッジ回帰は相関のある変数に同程度の係数を与え，lasso は相関のある変数に極めて異なる係数を与えることがよく知られている．ここでは，簡単な例でこの特徴を探る.

$n=2, p=2, x_{11}=x_{12}, x_{21}=x_{22}$ であるとする．さらに，$y_1+y_2=0$, $x_{11}+x_{21}=0$, $x_{12}+x_{22}=0$ である．すなわち，最小 2 乗法，リッジ回帰，lasso モデルでの切片は $\hat{\beta}_0=0$ であるとする.

(a) この場合におけるリッジ回帰の最適化問題を書け.

(b) リッジ回帰係数は $\hat{\beta}_1=\hat{\beta}_2$ を満たすことを示せ.

(c) この場合における lasso の最適化問題を書け.

(d) この場合において lasso の係数 $\hat{\beta}_1$ と $\hat{\beta}_2$ は一意的に定まらない，つまり (c) の最適化問題には多くの解があることを説明せよ．これらの解を示せ.

(6) この問題では式 (6.12) と式 (6.13) をさらに追究する.

(a) 式 (6.12) で，$p=1$ の場合を考える．ある y_1 と $\lambda>0$ において，式 (6.12) を β_1 の関数としてプロットせよ．プロットから，式 (6.12) の解は式 (6.14) により得られることを確認せよ.

(b) 式 (6.13) で，$p=1$ の場合を考える．ある y_1 と $\lambda>0$ において，式 (6.13) を β_1 の関数としてプロットせよ．プロットから，式 (6.13) の解は式 (6.15) により得られることを確認せよ.

(7) この問題では，6.2.2 項で論じた lasso とリッジ回帰のそれぞれについてベイズ的に考察する.

(a) $y_i=\beta_0+\sum_{j=1}^p x_{ij}\beta_j+\epsilon_i$ とする．ここに $\epsilon_1,\ldots,\epsilon_n$ は正規分布 $N(0,\sigma^2)$ に従う独立な確率変数である．このデータの尤度を書け.

(b) β の事前確率について以下を仮定する：$\beta_1,\ldots,\beta_p$ は独立した確率変数で，平均 0 で同一のスケールパラメータ b をもつ 2 重指数分布に従う．すなわち $p(\beta)=\frac{1}{2b}\exp(-|\beta|/b)$ である．このとき β の事後確率を書け.

(c) この事後確率分布において，lasso による推定は β の最頻値であることを示せ.

(d) 次に β の事前確率について以下を仮定する：$\beta_1,\ldots,\beta_p$ は独立した確率変数で，平均 0，分散 c の正規分布に従う．このとき β の事後確率を書け.

(e) この事後確率分布において，リッジ回帰による推定係数は β の最頻値であり，平均でもあることを示せ.

応 用 編

(8) この演習では，まずシミュレーションデータを作成し，そのデータをもとに最良部分集合選択を行う．

 (a) `rnorm()` 関数を用いて長さ $n = 100$ の予測変数 X および長さ $n = 100$ のノイズベクトル ϵ を作成せよ．

 (b) 定数 $\beta_0, \beta_1, \beta_2, \beta_3$ を選び，長さ $n = 100$ の応答変数ベクトル Y を

$$Y = \beta_0 + \beta_1 X + \beta_2 X^2 + \beta_3 X^3 + \epsilon$$

により作成せよ．

 (c) `regsubsets()` 関数を使って，最良部分集合選択を行い，予測変数 $X, X^2, \ldots, X^{10}$ を含む最適なモデルを選べ．C_p, BIC，自由度調整済み R^2 を規準とした場合の最適なモデルはそれぞれどのようなモデルか．その根拠となるプロットを示せ．また得られた最適なモデルの係数を答えよ．X と Y を両方含むデータセットを作成するには，`data.frame()` 関数を使うとよい．

 (d) 変数増加法，および変数減少法を用いて (c) と同様の問に答えよ．また，結果を (c) と比べよ．

 (e) $X, X^2, \ldots, X^{10}$ を予測変数として，lasso をシミュレーションデータに当てはめよ．交差検証により，最適な λ の値を選べ．交差検証誤差を λ の関数としてプロットせよ．係数を答え，結果を説明せよ．

 (f) 応答変数 Y を以下のモデル

$$Y = \beta_0 + \beta_7 X^7 + \epsilon$$

により作成せよ．最良部分集合選択と lasso を実行し，得られた結果を説明せよ．

(9) ここでは，`College` データセットにおいて，入学願書の数を他の変数を用いて予測するようなモデルを検討する．

 (a) データセットを訓練データとテストデータに分割せよ．

 (b) 訓練データに最小 2 乗法を使い，テスト誤差を求めよ．

 (c) 訓練データにリッジ回帰を当てはめ，交差検証により最適な λ の値を選択せよ．テスト誤差を求めよ．

 (d) 訓練データに lasso を当てはめ，交差検証により最適な λ の値を選択せよ．テスト誤差を求めよ．また，非零の係数の推定値はいくつあるか．

 (e) 訓練データに PCR を当てはめ，交差検証により最適な M の値を選択せよ．また交差検証により選ばれた M の値とテスト誤差を求めよ．

(f) 訓練セットに PLS を当てはめ，交差検証により最適な M を選択せよ．交差検証により選ばれた M の値とテスト誤差を求めよ．

(g) 得られた結果を変数を説明せよ．入学願書の数はどの程度の精度で予測できるか．以上 5 つのアプローチで，テスト誤差の結果に大きな違いは見られるか．

(10) モデルに使う予測変数の数が増えると，訓練誤差は必ず減少するが，テスト誤差は必ずしも減少しないことを学んだ．このことについて，シミュレーションデータを使って検討する．

(a) 20 個の特徴 $(p = 20)$ と量的な応答変数との関係が

$$Y = X\beta + \epsilon$$

でモデル化されるとき，1,000 個の観測データ $(n = 1{,}000)$ を作成せよ．ここに，β のうちいくつかは正確に 0 であるとする．

(b) データを分割し，100 個の訓練データと 900 個のテストデータを作成せよ．

(c) 最良部分集合選択を訓練データで行い，それぞれのモデルの予測変数の数における最適なモデルについて訓練 MSE をプロットせよ．

(d) それぞれのモデルの予測変数の数における最適なモデルについてテスト MSE をプロットせよ．

(e) テスト MSE が最小となるモデルの予測変数の数を求め，結果を説明せよ．もし切片のみのモデルや，すべての特徴を含むモデルでテスト MSE が最小となる場合は，(a) でデータセットの作成の仕方を工夫し，テスト MSE が中間程度の予測変数の数で最小化されるようなデータを作成せよ．

(f) テスト MSE が最小化されるモデルと，データを作成するのに使った真のモデルを比べよ．係数の値について論じよ．

(g) r の値を変えて，$\sqrt{\sum_{j=1}^{p}(\beta_j - \hat{\beta}_j^r)^2}$ をプロットせよ．ここに，$\hat{\beta}_j^r$ は r 個の係数をもつモデルのうち最適なものの j 番目の係数である．結果を説明せよ．(d) で得られたテスト MSE のプロットと比べよ．

(11) ここでは Boston データセットを使い，人口あたり犯罪率を予測する．

(a) 最良部分集合選択，lasso，リッジ回帰，PCR など，本章で扱った回帰モデルを適用して，結果を論じよ．

(b) このデータセットに良く機能すると思われるモデルを提案せよ．なぜそれらが良いか説明せよ．訓練誤差ではなく，ホールドアウト検証誤差，交差検証，その他の合理的な方法で評価せよ．

(c) 選んだモデルはデータセットのすべての特徴を含んでいるか．その理由を述べよ．

7 線形を超えて
Moving Beyond Linearity

　ここまで本書では，特に線形モデルに着目した．線形モデルは記述する上でも実装する上でも比較的単純であり，また解釈や推測の観点において他のアプローチと比べて優位な点があった．しかしながら，標準的な線形回帰はその推測の性能に関して，明らかに限界がある．その理由は，線形モデルの仮定がほとんどの場合において近似にすぎず，ときにはその近似が機能しないためである．第 6 章では，リッジ回帰，lasso，主成分回帰，その他のテクニックを用いることによって，最小 2 乗法を改良することができた．いずれの場合も，線形モデルの複雑さを軽減し，推定量の分散を小さくすることによって，その改良が得られた．しかしモデルはいまだ線形であり，線形モデルを改良するのも限界がある．本章では，可能な限り線形モデルの解釈のしやすさを保ちながら，線形の仮定を緩めていく．これを行う上で，多項式回帰，階段関数のような線形モデルに対する単純な拡張はもちろん，スプライン，局所回帰，一般化加法モデルのような精巧なアプローチについても考察する．

- 多項式回帰は予測変数の次数を上げて得られる新たな予測変数を加えることにより，線形モデルを拡張する．例えば 3 次回帰は X, X^2, X^3 を 3 つの独立変数として用いる．このアプローチによりデータに対して非線形モデルを簡単に当てはめることができる．
- 階段関数は変数の範囲を互いに重複しない K 個の範囲に区切ることにより，質的変数を作る．これは区分定数関数を当てはめる方法である．
- 回帰スプラインは多項式回帰や階段関数よりもさらに柔軟であり，実際，上記の 2 つの方法の拡張にもなっている．回帰スプラインは X の範囲を K 個の範囲に区分する．各々の変域内で，データに対し多項式関数を当てはめる．これらの多項式には，境界 (ノット) においてなめらかにつながるような制約を課す．区分が十分多くの範囲に分けられていれば，この方法は非常によく当てはまる．
- 平滑化スプラインは回帰スプラインと同様であるが，わずかに異なる状況において考えられたものである．平滑化スプラインは，平滑化のための罰則項を課して，RSS を最小にすることで得られる．
- 局所回帰はスプラインと同様であるが，重要な点で異なる．それは，範囲が重複

することを許容している点である．実際，範囲は非常になめらかに重複している．
- 一般化加法モデルは，複数の予測変数を扱うために上記の方法を拡張するものである．

7.1～7.6 節においては，応答変数 Y と 1 つの予測変数 X の関係を柔軟にモデル化するためのアプローチを示す．7.7 節では，これらのアプローチをまとめ，応答変数 Y を複数の予測変数 $X_1, \ldots, X_p$ の関数としてモデル化する．

7.1 多項式回帰

歴史的に，予測変数と応答変数の関係を非線形にし，線形回帰を拡張する標準的な方法は通常の線形モデル

$$y_i = \beta_0 + \beta_1 x_i + \epsilon_i$$

を多項式関数

$$y_i = \beta_0 + \beta_1 x_i + \beta_2 x_i^2 + \beta_3 x_i^3 + \cdots + \beta_d x_i^d + \epsilon_i \tag{7.1}$$

に置き換えて得られる．ここに，ϵ_i は誤差項である．このアプローチは多項式回帰として知られており，実際，3.3.2 項においてこの方法の例を見ている．十分大きな次数 d において，多項式回帰で極めて非線形な曲線を作ることができる．このモデルはまた予測変数 $x_i, x_i^2, x_i^3, \ldots, x_i^d$ の線形モデルにすぎないので，式 (7.1) の係数は線形回帰における最小 2 乗法を適用すれば容易に推定することができる．一般的に，d の値として 3 または 4 以上を用いることはごくまれである．これは，d の値が大きいとき，多項式曲線は過学習となり，非常に不自然な形状をなすためである．これは特に変数 X の両端付近において顕著である．

図 7.1 の左は，アメリカの大西洋岸中央部に住む男性の収入や人口統計を含む Wage データにおいて，age を横軸に wage をプロットしたものである．青色の実線は，最小 2 乗法を用いて 4 次多項式を当てはめた結果である．これは他にもよくある線形回帰モデルではあるが，ここでは個々の係数に特に関心はない．その代わり，age と wage の関係を理解する上で，18 歳から 80 歳の 63 個の値における回帰関数をみていく．

図 7.1 において，1 組の点線が回帰曲線に沿っている．これらは，(2×) 標準誤差の曲線である．これがどのように計算されたものかを見ていこう．まず，特定の age の値 x_0 における当てはめ値が

$$\hat{f}(x_0) = \hat{\beta}_0 + \hat{\beta}_1 x_0 + \hat{\beta}_2 x_0^2 + \hat{\beta}_3 x_0^3 + \hat{\beta}_4 x_0^4 \tag{7.2}$$

で，計算されたとする．回帰した値の分散，すなわち $\mathrm{Var} \hat{f}(x_0)$ は何か．最小 2 乗法は回帰係数の推定量 $\hat{\beta}_j$ の分散の推定量だけでなく，係数の推定量間の共分散も返す．

7.1 多項式回帰

4次多項式

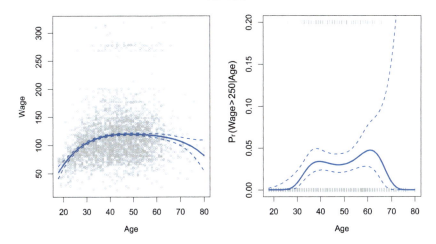

図 7.1 Wage データ．**左**：青の実線は age の 4 次多項式を最小 2 乗法により wage (単位は$1,000) に当てはめたものである．点線は 95％信頼区間を表す．**右**：ロジスティック回帰により，年収が$250,000 を超えるか否かという 2 つの事象を 4 次多項式でモデル化した．wage が$250,000 を超える事象の事後確率は青の実線で示され，点線は 95％信頼区間である．

これらを用いて $\hat{f}(x_0)$ の分散の推定量を計算することができる[*1]．$\hat{f}(x_0)$ の各点の標準誤差の推定量は，この分散の平方根である．この計算は各点 x_0 を利用して繰り返して行われ，回帰曲線とその両側に標準誤差を 2 倍した値を描図する．2 倍の標準誤差を描図するのは，誤差項が正規分布に従う場合にこの量が 95％近似信頼区間に対応するためである．

図 7.1 の年収は異なる 2 母集団から構成されているように思われる．年収が$250,000 を超える高収入者のグループと，それ以外の低収入者のグループである．Wage データをこれらの 2 個のグループに分けることにより，wage を 2 値変数として扱うことができる．そして age を予測変数とした多項式関数を用いてロジスティック回帰分析を使い，この 2 値の応答変数を予測することができる．言い換えれば，以下のモデル

$$\Pr(y_i > 250|x_i) = \frac{\exp(\beta_0 + \beta_1 x_i + \beta_2 x_i^2 + \cdots + \beta_d x_i^d)}{1 + \exp(\beta_0 + \beta_1 x_i + \beta_2 x_i^2 + \cdots + \beta_d x_i^d)} \quad (7.3)$$

を当てはめるのである．この結果は図 7.1 の右に示されている．上方と下方にあるグレーの点は高収入者と低収入者の年齢を表している．青の実線の曲線は，このモデル

[*1] もし，$\hat{\mathbf{C}}$ が 5×5 の $\hat{\beta}_j$ の共分散行列で，$\ell_0^T = (1, x_0, x_0^2, x_0^3, x_0^4)$ とすれば，$\text{Var}[\hat{f}(x_0)] = \ell_0^T \hat{\mathbf{C}} \ell_0$ である．

における高収入者の確率を age の関数として示している．推定された95%信頼区間も描図されている．特に右側において，顕著に信頼区間の幅が広がっていることがわかる．このデータセットのサンプルサイズは相当数 ($n=3{,}000$) あるが，高収入者は 79 名しかおらず，その結果，推定された回帰係数の分散が大きくなり，それに伴い，信頼区間の幅も広くなっている．

7.2 階段関数

線形モデルにおける予測値として予測変数の多項式関数を使うということは，X の非線形関数にある全体的な構造を強いるということである．このように全体的な構造を無理強いすることを避けるために，この方法に代えて階段関数を利用する．ここでは X の変域をいくつかのビン (区分) に分け，各ビンにおいて異なる定数を割り当てる．これは連続変数を順序尺度に変えることに相当する．

より詳しくは，まず X の変域において分割点 $c_1, c_2, \ldots, c_K$ を与え，$K+1$ 個の新たな変数

$$\begin{aligned}
C_0(X) &= I(X < c_1), \\
C_1(X) &= I(c_1 \leq X < c_2), \\
C_2(X) &= I(c_2 \leq X < c_3), \\
&\vdots \\
C_{K-1}(X) &= I(c_{K-1} \leq X < c_K), \\
C_K(X) &= I(c_K \leq X)
\end{aligned} \quad (7.4)$$

を構成する．ここに，$I(\cdot)$ は括弧内の条件が成り立つときに 1，それ以外は 0 を返す指示関数である．例えば，$I(c_K \leq X)$ は $c_K \leq X$ の場合は 1，その他の場合は 0 である．これらはダミー変数と呼ばれることもある．X の値は $K+1$ 個の区分の中の 1 つに必ず含まれるので，いかなる X の値においても $C_0(X) + C_1(X) + \cdots + C_K(X) = 1$ が成り立つことに注意されたい．このとき，$C_1(X), C_2(X), \ldots, C_K(X)$ を予測変数として線形モデル

$$y_i = \beta_0 + \beta_1 C_1(x_i) + \beta_2 C_2(x_i) + \cdots + \beta_K C_K(x_i) + \epsilon_i \quad (7.5)$$

を当てはめるために最小 2 乗法を適用する[*2)]．X を与えると，$C_1, C_2, \ldots, C_K$ のう

[*2)] 式 (7.5) において，$C_0(X)$ を除いた．$C_0(X)$ は切片と重複してしまうためである．これは，モデルに切片が含まれる下では，3 つのクラスのある質的変数を符号化するのにダミー変数は 2 つで済むということと類似している．式 (7.5) で他の $C_k(X)$ ではなく，$C_0(X)$ を選んだことに特別な理由はない．$C_0(X)$ の代わりに切片を取り除いて $C_0(X), C_1(X), \ldots, C_K(X)$ を使ってもよい．

区分定数関数

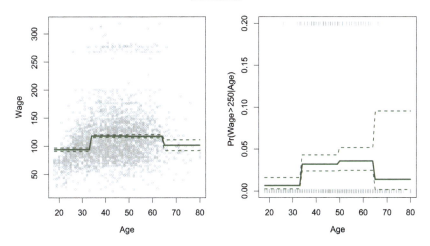

図 7.2　Wage データ．左：実線は最小 2 乗法により wage (単位は$1,000) を age の階段関数に回帰したもの．点線はその 95%信頼区間を表す．右：ロジスティック回帰を用いて，2 値の事象 wage>250 を age の階段関数でモデル化した．wage が$250,000 を超える事後確率が示されている．これに沿っている線が 95%信頼区間である．

ち 0 でないものは多くて 1 つである．$X < c_1$ のときは，式 (7.5) における予測変数の値はすべて 0 となるので，β_0 は $X < c_1$ における Y の平均値と解釈することができる．式 (7.5) は $c_j \leq X < c_{j+1}$ において $\beta_0 + \beta_j$ で応答変数を予測しているので，β_j は $X < c_1$ と比べて $c_j \leq X < c_{j+1}$ における応答変数の平均増加量を表している．

図 7.1 で用いた Wage データに階段関数を当てはめた一例が，図 7.2 の左である．また，ある人に関して高収入者となる確率を age に基づいて予測するために，ロジスティック回帰モデル

$$\Pr(y_i > 250 | x_i) = \frac{\exp(\beta_0 + \beta_1 C_1(x_i) + \cdots + \beta_K C_K(x_i))}{1 + \exp(\beta_0 + \beta_1 C_1(x_i) + \cdots + \beta_K C_K(x_i))} \quad (7.6)$$

を適用する．図 7.2 の右はこの方法を用いて得られた事後確率の様子である．

予測変数に自然な区分がなければ，残念ながら階段関数は実際に起きている現象を見逃してしまうことがある．例えば，図 7.2 の左において，最初のビンは明らかに wage が age に伴って増加する傾向を捉えていない．それにも関わらず，生物統計学や疫学，その他の学問分野において，階段関数による方法は広く用いられている．例えば，5 歳ごとのグループに対し，ビンを定義することがよくある．

7.3 基底関数

多項式や区分定数関数による回帰モデルは，実は基底関数による方法の特別な場合である．考え方としては，変数 X のさまざまな関数や変換 $b_1(X), b_2(X), \cdots, b_K(X)$ を利用しようということである．X に線形モデルを当てはめる代わりに，次のモデル

$$y_i = \beta_0 + \beta_1 b_1(x_i) + \beta_2 b_2(x_i) + \beta_3 b_3(x_i) + \cdots + \beta_K b_K(x_i) + \epsilon_i \qquad (7.7)$$

を当てはめる．ここで，基底関数 $b_1(\cdot), b_2(\cdot), \ldots, b_K(\cdot)$ は既知である (言い換えれば，あらかじめ関数を選んでおく)．多項式回帰では，基底関数は $b_j(x_i) = x_i^j$ であり，区分定数関数 (階段関数) においては，$b_j(x_i) = I(c_j \leq x_i < c_{j+1})$ である．式 (7.7) を予測変数 $b_1(x_i), b_2(x_i), \ldots, b_K(x_i)$ による標準的な線形モデルとして考えることができる．したがって，最小 2 乗法を用いることにより，式 (7.7) における未知の回帰係数を推定することができる．この設定の下で，第 3 章で議論された回帰係数の推定値の標準誤差や，モデル全体の有意性を調べるための F 統計量といった線形モデルにおけるすべての推測法が使用可能であることは重要である．

ここまでは，多項式関数，階段関数を基底関数として用いることを考えた．しかしながら，この他にも多くの関数が使用可能である．例えば，ウェーブレットやフーリエ級数を基底関数とすることができる．次節では，基底関数として非常に多く用いられる回帰スプラインについて考察することにする．

7.4 回帰スプライン

これまで見てきた多項式回帰や階段関数による回帰の方法を拡張した柔軟な基底関数について議論する．

7.4.1 区分多項式

区分多項式回帰とは，X の全範囲において高次多項式を当てはめる代わりに，異なる範囲に別々の低次の多項式を当てはめる方法である．例えば，区分 3 次多項式は，3 次回帰モデル

$$y_i = \beta_0 + \beta_1 x_i + \beta_2 x_i^2 + \beta_3 x_i^3 + \epsilon_i \qquad (7.8)$$

を当てはめる．ここに，係数 $\beta_0, \beta_1, \beta_2, \beta_3$ は X の範囲によって異なる．係数が変化する点はノットと呼ばれる．

例えば，ノットのない区分 3 次多項式は，式 (7.1) において $d = 3$ として得られる標準的な 3 次多項式である．1 個のノットを点 c にもつ区分 3 次多項式は

$$y_i = \begin{cases} \beta_{01} + \beta_{11} x_i + \beta_{21} x_i^2 + \beta_{31} x_i^3 + \epsilon_i & (x_i < c) \\ \beta_{02} + \beta_{12} x_i + \beta_{22} x_i^2 + \beta_{32} x_i^3 + \epsilon_i & (x_i \geq c) \end{cases}$$

7.4 回帰スプライン

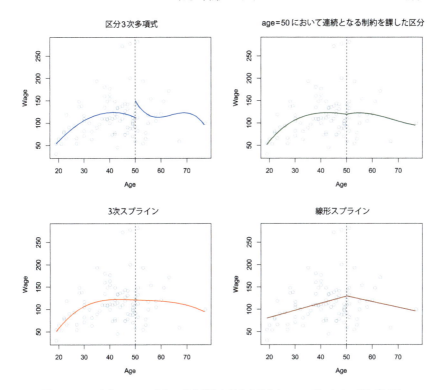

図 **7.3** ノットを age=50 とし，さまざまな区分多項式を Wage データの一部に当てはめた結果．**上段左**：制約なしの 3 次多項式．**上段右**：age=50 において連続となるような制約を課した 3 次多項式．**下段左**：age=50 において 2 回連続微分可能の制約を課した 3 次多項式．**下段右**：age=50 で連続となるような制約を課した線形スプライン．

となる．言い換えれば，2 つの異なる多項式関数をそれぞれ $x_i < c$ の範囲のデータと $x_i \geq c$ の範囲のデータに当てはめることである．最初の多項式の係数は β_{01}, β_{11}, β_{21}, β_{31} であり，次の多項式の係数は $\beta_{02}, \beta_{12}, \beta_{22}, \beta_{32}$ である．予測変数の単純な関数に対し最小 2 乗法を適用することにより，それぞれの多項式関数を当てはめることができる．

より多くのノットを用いることは，より柔軟な区分多項式をもたらす．一般には，X の全範囲に対し K 個の異なるノットを与えると，$(K+1)$ 個の異なる 3 次関数を当てはめることになる．ここで，必ずしも 3 次多項式の利用に限られるわけではないことに注意されたい．例えば，3 次多項式の代わりに区分的に線形関数を当てはめることができる．実際，7.2 節における区分定数関数は 0 次の区分多項式である．

256　　　　　　　　　　　　　7. 線形を超えて

図 7.3 上段左は，1 個のノットを `age=50` に設け，`Wage` データの各部分に 3 次関数を当てはめたものである．直ちに，この関数が不連続であり，問題があることがわかる．各多項式は 4 個のパラメータをもつため，この区分多項式モデルを当てはめるには総自由度 8 が必要である．

7.4.2　制約とスプライン

図 7.3 の上段左は当てはめた関数が柔軟すぎるために問題があると思われる．この問題を改善するために，当てはめた曲線が連続となるような制約の下で区分多項式を当てはめる．言い換えれば，`age=50` のノットにおいて，関数がジャンプしないようにするのである．図 7.3 の上段右はその結果である．この結果の方が上段左よりも望ましいように見える．しかし，境目が V 字型をしており不自然である．

下段左においては，さらに 2 つの制約を課す．区分多項式の 1 次導関数と 2 次導関数共に，`age=50` の点において連続であるという制約である．言い換えれば，区分多項式は `age=50` において連続であるだけでなく，十分なめらかになっているということである．区分 3 次多項式に課した各制約は，区分多項式を当てはめることの複雑さを軽減させることで，自由度を 1 つ下げることになる．上段左では自由度は 8 であったが，3 つの制約 (連続性，1 次導関数及び 2 次導関数の連続性) を課した下段左においては，自由度は 5 である．下段左の曲線は 3 次スプラインと呼ばれる[*3]．通常，K 個のノットをもつ 3 次スプラインの自由度は合計 $4 + K$ となる．

図 7.3 において，下段右は `age=50` において連続な線形スプラインである．d 次スプラインの一般的な定義は，各ノットにおいて $(d-1)$ 回連続微分可能 (曲線，1 次導関数，……，$(d-1)$ 次導関数が全て連続) な区分 d 次多項式である．そのため，線形スプラインは各ノットにおいて連続性を保ちながら，ノットによって定められる予測変数の各区分に直線を当てはめることによって得られる．

図 7.3 では，`age=50` において 1 つのノットがある．もちろん，より多くのノットを設けて，各ノットにおいて連続にすることが可能である．

7.4.3　スプライン基底表現

前節で扱った回帰スプラインは，やや複雑であるように思われるかもしれない．どのようにすれば，当てはめる関数が連続 (あるいは $(d-1)$ 次までの導関数がすべて連続) という制約の下で，区分 d 次多項式を当てはめることができるのであろうか．回帰スプラインを表現する際に，式 (7.7) の基底関数モデルを用いることができる．K 個のノットをもつ 3 次スプラインは，基底関数 $b_1, b_2, \ldots, b_{K+3}$ を適切に選ぶことによって

[*3]　ノットにおける不連続性を目視で確認できないため，3 次スプラインは広く用いられる．

7.4 回帰スプライン

$$y_i = \beta_0 + \beta_1 b_1(x_i) + \beta_2 b_2(x_i) + \cdots + \beta_{K+3} b_{K+3}(x_i) + \epsilon_i \quad (7.9)$$

とモデル化される．その後，最小 2 乗法により式 (7.9) のモデルを当てはめることができる．

多項式を表現する方法がいくつもあるように，式 (7.9) で異なる基底関数を選び，3 次スプラインを表現する方法も多く存在する．式 (7.9) を用いて 3 次スプラインを表現する最も直接的な方法は，3 次多項式の基底 x, x^2, x^3 をまず使い，さらにノットごとに 1 つの打ち切りべき乗基底関数を加えることである．打ち切りべき乗基底関数は

$$h(x, \xi) = (x - \xi)_+^3 = \begin{cases} (x - \xi)^3 & (x > \xi) \\ 0 & (x \leq \xi) \end{cases} \quad (7.10)$$

と定義される．ここに，ξ はノットである．式 (7.8) の 3 次多項式モデルに $\beta_4 h(x, \xi)$ の形の項を加えることにより，ξ において 3 次導関数だけが不連続となる．関数は各ノットにおいて，2 回連続微分可能性をもつ．

言い換えれば，K 個のノットをもつデータセットに対し 3 次スプラインを当てはめるためには，切片と $X, X^2, X^3, h(X, \xi_1), h(X, \xi_2), \ldots, h(X, \xi_K)$ の形の $(3+K)$ 個の予測変数に対し，最小 2 乗回帰を実行する．ここに，$\xi_1, \ldots, \xi_K$ はノットである．全部で $(K+4)$ 個の回帰係数を推定することになり，そのため，3 次スプラインを当てはめることは，自由度 $K+4$ を使う．

残念なことに，スプラインは予測変数の両端，すなわち，X がとても小さい，あるいはとても大きい値をとるとき分散が大きくなる．図 7.4 は 3 個のノットをもつ Wage データへの当てはめを示したものである．明らかに，信頼バンドは境界近くで安定し

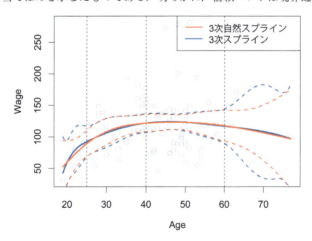

図 7.4 Wage データの一部を使って当てはめた 3 個のノットをもつ 3 次スプラインと 3 次自然スプライン．

3次自然スプライン

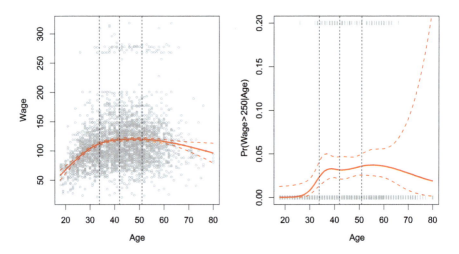

図 7.5　自由度 4 の 3 次自然スプラインが Wage データに当てはめられている．左：wage に age（単位：$1,000）のスプライン関数を当てはめた．右：age を予測変数として，wage>250 の 2 項モデルにロジスティック回帰を適用した．$250,000 を超える wage の事後確率への当てはめの様子が示されている．

ていない様子がわかる．自然スプラインはさらに境界条件を課した回帰スプラインである．その制約 (条件) は，関数は境界付近 (X が最小のノットよりも小さい，あるいは最大のノットより大きい範囲) で直線であるという制約である．一般に，これは自然スプラインが境界における推定をより安定させることを意味する．図 7.4 では，3 次自然スプラインが赤線で示されている．対応する信頼区間は狭くなっていることに注意されたい．

7.4.4　ノットの数と位置の選択

スプラインを当てはめるとき，どこにノットを設定すればよいだろうか．回帰スプラインは，多くのノットが含まれる範囲において，より柔軟となる．なぜならば，ノットが多い範囲においては多項式の係数をそれだけ頻繁に変えることができるからである．したがって，ひとつの方法として，関数が最も急に変わる範囲においてはより多くのノットを設け，関数が安定していると思われる範囲においてはノットを少なくするという対処が挙げられるだろう．この方法はよく機能するが，実用上均等にノットを設ける方法が広く用いられる．これを行うにはまず自由度を指定し，その自由度に応じた数のノットをソフトウェアに自動的に設定させればよい．

図 7.5 は Wage データの例を示している．図 7.4 と同様，3 個のノットをもつ 3 次

7.4 回帰スプライン

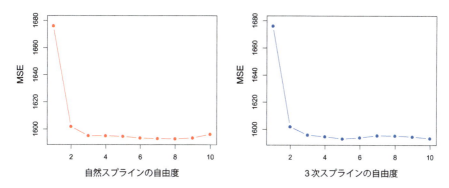

図 7.6 Wage データにスプラインを当てはめ，自由度選択のため 10 分割交差検証 MSE を計算した．応答変数は wage であり，予測変数は age である．左：3 次自然スプライン．右：3 次スプライン．

自然スプラインを当てはめているが，ここでは age の 25 パーセンタイル，50 パーセンタイル，75 パーセンタイルがノットの箇所として自動的に選択されている．これは自由度 4 を設定することによって定められる．自由度 4 を指定することが 3 個の内部ノットをもたらす理由については，いささか専門的な説明を必要とする[*4]．

では，いくつのノットを使うべきだろうか．つまり，スプラインにどの程度の自由度を持たせるべきだろうか．1 つの方法としては，異なる数のノットを試した上でどれが最適な曲線をもたらすかを観察することが挙げられる．より客観的なアプローチとしては，第 5～6 章で議論されたように，交差検証法を用いることができる．この方法では，一部のデータ (例えば 10%) を取り除き，残りのデータにある個数のノットをもつスプラインを当てはめ，ホールドアウトした一部のデータに対してスプラインによる予測を行う．各観測値が少なくとも 1 回は取り除かれるまで複数回この過程を繰り返し，全交差検証の RSS を計算する．これを K の値を変えて繰り返す．このようにして，RSS の最小値を与える K の値を選択する．

図 7.6 は Wage データに当てはめたさまざまな自由度のスプラインにおける 10 分割交差検証 MSE を表している．左は自然スプライン，右は 3 次スプラインである．2 つの方法はほとんど同様な結果をもたらしており，自由度 1 のスプラインの当てはめ (線形回帰) が適切でないことの明確な根拠となっている．両方の曲線は急激に平坦になっており，自由度 3 の自然スプライン，自由度 4 の 3 次スプラインが適切であるよ

[*4] 実際には，2 つの境界のノットを含む 5 個のノットが存在する．5 個のノットをもつ 3 次スプラインの自由度は 9 となる．しかし，3 次自然スプラインは 2 つのさらなる境界制約 (境界部分は線形関数) を課しているために，結果として自由度は $9 - 4 = 5$ となる．これが定数を含むため，切片項に吸収され，自由度が 4 となる．

うに見受けられる．

7.7 節では，複数の変数に対して一度に加法的スプラインモデルを当てはめる．これは各変数について自由度の選択が必要かもしれないということである．このような場合において，一般的にはより実用的なアプローチを用いて，すべての項について例えば "4" のように自由度を定める．

7.4.5 多項式回帰との比較

回帰スプラインは，しばしば多項式回帰よりも優れた結果をもたらす．これは，柔軟に当てはめることを実現するために高い次数 (最大次数の項の冪．例えば X^{15} など)を必要とする多項式と異なり，スプラインは次数を固定した下でノットの数を多くすることによって，柔軟な当てはめを行っているためである．一般的に，このアプローチはより安定した推定をもたらす．スプラインでは f が急激に変化する範囲において多くのノットを設けて柔軟性をもたせたり，また f が比較的安定している箇所はノットの数を少なくすることができる．図 7.7 は Wage データにおいて，自由度 15 の 3 次自然スプラインと 15 次の多項式の比較を行っている．多項式は不必要な柔軟さが境界において望ましくない結果をもたらしているが，3 次自然スプラインはデータに対し妥当な当てはめを行うことができている．

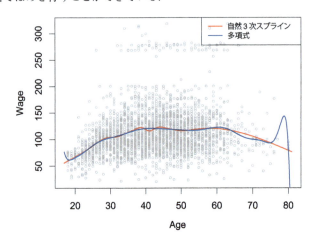

図 **7.7** Wage データにおける自由度 15 の 3 次自然スプラインと 15 次の多項式の比較．特に，多項式の方は端において突飛な振る舞いを見せている．

7.5 平滑化スプライン
7.5.1 平滑化スプラインの概要
前節において回帰スプラインを議論した．回帰スプラインでは，ノットを設定し，基底関数列を与え，スプラインの係数を最小2乗法により推定した．この節では，スプラインを生成する上で多少異なる方法を紹介する．

データセットに対し，なめらかな曲線を当てはめる際，本来目指していることはデータによく当てはまる関数 $g(x)$ を見つけることである．すなわち，RSS $= \sum_{i=1}^{n}(y_i - g(x_i))^2$ を小さくすることである．しかしながら，このアプローチには問題がある．もし $g(x_i)$ に対し，何も制約を与えなければ，単純にすべての y_i を補間するような g を選ぶことによって，常に RSS を 0 にすることができる．そのような関数はひどく過学習しており，柔軟すぎるものであろう．本当に必要としている関数 g は，RSS が小さく，かつなめらかな関数である．

どのようにして g をなめらかにすることができるだろうか．いろいろな方法があるが，1つの自然なアプローチは

$$\sum_{i=1}^{n}(y_i - g(x_i))^2 + \lambda \int g''(t)^2 dt \tag{7.11}$$

を最小にするような g を見つけることである．ここに，λ は非負の平滑化パラメータであり，式 (7.11) を最小にする関数 g は平滑化スプラインとして知られている．

式 (7.11) をどのように解釈すればよいだろうか．式 (7.11) は第6章におけるリッジ回帰と lasso においても見られた損失と罰則項の和の形となっている．$\sum_{i=1}^{n}(y_i - g(x_i))^2$ の項は g をデータによく当てはめるための損失関数であり，$\lambda \int g''(t)^2 dt$ は g の変動にペナルティーを科す罰則項である．$g''(t)$ は関数 g の 2 次導関数を意味する．1 次導関数 $g'(t)$ は t における関数の傾きを表し，2 次導関数は傾きの変化量に対応する．このように，大まかに言えば，2 次導関数は元の関数の粗さを測るものであるということが言える．もし，$g(t)$ が t 付近で振動している状況であれば 2 次導関数の絶対値は大きくなる．そうでなければ 0 に近い値をとる (直線の 2 次導関数は 0 であり，直線は完全に平滑である)．記号 $\int$ は積分であり，すべての t の範囲において和をとることを意味している．言い換えれば，$\int g''(t)^2 dt$ は単にその全範囲の t において $g'(t)$ の総変化を測っていることになる．もし g がとてもなめらかであれば，$g'(t)$ はほぼ定数になり，$\int g''(t)^2 dt$ は小さい値をとるであろう．反対に，g が振動して変化する場合は $g'(t)$ は明らかに変化し，$\int g''(t)^2 dt$ は大きな値をとるであろう．それゆえ，式 (7.11) の $\lambda \int g''(t)^2 dt$ は g をなめらかにさせる．λ の値が大きければ，g はよりなめらかになる．

$\lambda = 0$ のとき，式 (7.11) における罰則項は影響せず，g は激しく振動し，訓練データを完全に補間する．$\lambda \to \infty$ の場合は，g は完全になめらかとなる．つまり，可能な

262   7. 線形を超えて

限り訓練データの近くを通るような直線となるであろう. 実際, この場合, 式 (7.11)
における損失関数は RSS を最小にする量であるから, g は最小 2 乗直線になる. これ
らの中間の λ の値において, g は訓練データを近似し, 多少のなめらかさをもつ. λ
は平滑化スプラインのバイアスと分散のトレードオフを調整していることがわかる.

式 (7.11) を最小化する関数 $g(x)$ は, いくつかの特性をもつ. これは $x_1, \ldots, x_n$ を
ノットにもつ区分 3 次多項式で, 各ノットにおいて 2 回連続微分可能である. さらに,
両端のノットの外側では線形となる. 言い換えれば, 式 (7.11) を最小化する関数 $g(x)$
はノット $x_1, \ldots, x_n$ をもつ 3 次自然スプラインである. しかしながら, これは, ノット
を $x_1, \ldots, x_n$ として, 7.4.3 項で示した基底関数によるアプローチを用いた場合の 3 次
自然スプラインとは異なるものである. 式 (7.11) は, 7.4.3 項の 3 次自然スプラインに
縮小推定を適用したものであり, 平滑化パラメータ λ が縮小推定の程度を調整している.

7.5.2 平滑化パラメータ λ の選択

平滑化スプラインが単に各 x_i をノットにもつ 3 次自然スプラインであることを確
認した. 平滑化スプラインは, 各観測値にノットをもつことで極めて柔軟になるため,
非常に大きな自由度を持つように見えるかもしれない. しかしながら, チューニング
パラメータ λ が平滑化スプラインの粗さを調整することにより, 有効自由度を調整し
ている. λ が 0 から無限大に近づくにつれて, 有効自由度 (df_λ で表す) は n から 2 に
近づく.

平滑化スプラインにおいて, なぜ自由度の代わりに有効自由度について議論するの
だろうか. 通常, 自由度は多項式や 3 次スプラインの係数の個数のように, 自由なパ
ラメータの数を指す. 平滑化スプラインは n 個のパラメータをもち, 名目上自由度は
n であるが, これらの n 個のパラメータは強い制約を受けるか, 縮小推定される. そ
れゆえ, df_λ は平滑化スプラインの柔軟さの尺度となっている. 有効自由度がより大
きければ, より柔軟な平滑化スプラインであると言える (バイアスは小さくなるが, 分
散は大きくなる). 有効自由度の定義は, 多少専門的な知識を必要とする. ここで

$$\hat{\mathbf{g}}_\lambda = \mathbf{S}_\lambda \mathbf{y} \tag{7.12}$$

が成り立つ. $\hat{\mathbf{g}}$ は特定の λ を選んだ際の式 (7.11) の解である. すなわち, 訓練デー
タ $x_1, \ldots, x_n$ における平滑化スプラインの当てはめ値を含む n 次元ベクトルである.
式 (7.12) は, 平滑化スプラインの当てはめ値のベクトルが, $n \times n$ 行列 $\mathbf{S}_\lambda$ (この行
列を求める公式がある) と応答変数 $\mathbf{y}$ の積で表現されることを示す. そのとき, 有効
自由度は

$$df_\lambda = \sum_{i=1}^{n} \{\mathbf{S}_\lambda\}_{ii} \tag{7.13}$$

と定義され, これは行列 $\mathbf{S}_\lambda$ の対角成分の和である.

7.5 平滑化スプライン

平滑化スプラインを当てはめる状況においては，ノットの数または箇所を選択する必要がない．各訓練データ $x_1,\ldots,x_n$ がノットになるからである．その代わり，別の問題がある．それは λ の値を選択しなければならないということである．この問題に対する 1 つの解答が交差検証であることは，不自然ではないであろう．言い換えれば，可能な限り交差検証 RSS を小さくするような λ の値を探す．平滑化スプラインの 1 つ抜き交差検証誤差 (LOOCV) の計算は非常に効率よく行うことができる．以下の式

$$\mathrm{RSS}_{cv}(\lambda) = \sum_{i=1}^{n}(y_i - \hat{g}_\lambda^{(-i)}(x_i))^2 = \sum_{i=1}^{n}\left[\frac{y_i - \hat{g}_\lambda(x_i)}{1 - \{\mathbf{S}_\lambda\}_{ii}}\right]^2$$

を用いることにより，実質的には 1 回の当てはめと計算と同じ計算コストで行うことができる．$\hat{g}_\lambda^{(-i)}(x_i)$ は，i 番目の観測値 (x_i, y_i) を除くすべての訓練データを使い平滑化スプラインを当てはめ，x_i において評価した値である．反対に，$\hat{g}_\lambda(x_i)$ は平滑化スプラインをすべての訓練データに当てはめ，x_i において評価した値である．この式の注目すべき点は，それぞれのデータを抜いて当てはめた結果が，すべてのデータを使って得られる $\hat{g}_\lambda$ のみを使って計算できるということである[*5]．第 5 章 p.169 の最小 2 乗回帰において，非常によく似た式 (5.2) があった．式 (5.2) を用い

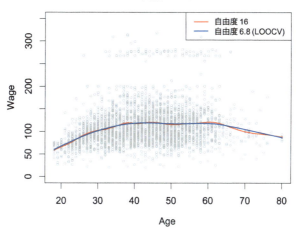

図 7.8 `Wage` データに当てはめた平滑化スプライン．赤の実線は有効自由度 16 のときの結果．青の実線は λ が LOOCV で自動的に計算されたときの結果であり，有効自由度は 6.8 である．

[*5)] $\hat{g}(x_i)$ と $\mathbf{S}_\lambda$ の正確な式については非常に専門的な知識を必要とする．しかしながら，これらを計算する際に利用できる効率的なアルゴリズムが存在する．

264   7. 線形を超えて

れば，本章の序盤で議論した回帰スプラインにおいてだけでなく，任意の基底関数を用いた最小 2 乗回帰においても LOOCV をとても高速に計算することが可能である.

図 7.8 は Wage データに平滑化スプラインを当てはめて得られた結果である．赤の実線は有効自由度 16 の平滑化スプラインをあらかじめ指定して当てはめた様子である．青の実線は LOOCV を用いることにより λ を決めたときの平滑化スプラインである．この場合，最適な λ による有効自由度は 6.8 となった (式 (7.13) を用いて計算)．このデータにおいて，自由度 16 の平滑化スプラインが少し上下していることを除けば，2 つの平滑化スプラインへの当てはめの様子の違いはわずかである．一般に，データがより複雑なモデルに従うという確証がない限りは，より単純なモデルの方が適しているので，自由度 6.8 の平滑化スプラインの方が望ましいであろう．

7.6 局所回帰

局所回帰は柔軟な非線形関数を当てはめるための別のアプローチであり，ターゲットとする x_0 付近の訓練データのみを用いて，x_0 における当てはめ値の計算を行うものである．図 7.9 はあるシミュレーションデータにおいて局所回帰を表しており，1

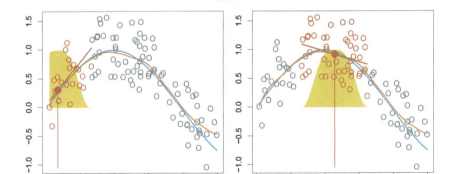

図 7.9 あるシミュレーションデータにおける局所回帰．青の曲線はデータを発生させた関数 $f(x)$，黄土色の曲線は局所回帰の推定値 $\hat{f}(x)$ である．ターゲット x_0 はオレンジの縦線で表されている．その近傍はオレンジの点 (白抜き) で表した．図中の黄緑の釣鐘は各点に割り当てられた重みを表しており，ターゲットから離れると 0 に近づく．x_0 における当てはめ値 $\hat{f}(x_0)$ は，重み付き線形回帰 (オレンジの直線) を当てはめ，x_0 で評価することによって得られる (オレンジの点 (塗りつぶし))．

7.6 局 所 回 帰　　　　265

つは 0.4 に近い値をターゲットとした図，他方は左端付近の 0.05 をターゲットとした
図である．この図において，青の曲線はデータを生成した真の関数 $f(x)$ を表し，黄
土色の曲線は局所回帰によって推定された $\hat{f}(x)$ を表す．局所回帰はアルゴリズム 7.1
によって得られる．

アルゴリズム 7.1　$X = x_0$ における局所回帰

Step 1　訓練データ x_i の中で x_0 に最も近いデータを k 個集める ($s = k/n$ とおく).

Step 2　x_0 から最も遠い観測点は 0，最も近い観測点は最も大きい値の重みをもつように，近傍の各
　　　　観測点に係数 $K_{i0} = K(x_i, x_0)$ を与える．k 個の近傍以外の観測点の係数は 0 とする．

Step 3
$$\sum_{i=1}^{n} K_{i0}(y_i - \beta_0 - \beta_1 x_i)^2 \tag{7.14}$$
　　　　を最小化するような $\hat{\beta}_0$ と $\hat{\beta}_1$ を求めることにより，重みつき最小 2 乗回帰を当てはめる．

Step 4　x_0 における推定値は，$\hat{f}(x_0) = \hat{\beta}_0 + \hat{\beta}_1 x_0$ で与えられる．

　アルゴリズム 7.1 の Step 3 に注意すると，重み K_{i0} は各 x_0 において異なる．言
い換えれば，新たな点で局所回帰を当てはめるたびに，式 (7.14) を最小にする別の重
み付き最小 2 乗回帰モデルを当てはめて重みを求める必要がある．局所回帰はしばし
ば記憶ベースの方法と言われる．それは最近傍法のように，予測を行うその都度，全
データが必要となるからである．局所回帰に関する文献は他に多くあるため，ここで
は局所回帰の専門的な部分に立ち入ることはしない．

　局所回帰を行う際には，どのように重み関数 K を定義するか，上記の Step 3 にお
いて線形，定数，あるいは 2 次回帰のどれを用いるかなど，多くの選択をしなければ
ならない (式 (7.14) は線形回帰に対応する)．これらのすべての選択は重要であるが，
最も重要な選択は上記の Step 1 で定義されているスパン s についてである．スパンは
平滑化スプラインにおける平滑化パラメータ λ のような役割を持っている．つまり，
当てはめる非線形関数の柔軟さを調整している．s が小さければ小さいほど当てはめ
た関数は局所的になり，より激しく変化する．一方 s が大きな値のときは，多くの訓
練データを用いたデータに広く当てはめることとなる．s の選択には，ここでも交差
検証を用いることができる．あるいは，直接 s を指定することもできる．図 7.10 は 2
つの s の値 0.7, 0.2 を用いて，局所線形回帰を `Wage` データに当てはめた様子を表し
ている．期待された通り，$s = 0.7$ を用いて当てはめた結果は $s = 0.2$ で得られた結
果よりもなめらかになっている．

　局所回帰のアイデアは，多くの方法で一般化されている．$X_1, X_2, \dots, X_p$ の多変量
の状況におけるとても有用な一般化として，いくつかの変数は全体的に，時間などの
いくつかの変数は局所的に重回帰モデルを当てはめる方法がある．このような係数変
化モデルは，新たに集められたデータにモデルを当てはめたいときに有用な方法であ

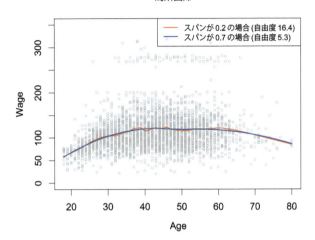

図 7.10 Wage データに当てはめた局所線形回帰．スパンは各ターゲットにおける当てはめに用いたデータ数の比率を表す．

る．局所回帰は 1 変数ではなく 2 変数 X_1 と X_2 について局所的なモデルを当てはめる場合にも自然に一般化できる．単に 2 次元の近傍点を使えばよいのである．2 次元空間上の各ターゲットの点付近の観測値を用いて，2 変数線形回帰を当てはめればよい．理論的には，p 次元の近傍点に当てはめた線形回帰を用いることにより，高次元においても同様のアプローチを実装することができる．しかしながら，p が 3 または 4 よりも大きいとき，一般的に x_0 の近傍の訓練データが非常に少なくなるために，局所回帰は機能しなくなる．第 3 章で議論した K 近傍回帰も，高次元において同様の問題を抱えている．

7.7 一般化加法モデル

7.1〜7.6 節において，1 つの予測変数 X に基づいて，応答変数 Y を柔軟に予測するための多くのアプローチを紹介した．これらのアプローチは，線形単回帰の拡張とも見ることができる．本節では，いくつかの予測変数 $X_1, \ldots, X_p$ に基づいて，Y を柔軟に予測する問題を取り挙げる．これは重回帰の拡張である．

一般化加法モデル (GAM: generalized additive model) は加法性を維持しながら各変数の非線形関数を用いることにより，標準的な線形モデルを拡張する一般的な枠組みを提供するものである．線形モデルのように，GAM は量的・質的の両方の応答変数に適用可能である．まず，量的な応答変数における GAM は 7.7.1 項，質的な応

答変数における GAM は 7.7.2 項において考察する.

7.7.1 回帰問題における一般化加法モデル

各特徴変数と応答変数に非線形な関係をもたせるために，線形重回帰モデル

$$y_i = \beta_0 + \beta_1 x_{i1} + \beta_2 x_{i2} + \cdots + \beta_p x_{ip} + \epsilon_i$$

を拡張する自然な方法は，各線形成分 $\beta_j x_{ij}$ をなめらかな非線形関数 $f_j(x_{ij})$ に置き換えることである．そのようなモデルを

$$y_i = \beta_0 + \sum_{j=1}^{p} f_j(x_{ij}) + \epsilon_i$$
$$= \beta_0 + f_1(x_{i1}) + f_2(x_{i2}) + \cdots + f_p(x_{ip}) + \epsilon_i \tag{7.15}$$

と書くことにする．これは GAM の 1 つの例である．これは，各 X_j について別々に f_j を計算し，それらをすべて足しているため，加法モデルと呼ばれている．

7.1〜7.6 節において，1 つの変数を用いて関数を当てはめるための数多くの方法を議論した．GAM の利点は，これらの方法を加法モデルに当てはめるための計算の一部として利用することができる点にある．実際，本章でこれまでに見た多くの方法は，ごく簡単に GAM に用いることができる．自然スプラインを例にとって，モデル

$$\mathtt{wage} = \beta_0 + f_1(\mathtt{year}) + f_2(\mathtt{age}) + f_3(\mathtt{education}) + \epsilon \tag{7.16}$$

を Wage データに当てはめることを考える．ここで，year と age は量的変数，education は高校や大学など最終学歴を表す 5 段階の質的変数である（<HS, HS, <Coll, Coll, >Coll).最初の 2 つの関数を当てはめるには自然スプラインを使う．3 つ目の関数は 3.3.1 項にある通常のダミー変数のアプローチを用いて各レベルにおける定数を与えて当てはめる．

図 7.11 は，最小 2 乗法を用いて式 (7.16) のモデルを当てはめた結果である．7.4 節で議論した通り，これを実行するのは簡単であり，自然スプラインは適切に選んだ基底関数を用いて構成される．全体のモデルは，スプライン基底変数とダミー変数をすべて含むような大規模な回帰となるだけである．

図 7.11 は容易に解釈することができる．左の図より，age と education を固定した下で wage は year に伴ってわずかに上昇する傾向をもつことがわかる．これはインフレによるものであるかもしれない．中央の図より，education と year を固定させた下で wage は age の値が中間付近のときに最も高くなっており，若すぎたり，年を取りすぎたりすると低くなる傾向にあることがわかる．右の図より，year と age を固定させた下で wage は education に伴って高くなる傾向をもつことがわかる．より高い教育を受けた人は，平均的に収入がより高くなっている．これらの知見はすべて

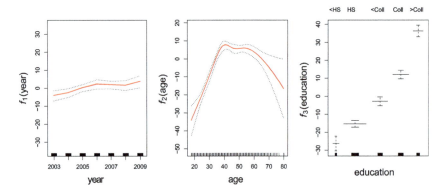

図 7.11 Wage データに対する式 (7.16) のモデルにおいて，各特徴変数と応答変数の関係を表すプロット．各プロットは当てはめた関数と各点における標準誤差を表す．最初の 2 つの関数は year と age の自然スプラインであり，それぞれ自由度は 4, 5 である．3 つ目の関数は，質的変数 education の階段関数である．

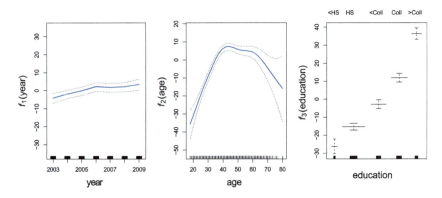

図 7.12 詳細は図 7.11 に記述されている．ここでは f_1 と f_2 はそれぞれ自由度 4, 5 の平滑化スプラインである．

直観的である．

図 7.12 は 3 個の似たようなプロットではあるが，ここでは f_1 と f_2 はそれぞれ自由度 4 と 5 の平滑化スプラインである．平滑化スプラインを用いた GAM を当てはめることは，自然スプラインによる GAM を当てはめることほど単純ではない．なぜなら，平滑化スプラインの場合，最小 2 乗法を用いることができないからである．しかしながら，R のような標準ソフトウェアの gam() 関数などは，バックフィッティングと呼ばれるアプローチにより，平滑化スプラインを用いた GAM を当てはめる．この方法は，他の変数を固定した下で，各予測変数における当てはめを順に繰り返し更

新することにより，多くの予測変数を含むモデルを当てはめる．このアプローチの利点は，関数を毎回更新するとき，各変数を当てはめる方法を偏残差[*6]に用いることにある．

図 7.11 と 7.12 において当てはめた関数は，ほとんど同様にみえる．多くの場合において，平滑化スプラインを用いた GAM と自然スプラインを用いた GAM の違いはわずかである．

GAM の一部にスプラインを使う必要はない．GAM を作るのに，本章でこれまでみてきた局所回帰，多項式回帰，またそれらのどのような組み合わせでも用いることができる．GAM については本章の最後の実習において，さらに細部にわたって考察する．

GAM の利点と欠点
次の内容に進む前に，GAM の長所と限界についてまとめておく．

▲GAM は非線形関数 f_j を各 X_j に当てはめるので，通常の線形回帰ではとらえることができない非線形の関係を自動的にモデル化することができる．これは各変数に多くの異なる変換を試す必要がないことを意味する．

▲非線形関数を当てはめることで，応答変数 Y に対する予測がより正確になる可能性がある．

▲モデルが加法的なので，他の変数を固定した下で各変数 X_j の Y への効果を個々に見ることができる．よって推論に関心がある場合は，GAM は有用なモデルである．

▲X_j の関数 f_j のなめらかさは，自由度に集約される．

◆GAM の限界は，モデルが加法に限定されていることである．変数が多い場合，モデルは重要な交互作用をとらえきれない．しかしながら，線形回帰の場合と同様，$X_j \times X_k$ の予測変数を追加することで，交互作用項を GAM に加えることができる．さらに，$f_{jk}(X_j, X_k)$ の形式をもつ低次元の交互作用関数をモデルに加えることができる．そのような項は，2 次元での局所回帰のような平滑化，または 2 次元スプラインを用いて当てはめることができる (ここでは扱わない)．

一般のモデルにおいては，第 8 章において扱われているランダムフォレストやブースティングのようなより柔軟なアプローチを探さなければならない．GAM は線形モデルと完全なノンパラメトリックモデル間の有用な折衷である．

7.7.2 分類問題における GAM

GAM は Y が質的な場合においても用いられる．簡単のため，ここで Y は 0 また

[*6] 例えば，X_3 における偏残差とは，$r_i = y_i - f_1(x_{i1}) - f_2(x_{i2})$ である．もし f_1 と f_2 が既知であれば，X_3 の非線形回帰においてこの残差を応答変数として扱い，f_3 を当てはめる．

は 1 をとると仮定し，$p(X) = \Pr(Y = 1|X)$ は予測変数を与えた下で応答変数が 1 となる条件付き確率とする．ロジスティック回帰モデル (4.6) は

$$\log\left(\frac{p(X)}{1-p(X)}\right) = \beta_0 + \beta_1 X_1 + \beta_2 X_2 + \cdots + \beta_p X_p \tag{7.17}$$

である．このロジットは $\Pr(Y = 1|X)$ と $\Pr(Y = 0|X)$ の対数オッズであり，式 (7.17) は予測変数の線形関数である．式 (7.17) の自然な拡張方法の一つは非線形関係をこのモデルで用いることであり

$$\log\left(\frac{p(X)}{1-p(X)}\right) = \beta_0 + f_1(X_1) + f_2(X_2) + \cdots + f_p(X_p) \tag{7.18}$$

となる．式 (7.18) はロジスティック回帰 GAM である．これは，前節で議論した量的変数の場合と同様の利点と欠点をもつ．

`Wage` データに GAM を当てはめ，個人の年収が\$250,000 を超える確率を予測する．当てはめた GAM は

$$\log\left(\frac{p(X)}{1-p(X)}\right) = \beta_0 + \beta_1 \times \texttt{year} + f_2(\texttt{age}) + f_3(\texttt{education}) \tag{7.19}$$

となる．ここに

$$p(X) = \Pr(\texttt{wage} > 250 | \texttt{year}, \texttt{age}, \texttt{education})$$

である．ここでもまた，自由度 5 の平滑化スプラインを使って，f_2 を当てはめる．また，最終学歴の各レベルのダミー変数を作り，f_3 に階段関数を当てはめる．その結果

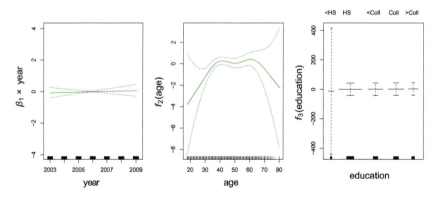

図 **7.13** `Wage` データにおいて，式 (7.19) のロジスティック回帰 GAM を 2 値応答 `I(wage>250)` に当てはめている．各プロットは当てはめられた関数を表し，点線は標準誤差を表す．最初の関数は `year` についての線形関数，2 つ目の関数は `age` についての自由度 5 の平滑化スプライン関数，3 つ目の関数は `education` の階段関数である．`education` の最初のレベル`<HS` では標準誤差が非常に大きい．

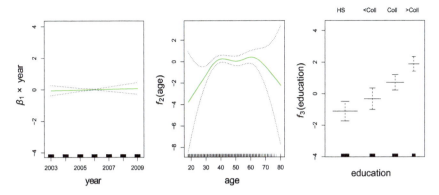

図 7.14 図 7.13 と同じモデルであるが，今回は education が<HS となる観測値を除いている．最終学歴のレベルが高いと，より高収入となる様子がわかる．

は図 7.13 の通りである．最後の図では，<HS のレベルの信頼区間幅が非常に広くなっており，疑わしい結果となっている．実際，このカテゴリーには誰も属していない．つまり，最終学歴が高卒未満の人で年収$250,000 以上となっている人はいない．したがって，高卒未満の人達を除いて，再度 GAM を当てはめる．その結果は，図 7.14 に示されている．図 7.11, 7.12 と同様，3 つの図はいずれも縦軸のスケールが類似しており，age と education は year よりも大きい影響をもつことがわかる．

7.8 実習：非線形モデリング

この実習では，多くの複雑な非線形モデルの当てはめが R で簡単に実行可能であることを例示するために，本章の例として扱った Wage データを再度解析する．はじめに，このデータをもつ ISLR ライブラリを読み込む．

```
> library(ISLR)
> attach(Wage)
```

7.8.1 多項式回帰と階段関数

図 7.1 がどのようにして得られるかを体験する．初めに，以下のコマンドによってモデルを当てはめる．

```
> fit=lm(wage~poly(age,4),data=Wage)
> coef(summary(fit))
               Estimate Std. Error  t value Pr(>|t|)
(Intercept)     111.704      0.729   153.28   <2e-16
poly(age, 4)1   447.068     39.915    11.20   <2e-16
poly(age, 4)2  -478.316     39.915   -11.98   <2e-16
poly(age, 4)3   125.522     39.915     3.14   0.0017
```

```
poly(age, 4)4    -77.911      39.915    -1.95    0.0510
```

この命令文は age に関する 4 次多項式 poly(age,4) を用いて wage を予測するために，関数 lm() によって線形モデルを当てはめている．コマンド poly() により，age のべき乗に関する長い式の記述を省くことができる．この関数は，直交多項式の基底を列に持つ行列を返す．つまり，行列の各列が age, age^2, age^3, age^4 の線形結合であることを意味する．

また，poly() を使って直接 age, age^2, age^3, age^4 を基底に指定することもできる．関数 poly() に引数 raw=TRUE を渡せばよい．基底の選択は明らかに係数の推定に影響を与えるが，後にこれはモデルに影響を与えないことがわかる．つまり，当てはめ値に影響がないということである．

```
> fit2=lm(wage~poly(age,4,raw=T),data=Wage)
> coef(summary(fit2))
                        Estimate Std. Error t value Pr(>|t|)
(Intercept)            -1.84e+02   6.00e+01   -3.07 0.002180
poly(age, 4, raw = T)1  2.12e+01   5.89e+00    3.61 0.000312
poly(age, 4, raw = T)2 -5.64e-01   2.06e-01   -2.74 0.006261
poly(age, 4, raw = T)3  6.81e-03   3.07e-03    2.22 0.026398
poly(age, 4, raw = T)4 -3.20e-05   1.64e-05   -1.95 0.051039
```

R 言語は柔軟であり，このモデルへの当てはめには他にいくつか同等な方法がある．以下がその例である．

```
> fit2a=lm(wage~age+I(age^2)+I(age^3)+I(age^4),data=Wage)
> coef(fit2a)
(Intercept)         age    I(age^2)    I(age^3)    I(age^4)
 -1.84e+02    2.12e+01   -5.64e-01    6.81e-03   -3.20e-05
```

これは単純に多項式の基底関数を実行中に作成するものであり，ラッパー関数 I() を使うことにより，age^2 のような項の意味が保持される (^記号は formula オブジェクト内では特別な意味をもつ).

```
> fit2b=lm(wage~cbind(age,age^2,age^3,age^4),data=Wage)
```

これはベクトルをまとめて行列を作成する関数 cbind() を用いて，より簡単に同じことを行うものである．ここで使った関数 cbind() のように，式の中にある関数はいずれもラッパー関数の役割を果たす．

予測したい age の値を含むベクトルを作り，標準誤差を算出することを指定して総称的関数 predict() を呼び出す．

```
> agelims=range(age)
> age.grid=seq(from=agelims[1],to=agelims[2])
> preds=predict(fit,newdata=list(age=age.grid),se=TRUE)
> se.bands=cbind(preds$fit+2*preds$se.fit,preds$fit-2*preds$se.
    fit)
```

最後に，データをプロットし，4 次多項式の当てはめを描く．

```
> par(mfrow=c(1,2),mar=c(4.5,4.5,1,1),oma=c(0,0,4,0))
> plot(age,wage,xlim=agelims,cex=.5,col="darkgrey")
> title("4次多項式",outer=T)
> lines(age.grid,preds$fit,lwd=2,col="blue")
> matlines(age.grid,se.bands,lwd=1,col="blue",lty=3)
```

関数 par() の引数 mar と oma はプロットのマージンを調整し，関数 title() は両方
の分割プロットをまとめたタイトルを作成する．

以前説明したように，関数 poly() によって直交基底関数が生成されたかどうかは，
得られたモデルに意味のある影響を与えることはない．これは何を意味するのか．各
方法を当てはめて得られたデータは一致するということである．

```
> preds2=predict(fit2,newdata=list(age=age.grid),se=TRUE)
> max(abs(preds$fit-preds2$fit))
[1] 7.39e-13
```

多項式回帰を用いる際は，多項式の次数を決めなければならない．その 1 つの方法
は，仮説検定を使う方法である．線形から 5 次多項式の範囲でモデルを当てはめ，wage
と age の関係を説明する上で十分かつ最も単純なモデルを定める．モデル $\mathcal{M}_1$ がデー
タを十分に説明しているという帰無仮説，より複雑なモデル $\mathcal{M}_2$ が必要であるという
対立仮説を設定し，これを検定するために，分散分析 (ANOVA, F 検定による) を実
行する関数 anova() を用いる．関数 anova() を用いるためには，$\mathcal{M}_1$ と $\mathcal{M}_2$ は入れ
子のモデルでなければならない．$\mathcal{M}_2$ の予測変数は $\mathcal{M}_1$ の予測変数をすべて含んでい
なければならないのである．この場合，5 個の異なるモデルを当てはめ，順番に単純
なモデルとより複雑なモデルを比較する．

```
> fit.1=lm(wage~age,data=Wage)
> fit.2=lm(wage~poly(age,2),data=Wage)
> fit.3=lm(wage~poly(age,3),data=Wage)
> fit.4=lm(wage~poly(age,4),data=Wage)
> fit.5=lm(wage~poly(age,5),data=Wage)
> anova(fit.1,fit.2,fit.3,fit.4,fit.5)
Analysis of Variance Table

Model 1: wage ~ age
Model 2: wage ~ poly(age, 2)
Model 3: wage ~ poly(age, 3)
Model 4: wage ~ poly(age, 4)
Model 5: wage ~ poly(age, 5)
  Res.Df     RSS Df Sum of Sq      F Pr(>F)
1   2998 5022216
2   2997 4793430  1    228786 143.59 <2e-16 ***
3   2996 4777674  1     15756   9.89 0.0017 **
4   2995 4771604  1      6070   3.81 0.0510 .
5   2994 4770322  1      1283   0.80 0.3697
---
```

```
Signif. codes:  0 '***' 0.001 '**' 0.01 '*' 0.05 '.' 0.1 ' ' 1
```

線形の Model 1 と 2 次の Model 2 を比較したときの p 値は実質 0 ($< 10^{-15}$) で，線形関数の当てはめは十分でないことを表している．同様に 2 次の Model 2 と 3 次の Model 3 を比較したときの p 値も非常に小さい (0.0017)．したがって，2 次もまた十分でないということになる．3 次の Model 3 と 4 次の Model 4 を比較する p 値はおよそ 5% であり，5 次の Model 5 では 0.37 であることから，5 次を使う必要はないようである．したがって，3 次あるいは 4 次多項式がデータに対する妥当な当てはめであるということがわかる．しかし，より低次，あるいは高次のモデルは妥当でない．

この場合，関数 anova() を用いる代わりに，直交多項式を与える関数 poly() を利用することにより，これらの p 値を簡潔に得ることができる．

```
> coef(summary(fit.5))
                Estimate Std. Error  t value   Pr(>|t|)
(Intercept)       111.70     0.7288 153.2780 0.000e+00
poly(age, 5)1     447.07    39.9161  11.2002 1.491e-28
poly(age, 5)2    -478.32    39.9161 -11.9830 2.368e-32
poly(age, 5)3     125.52    39.9161   3.1446 1.679e-03
poly(age, 5)4     -77.91    39.9161  -1.9519 5.105e-02
poly(age, 5)5     -35.81    39.9161  -0.8972 3.697e-01
```

p 値がすべて等しいことと，t 統計量の 2 乗が関数 anova() が与える F 統計量と等しいことに注意されたい．例えば

```
> (-11.983)^2
[1] 143.6
```

となる．しかしながら，分散分析による方法は，直交多項式であるか否かに関わらず適用することができる．分散分析はモデルに他の項を含む場合でも適用することができる．例えば，以下の 3 つのモデルを anova() で比較することができる．

```
> fit.1=lm(wage~education+age,data=Wage)
> fit.2=lm(wage~education+poly(age,2),data=Wage)
> fit.3=lm(wage~education+poly(age,3),data=Wage)
> anova(fit.1,fit.2,fit.3)
```

仮説検定や分散分析を使う方法と相対して，第 5 章で学んだ交差検証法を使い，多項式の次数を選ぶことも可能である．

次に，ある個人が年収 \$250,000 以上か否かを予測する課題を考える．これまでと同様であるが，今回はまず適切な応答変数ベクトルを作成し，family="binomial" を指定して関数 glm() を実行し，多項ロジスティック回帰モデルを当てはめる．

```
> fit=glm(I(wage>250)~poly(age,4),data=Wage,family=binomial)
```

ラッパー関数 I() を再び用いることで，実行中に 2 値応答変数を作成した．wage>250 によって TRUE と FALSE をもつ論理値を評価し，関数 glm() は TRUE を 1，FALSE を

7.8 実習：非線形モデリング   275

0 に割り当てて，2 値を設定する．

さらに，関数 `predict()` を用いることによって，予測を行う．

```
> preds=predict(fit,newdata=list(age=age.grid),se=T)
```

しかしながら，信頼区間を計算することは，線形回帰の場合よりも少し多くの手順を
必要とする．関数 `glm()` のデフォルトの予測モデルは，`type="link"`であり，ここで
用いているものである．これはロジットによる予測である．すなわち

$$\log \left(\frac{\Pr(Y = 1|X)}{1 - \Pr(Y = 1|X)} \right) = X\beta$$

のモデルを当てはめているということである．その予測は $X\hat{\beta}$ の形で与えられている．
標準誤差もまたこの形で与えられる．$\Pr(Y = 1|X)$ に対する信頼区間を得るために

$$\Pr(Y = 1|X) = \frac{\exp(X\beta)}{1 + \exp(X\beta)}$$

の変換を用いる．

```
> pfit=exp(preds$fit)/(1+exp(preds$fit))
> se.bands.logit = cbind(preds$fit+2*preds$se.fit, preds$fit-2*
    preds$se.fit)
> se.bands = exp(se.bands.logit)/(1+exp(se.bands.logit))
```

関数 `predict()` においてオプション `type="response"`を選ぶことにより，確率を直
接計算することもできる．

```
> preds=predict(fit,newdata=list(age=age.grid),type="response",
    se=T)
```

しかしながら，この場合の信頼区間は意味をもたない．それは負の確率をとってしま
うからである．最後に，図 7.1 の右のプロットは以下のようにして作成される．

```
> plot(age,I(wage>250),xlim=agelims,type="n",ylim=c(0,.2))
> points(jitter(age), I((wage>250)/5),cex=.5,pch="|",
    col="darkgrey")
> lines(age.grid,pfit,lwd=2, col="blue")
> matlines(age.grid,se.bands,lwd=1,col="blue",lty=3)
```

グラフの上部に 250 を超える wage の観測値に対応する age の値を，下部に 250 以
下の wage の観測値に対応する age の値をグレーの点で描画している．同じ age にお
ける観測値が重ならないように，age の値をわずかにずらす関数 `jitter()` を用いた．
これはラグプロットと呼ばれる．

関数 `cut()` を用いて，7.2 節の階段関数を当てはめる．

```
> table(cut(age,4))
(17.9,33.5]    (33.5,49]    (49,64.5]  (64.5,80.1]
       750         1399          779           72
> fit=lm(wage~cut(age,4),data=Wage)
```

```
> coef(summary(fit))
                      Estimate Std. Error t value Pr(>|t|)
(Intercept)             94.16       1.48   63.79 0.00e+00
cut(age, 4)(33.5,49]    24.05       1.83   13.15 1.98e-38
cut(age, 4)(49,64.5]    23.66       2.07   11.44 1.04e-29
cut(age, 4)(64.5,80.1]   7.64       4.99    1.53 1.26e-01
```

ここで，cut() は自動的に年齢の分割点として 33.5, 49, 64.5 を選んでいる．breaks オプションを指定することにより，直接分割点を決めることもできる．関数 cut() は順序尺度の変数を返す．そして関数 lm() はダミー変数を作って回帰を当てはめる．age<33.5 のカテゴリーは設けられていない．そのため，切片項\$94,160 は年齢が 33.5 歳未満の人たちの平均年収であると解釈することができる．そして，その他の係数は他の年齢のグループにおける平均的な年収増額と解釈することができる．多項式を適用した場合と同様に，予測やプロットを作成することができる．

7.8.2 スプライン

R の splines ライブラリを用いて回帰スプラインを当てはめる．7.4 節において，適切な基底関数の行列を構成することによって，回帰スプラインが当てはめられることを学んでいる．関数 bs() は指定されたノットのもとでスプラインの基底関数の行列すべてを生成する．デフォルトでは 3 次スプラインが用いられる．回帰スプラインを用いて，age で wage の当てはめを行うことは簡単である．

```
> library(splines)
> fit=lm(wage~bs(age,knots=c(25,40,60)),data=Wage)
> pred=predict(fit,newdata=list(age=age.grid),se=T)
> plot(age,wage,col="gray")
> lines(age.grid,pred$fit,lwd=2)
> lines(age.grid,pred$fit+2*pred$se,lty="dashed")
> lines(age.grid,pred$fit-2*pred$se,lty="dashed")
```

ここで，あらかじめノットを年齢の値が 25, 40, 60 であるところに定めた．これによって 6 個の基底関数のスプラインが作られる (3 つのノットを持つ 3 次スプラインは自由度 7 であることを思い出すこと．これらの自由度は切片と 6 個のスプライン関数が加算されて得られる)．オプション df を指定することにより，データの分位数をノットとしてスプラインを作る．

```
> dim(bs(age,knots=c(25,40,60)))
[1] 3000    6
> dim(bs(age,df=6))
[1] 3000    6
> attr(bs(age,df=6),"knots")
 25%  50%  75%
33.8 42.0 51.0
```

この場合，R はノットとして 33.8, 42.0, 51.0 を選んでおり，これは age の 25 パー

7.8 実習：非線形モデリング　　277

センタイル，50 パーセンタイル，75 パーセンタイルに対応する．関数 `bs()` は引数
`degree` をもっており，デフォルトの 3 (3 次スプライン) だけでなく，どのような次
数の多項式のスプラインも当てはめることができる．

代わりに自然スプラインを当てはめるには，関数 `ns()` を用いる．ここでは，自由
度 4 の自然スプラインを当てはめる．

```
> fit2=lm(wage~ns(age,df=4),data=Wage)
> pred2=predict(fit2,newdata=list(age=age.grid),se=T)
> lines(age.grid, pred2$fit,col="red",lwd=2)
```

関数 `bs()` と同様，オプション `knots` を用いることにより，直接ノットを定めること
ができる．

平滑化スプラインを当てはめるために，関数 `smooth.spline()` を用いる．図 7.8
は以下のコマンドで作成することができる．

```
> plot(age,wage,xlim=agelims,cex=.5,col="darkgrey")
> title("平滑化スプライン")
> fit=smooth.spline(age,wage,df=16)
> fit2=smooth.spline(age,wage,cv=TRUE)
> fit2$df
[1] 6.8
> lines(fit,col="red",lwd=2)
> lines(fit2,col="blue",lwd=2)
> legend("topright",legend=c("16 DF","6.8 DF"),
    col=c("red","blue"),lty=1,lwd=2,cex=.8)
```

関数 `smooth.spline()` を最初に呼び出している部分において，`df=16` と定めている
ことに注意されたい．この関数は自由度が 16 になるように λ の値を定める．関数
`smooth.spline()` を 2 回目に呼び出している部分においては，交差検証によってな
めらかさの程度を定めている．この場合は自由度が 6.8 となる λ となっている．

関数 `loess()` を用いて，局所回帰を行う．

```
> plot(age,wage,xlim=agelims,cex=.5,col="darkgrey")
> title("局所回帰")
> fit=loess(wage~age,span=.2,data=Wage)
> fit2=loess(wage~age,span=.5,data=Wage)
> lines(age.grid,predict(fit,data.frame(age=age.grid)),
    col="red",lwd=2)
> lines(age.grid,predict(fit2,data.frame(age=age.grid)),
    col="blue",lwd=2)
> legend("topright",legend=c("Span=0.2","Span=0.5"),
    col=c("red","blue"),lty=1,lwd=2,cex=.8)
```

ここでは 0.2, 0.5 のスパンを用いて局所線形回帰を行った．すなわち，それぞれ観測
値全体の 20%，あるいは 50%のデータを近傍とする．スパンが大きいほど，よりなめ
らかな関数が当てはまる．R で局所回帰モデルを当てはめるには `locfit` ライブラリ
を用いることもできる．

7.8.3 一般化加法モデル

式 (7.16) にあるように，year と age の自然スプライン関数，そして質的変数である education を予測変数とし，GAM を当てはめて wage を予測する．適切に選んだ基底関数を用いることにより，サイズは大きい一方，これは単なる線形回帰モデルであるから，関数 lm() を用いて実行することができる．

```
> gam1=lm(wage~ns(year,4)+ns(age,5)+education,data=Wage)
```

自然スプラインの代わりに平滑化スプラインを用いて，式 (7.16) のモデルを当てはめる．平滑化スプライン，あるいは基底関数で表現できない他の要素を用いた最小 2 乗回帰など，より一般的な GAM を当てはめるには R のライブラリ gam を用いる必要がある．

関数 s() はライブラリ gam に含まれており，平滑化スプラインを使うということを示す．ここでは自由度 4 の year の関数，自由度 5 の age の関数を指定している．education は質的であるため，そのままにしておけば 4 つのダミー変数に変換される．関数 gam() を用いて，これらの要素を使って GAM を当てはめる．応答変数を説明するためにお互いの関係を考慮しながら，式 (7.16) におけるすべての項は同時に当てはめられる．

```
> library(gam)
> gam.m3=gam(wage~s(year,4)+s(age,5)+education,data=Wage)
```

図 7.12 を作成するために，関数 plot() を呼び出す．

```
> par(mfrow=c(1,3))
> plot(gam.m3, se=TRUE,col="blue")
```

関数 plot() は総称的関数であり，gam.m3 が gam クラスのオブジェクトであることを認識し，plot.gam() メソッドを呼び出す．都合の良いことに，gam1 は gam クラスではなく lm クラスのオブジェクトであるが，関数 plot.gam() を用いることができる．図 7.11 は以下により作成した．

```
> plot.gam(gam1, se=TRUE, col="red")
```

ここで，総称的関数 plot() ではなく，関数 plot.gam() を使わなければならない．

これらの図において，year の関数はむしろ線形のようにみえる．一連の分散分析を実行し，year を除く GAM ($\mathcal{M}_1$)，year の線形関数を用いた GAM ($\mathcal{M}_2$)，year のスプライン関数を用いた GAM ($\mathcal{M}_3$) の 3 つのモデルのうちどれが最適かを定めることができる．

```
> gam.m1=gam(wage~s(age,5)+education,data=Wage)
> gam.m2=gam(wage~year+s(age,5)+education,data=Wage)
> anova(gam.m1,gam.m2,gam.m3,test="F")
Analysis of Deviance Table
```

7.8 実習：非線形モデリング 279

```
Model 1: wage ~ s(age, 5) + education
Model 2: wage ~ year + s(age, 5) + education
Model 3: wage ~ s(year, 4) + s(age, 5) + education
  Resid. Df Resid. Dev Df Deviance     F  Pr(>F)
1      2990    3711730
2      2989    3693841  1    17889 14.5 0.00014 ***
3      2986    3689770  3     4071  1.1 0.34857
---
Signif. codes:  0 '***' 0.001 '**' 0.01 '*' 0.05 '.' 0.1 ' ' 1
```

year の線形関数を用いた GAM が year を含まない GAM よりも良いことの根拠 (p
値 = 0.00014) が出力されている．また，year の非線形関数が必要であるという根拠
は見い出すことはできない (p 値 = 0.349)．つまり，この分散分析の結果に基づけば
$\mathcal{M}_2$ が良いということになるであろう．

関数 summary() は GAM の当てはめに関する結果の要約を出力する．

```
> summary(gam.m3)

Call: gam(formula = wage ~ s(year, 4) + s(age, 5) + education,
    data = Wage)
Deviance Residuals:
    Min      1Q  Median      3Q     Max
-119.43  -19.70   -3.33   14.17  213.48

(Dispersion Parameter for gaussian family taken to be 1236)

    Null Deviance: 5222086 on 2999 degrees of freedom
Residual Deviance: 3689770 on 2986 degrees of freedom
AIC: 29888

Number of Local Scoring Iterations: 2

DF for Terms and F-values for Nonparametric Effects

            Df Npar Df Npar F  Pr(F)
(Intercept)  1
s(year, 4)   1       3    1.1   0.35
s(age, 5)    1       4   32.4 <2e-16 ***
education    4
---
Signif. codes:  0 '***' 0.001 '**' 0.01 '*' 0.05 '.' 0.1 ' ' 1
```

year や age の p 値は，帰無仮説を "線形関係がある"，対立仮説を "非線形関係があ
る" とした仮説検定における p 値である．year の p 値が大きいことは，この項につ
いて線形関数が適切であるという分散分析の検定結果を再確認するものとなっている．
しかしながら，age については非線形項が必要であるというとても明確な根拠が示さ
れている．

gam オブジェクトでも，lm オブジェクトと同様，predict() メソッドを用いること

280   7. 線形を超えて

により，予測を行うことができる．ここで，訓練データにおける予測を行う．

```
> preds=predict(gam.m2,newdata=Wage)
```

関数 lo() を用いることにより，GAM の構成要素に局所回帰を用いた当てはめを
行う．

```
> gam.lo=gam(wage~s(year,df=4)+lo(age,span=0.7)+education,
         data=Wage)
> plot.gam(gam.lo, se=TRUE, col="green")
```

ここで，スパンを 0.7 として，age の項における局所回帰を使った．関数 gam() を呼
び出す前に，交互作用項を作成するために関数 lo() を用いることもできる．例えば

```
> gam.lo.i=gam(wage~lo(year,age,span=0.5)+education,
       data=Wage)
```

は 2 つの項のモデルを当てはめている．ここでは，最初の項が year と age の交互作
用項であり，局所回帰で当てはめられている．もし事前にパッケージ akima をインス
トールしているならば，2 次元プロットを得ることができる．

```
> library(akima)
> plot(gam.lo.i)
```

ロジスティック回帰の GAM を当てはめるために，2 値応答変数を構成する上で，
再度関数 I() を用いる．そして family=binomial を指定する．

```
> gam.lr=gam(I(wage>250)~year+s(age,df=5)+education,
       family=binomial,data=Wage)
> par(mfrow=c(1,3))
> plot(gam.lr,se=T,col="green")
```

カテゴリー<HS には高所得者はいないことが容易にわかる．

```
> table(education,I(wage>250))

education              FALSE TRUE
  1. < HS Grad          268    0
  2. HS Grad            966    5
  3. Some College       643    7
  4. College Grad       663   22
  5. Advanced Degree    381   45
```

したがって，このカテゴリーを省いてロジスティック回帰の GAM を適用する．これ
でより意味のある結果が得られる．

```
> gam.lr.s=gam(I(wage>250)~year+s(age,df=5)+education,family=
       binomial,data=Wage,subset=(education!="1. < HS Grad"))
> plot(gam.lr.s,se=T,col="green")
```

7.9 演習問題

理 論 編

(1) 1個のノットを ξ に置いた場合の3次回帰スプラインは，基底として x, x^2, x^3,  $(x-\xi)_+^3$ を用いて得られることは本章で説明した．ここに，$(x-\xi)_+^3$ は $x > \xi$ のとき $(x-\xi)^3$，その他の場合は 0 である．

ここで，$\beta_0, \beta_1, \beta_2, \beta_3, \beta_4$ の値に関わらず

$$f(x) = \beta_0 + \beta_1 x + \beta_2 x^2 + \beta_3 x^3 + \beta_4(x-\xi)_+^3$$

の形式の関数が，実際に3次回帰スプラインであることを示す．

(a) すべての $x \leq \xi$ において，$f(x) = f_1(x)$ となるような3次多項式

$$f_1(x) = a_1 + b_1 x + c_1 x^2 + d_1 x^3$$

を求めよ．また，a_1, b_1, c_1, d_1 を $\beta_0, \beta_1, \beta_2, \beta_3, \beta_4$ で表せ．

(b) すべての $x > \xi$ において，$f(x) = f_2(x)$ となるような3次多項式

$$f_2(x) = a_2 + b_2 x + c_2 x^2 + d_2 x^3$$

を求めよ．また，a_2, b_2, c_2, d_2 を $\beta_0, \beta_1, \beta_2, \beta_3, \beta_4$ で表せ．このように，$f(x)$ は区分多項式となる．

(c) $f_1(\xi) = f_2(\xi)$ であることを示せ．すなわち，ξ において $f(x)$ が連続であることを示せ．

(d) $f_1'(\xi) = f_2'(\xi)$ であることを示せ．すなわち，ξ において $f'(x)$ が連続であることを示せ．

(e) $f_1''(\xi) = f_2''(\xi)$ であることを示せ．すなわち，ξ において $f''(x)$ が連続であることを示せ．

したがって，$f(x)$ は3次スプラインである．

ヒント：(d) と (e) の問題を解くには，1変数の微分積分学の知識を要する．その内容を復習しておくと，3次多項式

$$f_1(x) = a_1 + b_1 x + c_1 x^2 + d_1 x^3$$

に対し，1次導関数は

$$f_1'(x) = b_1 + 2c_1 x + 3d_1 x^2,$$

2次導関数は

$$f_1''(x) = 2c_1 + 6d_1 x$$

である．

282   7. 線形を超えて

(2) n 個の観測点の集合になめらかに当てはめるために

$$\hat{g} = \arg\min_g \left(\sum_{i=1}^n (y_i - g(x_i))^2 + \lambda \int \left[g^{(m)}(x) \right]^2 dx \right)$$

が計算されたと仮定する. ここで, $g^{(m)}$ は g の m 次導関数を表す ($g^{(0)} = g$).
以下の各設定の下で, $\hat{g}$ の概形を描け.

   (a) $\lambda \to \infty$, $m = 0$.
   (b) $\lambda \to \infty$, $m = 1$.
   (c) $\lambda \to \infty$, $m = 2$.
   (d) $\lambda \to \infty$, $m = 3$.
   (e) $\lambda = 0$, $m = 3$.

(3) 基底関数 $b_1(X) = X$, $b_2(X) = (X-1)^2 I(X \geq 1)$ を用いて, 曲線を当ては
める ($I(X \geq 1)$ は $X \geq 1$ のとき 1, それ以外のときは 0 となることに注意せ
よ). 線形回帰モデル

$$Y = \beta_0 + \beta_1 b_1(X) + \beta_2 b_2(X) + \epsilon$$

を当てはめ, 係数の推定値 $\hat{\beta}_0 = 1$, $\hat{\beta}_1 = 1$, $\hat{\beta}_2 = -2$ を得たとする. $-2 \leq X \leq 2$
の範囲で推定された曲線の概形を描け. また, 切片, 傾き, その他の適当な情
報をまとめよ.

(4) 基底関数 $b_1(X) = I(0 \leq X \leq 2) - (X-1)I(1 \leq X \leq 2)$, $b_2(X) =$
$(X-3)I(3 \leq X \leq 4) + I(4 < X \leq 5)$ を用いて, 曲線を当てはめる. 線形回
帰モデル

$$Y = \beta_0 + \beta_1 b_1(X) + \beta_2 b_2(X) + \epsilon$$

を当てはめ, 係数の推定値 $\hat{\beta}_0 = 1$, $\hat{\beta}_1 = 1$, $\hat{\beta}_2 = 3$ を得たとする. $-2 \leq X \leq 2$
の範囲で推定された曲線の概形を描け. また, 切片, 傾き, その他の適当な情
報をまとめよ.

(5)

$$\hat{g}_1 = \arg\min_g \left(\sum_{i=1}^n (y_i - g(x_i))^2 + \lambda \int \left[g^{(3)}(x) \right]^2 dx \right),$$

$$\hat{g}_2 = \arg\min_g \left(\sum_{i=1}^n (y_i - g(x_i))^2 + \lambda \int \left[g^{(4)}(x) \right]^2 dx \right)$$

で定義される 2 つの曲線 $\hat{g}_1$ と $\hat{g}_2$ を考える. ここで $g^{(m)}$ は g の m 次導関数で
ある.

   (a) $\lambda \to \infty$ のとき, 訓練 RSS が小さくなるのは $\hat{g}_1$ と $\hat{g}_2$ のどちらか.

(b) $\lambda \to \infty$ のとき，テスト RSS はが小さくなるのは $\hat{g}_1$ と $\hat{g}_2$ のどちらか.

(c) $\lambda = 0$ において，訓練 RSS，テスト RSS が小さくなるのは $\hat{g}_1$ と $\hat{g}_2$ のどちらか.

応 用 編

(6) この演習問題では，本章で扱ってきた Wage データをさらに解析する.

(a) age を用いて wage を予測する多項式回帰を実行せよ．交差検証を用いて，多項式の最適な次数 d を選択せよ．どの次数が選択されるか．また，分散分析を用いて検定した結果と比較せよ．データに多項式を当てはめた結果のプロットを作成せよ.

(b) age を用いて wage を予測する階段関数を当てはめよ．交差検証を用いて，最適なカットポイント数を選択せよ．当てはめた結果のプロットを作成せよ.

(7) Wage データセットは，婚姻状況 (maritl)，仕事のタイプ (jobclass) など，本章で調べなかった多くの変数を含んでいる．これらの予測変数と wage の関係を調べ，データに対して非線形関数を使って柔軟なモデルを当てはめよ．結果をプロットし，得られた知見をまとめよ.

(8) 本章で学んだ非線形モデルのいくつかを Auto データセットに当てはめよ．このデータセットにおいて非線形関係があるか．理由となるプロットをいくつか描け.

(9) この問題は Boston データにおける変数 dis (5 か所の Boston 雇用センターまでの距離の重み付き平均) と nox (窒素酸化物の濃度．単位は 1,000 万分の一) を用いる．dis を予測変数，nox を応答変数として扱う.

(a) 関数 poly() を用いて，dis により nox を予測する 3 次多項式回帰を当てはめよ．回帰の出力結果を考察し，データと多項式をプロットせよ.

(b) 異なる次数 (1 から 10 まで) の範囲で多項式を当てはめ，描図せよ．RSS に関して考察せよ.

(c) 最適な多項式の次数を選択するために，交差検証法または他の方法を実行せよ．結果を説明せよ.

(d) 関数 bs() を使い，dis を用いて nox を予測する回帰スプラインを当てはめよ．自由度 4 として当てはめた結果を考察せよ．ノットはどのように選択したか．その結果を描図せよ.

(e) さまざまな自由度の範囲において，回帰スプラインを当てはめよ．また，当てはめた結果を描図し，RSS の結果について考察せよ．得られた結果を説明せよ.

284   7. 線形を超えて

- (f) このデータにおける回帰スプラインの最適な自由度を選択するために，交差検証法または他の方法を実行せよ．得られた結果を出力せよ．

(10) この問題は `College` データセットに関するものである．

- (a) データを訓練データとテストデータに分割せよ．out-of-state tuition を応答変数，その他の変数を予測変数とする．予測変数の部分集合のみを使ったモデルの中で良いものを見つけるために，訓練データに変数増加法を実行せよ．
- (b) out-of-state tuition を応答変数，(a) で選んだ変数を予測変数として用いることで，GAM を訓練データに当てはめよ．結果をプロットし，説明せよ．
- (c) 得られたモデルをテストデータで検証し，その結果を説明せよ．
- (d) 予測変数のうち，応答変数と非線形な関係があるといえるものはあるか．あるならばどれか．

(11) 7.7 節において，GAM は一般的にバックフィッティングを用いて当てはめられると述べた．実際，バックフィッティングの背景にある考え方は，極めて単純である．以下では線形重回帰におけるバックフィッティングを考えていく．

　ここでは，線形重回帰を実行したいものの，実行するソフトウェアを持ち合わせていないとする．その代わり，線形単回帰だけが可能なソフトウェアを持っているものとする．そのため，以下の反復法を用いる．他のすべての係数を固定し，1 つの係数だけを線形単回帰を用いることにより更新する．この過程を収束するまで続けていく．すなわち，係数が変化しなくなるまで続ける．

　ここでは，簡単な例を用いてこの方法を試す．

- (a) 応答変数 Y と 2 つの予測変数 X_1, X_2 を $n = 100$ で生成せよ．
- (b) $\hat{\beta}_1$ の初期値を与えよ．どの値を採用したかについてはこだわらなくてよい．
- (c) $\hat{\beta}_1$ を固定した下で，モデル

$$Y - \hat{\beta}_1 X_1 = \beta_0 + \beta_2 X_2 + \epsilon$$

を当てはめよ．以下のように実行することができる．

```
> a=y-beta1*x1
> beta2=lm(a~x2)$coef[2]
```

- (d) $\hat{\beta}_2$ を固定した下で，モデル

$$Y - \hat{\beta}_2 X_2 = \beta_0 + \beta_1 X_1 + \epsilon$$

を当てはめよ．以下のように実行することができる．

```
> a=y-beta2*x2
> beta1=lm(a~x1)$coef[2]
```

(e) (c), (d) を 1,000 回繰り返して行うループを実装せよ. ループを繰り返すごとに $\hat{\beta}_0$, $\hat{\beta}_1$, $\hat{\beta}_2$ がどのように変化するかをまとめよ. 係数のすべての値をプロットし, $\hat{\beta}_0$, $\hat{\beta}_1$, $\hat{\beta}_2$ を異なる色で示せ.

(f) X_1, X_2 を用いて Y の予測をする線形重回帰を行った結果と (e) における解答を比較せよ. 関数 `abline()` を用いて, (e) のプロットにおいて線形重回帰の係数を重ねよ.

(g) このデータセットにおいて重回帰係数に対する良い近似を得るために, 何回のバックフィッティングの反復が必要であるか.

(12) この問題は前の問題の続きである. $p = 100$ のデータにおいて, バックフィッティングによる線形単回帰の繰り返し計算により, 線形重回帰係数の推定値を近似できることを示せ. 重回帰係数に対する良い近似を得るために, 何回のバックフィッティングの反復が必要であったか. 得られた解答の妥当性を示すために, 描図せよ.

8 木に基づく方法
Tree-Based Methods

本章では，回帰や分類のための木に基づく方法を扱う．これらの方法においては，予測変数空間をいくつかの単純な領域に層化，あるいはセグメント化する．ある観測値において推測を行う際には，通常その領域に属する訓練データの平均，または最頻値を用いる．予測変数空間をセグメント化するために用いられる分割ルールを要約する上で木が用いられるため，この種のアプローチは決定木分析と呼ばれる．

木に基づく方法は単純であり，結果を解釈するのに便利である．しかし，これらの方法は通常予測精度の観点において第6章や第7章で学んだような最適な教師あり統計的学習法に匹敵するものではない．それゆえ，本章ではバギング，ランダムフォレスト，ブースティングについても紹介する．これらの各アプローチにおいてはまず多くの木を作り，それらをまとめることで予測値を得る．多くの木を統合することで解釈のしやすさについて若干の犠牲を払うが，劇的な予測精度の改良につながることがある．

8.1 決定木の基礎

決定木は回帰，分類の両方の問題に適用可能である．まず，回帰問題を考え，その後に分類問題に話題を移す．

8.1.1 回 帰 木

回帰木がどのようなものか知ってもらうために，まずは簡単な例から始めることにする．

回帰木を用いた野球選手の収入の予測

`Hitters` データセットにおいて，`Years` (メジャーリーグ在籍年数) と `Hits` (前年のヒット数) に基づいて，野球選手の収入 `Salary` を予測する．まず，`Salary` の値が欠損している観測値を削除し，対数変換を行って `Salary` の分布がより釣鐘型に近づくようにする (`Salary` の単位は$1,000 である)．

図 8.1 はこのデータに当てはめた回帰木を示している．これは，木の頂点から始

8.1 決定木の基礎

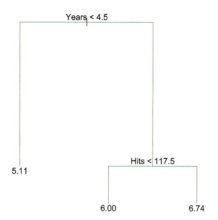

図 8.1 Hitters データにおいて，メジャーリーグ在籍年数と前年のヒット数に基づいて対数変換した野球選手の収入を予測するために得た回帰木．それぞれの内部ノードにおいて，$(X_j < t_k$ の形式の) ラベルは，左の枝を説明するものであり，右の枝は $X_j \geq t_k$ に対応する．例えば，頂点における分割は木を大きな2つの枝に分けるが，左の枝は Years<4.5 に，右の枝は Years>=4.5 に対応している．木は2つの内部ノードと3つの終端ノード (葉) をもつ．各々の葉に付された数値は，その葉に割り当てられた観測値の応答変数の平均である．

まってルールによって次第に分割されていく流れを表している．頂点における分割は，Years<4.5 の観測値を左の枝に割り当てている[*1)]．Years<4.5 に該当する選手の予測年収は，これらの選手の収入の平均によって与えられる．これに該当する選手について，対数変換した収入の平均は 5.107 であるので，収入の平均は $\$1{,}000 \times e^{5.107}$，すなわち，$\$165{,}174$ と予測される．Years>=4.5 に該当する選手は右の枝に割り当てられており，このグループはさらに Hits によって再分割されている．全体として，木は選手を予測変数空間における3つの領域 (在籍4年以下の選手，在籍5年以上で昨年のヒット数が118本未満の選手，在籍5年以上で昨年のヒット数が118本以上の選手) に層化あるいはセグメント化している．これらの3つの領域は，$R_1 = \{X \mid \text{Years<4.5}\}$，$R_2 = \{X \mid \text{Years>=4.5}, \text{Hits<117.5}\}$，$R_3 = \{X \mid \text{Years>=4.5}, \text{Hits>=117.5}\}$ と書くことができる．図 8.2 は Years と Hits の関数として，領域を示したものである．3つのグループにおいて予測される収入は，それぞれ $\$1{,}000 \times e^{5.107} = \$165{,}174$，$\$1{,}000 \times e^{5.999} = \$402{,}834$，$\$1{,}000 \times e^{6.740} = \$845{,}346$ である．

木に例えていることから，R_1, R_2, R_3 の領域は木の終端ノードまたは葉と呼ばれている．図 8.1 のように，通常，決定木は上下逆に描かれており，葉が木の下端にあ

[*1)] このデータにおいて，Years と Hits はともに整数値である．R の tree() 関数は，隣接する2つの値の中間で分割する．

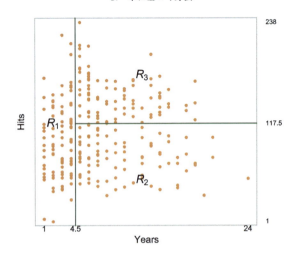

図 8.2 図 8.1 で示された Hitters データセットにおける回帰木によって 3 分割された領域.

る. 木において予測変数空間が分割される点は，内部ノードと呼ばれる. 図 8.1 においては, 2 個の内部ノードが Years<4.5, Hits<117.5 として示されている. ノード同士を連結している線を枝と呼ぶ.

図 8.1 で図示された回帰木は，次のように解釈することができる. Years は Salary を決める上で最も重要な因子であり，在籍年数の短い選手の収入は在籍年数の長い選手の収入よりも少ない. 在籍年数の短い選手において，その選手の前年のヒット数は選手自身の収入への寄与は小さい. しかしながら，メジャーリーグに 5 年以上在籍している選手においては，前年のヒット数は収入に影響しており，前年においてヒットを多く打った選手は高い収入を得ている傾向にある. 図 8.1 において示された回帰木は, Hits, Years, Salary 相互における真の関係性を過度に単純化しているであろう. しかしながら，これは (第 3 章や第 6 章でみられる) 他の回帰モデルと比べて優位な点がある. 回帰木は解釈がしやすく，視覚的に非常にわかりやすいという点である.

特徴空間の層化による予測

ここで回帰木を作成する過程について学ぶ. 大まかに，以下の 2 つの段階からなる.

Step 1　予測変数空間を分割する. すなわち, $X_1, X_2, \ldots, X_p$ のとりうる値の集合を J 個の重複のない領域 $R_1, R_2, \ldots, R_J$ に分割する.

Step 2　R_j に属する観測値の予測はすべて同じで，単純に R_j の訓練データにおける応答変数の平均とする.

例えば, Step 1 で 2 個の領域 R_1 と R_2 を得たとし, 1 個目の領域における訓練データの応答変数の平均は 10, 2 個目の領域における訓練データの応答変数の平均は 20 で

あったとする. このとき, 観測値 $X = x$ を得た下で, もし $x \in R_1$ となるならば予測値は 10, $x \in R_2$ となる場合は予測値は 20 となる.

ここで, 上記の Step 1 について詳しく述べる. どのようにして領域 $R_1, \ldots, R_J$ を構成すればよいだろうか. 理論的には, この領域はどのような形状でもよい. しかしながら, 予測モデルを単純にかつその解釈を容易にするために, 予測変数空間を高次元の矩形 (箱) に分けることにする. よって $R_1, \ldots, R_J$ の箱を

$$\sum_{j=1}^{J} \sum_{i \in R_j} (y_i - \hat{y}_{R_j})^2 \tag{8.1}$$

で与えられる訓練 RSS を最小化するように求める. ここで $\hat{y}_{R_j}$ は j 番目の箱に属する訓練データの応答変数の平均を表す. 残念ながら, 特徴空間においてとりうるすべての J 個の箱を考えることは計算的に実行不可能である. そのため, 再帰的な 2 分割法と呼ばれるトップダウンな貪欲法を採用する. このアプローチは, 木の頂点 (すべての観測値が 1 個の領域に属する点) から始まり, その後次々に予測変数空間を分割するため, トップダウンな方法である. 各々の分割は木の下部へ向かって新たに 2 個の枝を作ることによって示される. また, 木を作成する各過程では, 先を見通した上で次の段階以降でより良い木になるよう現段階の分割をするのではなく, その特定の段階のみにおける最適な分割が作成されるため, 貪欲法と呼ぶことができる.

再帰的な 2 分割法を実行するには, 予測変数 X_j と分割点 s を選び, 予測変数空間を $\{X | X_j < s\}$ と $\{X | X_j \geq s\}$ の領域に分ける際, RSS が可能な限り小さくなるようにする ($\{X | X_j < s\}$ は X_j が s 未満の値となるような予測変数空間の領域). すなわち, すべての予測変数 $X_1, \ldots, X_p$, 各予測変数におけるすべての分割点の値 s を考え, RSS が最小となるような木を作成する予測変数と分割点を選ぶ. より詳しくは, すべての j と s において, 半平面の組

$$R_1(j, s) = \{X | X_j < s\}, R_2(j, s) = \{X | X_j \geq s\} \tag{8.2}$$

を定義し, 以下の式

$$\sum_{i:\, x_i \in R_1(j,s)} (y_i - \hat{y}_{R_1})^2 + \sum_{i:\, x_i \in R_2(j,s)} (y_i - \hat{y}_{R_2})^2 \tag{8.3}$$

を最小化するような j と s を探す. ここで, $\hat{y}_{R_1}$ は $R_1(j, s)$ 上の訓練データにおける応答変数の平均, $\hat{y}_{R_2}$ は $R_2(j, s)$ 上の訓練データにおける応答変数の平均である. 特に特徴の数 p がそれほど大きくない場合は, 式 (8.3) を最小化するような j と s を求めることは非常に速く行うことができる.

次に, 各領域内の RSS を最小化するようなデータの分割を行うために, 最適な予測変数と分割点を探しながら, この過程を繰り返す. しかしながら, 今回は予測変数

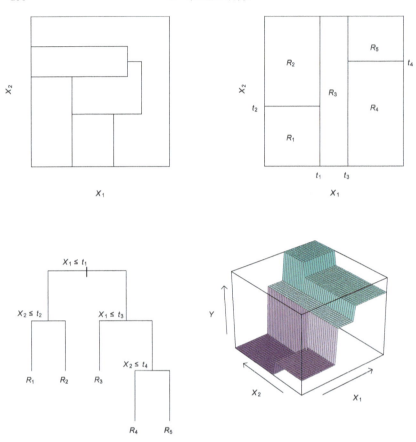

図 8.3 **上段左**：再帰的な 2 分割法が用いられていない 2 次元特徴空間の分割. **上段右**：2 次元の例における再帰的な 2 分割法による結果. **下段左**：上段右の分割に対応する木. **下段右**：同じ木に対応する予測平面を立体図でプロットした.

空間全体を分割する代わりに，前段階で特定された 2 個の領域のうちの 1 個を分割する．このようにして 3 個の領域を得る．さらに，RSS を最小化するように，これらの 3 個の領域のうちの 1 個を分割する．この過程は停止条件に達するまで続く．例えば，6 個以上の観測値をもつ領域がなくなるまで続ける．

一旦，領域 $R_1, \ldots, R_J$ が作られれば，テストデータが属する領域の訓練データの平均を用いて，テストデータの応答変数を予測する．

このアプローチにより 5 個の領域を得た例を，図 8.3 に示す．

木の刈り込み

上記に提示した過程は，訓練データにおいては良い予測をもたらすものの，過学習

8.1 決定木の基礎

しやすくなり，テストデータにおいては機能しなくなってしまう．これは得られた木が複雑すぎるからかもしれない．わずかにバイアスが増加するものの，分割の少ない (すなわち，領域 $R_1, \ldots, R_J$ の数が少ない) 小さな木の方が分散が小さく，また解釈が容易となるであろう．上記に提示された過程に代わるものとして考えられる方法は，各分割において，RSS の減少量がある (高い) しきい値を超えている限り，木を作成し続けるという方法である．この方法により木は小さくなるが，これは近視眼的過ぎる方法である．なぜならば，木において先に役に立たないように見える分割が生じて，その後に有用な分割が続く，すなわち，RSS が後になって大きく減少する分割が出てくる場合があるためである．

そのため，より良い方法は，まず非常に大きな木 T_0 を成長させ，その後，木を刈り込んで部分木を得ることである．木を刈り込む最適な方法はどのように決めたらよいだろうか．直観的には，テスト誤差を最小にする部分木を得ればよい．部分木が与えられている下で，交差検証，あるいはホールドアウト検証を用いてテスト誤差を推定する．しかしながら，考えうるすべての部分木において交差検証による誤差の推定を行うことは，部分木の数が莫大であることから，とても困難である．それよりも，考慮する部分木の数を少なくする方法が必要である．

木の複雑さをコスト規準とした刈り込み法は，最弱リンク刈り込み法とも呼ばれ，まさにこれを行うための方法である．すべての部分木を考えるのではなく，非負のチューニングパラメータ α を変化させて得られる一連の木のみを考える．各 α の値において

$$\sum_{m=1}^{|T|} \sum_{i:\ x_i \in R_m} (y_i - \hat{y}_{R_m})^2 + \alpha |T| \tag{8.4}$$

を可能な限り小さくする部分木 $T \subset T_0$ がある．ここで，$|T|$ は T の終端ノードの数，R_m は m 番目の終端ノードに対応する矩形 (すなわち，予測変数空間の部分集合)，$\hat{y}_{R_m}$ は R_m における応答変数の予測値，すなわち R_m の訓練データの平均である．チューニングパラメータ α は，部分木の複雑さと訓練データへの当てはまりの良さのトレードオフを調整している．$\alpha = 0$ のときは，式 (8.4) は単に訓練誤差を測っているから，部分木 T は T_0 と一致する．しかしながら，α が増加するにつれて，多くの終端ノードをもつことに対する対価を払うことになり，より小さな部分木において式 (8.4) は小さくなる傾向をもつ．式 (8.4) の形は，線形モデルの複雑さを調整するために同様の式が用いられる lasso(第 6 章の式 (6.7) 参照) を彷彿とさせる．

式 (8.4) において α を 0 から大きくするにつれて枝が刈り込まれる様子は入れ子状で，かつ予想しやすいので，α の関数として一連の部分木を得ることは容易である．ホールドアウト検証，あるいは交差検証によって，α の値を選択することができる．その後，全データセットに戻って，選択した α に対応する部分木を得る．この過程を

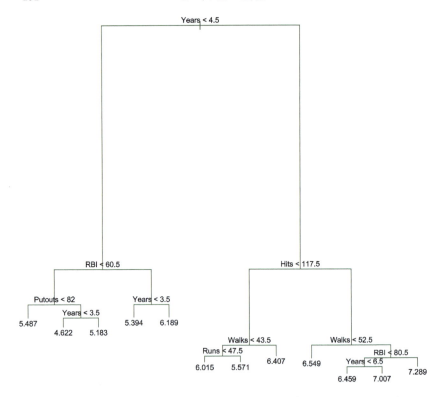

図 8.4 Hitters データにおける回帰木分析. 訓練データをもとにトップダウンかつ貪欲な分割法で成長させた刈り込まれる前の木.

アルゴリズム 8.1 にまとめる.

アルゴリズム 8.1 　回帰木の作成方法

Step 1　再帰的な 2 分割法を適用して, 訓練データにおいて木を大きく成長させる. 各終端ノードに含まれる観測値の数がある最小数よりも下回るまで行う.
Step 2　木の複雑さをコスト規準とした刈り込み法を木に適用して, 一連の最適な部分木を α の関数として得る.
Step 3　K 分割交差検証を用いて α を選ぶ. つまり, 訓練データを k 個に分割して, 各 $k=1,\ldots,K$ に対し
(a) k 番目を除いた訓練データについて, Step 1 と Step 2 を繰り返す.
(b) α の関数として, 取り除いておいた k 番目のデータにおける MSE を評価する.
各 α についてこれらの結果を平均し, 平均誤差を最小化する α を選ぶ.
Step 4　Step 2 にある部分木のリストから, 選択した α に対応する部分木を出力する.

図 8.4 と図 8.5 は, 9 個の特徴を用いて, Hitters データに回帰木を当てはめ, 刈り込みを行った結果を表している. まず, データセットをランダムに 2 分割し, 132

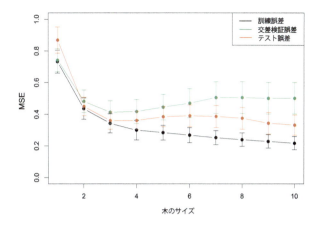

図 8.5 Hitters データにおける回帰木分析．訓練データ，交差検証，テストデータにおける MSE が，刈り込まれた木における終端ノード数の関数として示されている．標準誤差も示されている．木のサイズが 3 のとき，交差検証誤差が最小となる．

個のデータは訓練データ，131 個のデータはテストデータとした．訓練データにおいて大きな回帰木を作成し，式 (8.4) で α の値を変化させて終端ノードの数が異なる部分木を作成する．最後に，6 分割交差検証を実行し (6 分割にしたのは 132 が 6 の倍数であるため)，交差検証 MSE を α の関数として推定する．刈り込まれていない回帰木は，図 8.4 に示されている．図 8.5 において，緑色の曲線は交差検証誤差，オレンジ色の曲線はテスト誤差を葉の数の関数として示している[*2]．また，推定誤差の上下に標準誤差を表すエラーバーも示されている．比較のため，訓練誤差を黒色で示した．交差検証誤差は，テスト誤差に対する妥当な近似である．3 個のノードをもつ木においてテスト誤差が低下しており (全体としてはノード数が 10 個の木が最小値をとるが)，交差検証誤差もまた 3 個のノードをもつ木において最小値をとっている．刈り込みされた 3 個の終端ノードをもつ木は，図 8.1 に示されている．

8.1.2 分類木

分類木は，量的な応答変数ではなく質的な応答変数を予測する点を除いて，回帰木と極めて類似している．回帰木における観測対象の応答変数の予測値は，同じ終端ノードに属する訓練データの応答変数の平均値で与えられることを再度確認されたい．これに対して，分類木においては，各観測値は領域内の訓練データの最も頻度の高いク

[*2] 交差検証誤差は α の関数として計算されるが，葉の数 $|T|$ の関数として結果を示すと便利である．これはすべての訓練データで作成される木における α と $|T|$ の関係に基づいている．

ラスに属していると予測される．分類木を解釈する際，ある特定の終端ノードの領域に対するクラスの予測だけでなく，その領域に属する訓練データの各クラスの比率にも関心が及ぶことがある．

分類木を大きく成長させることは，回帰木を大きく成長させることとまったく同様である．回帰の場合のように，分類木を成長させるためには再帰的な2分割法を用いる．しかしながら，分類木の場合は，分割を行う際の規準として RSS を用いることはできない．RSS に代わる自然な規準は誤分類率である．観測値を属する領域の訓練データの最も頻度の高いクラスに割り当てるため，誤分類率はその領域において単に最も多いクラスに属さない訓練データの比率である．つまり

$$E = 1 - \max_k(\hat{p}_{mk}) \tag{8.5}$$

である．ここで $\hat{p}_{mk}$ は m 番目の領域における訓練データのうち，k 番目のクラスの比率を表す．しかしながら，誤分類率は木を成長させる上では十分な感度をもたない．実用上は以下の2つの尺度の方が好ましいとされる．

ジニ指数は

$$G = \sum_{k=1}^{K} \hat{p}_{mk}(1 - \hat{p}_{mk}) \tag{8.6}$$

によって定義され，全 K クラス間の総分散を表す尺度である．すべての $\hat{p}_{mk}$ が0または1に近い値をとると，ジニ指数は小さい値をとなることは容易にわかる．このため，ジニ指数はノードの純度に対する尺度として用いられる．つまり，小さい値であることは，ほとんどの観測値が同じクラスに属しているノードであることを表す．

ジニ指数に代わるものとして，エントロピー

$$D = - \sum_{k=1}^{K} \hat{p}_{mk} \log \hat{p}_{mk} \tag{8.7}$$

がある．$0 \le \hat{p}_{mk} \le 1$ より，$0 \le -\hat{p}_{mk} \log \hat{p}_{mk}$ が成立する．すべての $\hat{p}_{mk}$ が0または1に近い値をとるとき，エントロピーは0に近い値となる．そのため，ジニ指数のように，m 番目のノードの純度が高ければ，エントロピーもまた小さな値をとることになる．事実，ジニ指数とエントロピーは極めて近い値をとる．

分類木を作成するとき，ジニ指数やエントロピーはノードの純度に関する感度が誤分類率よりも良いため，分割の質を評価するには通常これら2つのどちらかの方法が用いられる．これらの3つの尺度はいずれも木を刈り込む際にも用いられる．しかし，最終的に予測精度が良くなるように木を刈り込みたい場合は，誤分類率を用いることが好ましい．

図 8.6 は Heart データセットにおける例を示している．これらのデータは胸痛がある 303 人の患者における2値変数 HD を含む．この変数の Yes は血管造影検査に基

8.1 決定木の基礎

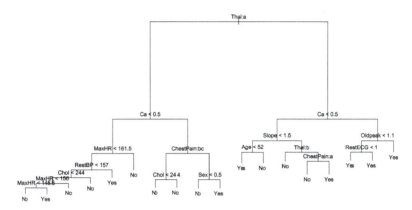

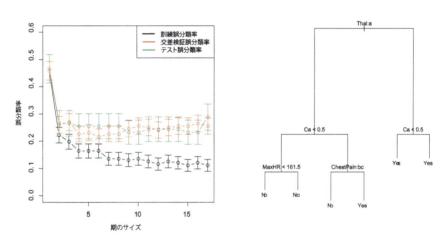

図 8.6 Heart データ．**上段**：刈り込まれていない木．**下段左**：異なるサイズに刈り込んだ木における交差検証誤分類率，訓練誤分類率，テスト誤分類率．**下段右**：交差検証誤分類率を最小化するように刈り込まれた木．

づいて心臓疾患があることを表し，No は心臓疾患がないことを表す．Age, Sex, Chol (コレステロールの測定値)，その他の心肺機能に関する測定値を含めて 13 個の予測変数がある．交差検証により，6 個の終端ノードをもつ木が選ばれた．

ここまでの議論では，予測変数が連続値をとることを仮定していた．しかし，質的な予測変数があったとしても，決定木を構成することは可能である．例えば，Heart データにおける Sex, Thal (タリウムストレステスト) や ChestPain のような予測変数は質的である．そのため，これらの変数に関する分割は，質的な値のうちいくつかを片方の枝に割り当て，残りをもう一方の枝に割り当てる．図 8.6 においては，いくつ

かの内部ノードは質的変数により分割している．例えば，頂点の内部ノードは，`Thal`による分割に対応している．`Thal:a` は左の枝が `Thal` の 1 番目の値 (平常) をもつ観測値からなるノードであり，右の枝は残りの観測値 (固定性欠損，または，可逆性欠損) をもつ観測値からなるノードであることを表している．左側二段下において木を二分割している `ChestPain:bc` は，左の枝が `ChestPain` の変数 (典型的な狭心症，特異な狭心症，狭心症ではない病状，症状なし) の 2 番目と 3 番目の値をもつ観測値からなるノードであることを表している．

図 8.6 は驚くべき特性をもっている．分割において，2 つの終端ノードで予測値が同じものがある．例えば，刈り込みをしていない木の右側の下部近くの `RestECG<1` の分割を考えよう．その観測値においては，`RestECG` の値に関わらず，応答変数は `Yes` と予測されている．では，なぜそのような分割が実行されたのか．この分割は，ノードの純度を増加させるために行われている．すなわち，左の葉に対応する観測値の 7/11 が応答変数の値として `Yes` をもつ一方で，右の葉に対応する 9 個の観測値すべてが応答変数の値として `Yes` をもつ．なぜノードの純度が重要なのであろうか．いま，右側の葉で与えられる領域に属するテストデータがあると仮定しよう．そのとき，その応答変数は `Yes` であることはとても確からしいことである．これに対し，テストデータが左側の葉で与えられる領域に属していたとすると，その応答変数の値はおそらく `Yes` であろう．しかし，確かであるとは言い難い．`RestECG<1` の分割は誤分類率を減少させていないにせよ，ノードの純度に対してより敏感であるジニ指数やエントロピーを改良している．

8.1.3 木と線形モデルの比較

回帰木や分類木は，第 3 章や第 4 章で示された回帰や分類の古典的なアプローチとはとても異なる色合いをもつ．特に線形回帰はモデルの形式として

$$f(X) = \beta_0 + \sum_{j=1}^{p} X_j \beta_j \tag{8.8}$$

を仮定している一方，回帰木はモデルとして

$$f(X) = \sum_{m=1}^{M} c_m \cdot 1_{(X \in R_m)} \tag{8.9}$$

の形式を仮定している．ここで $R_1, \ldots, R_M$ は図 8.3 でみられるような特徴空間の分割を表している．

どちらのモデルの方が良いだろうか．これはその問題ごとに異なる．予測変数と応答変数の関係が式 (8.8) でみられるような線形モデルでよく近似できる場合は，線形回帰のようなアプローチがよく機能し，この線形構造を利用しない回帰木のような方

8.1 決定木の基礎

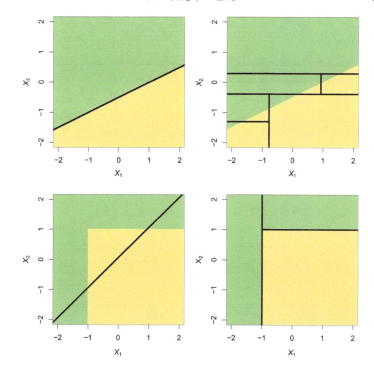

図 8.7 上：真の決定境界が線形である 2 次元データの分類例．領域は影付きで表されている．線形の境界を仮定した古典的な方法 (左) は，座標軸に対して平行な分割をもたらす決定木 (右) よりも性能が優れている．下：真の決定境界が非線形な場合．このとき，決定木はうまく分類できている (右) が，線形モデルは真の決定境界を捉えることができていない (左)．

法よりも優るであろう．逆に，式 (8.9) で示されているように，予測変数と応答変数の間に非線形で複雑な関係が強い場合は，決定木が古典的アプローチを凌駕するであろう．解りやすい例を図 8.7 に示す．木に基づくアプローチと古典的なアプローチの相対的な性能の差は，交差検証またはホールドアウト検証によるアプローチ (第 5 章) を使ってテスト誤差を推定することによって評価することができる．

もちろん，統計的学習の方法を選択するに当たって，単純なテスト誤差以上に，他に考慮がなされることがあるかもしれない．例えば，ある設定の下では，解釈のしやすさや可視化の目的のため，木を使った予測が好まれるかもしれない．

8.1.4 木の利点と欠点

回帰や分類における決定木は，第 3 章や第 4 章でみられるより古典的なアプローチに対し，多くの利点をもっている．

- ▲木はその結果を説明することが非常に容易である.実際,線形回帰よりも説明が容易である.
- ▲決定木による方法は,前出の章でみられる回帰や分類のアプローチよりも人間の意思決定をよりよく反映していると考える人もいる.
- ▲木は非常に視覚的であり,専門家でなくても(特に小さい木であれば)解釈が容易である.
- ▲木は,ダミー変数を作成することなく,質的な予測変数を容易に扱うことができる.
- ▼残念ながら,一般的に,木による方法は本書にみられるいくつかの他の回帰や分類のアプローチと同程度の予測精度を保つことができない.
- ▼さらに,木はロバストさに欠ける.つまり,データが少し変化した際,木が大きく変化してしまう場合がある.

しかしながら,バギング,ランダムフォレスト,ブースティングのような方法を用いて,多くの決定木を集めることにより,木の予測の性能を十分に改良することができる.次節においてこれらを紹介する.

8.2 バギング,ランダムフォレスト,ブースティング

バギング,ランダムフォレスト,ブースティングは,木を用いながら,より強力な予測モデルを構築する手法である.

8.2.1 バギング

第5章で紹介したブートストラップは,非常に強力なアイデアである.ブートストラップは,関心の対象となる量の標準偏差を直接計算することが難しい,あるいは不可能である多くの場合において利用される.ここでは,決定木のような統計的学習法を改良するために,ブートストラップをまったく異なる状況で用いる.

8.1 節で議論した決定木には,分散が大きくなるという難点がある.これは,訓練データをランダムに2つに分割して両方に決定木を当てはめると,得られる結果が大きく異なることもあるということである.これに対して,分散が小さい方法は繰り返し別のデータセットに適用したとしても同様の結果を得るであろう.線形回帰は,p に対する n の比が適度に大きくなっていれば分散が小さくなる傾向にある.バギング (bagging: bootstrap aggregation) は,統計的学習法の分散を減少させる汎用的な方法である.バギングは決定木において特に有用であり,また頻繁に用いられるため,ここで紹介する.

分散 σ^2 の n 個の独立な観測値 $Z_1, \ldots, Z_n$ が得られた下では,観測値の平均値 $\bar{Z}$ の分散は σ^2/n となることを再度確認されたい.言い換えれば,観測値の平均化は分

散を小さくするということである．このように，分散を小さくし，統計的学習法の予測
精度を上げるための自然な方法は，母集団から多くの訓練データを得て，各訓練デー
タを用いて別々に予測モデルを構築し，それらの予測を平均することである．言い換
えれば，B 個の異なる訓練データセットを用いて $\hat{f}^1(x), \hat{f}^2(x), \ldots, \hat{f}^B(x)$ を計算し，
それらを平均して

$$\hat{f}_{\mathrm{avg}}(x) = \frac{1}{B} \sum_{b=1}^{B} \hat{f}^b(x)$$

により分散が小さい統計的学習モデルを得る．もちろん，これは実用的でない．なぜ
なら，通常，複数の訓練データセットを得ることはないからである．その代わり，(1
つの) 訓練データセットから繰り返し標本を抽出するブートストラップを実行すること
ができる．このアプローチによって，B 個の異なるブートストラップ訓練データセッ
トを生成することができる．b 番目のブートストラップデータセットでこの方法を学
習し，$\hat{f}^{*b}(x)$ を得る．最終的にすべての予測モデルを平均化し

$$\hat{f}_{\mathrm{bag}}(x) = \frac{1}{B} \sum_{b=1}^{B} \hat{f}^{*b}(x)$$

を得る．これがバギングである．

多くの回帰の方法においてバギングはその予測を改良することができるが，決定木
においては特に有用である．回帰木にバギングを適用するためには，B 個のブートス
トラップ訓練データを用いて，単に B 個の回帰木を構成し，それぞれの予測を平均す
る．これらの木は伸長しており，刈り込みがされていない．したがって，それぞれの
木は分散が大きくバイアスは小さい．B 個の木を平均することによって，分散を小さ
くする．バギングは，数百個，さらには数千個もの木をまとめることにより，精度が
劇的に向上することがわかっている．

これまで，量的な応答変数 Y を予測する回帰問題において，バギングの方法を示し
てきた．どのようにすれば Y が質的変数である分類問題にバギングを拡張できるであ
ろうか．この場合はいくつかの方法があるが，最も単純な方法は以下の通りである．
与えられたテストデータにおいて，B 個の木のそれぞれによって予測されたクラスを
記録し，多数決をとる．つまり，B 個のモデルのうちで最も多く予測されたクラスを
全体的な予測とするのである．

図 8.8 は，`Heart` データにおいて木をバギングした結果を示している．テスト誤分
類率が，訓練データセットからブートストラップにより作成した木の数 B の関数とし
て表されている．この場合，バギングした場合のテスト誤分類率は，ただ 1 つの木に
よるテスト誤分類率よりもわずかに小さくなっていることがわかる．木の数 B はバ
ギングにおいて重要なパラメータではない．つまり，非常に大きな B を用いたとして
も，過学習を引き起こすものではない．実用上，誤分類率が安定する程度の十分大き

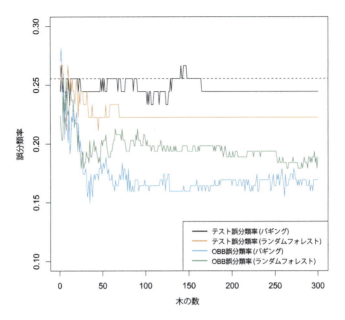

図 8.8 Heart データにおけるバギングとランダムフォレストの結果．テスト誤分類率 (黒色，オレンジ色) が，ブートストラップで得られた訓練データセットの数 B の関数として表されている．ランダムフォレストは，$m = \sqrt{p}$ で適用されている．点線は，1 つの分類木のみを用いたときのテスト誤分類率を示している．緑色，青色は OOB の誤分類率を表しており，この場合では相当小さくなっている．

な B の値を採用する．この例では，$B = 100$ で十分良い性能が得られている．
Out-of-bag (OOB) による誤分類率の推定
　バギングして得られたモデルのテスト誤分類率を推定するのに，交差検証やホールドアウト検証を用いないとても簡単な方法が存在する．バギングの重要な点は，観測値のブートストラップ標本に対し木の当てはめを繰り返して行うことである．バギングで得られた各々の木は，平均的に観測値の約 3 分の 2 を用いて得られている[*3]．残りの 3 分の 1 の観測値はバギングに用いられず，これらは out-of-bag (OOB) 観測値と呼ばれる．第 i 番目の観測値の応答変数を予測するのに，その観測値が OOB となる木を使って予測する．これにより，第 i 観測値には，およそ $B/3$ 個の予測値を与える．これらの予測値をまとめるには，回帰であれば平均を算出すればよいし，分類であれば多数決をとればよい．これが第 i 観測値における OOB による予測である．このようにして n 個の各観測値において OOB による予測を得ることができる．さらに

[*3] これは第 5 章の演習問題 2 の内容に関連している．

それを使い全体的な (回帰問題においては) OOB 平均 2 乗誤差，または (分類問題においては) OOB 誤分類率を計算することができる．各観測値の応答変数は，その観測値を用いずに当てはめた木を用いて予測されているので，OOB 誤差はバギングで得られたモデルのテスト誤差の妥当な推定となっている．図 8.8 は，Heart データにおける OOB 誤差を示している．B が十分に大きいとき，OOB 誤差は実質的に LOOCV 誤差と同等であることがわかっている．大規模なデータセットにおいてバギングを行う際には，テスト誤差を推定するのに交差検証では計算上の負担が大きくなるため，OOB のアプローチは特に有用である．

変数選択規準

これまで学んできたように，一般的にバギングでは 1 つの木のみを用いた予測よりも精度に改良がみられる．しかしながら，残念なことに，その得られたモデルの解釈が困難な場合がある．決定木の 1 つの利点は，図 8.1 で示されているように，見栄えがよく簡単に理解できる図であることを思い出してほしい．しかしながら，多くの木をバギングしたとき，もはや 1 つの木で統計的学習の結果を表すことはできなくなり，その方法においてどの変数が最も重要であるかも明確でなくなってしまう．このように，バギングは結果の解釈のしやすさを犠牲にして，予測精度の向上を行っている．

バギングによって得られた多くの木は，1 つの木よりも解釈がより困難となるが，(回帰木におけるバギングでは) RSS または (分類木におけるバギングでは) ジニ指数を用いて，各予測変数の重要度を得ることができる．回帰木のバギングの場合は，ある

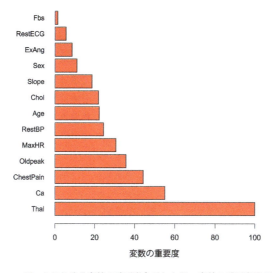

図 8.9 Heart データにおける変数の重要度を示した図．変数の重要度はジニ指数の平均的な減少の程度を用いて計算され，その最大値と比較されている．

予測変数の分割によって，式 (8.1) の RSS がいくら減少するかを計算し，B 個の木について平均する．この値が大きければその変数は重要であるということである．同様に，分類木のバギングにおいても，ある予測変数の分割によって，ジニ指数 (8.6) がいくら減少したかを求め，これらを B 個の木について平均すればよい．

図 8.9 では，Heart データにおける変数の重要度を図示している．各変数においてジニ指数が平均的にどの程度減少しているかを最大値と比較して見ることができる．ジニ指数が平均的に最も大きく減少している変数は，Thal, Ca, ChestPain である．

8.2.2 ランダムフォレスト

ランダムフォレストは，木を無相関にするためのわずかな調整を行うことにより，バギングで得られた木を改良するものである．バギングの場合と同様，ブートストラップで得られた訓練データにおいて多くの決定木を作ることになる．しかし，これらの決定木を作るとき，木を分割する度に，p 個の全予測変数から分割の候補として，m 個のランダムサンプルが選ばれる．分割には，m 個の予測変数のうちの 1 つが用いられる．分割する度に新たに m 個の予測変数サンプルが選ばれ，一般に m の値として $m \approx \sqrt{p}$ が用いられる．すなわち，各分割において考慮する予測変数の数はおおよそ全予測変数の数の平方根と等しい (13 個の予測変数をもつ Heart データの場合は 4 個)．

言い換えれば，ランダムフォレストを作る際，木の各分割において，アルゴリズムは大多数の予測変数について考慮さえもさせてもらえないのである．これは奇妙に思えるかもしれないが，よく考えると納得できる理論的根拠がある．データセットにおいてとても有用な予測変数が一つあり，他の多くは適度に有用であるとする．このとき，バギングした木のうち，多くの，あるいはすべての木はこの有用な予測変数を最初の分割で用いるであろう．その結果，バギングした木はすべて極めて類似している木となる．このため，バギングした木から得られる予測は相関がとても高くなる．残念ながら，高い相関をもつ量を平均することは，無相関な量を平均した場合ほどの分散の減少にはつながらない．特に，この設定の下ではバギングが 1 つの木と比べて分散を減らすことにつながらないことを意味している．

ランダムフォレストは，各分割において予測変数の一部のみを検討することによって，この問題を解決する．したがって，平均的に分割の $(p-m)/p$ はこの強力な予測変数を考慮さえもしないことになり，他の予測変数が用いられる機会が多くなる．この過程を木の無相関化として考え，それによって得られた木の平均はばらつきが小さくなり，より信頼性をもつことになる．

バギングとランダムフォレストの主な違いは，m 個の予測変数を選ぶ点にある．例えば，ランダムフォレストが $m = p$ において行われた場合，これは単にバギングとな

る．Heart データにおいて，$m = \sqrt{p}$ としたランダムフォレストはバギングと比較して，テスト誤差や OOB 誤差の減少につながっている (図 8.8)．

多くの予測変数に相関がある時には，ランダムフォレストにおいて m に小さな値を用いることが有用である．ここで，349 人の患者の組織のサンプルから観測された 4,718 個の遺伝子特性に関する観測値からなる高次元の生物学的データセットにランダムフォレストを適用する．人間は約 20,000 個の遺伝子をもち，個々の遺伝子は，細胞や組織，生物的な状態に関して異なるレベルの活動，あるいは発現情報を持つ．このデータセットにおいて，各患者のサンプルは 15 個の異なるレベルのどれかに対応する質的なラベル (正常，または 14 種類のがん) をもっている．ここでは訓練データにおいて分散が最も大きい 500 個の遺伝子を用いて，ランダムフォレストによりがんのタイプを予測したい．観測値を無作為に訓練データとテストデータに分け，分割の際考慮する変数の数として 3 つの異なる m を用いて訓練データにランダムフォレストを適用する．その結果は，図 8.10 に示されている．1 つの木による誤分類率は 45.7%，ヌル誤分類率は 75.4% である[*4]．木の数が 400 個あれば十分良い性能を示すことがわかる．また，この例においては，$m = \sqrt{p}$ とすることによりバギング ($m = p$) よりも，テスト誤分類率はわずかに改善されることがわかる．バギングと同様 B が増え

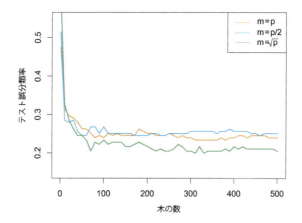

図 8.10　500 個の予測変数をもつ 15 個のクラスの遺伝子発現データセットにおけるランダムフォレストの結果．テスト誤分類率が木の数の関数として示されている．各色の線は，異なる m(木の内部ノードの分割において選択可能な予測変数の数) の値に対応している．ランダムフォレスト ($m < p$) はバギング ($m = p$) の結果をわずかに改良している．単純な分類木による誤分類率は 45.7% である．

[*4]　ヌル誤分類率は単純に各観測値を全体で最も多いクラスに割り当てた場合の誤分類率である．この場合は，割り当てるクラスは正常クラスである．

304　　　　　　　　　　　　　　　8. 木に基づく方法

たとしても，ランダムフォレストは過学習とはならない．したがって，実用上は誤分類率が安定する程度の十分大きな B を採用する．

8.2.3 ブースティング

ここでは，決定木で得られる予測を改良するもう1つのアプローチであるブースティングについて議論する．バギングと同様，ブースティングは一般的なアプローチであり，回帰や分類に関する多くの統計的学習法に適用可能である．ここでは，決定木におけるブースティングに限定して議論する．

バギングは，オリジナルの訓練データから多くのブートストラップ標本を作成し，各ブートストラップ標本に別々の決定木を当てはめ，すべての木を組み合わせて1つの予測モデルを作る．とりわけ，各々の木はブートストラップ標本に基づいて作成され，他の木とは独立している．ブースティングはこれと同様の方法であるが，ただ木が順次段階的に成長していく点が異なる．つまり，各々の木は前段階での木の情報を用いて成長する．ブースティングではブートストラップを使わない代わりに，各々の木はオリジナルデータの修正版に当てはめられる．

最初に回帰の問題を考える．バギングと同様，ブースティングは多くの決定木 $\hat{f}^1, \ldots, \hat{f}^B$ を組み合わせる．ブースティングをアルゴリズム 8.2 に示す．

アルゴリズム 8.2　回帰木におけるブースティング

Step 1　$\hat{f}(x) = 0$ とし，訓練データセットのすべての i において $r_i = y_i$ とする．

Step 2　$b = 1, 2, \ldots, B$ において，以下を繰り返す．

(a) 訓練データ (X, r) に対し，d 個の分割 ($d+1$ 個の終端ノード) をもつ木 $\hat{f}^b$ を当てはめる．

(b) 新しい木の縮小版を加えることにより，$\hat{f}$ を更新する：

$$\hat{f}(x) \leftarrow \hat{f}(x) + \lambda \hat{f}^b(x) \tag{8.10}$$

(c) 残差を更新する：

$$r_i \leftarrow r_i - \lambda \hat{f}^b(x_i) \tag{8.11}$$

Step 3　ブースティングで得られたモデル

$$\hat{f}(x) = \sum_{b=1}^{B} \lambda \hat{f}^b(x) \tag{8.12}$$

を出力する．

この方法の背後にある概念はどのようなものか．データに1つの大きな決定木を当てはめた場合，データにしっかりと当てはめることで過学習を起こしてしまう可能性がある．ブースティングはそれを避けるように緩やかに学習を行う．現在のモデルが与えられた下で，その残差に決定木を当てはめる．すなわち，出力変数 Y ではなく現在のモデルの残差を応答変数として木の当てはめに用いるのだ．そして，当てはめた

関数に新しい決定木を加えて残差を更新する．これらの木は，アルゴリズム上のパラメータ d によって定められる少数の終端ノードをもつ小さな木となる．小さな木を残差に当てはめることにより，あまり性能が良くない場所において徐々に $\hat{f}$ を改良する．縮小パラメータ λ はさらにその過程を遅らせるため，より多くの異なる形の木が残差に当てはめられる．一般的に，統計的学習法は緩やかに学習を行うと性能が良くなる傾向にある．ブースティングでは，バギングと異なり，各々の木がどのような構成になるかはそれ以前にできた木に強く依存している．

これまでは回帰木のブースティングの過程を示した．分類木のブースティングも同様に構成されるが少々複雑であるので，ここでは詳細を省く．

ブースティングは3つのチューニングパラメータをもつ．

(1) B は木の数である．バギングやランダムフォレストとは異なり，ブースティングは B が大きすぎると過学習となる．仮に過学習になるとしても，緩やかに過学習となる．B を選ぶ際は交差検証が用いられる．

(2) 縮小パラメータ λ は，小さな正の数である．これはブースティングの学習速度を調整する．通常用いられる値は 0.01 または 0.001 であり，適切な選び方はその問題による．よい性能を得るためには，λ を小さくする場合，B を大きくする必要がある．

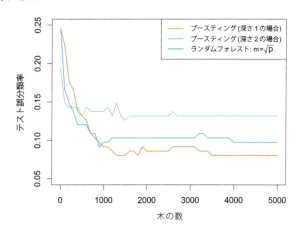

図 8.11 がんか正常かを予測するために，15 個のクラスの遺伝子発現データセットに対し，ブースティングとランダムフォレストを行った結果．テスト誤分類率が木の数の関数として表されている．2 つのブースティングしたモデルにおいては，$\lambda = 0.01$ としている．深さが 1 の木は深さが 2 の木よりもわずかに優れており，これらはともにランダムフォレストよりもよい性能を示している．しかし標準誤差は 0.02 程度でこれらの差は有意ではない．1 つの木におけるテスト誤分類率は 24% である．

(3) 各々の木における分割数 d は，ブースティングの全体的な複雑さを調整する．たいていの場合 $d = 1$ がよく機能する．その場合，各々の木が 1 つの分割のみからなる切り株である．この場合，各項が 1 つの変数のみを含むことから，ブースティング全体としては加法モデルの当てはめとなる．d 個の分割は最も多くて d 個の変数を含めることができるから，より一般的には d は交互作用に関わる変数の数であり，ブースティングで得られたモデルの交互作用の次数を調整するものである．

図 8.11 では，健常群と 14 種類のがんのグループを区別することが可能な分類器を構成するために，ブースティングを 15 種類のがんの遺伝子発現データセットに適用した．テスト誤分類率を木の総数と交互作用の深さ d の関数として表している．分析に十分な数の木が用いられていれば，交互作用の深さ 1 の切り株はよく機能する．このモデルは交互作用の深さ 2 のモデルよりも性能が良く，これらはいずれもランダムフォレストより性能が良い．この点がブースティングとランダムフォレストの違いの 1 つとして際立っている．ブースティングでは，木はすでに成長している他の木を考慮しながら成長しており，より小さな木で一般的に十分である．より小さな木を用いることは，結果の解釈をしやすくする．例えば，切り株を用いれば加法モデルとなる．

8.3 実習：決定木

8.3.1 分類木の当てはめ

`tree` ライブラリは，分類木と回帰木を構成するために用いられる．

```
> library(tree)
```

最初に，`Carseats` データセットを分析するために分類木を用いる．これらのデータにおいて `Sales` は連続変数なので，これを 2 値変数に符号化し直すことから始める．`ifelse()` 関数を用いて `High` という変数を作り，この変数は `Sales` が 8 を超える場合は `Yes` の値，そうでない場合は `No` の値をとるようにする．

```
> library(ISLR)
> attach(Carseats)
> High=ifelse(Sales<=8,"No","Yes")
```

最後に，`data.frame()` 関数を用いて `High` を `Carseats` データに併合する．

```
> Carseats=data.frame(Carseats,High)
```

ここで，`tree()` 関数を用いて，`Sales` 以外のすべての変数によって `High` を予測する分類木を当てはめる．`tree()` 関数の構文は `lm()` 関数と極めて類似している．

```
> tree.carseats=tree(High~.-Sales,Carseats)
```

8.3 実習：決定木 307

summary() 関数は，木において内部ノードとして用いられる変数，終端ノード数，訓練誤分類率を表示する.

```
> summary(tree.carseats)

Classification tree:
tree(formula = High ~ . - Sales, data = Carseats)
Variables actually used in tree construction:
[1] "ShelveLoc"   "Price"       "Income"       "CompPrice"
[5] "Population"  "Advertising" "Age"          "US"
Number of terminal nodes:  27
Residual mean deviance:  0.4575 = 170.7 / 373
Misclassification error rate: 0.09 = 36 / 400
```

訓練誤分類率は 9% となっている．分類木において，summary() の出力結果にある逸脱度は

$$-2\sum_m \sum_k n_{mk} \log \hat{p}_{mk}$$

で与えられる．ここで，n_{mk} は m 番目の終端ノードの観測値のうち k 番目のクラスに属するものの数である．逸脱度が小さいことは，木が訓練データへ良く当てはまっていることを表す．平均残差逸脱度は，単純にこの逸脱度を $n - |T_0|$ で割ったものである．この場合 $n - |T_0|$ の値は $400 - 27 = 373$ である.

木の最も魅力的な特性の 1 つは，視覚的に表現できることである．ここで木の構造を描図するために plot() 関数，ノードに対しラベルを付与するために text() 関数を用いる．引数 pretty=0 を指定することにより，R は単にアルファベット一文字ではなく，質的予測変数のカテゴリー名を表示する.

```
> plot(tree.carseats)
> text(tree.carseats,pretty=0)
```

最初の枝は Good の場所と，Bad や Medium の場所を分割していることから，Sales における最も重要な指標は棚の位置であると思われる.

単に木のオブジェクト名を入力すると，R は木の各々の枝に対応した出力を返す．R は分割の規準 (例えば Price<92.5)，その枝に属する観測値の数，逸脱度，木の枝についての総括的な予測 (Yes または No)，木の枝における Yes, No の値をもつ観測値の比率を表示する．終端ノードを与える枝はアスタリスクで示されている.

```
> tree.carseats
node), split, n, deviance, yval, (yprob)
      * denotes terminal node
 1) root 400 541.5 No ( 0.590 0.410 )
    2) ShelveLoc: Bad,Medium 315 390.6 No ( 0.689 0.311 )
      4) Price < 92.5 46  56.53 Yes ( 0.304 0.696 )
        8) Income < 57 10  12.22 No ( 0.700 0.300 )
```

308　　　　　　　　　　　　　8. 木に基づく方法

　これらのデータにおける分類木の性能を適切に評価するためには，訓練誤分類率を
単純に計算するのではなく，テスト誤分類率を推定しなければならない．そこで，観測
値を訓練データとテストデータに分け，訓練データを用いて木を構成し，テストデー
タにおいてその性能を評価する．`predict()` 関数はこの目的で用いられる．分類木の
場合，引数 `type="class"` は R に実際のクラスの予測を返すように指示している．こ
のアプローチはテストデータセットの約 71.5%を正しく予測している．

```
> set.seed(2)
> train=sample(1:nrow(Carseats), 200)
> Carseats.test=Carseats[-train,]
> High.test=High[-train]
> tree.carseats=tree(High~.-Sales,Carseats,subset=train)
> tree.pred=predict(tree.carseats,Carseats.test,type="class")
> table(tree.pred,High.test)
          High.test
tree.pred No Yes
      No  86  27
      Yes 30  57
> (86+57)/200
[1] 0.715
```

　次に，木の刈り込みが結果を改良するか否かを考える．`cv.tree()` 関数は木の最適な
複雑さのレベルを定めるために，交差検証を実行する．つまり，考慮する一連の木を選ぶ
のに，複雑さのコストによる刈り込みが行われる．交差検証と木の刈り込みを行う上で
`cv.tree()` 関数はデフォルトでは逸脱度を使うが，ここでは引数 `FUN=prune.misclass`
を指定することにより，誤分類率を用いる．`cv.tree()` 関数は検討される各々の木の
終端ノードの数 (`size`)，またそれぞれに対応する誤分類率や複雑さのコストを表すパ
ラメータ (`k`，これは式 (8.4) における α に対応している) を出力する．

```
> set.seed(3)
> cv.carseats=cv.tree(tree.carseats,FUN=prune.misclass)
> names(cv.carseats)
[1] "size"  "dev"    "k"      "method"
> cv.carseats
$size
[1] 19 17 14 13  9  7  3  2  1

$dev
[1] 55 55 53 52 50 56 69 65 80

$k
[1]       -Inf  0.0000000  0.6666667  1.0000000  1.7500000
      2.0000000  4.2500000
[8] 5.0000000 23.0000000

$method
[1] "misclass"
```

```
attr(,"class")
[1] "prune"        "tree.sequence"
```

dev という名前が使われてはいるが，この例では dev は交差検証による誤分類数を表していることに注意されたい．9 個の終端ノードをもつ木の交差検証誤分類数が 50 で最小となっていることがわかる．size と k の関数として誤分類数を描図する．

```
> par(mfrow=c(1,2))
> plot(cv.carseats$size,cv.carseats$dev,type="b")
> plot(cv.carseats$k,cv.carseats$dev,type="b")
```

刈り込んだ木が 9 個のノードをもつように，prune.misclass() 関数を適用する．

```
> prune.carseats=prune.misclass(tree.carseats,best=9)
> plot(prune.carseats)
> text(prune.carseats,pretty=0)
```

テストデータセットにおいて，この刈り込まれた木はどの程度機能しているだろうか．再度，predict() 関数を用いる．

```
> tree.pred=predict(prune.carseats,Carseats.test,type="class")
> table(tree.pred,High.test)
          High.test
tree.pred No Yes
      No  94  24
      Yes 22  60
> (94+60)/200
[1] 0.77
```

テストデータの 77％が正確に分類された．刈り込みにより木の解釈が容易になっただけでなく，分類の精度をも改良している．

best の値を増加させると，より大きな木が得られ，分類精度は低下する．

```
> prune.carseats=prune.misclass(tree.carseats,best=15)
> plot(prune.carseats)
> text(prune.carseats,pretty=0)
> tree.pred=predict(prune.carseats,Carseats.test,type="class")
> table(tree.pred,High.test)
          High.test
tree.pred No Yes
      No  86  22
      Yes 30  62
> (86+62)/200
[1] 0.74
```

8.3.2　回帰木の当てはめ

　ここでは，回帰木を Boston データセットに当てはめる．最初に，訓練データセットを作成し，訓練データに木を当てはめる．

```
> library(MASS)
> set.seed(1)
> train = sample(1:nrow(Boston), nrow(Boston)/2)
> tree.boston=tree(medv~.,Boston,subset=train)
> summary(tree.boston)

Regression tree:
tree(formula = medv ~ ., data = Boston, subset = train)
Variables actually used in tree construction:
[1] "lstat" "rm"    "dis"
Number of terminal nodes:  8
Residual mean deviance:  12.65 = 3099 / 245
Distribution of residuals:
     Min.   1st Qu.   Median      Mean   3rd Qu.     Max.
 -14.1000   -2.0420  -0.0536    0.0000    1.9600   12.6000
```

summary() の出力は，3つの変数だけが木の構成に用いられたことを示している点に注意されたい．回帰木においては，逸脱度は単純に木の誤差平方和である．ここで木を描図する．

```
> plot(tree.boston)
> text(tree.boston,pretty=0)
```

lstat の変数は，社会的経済的地位が低い人の割合を測っている．木は，lstat の値がより低いことがより高価な家に対応していることを示している．木は，社会的経済的地位が高い人が住む郊外の大きな家 (rm>=7.437 かつ lstat<9.715) の価格の中央値が$46,400 であることを予測している．

　ここで，木の刈り込みにより性能が向上するか否かを見るために，cv.tree() 関数を用いる．

```
> cv.boston=cv.tree(tree.boston)
> plot(cv.boston$size,cv.boston$dev,type='b')
```

この場合，最も複雑な木が交差検証によって選ばれた．しかしながら，木を刈り込みたいのであれば，prune.tree() 関数を用いて以下のように実行する．

```
> prune.boston=prune.tree(tree.boston,best=5)
> plot(prune.boston)
> text(prune.boston,pretty=0)
```

交差検証の結果を採用するのであれば，刈り込みのない木を用いてテストデータの予測を行う．

```
> yhat=predict(tree.boston,newdata=Boston[-train,])
> boston.test=Boston[-train,"medv"]
> plot(yhat,boston.test)
> abline(0,1)
> mean((yhat-boston.test)^2)
[1] 25.05
```

8.3 実習：決定木　　　　311

言い換えれば，回帰木に関するテスト MSE は 25.05 である．したがって，テスト MSE
の平方根はおよそ 5.005 であり，このモデルがもたらすテストデータの予測は，郊外
の家の価格の真の中央値からおよそ$5,005 の範囲内となっている．

8.3.3　バギングとランダムフォレスト

ここで，R のパッケージ randomForest を使用し，Boston データにバギングとラン
ダムフォレストを適用する．この項で得られる結果は，読者のコンピュータにインス
トールされている R と randomForest パッケージのバージョンによって少し異なるか
もしれない．バギングは単に，ランダムフォレストにおける $m = p$ の特別な場合であ
ることを再度確認されたい．したがって，ランダムフォレストを実行するときもバギ
ングを実行するときも randomForest() 関数が使われる．バギングは以下のように実
行する．

```
> library(randomForest)
> set.seed(1)
> bag.boston=randomForest(medv~.,data=Boston,subset=train,
    mtry=13,importance=TRUE)
> bag.boston

Call:
 randomForest(formula = medv ~ ., data = Boston, mtry = 13,
    importance = TRUE,       subset = train)
               Type of random forest: regression
                     Number of trees: 500
No. of variables tried at each split: 13

        Mean of squared residuals: 10.77
                % Var explained: 86.96
```

引数 mtry=13 は，13 個のすべての予測変数を木の各分割において考えることを示し
ており，言い換えれば，これはバギングを行うよう指定している．バギングによって
得られたこのモデルは，テストデータにおいてどの程度機能するのだろうか．

```
> yhat.bag = predict(bag.boston,newdata=Boston[-train,])
> plot(yhat.bag, boston.test)
> abline(0,1)
> mean((yhat.bag-boston.test)^2)
[1] 13.16
```

バギングによって得られた回帰木に関するテスト MSE は 13.16 であり，1 つの木を
最適に刈り込んで得られる木のおおよそ半分である．randomForest() 関数で成長さ
せる木の数は引数 ntree によって変更することができる．

```
> bag.boston=randomForest(medv~.,data=Boston,subset=train,
    mtry=13,ntree=25)
> yhat.bag = predict(bag.boston,newdata=Boston[-train,])
```

312　　　　　　　　　　　　8.　木に基づく方法

```
> mean((yhat.bag-boston.test)^2)
[1] 13.31
```

　引数 `mtry` により小さな値を使うことを除いて，ランダムフォレストの構成はまった
く同様に実行することができる．回帰木のランダムフォレストを形成する際，デフォル
トでは `randomForest()` は $p/3$ 個の変数を用いる．また，分類木のランダムフォレ
ストを形成する際は，$\sqrt{p}$ 個の変数を用いる．ここでは `mtry = 6` とする．

```
> set.seed(1)
> rf.boston=randomForest(medv~.,data=Boston,subset=train,
    mtry=6,importance=TRUE)
> yhat.rf = predict(rf.boston,newdata=Boston[-train,])
> mean((yhat.rf-boston.test)^2)
[1] 11.31
```

テスト MSE は 11.31 である．ここではランダムフォレストの方がバギングよりも良
い結果となった．
　`importance()` 関数を用いて，各変数の重要度をみることができる．

```
> importance(rf.boston)
         %IncMSE  IncNodePurity
crim     12.384       1051.54
zn        2.103         50.31
indus     8.390       1017.64
chas      2.294         56.32
nox      12.791       1107.31
rm       30.754       5917.26
age      10.334        552.27
dis      14.641       1223.93
rad       3.583         84.30
tax       8.139        435.71
ptratio  11.274        817.33
black     8.097        367.00
lstat    30.962       7713.63
```

変数の重要度に関する 2 つの尺度が出力されている．1 つ目は，与えられた変数がモ
デルから取り除かれたときの OOB のサンプルにおける予測精度の平均減少値に基づ
いている．2 つ目は，その変数によって得られるノードの不純度の総減少量をすべて
の木について平均したものである（これは図 8.9 で描図されている）．ノードの不純度
は，回帰木の場合は訓練 RSS，分類木の場合は逸脱度によって得られる．これらの重
要度の尺度の散布図は，`varImpPlot()` 関数を用いて作られる．

```
> varImpPlot(rf.boston)
```

その結果は，ランダムフォレストにおいて考えたすべての木において，地域の富裕度
(`lstat`) と家の大きさ (`rm`) が突出して最も重要な変数であることを示している．

8.3 実習：決定木　　　　313

8.3.4 ブースティング

ここで，gbm パッケージを利用し，そのパッケージに含まれている gbm() 関数で Boston データセットにブースティングで得た回帰木を当てはめる．これは回帰問題なので，オプション distribution="gaussian" を指定し，gbm() を実行する．もし，2 値分類問題の場合は，distribution="bernoulli" を指定する．引数 n.trees=5000 は 5,000 個の木を用いることを示しており，interaction.depth=4 により各々の木の深さを限定する．

```
> library(gbm)
> set.seed(1)
> boost.boston=gbm(medv~.,data=Boston[train,],distribution=
     "gaussian",n.trees=5000,interaction.depth=4)
```

summary() 関数は変数の重要度の散布図を作成し，変数の重要度を出力する．

```
> summary(boost.boston)
        var    rel.inf
1     lstat    45.96
2       rm    31.22
3      dis     6.81
4     crim     4.07
5      nox     2.56
6   ptratio    2.27
7    black     1.80
8      age     1.64
9      tax     1.36
10   indus     1.27
11    chas     0.80
12     rad     0.20
13      zn     0.015
```

lstat と rm が特に重要な変数であることがわかる．これらの 2 つの変数において，部分従属プロットを作成する．選択した変数以外の変数について積分することにより，これらのプロットは選択した予測変数の周辺の効果を表す．この場合，期待通り，家の価格の中央値は rm とともに増加し，lstat とともに減少する．

```
> par(mfrow=c(1,2))
> plot(boost.boston,i="rm")
> plot(boost.boston,i="lstat")
```

ここではブースティングモデルを使い，テストデータセットにおいて medv を予測する．

```
> yhat.boost=predict(boost.boston,newdata=Boston[-train,],
     n.trees=5000)
> mean((yhat.boost-boston.test)^2)
[1] 11.8
```

テスト MSE は 11.8 である．これはランダムフォレストにおけるテスト MSE と同

程度であり，バギングの場合よりも良くなっている．必要に応じて，式 (8.10) における縮小パラメータ λ に異なる値を用いてブースティングを実行することもできる．デフォルトでは 0.001 であるが，これは簡単に修正することができる．ここでは $\lambda = 0.2$ に設定する．

```
> boost.boston=gbm(medv~.,data=Boston[train,],distribution=
>    "gaussian",n.trees=5000,interaction.depth=4,shrinkage=0.2,
     verbose=F)
> yhat.boost=predict(boost.boston,newdata=Boston[-train,],
     n.trees=5000)
> mean((yhat.boost-boston.test)^2)
[1] 11.5
```

この場合，$\lambda = 0.2$ を用いると，$\lambda = 0.001$ の場合よりもテスト MSE はわずかに減少している．

8.4 演習問題

理論編

(1) 再帰的な 2 分割から得られる 2 次元特徴空間の分割の例 (自分で考えたもの) を描け．データ例は少なくとも 6 個の領域を含むこと．この分割に対応した決定木を描け．領域 $R_1, R_2, \ldots,$ 分割点 $t_1, t_2, \ldots$ など，図にはもれなくラベル付けすること．

ヒント：結果は図 8.1 や図 8.2 と同様の結果となる．

(2) 深さが 1 の木 (あるいは切り株) を用いたブースティングが加法モデルとなることが 8.2.3 項で述べられている．すなわち，モデルは

$$f(X) = \sum_{j=1}^{p} f_j(X_j)$$

の形となる．その理由を説明せよ．アルゴリズム 8.2 における式 (8.12) から示すことができる．

(3) 2 クラスの単純な分類問題において，ジニ指数，誤分類率，エントロピーを考える．1 つのグラフの中にこれらの量を $\hat{p}_{m1}$ の関数としてプロットせよ．x 軸は $\hat{p}_{m1}$ とし，その範囲を 0 以上 1 以下とすること．また，y 軸はジニ指数，誤分類率，エントロピーの値とすること．

ヒント：2 クラスの設定の下では，$\hat{p}_{m1} = 1 - \hat{p}_{m2}$ が成り立つ．グラフは手書きでもよいが，R で作成する方がかなり容易であろう．

(4) この問題は図 8.12 を使う．
 (a) 図 8.12 の左に描かれている予測変数空間の分割に対応した木を描け．箱内部の数値は，各領域における Y の平均値である．

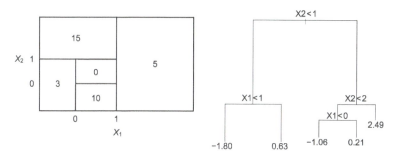

図 8.12 左：演習問題 4a の予測変数空間の分割．右：演習問題 4b の木．

(b) 図 8.12 の右において描かれている木を用いて，左と同様の図表を作成せよ．予測変数空間を正しく領域に分け，各領域における平均も示せ．

(5) 赤，緑のクラスを含むデータセットから，10 個のブートストラップ標本を生成する．このとき，分類木を各ブートストラップ標本に適用し，特定の X に対し，$\Pr(\text{赤のグループ}|X)$ の推定量を 10 個計算する．その結果は

$$0.1, 0.15, 0.2, 0.2, 0.55, 0.6, 0.6, 0.65, 0.7, 0.75$$

であった．これらの結果を 1 つの予測結果に統合するには 2 つの方法がある．1 つは本章で述べた多数決によるアプローチである．2 つ目のアプローチは，確率の平均に基づく分類である．この例において，これらの 2 つのアプローチの下での最終的な分類結果はどのようになるか．

(6) 回帰木を当てはめるために用いられたアルゴリズムについて，詳しく説明せよ．

応 用 編

(7) 本章の実習ではランダムフォレストを Boston データセットに適用するのに mtry=6 とし，また ntree=25 と ntree=500 を使った．mtry と ntree の値についてより広範囲の値を使い，このデータセットに対するランダムフォレストによって得られるテスト誤分類率を表す図を作成せよ．図 8.10 のような図を作るとよい．得られた結果を説明せよ．

(8) 実習では Sales を質的な応答変数に変換した後，分類木を Carseats データセットに適用した．ここでは，この応答変数を量的変数として扱い，回帰木や他の関連するアプローチを用いて Sales を予測することを試みる．

　(a) データセットを訓練データとテストデータに分割せよ．

　(b) 回帰木を訓練データに当てはめよ．木を描き，その結果を解釈せよ．テスト MSE を求めよ．

　(c) 交差検証を用いて，木の複雑さの最適なレベルを定めよ．木の刈り込みを

316   8. 木に基づく方法

すればテスト MSE は改善するか.

(d) バギングを用いてこのデータを解析せよ. テスト MSE を求めよ. `importance()` 関数を用いてどの変数が最も重要であるかを定めよ.

(e) ランダムフォレストを用いてこのデータを解析せよ. テスト MSE を求めよ. `importance()` 関数を用いてどの変数が最も重要であるか定めよ. 各分割において考慮される変数の数 m が得られた誤差にどのように影響しているか説明せよ.

(9) この問題は `ISLR` パッケージの一部である `OJ` データセットに関するものである.

(a) 800 個の観測値を含む訓練データを無作為抽出し, 残りの観測値をテストデータとせよ.

(b) `Purchase` を応答変数, 他の変数を予測変数として, 訓練データに木を当てはめよ. `summary()` 関数を用いて木に関する数値的な要約を与えよ. また, その結果を説明せよ. 訓練誤分類率はどのようになっているか. 木はいくつの終端ノードをもつか.

(c) 木のオブジェクト名を入力し, 詳細をテキスト出力せよ. 1 つの終端ノードを取り挙げ, 表示されている情報を解釈せよ.

(d) 木の図を作成せよ. また, その結果を解釈せよ.

(e) テストデータにおける応答変数を予測せよ. また, テストデータの真のラベルと予測されたラベルを比較する混同行列を作成せよ. テスト誤分類率はどのようになるか.

(f) 訓練データに `cv.tree()` 関数を適用し, 最適な木のサイズを定めよ.

(g) 木のサイズを x 軸, 交差検証の誤分類率を y 軸として, プロットを作成せよ.

(h) 交差検証による誤分類率を最も小さくする木のサイズはいくつか答えよ.

(i) 交差検証を用いて得られる最適な木のサイズに対応した木の刈り込みを実行せよ. もし, 交差検証が刈り込みを行った木を選ばなかった場合, 刈り込みを行い, 5 つの終端ノードをもつ木を作成せよ.

(j) 刈り込みを行った木と刈り込みを行わなかった木について, 訓練誤分類率を比較せよ. どちらの方が大きな値となるか.

(k) 刈り込みを行った木と刈り込みを行わなかった木について, テスト誤分類率を比較せよ. どちらの方が大きな値となるか.

(10) ここでは, `Hitters` データセットにおいて `Salary` を予測するために, ブースティングを用いる.

(a) 収入の情報が不明となっている観測値を削除し, 収入について対数変換せよ.

8.4 演習問題 317

(b) 最初の 200 個の観測値を訓練データ,残りの観測値をテストデータとせよ.

(c) 訓練データにおいて,縮小パラメータ λ を変化させて 1,000 個の木に対し,ブースティングを実行せよ.x 軸を縮小パラメータ,y 軸を対応する訓練 MSE とした図を作成せよ.

(d) x 軸を異なる縮小パラメータ,y 軸を対応するテスト MSE とした図を作成せよ.

(e) 第 3 章と第 6 章にある 2 つの回帰のアプローチを適用して得られたテスト MSE とブースティングによる MSE を比較せよ.

(f) ブースティングで得られたモデルにおいて,最も重要な予測変数はどの変数となるか.

(g) 訓練データにバギングを適用せよ.このアプローチにおけるテスト MSE を求めよ.

(11) この問題では Caravan データセットを用いる.

(a) 最初の 1,000 個の観測値からなる訓練データ,残りの観測値からなるテストデータを作成せよ.

(b) Purchase を応答変数,他の変数を予測変数としてブースティングを訓練データに適用せよ.木の数は 1,000,縮小パラメータとしては 0.01 を用いよ.どの予測変数が最も重要となるか.

(c) ブースティングで得られたモデルを用い,テストデータの応答変数を予測せよ.ある人について購入確率の推定値が 20%を超えた場合,その人は購入すると予測せよ.また,混同行列を作成せよ.購入すると予測される人のうち,実際に購入する人の比率を求めよ.ここでの結果は,K 最近傍法を適用して得られた結果,あるいはロジスティック回帰を適用して得られた結果と比較してどのようになるか.

(12) ブースティング,バギング,ランダムフォレストを自分で選んだデータセットに適用せよ.必ず訓練データを使ってモデルを当てはめ,テストデータでそれらの性能を評価すること.線形あるいはロジスティック回帰といった単純な方法と比較して,これらの結果はどの程度正確か.これらのアプローチの中で,どの方法が最も良い性能をもつか.

9 サポートベクターマシン
Support Vector Machines

本章では，計算機科学の分野で 1990 年代に開発され，以来広く使われるようになった分類のアプローチ，サポートベクターマシン (SVM) を扱う．SVM はさまざまな状況の下でよく機能することが示されており，ベストな"誰でもすぐに使える"分類器の 1 つと考えられている．

SVM はマージン最大化分類器と呼ばれる単純で直観的な分類器を一般化したものであり，これについてまず 9.1 節で議論する．マージン最大化分類器は巧妙かつ単純であるが，線形分離可能なクラスを仮定しており，残念ながらこの分類器は多くのデータセットに対して適用することができない．9.2 節において，マージン最大化分類器を拡張してより多くの場合に適用可能にしたサポートベクター分類器を導入する．また，9.3 節ではサポートベクター分類器をさらに拡張し，非線形境界を扱えるようにした SVM について論じる．SVM は 2 つのクラスに分類する 2 値分類を目的とするものである．9.4 節では，SVM をより多くのクラスの場合に拡張することを考える．9.5 節では SVM とロジスティック回帰のような他の統計的手法との密接な関係について議論する．

しばしば，マージン最大化分類器，サポートベクター分類器，SVM をひとまとめにして"サポートベクターマシン"と呼ぶことがある．本章では混乱を避けるため，これらの 3 つを注意して区別することにする．

9.1 マージン最大化分類器

本節では超平面を定義し，最適分離超平面の概念を紹介する．

9.1.1 超平面とは何か

p 次元空間において，超平面は $(p-1)$ 次元の平坦なアフィン部分空間である[*1)]．例えば，2 次元における超平面は平坦な 1 次元の部分空間，つまり直線である．3 次元における超平面は平坦な 2 次元の部分空間，すなわちこれは平面である．$p > 3$ の

[*1)] このアフィンという言葉は，部分空間が原点を通らなくてもよいことを示す．

9.1 マージン最大化分類器

場合，超平面を視覚化することは難しくなるが，$(p-1)$ 次元の平坦な部分空間ということにかわりはない．

超平面の数学的な定義はまったく単純なものである．2 次元の場合，超平面はパラメータ $\beta_0, \beta_1, \beta_2$ によって

$$\beta_0 + \beta_1 X_1 + \beta_2 X_2 = 0 \tag{9.1}$$

の式で定義される．式 (9.1) が超平面を"定義する"と言ったとき，これは式 (9.1) を満たす任意の $X = (X_1, X_2)^T$ が超平面上の点であることを意味する．式 (9.1) は単に直線の式であり，これはまさに 2 次元における超平面が直線であることによる．

式 (9.1) は容易に p 次元の場合に拡張することができる．

$$\beta_0 + \beta_1 X_1 + \beta_2 X_2 + \cdots + \beta_p X_p = 0 \tag{9.2}$$

は p 次元の超平面を定義する．つまり p 次元空間における点 $X = (X_1, X_2, \ldots, X_p)^T$ (すなわち，長さ p のベクトル) が式 (9.2) を満たすとき，X は超平面上に存在する．

さて，X が式 (9.2) を満たさず，代わりに

$$\beta_0 + \beta_1 X_1 + \beta_2 X_2 + \cdots + \beta_p X_p > 0 \tag{9.3}$$

を満たすとする．このとき，X は超平面の片側に存在することを表している．一方で，もし

$$\beta_0 + \beta_1 X_1 + \beta_2 X_2 + \cdots + \beta_p X_p < 0 \tag{9.4}$$

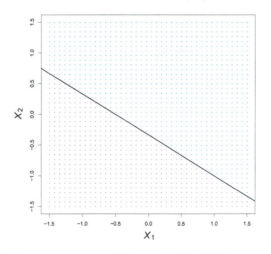

図 9.1 超平面 $1 + 2X_1 + 3X_2 = 0$ を示している．青色の領域は $1 + 2X_1 + 3X_2 > 0$ を満たす点の集合である．紫色の領域は $1 + 2X_1 + 3X_2 < 0$ を満たす点の集合である．

が成り立つならば，X は超平面をはさんで逆側に存在する．つまり超平面は p 次元空間を 2 つに分けるものであると考えられる．単に式 (9.2) の左辺の符号を調べることにより，ある点が超平面のどちら側に位置しているかがわかる．2 次元空間の超平面を図 9.1 に示す．

9.1.2　分離超平面を用いた分類

ここでは，$n \times p$ データ行列 $\mathbf{X}$ が p 次元空間上の n 個の訓練データ

$$
x_1 = \begin{pmatrix} x_{11} \\ \vdots \\ x_{1p} \end{pmatrix}, \ldots, x_n = \begin{pmatrix} x_{n1} \\ \vdots \\ x_{np} \end{pmatrix} \tag{9.5}
$$

からなり，これらの観測値は 2 つのクラスのいずれかに属するものとする．すなわち，$y_1, \ldots, y_n \in \{-1, 1\}$ である．ここに，-1 は一方のクラスを表し，1 は他方のクラスを表す．さらに p 次元の特徴 $x^* = \begin{pmatrix} x_1^* & \ldots & x_p^* \end{pmatrix}^T$ が観測されており，これをテストデータとする．ここでは訓練データに基づいて分類器を作り，テストデータを正確に分類したい．第 4 章の線形判別分析やロジスティック回帰，第 8 章の分類木，バギング，ブースティングなどのように，これを実行するアプローチは多く存在する．ここでは，分離超平面の概念に基づいた新しいアプローチを見ていくこととする．

訓練データを各クラスに完全に分離する超平面があると仮定する．図 9.2 の左に，そのような 3 つの分離超平面の例を示す．青色のクラスのデータを $y_i = 1$，紫色のクラスのデータを $y_i = -1$ とする．このとき，分離超平面は

$$
\beta_0 + \beta_1 x_{i1} + \beta_2 x_{i2} + \ldots + \beta_p x_{ip} > 0 \qquad y_i = 1 \text{ の場合} \tag{9.6}
$$

$$
\beta_0 + \beta_1 x_{i1} + \beta_2 x_{i2} + \ldots + \beta_p x_{ip} < 0 \qquad y_i = -1 \text{ の場合} \tag{9.7}
$$

という特性をもっている．これは，分離超平面が $i = 1, \ldots, n$ に対して

$$
y_i(\beta_0 + \beta_1 x_{i1} + \beta_2 x_{i2} + \cdots + \beta_p x_{ip}) > 0 \tag{9.8}
$$

を満たすことと同値である．

もし分離超平面が存在すれば，それを使って非常に自然な分類器を作ることができる．テストデータが超平面のどちら側に位置しているかによって，クラスへの割り当てを行えばよい．図 9.2 の右はそのような分類器の例を示している．すなわち，テストデータ x^* を $f(x^*) = \beta_0 + \beta_1 x_1^* + \beta_2 x_2^* + \cdots + \beta_p x_p^*$ の符号に基づいて分類するのである．もし $f(x^*)$ が正ならばテストデータはクラス 1 に分類し，$f(x^*)$ が負ならばテストデータはクラス -1 に分類する．また，$f(x^*)$ の大きさも有用な情報である．もし $f(x^*)$ が 0 から大きく離れていれば，これは x^* が超平面からより遠くに位置していることを意味しており，x^* の分類に確信を得ることができる．一方で，$f(x^*)$ が

9.1 マージン最大化分類器 321

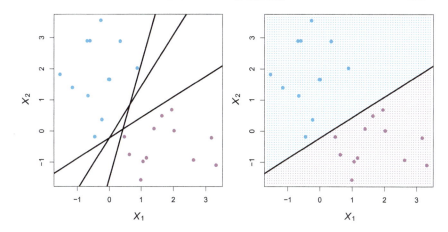

図 9.2 **左**：2変数の観測値は青色と紫色で示された2つのクラスに分けられる．多くの分離超平面が考えられるが，そのうち3つを黒線で示した．**右**：分離超平面を黒線で示す．青色と紫色の点は，この分離超平面に基づいた分類器によって得られる決定ルールを示している．テストデータが青の部分にあれば青のクラスに割り当てられ，紫の部分にあれば紫のクラスに割り当てられる．

0に近い値をとるならば，x^* は超平面の近くに位置しており，x^* の分類の信頼性は低い．当然のことながら，分離超平面に基づく分類器では，図9.2にみられる通り，決定境界は線形となる．

9.1.3 マージン最大化分類器

　一般に，データが超平面により完全に分離されるならば，実際にそのような超平面は無数に存在する．これは，通常，いずれの観測値の割り当ても変えることなく，分離超平面をわずかに上部または下部に移動，あるいは回転することができるからである．図9.2の左に，とりうる3つの分離超平面が示されている．分離超平面に基づいて分類器を構築するには，無数にとりうる分離超平面のうち，どれを使用するかを決める上で何かしら理にかなった方法を見出さなければならない．

　そのための自然な方法の1つにマージン最大化超平面(最適分離超平面とも呼ばれる)がある．これは訓練データから最も遠くなるような分離超平面である．まず，与えられた分離超平面と各訓練データの(垂直)距離を計算する．これらの距離の最小値が観測値から超平面までの最短距離であり，マージンと呼ばれる．マージン最大化超平面は，マージンが最大となるような分離超平面，すなわち，訓練データとの最小距離が最も遠くなるような超平面である．このとき，マージン最大化超平面のどちら側にテストデータがあるかによってテストデータを分類することができる．これをマージン最大化分類器と呼ぶ．訓練データにおいてマージンが大きな分類器はテストデー

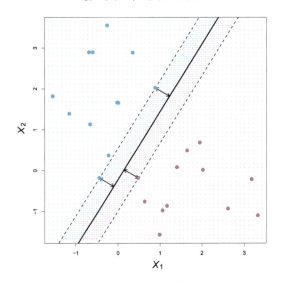

図 9.3 青色と紫色で示された 2 つのクラスの観測値がある．マージン最大化超平面は実線で示されている．マージンは各点線から実線の距離である．点線上の青色の観測点 2 つと紫色の観測点 1 つがサポートベクターとなっており，これらの観測点から超平面までの距離は矢印で示されている．紫色と青色の網掛けはこの分離超平面に基づいた分類器によるクラスの決定ルールを示している．

タにおいても大きなマージンをもつであろう，したがってテストデータを正確に分類するであろう，と期待するのである．多くの場合，マージン最大化分類器は良く機能するが，p が大きいと過学習を引き起こすことがある．

マージン最大化超平面の係数を $\beta_0, \beta_1, \ldots, \beta_p$ とすると，マージン最大化分類器は $f(x^*) = \beta_0 + \beta_1 x_1^* + \beta_2 x_2^* + \cdots + \beta_p x_p^*$ の符号に基づいて，テストデータ x^* を分類する．

図 9.3 は図 9.2 のデータにおけるマージン最大化超平面を示している．図 9.2 の右と図 9.3 を比較すると，図 9.3 のマージン最大化超平面の方が観測値と分離超平面の最小距離がより大きくなっていることがわかる．すなわち，より大きなマージンとなっている．言わばマージン最大化超平面は 2 つのクラスの間に挿入される最も広い "板" の中央線である．

図 9.3 をよく見ると，3 つの訓練データがマージン最大化超平面から等距離であり，マージンの幅を示す点線上にある．これらの 3 つの観測点は p 次元空間上のベクトルである (図 9.3 の場合は $p = 2$)．そして，これらの観測点がわずかに動くとマージン最大化超平面もまた動くという意味で，これらの観測点がマージン最大化超平面を "支えて" いる．以上よりこれら 3 つの観測点はサポートベクターと呼ばれる．興味深い

9.1 マージン最大化分類器 323

ことに，マージン最大化超平面はサポートベクターに依存しているが，その他の観測値にはまったく依存していない．他のどの観測値が動こうとも，マージンによる境界を越えない限り分離超平面には影響しない．本章の後半でサポートベクター分類器とSVM を議論する際に，マージン最大化超平面が観測値の一部にのみ直接依存しているという事実は重要な特性となる．

9.1.4 マージン最大化分類器の構成

ここでは，n 個の訓練データの集合 $x_1, \ldots, x_n \in \mathbb{R}^p$ とそのクラスのラベル $y_1, \ldots, y_n \in \{-1, 1\}$ に基づいて，マージン最大化超平面を構成することを考える．簡潔に言うと，マージン最大化超平面は最適化問題

$$\underset{\beta_0, \beta_1, \cdots, \beta_p}{\text{maximize}} \, M \tag{9.9}$$

$$\text{subject to} \sum_{j=1}^{p} \beta_j^2 = 1, \tag{9.10}$$

$$y_i(\beta_0 + \beta_1 x_{i1} + \beta_2 x_{i2} + \ldots + \beta_p x_{ip}) \geq M \ \forall \, i = 1, \ldots, n. \tag{9.11}$$

の解である．この最適化問題 (9.9)〜(9.11) は見た目よりも実は単純である．まず初めに，式 (9.11) における制約条件

$$y_i(\beta_0 + \beta_1 x_{i1} + \beta_2 x_{i2} + \cdots + \beta_p x_{ip}) \geq M \ \forall \, i = 1, \ldots, n$$

は，M が正であれば，各観測値が超平面の正しい側にあることを保証する．（実際には，各観測値が超平面の適切な側に位置させるためには $y_i(\beta_0 + \beta_1 x_{i1} + \beta_2 x_{i2} + \cdots + \beta_p x_{ip}) > 0$ であればよい．式 (9.11) の制約式は，実際超平面の適切な側に観測値が存在するだけでなく，いくらかの余裕をもたせている．もちろん M は正であることが必要である．）

次に，式 (9.10) は超平面に関して実際に制約を加えているわけではない．$\beta_0 + \beta_1 x_{i1} + \beta_2 x_{i2} + \cdots + \beta_p x_{ip} = 0$ が超平面を定義するならば，任意の $k \neq 0$ に対して $k(\beta_0 + \beta_1 x_{i1} + \beta_2 x_{i2} + \cdots + \beta_p x_{ip}) = 0$ となるからである．しかし，式 (9.10) は式 (9.11) に意味をもたせている．この制約によって，第 i 番目の観測値と超平面の垂直距離が

$$y_i(\beta_0 + \beta_1 x_{i1} + \beta_2 x_{i2} + \cdots + \beta_p x_{ip})$$

で与えられることを示している．それゆえ，式 (9.10) と式 (9.11) の制約は各観測値が超平面の適切な側に存在することと，超平面からは少なくとも M 以上の距離があることを保証している．そのため，M は超平面のマージンを表しており，最適化問題は M を最大化するような $\beta_0, \beta_1, \ldots, \beta_p$ を求める．これはまさにマージン最大化超

平面の定義である．式 (9.9)〜式 (9.11) の問題は効率的に解くことができるが，この最適化問題の詳細は本書で扱う範囲外である．

9.1.5 分離不可能な場合

分離超平面が存在する場合，マージン最大化分類器はとても自然な方法である．しかし，既に読者は気づいているように，多くの場合，分離超平面が存在しないためマージン最大化分類器も存在しない．この場合，式 (9.9)〜式 (9.11) の最適化問題は $M>0$ で解をもたない．図 9.4 にこのような例を示す．この場合，2 つのクラスを完全に分離することはできない．しかし，次節で見るようにソフトマージンと呼ばれるものを用いて分離超平面の概念を拡張し，クラスをほぼ分離するような超平面を求めることができる．マージン最大化分類器を分離不可能な場合へ一般化したものはサポートベクター分類器と呼ばれる．

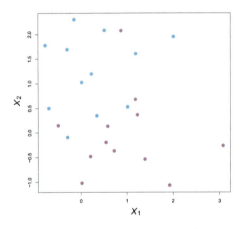

図 9.4 青色と紫色で示されている 2 つの観測値のクラスがある．この場合，2 つのクラスは超平面によって分離不可能であるので，マージン最大化分類器は用いることができない．

9.2 サポートベクター分類器

9.2.1 サポートベクター分類器の概要

図 9.4 では，必ずしも超平面によって分離可能ではない 2 つのクラスに属する観測値が示されている．実際には，たとえ分離超平面が存在しているとしても，分離超平面に基づく分類器が適切でない場合もある．分離超平面に基づく分類器は訓練データすべてを完全に分類する必要があり，そのため観測値に敏感に反応することがある．1

9.2 サポートベクター分類器　　325

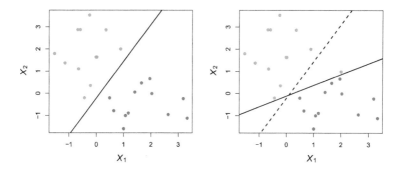

図 9.5 **左**：マージン最大化超平面の両側に，2つの観測値のクラスが青色と紫色で示されている．**右**：青色の観測値が1つ追加されており，これは実線で示されているマージン最大化超平面を大きく移動させている．点線はこの追加した観測点がない場合のマージン最大化超平面を表している．

つの例を図9.5に示す．図9.5の右において，1つの観測値が加えられた結果，マージン最大化超平面は大幅に変わっている．新たなマージン最大化超平面は満足できるものとはいえない．その理由の1つはマージンが小さいことである．これは問題である．なぜなら，以前議論したように観測値と超平面の距離は観測値が正確に分類されることの信頼度を表すからである．さらに，マージン最大化超平面が1つの観測値の変化に対し非常に敏感であることは，過学習が起きている可能性を表している．

この場合において，以下の観点から2つのクラスを完全に分類することのない超平面に基づいた分類器を考えることにしたい．
- 個々の観測値に対し，よりロバストである．
- 多くの訓練データに対し，より正確な分類となる．

すなわち，多くのデータに対してよい分類ができるのであれば，わずかな数の訓練データの誤分類を許容するということである．

サポートベクター分類器，あるいは，ソフトマージン分類器と呼ばれる分類器は，まさにこれを行うものである．すべての観測値が超平面の正しい側に位置し，なおかつマージンについても正しい側に位置するという制約条件でマージンを最大にするのではなく，いくつかの観測値についてはマージンの誤った側に位置する，あるいは，超平面の誤った側に位置することさえも許すのである．(マージンがソフトであるとは制約条件を満たさない訓練データもあるという意味である．) 図9.6の左にその例を示す．多くの観測値はマージンの正しい側にあるが，いくつかの観測値はマージンの誤った側に位置している．

観測値はマージンについてだけでなく，超平面に関しても誤った側に位置することもある．実際，分離超平面が存在しないとき，このような状況は避けられない．超平

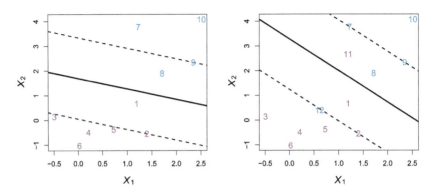

図 9.6 左：サポートベクター分類器を少数のデータに当てはめた．超平面は実線，マージンは点線で示されている．紫色の観測値：観測値 3, 4, 5, 6 はマージンの正しい側，観測値 2 はマージン上，観測値 1 はマージンの誤った側に位置している．青色の観測値：観測値 7, 10 はマージンの正しい側，観測値 9 はマージン上，観測値 8 はマージンの誤った側にそれぞれ位置している．超平面の誤った側に位置している観測値はない．右：左と同様であるが，2 つの観測点 11, 12 を追加した．これらの 2 つの観測値はマージンについても超平面についても誤った側に位置している．

面の誤った側に位置する観測値は，サポートベクター分類器によって誤分類される訓練データに対応する．図 9.6 の右はその状況を表している．

9.2.2 サポートベクター分類器の詳細

サポートベクター分類器は，テストデータの観測値が超平面のどちら側に位置しているかによって分類を行う．訓練データの多くが 2 つのクラスに正しく分離するように超平面が選ばれているが，誤分類される観測値もいくつかあるかもしれない．サポートベクター分類器は最適化問題

$$\underset{\beta_0,\beta_1,\ldots,\beta_p,\epsilon_1,\ldots,\epsilon_n}{\text{maximize}} \quad M \tag{9.12}$$

$$\text{subject to} \quad \sum_{j=1}^{p} \beta_j^2 = 1, \tag{9.13}$$

$$y_i(\beta_0 + \beta_1 x_{i1} + \beta_2 x_{i2} + \cdots + \beta_p x_{ip}) \geq M(1 - \epsilon_i), \tag{9.14}$$

$$\epsilon_i \geq 0, \quad \sum_{i=1}^{n} \epsilon_i \leq C \tag{9.15}$$

を解くことによって得られる．ここに，C は非負のチューニングパラメータである．式 (9.11) に示される通り，M はマージンの幅である．可能な限りこの量を大きくしたい．式 (9.14) において，$\epsilon_1, \ldots, \epsilon_n$ は各観測値がマージンあるいは超平面の誤った

側に位置することを許容するスラック変数である．これらについてはこの後より詳細に説明する．一旦，式 (9.12)〜(9.15) を解くとこれまでと同様，単純にテストデータ x^* が超平面のどちら側に位置しているかによってテストデータが分類される．すなわち，$f(x^*) = \beta_0 + \beta_1 x_1^* + \cdots + \beta_p x_p^*$ の符号に基づいて，テストデータを分類する．

最適化問題 (9.12)〜(9.15) は複雑なもののように思われるが，以下で示す簡単な観察により，最適解の振る舞いについて理解することができる．まず初めに，スラック変数 ϵ_i は i 番目の観測値が超平面やマージンのどちら側にあるかを示すものである．9.1.4 項で示されている通り，$\epsilon_i = 0$ のとき，i 番目の観測値はマージンの正しい側に位置している．$\epsilon_i > 0$ のとき，i 番目の観測値はマージンの誤った側に位置しており，このとき i 番目の観測値はマージンに違反すると言う．$\epsilon_i > 1$ のとき，観測値は超平面の誤った側に位置している．

次にチューニングパラメータ C の役割について考える．式 (9.15) において，C は ϵ_i の和を制限しており，これはマージン (と超平面) の制約条件に違反する観測値の数とその度合いをどの程度許容するかを決めている．C は n 個の観測値においてマージンに違反する量の予算と考えることができる．もし，$C = 0$ であるならば，マージンに違反する観測値数の予算はない．つまり $\epsilon_1 = \cdots = \epsilon_n = 0$ となるが，この場合，式 (9.12)〜(9.15) は単純にマージン最大化超平面の最適化問題 (9.9)〜(9.11) となる (当然のことながら，マージン最大化超平面は 2 つのクラスが分離可能な場合のみ存在する)．$C > 0$ の場合は，C 個以上の観測値が超平面の誤った側に存在することはない．なぜなら，もし観測値が誤った側に位置しているならば $\epsilon_i > 1$ であり，式 (9.15) より $\sum_{i=1}^{n} \epsilon_i \leq C$ だからである．予算 C が増加するにつれて，マージンに違反する観測値を多く許容することになり，マージンは広がる．逆に，C が減少するにつれて，マージンに違反する観測値を許容しないことになり，その結果，マージンは狭くなる．図 9.7 にその例を示す．

実用上，C はチューニングパラメータとして扱われ，通常は交差検証によって選択される．本書でこれまで見てきたチューニングパラメータと同様，C は統計的学習法におけるバイアスと分散のトレードオフを調整している．C が小さいときはマージンは狭く，観測値がこれに違反することは稀である．データに極めて当てはまる分類器となるため，バイアスが小さくなるが分散は大きくなる．一方，C が大きいときはマージンがより広がり，マージンに違反する観測値をより多く許すことになる．データへの当てはめが厳密でなくなり，得られた分類器はバイアスが大きくなる可能性があるが，分散はより小さくなる．

最適化問題 (9.12)〜(9.15) は非常に興味深い特性をもっている．マージン上，あるいは，マージンに違反する観測値だけが超平面，すなわち分類器に影響するということである．言い換えれば，マージンの正しい側に位置している観測値はサポートベク

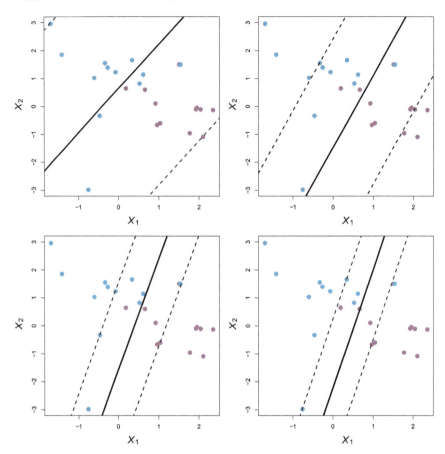

図 9.7 式 (9.12)〜(9.15) におけるチューニングパラメータ C に 4 つの異なる値を用いて，サポートベクター分類器を当てはめている．上段左で用いられている C が最大で，上段右，下段左，下段右の順に小さくなっている．C が大きいとき，マージンの誤った側に観測値が位置することをより許容しており，その結果としてマージンは大きくなる．C が小さくなるにつれて，マージンの誤った側に位置する観測値を許容しなくなり，マージンは小さくなる．

ター分類器に影響を与えないということである．マージンの正しい側に位置している限り，観測値の位置を変えても分類器にまったく変化を及ぼさない．観測値がマージン上，あるいは，そのクラスにおいてマージンの誤った側に位置する観測値はサポートベクターと呼ばれる．これらの観測値はサポートベクター分類器に影響を与える．

　サポートベクターだけが分類器に影響を与えるという事実は，前に述べたように C がサポートベクター分類器のバイアスと分散のトレードオフを調整しているというこ

とと通ずるものがある．チューニングパラメータ C が大きいとき，マージンは広くなり，多くの観測値がマージンに違反するため，多くのサポートベクターが存在することになる．この場合，多くの観測値が超平面を決定する際に考慮される．図 9.7 の上段左はこの状況を表している．この分類器は (多くの観測値がサポートベクターとなるため) 分散は小さいが，バイアスが大きくなる可能性がある．これに対して，C が小さいときは，サポートベクターの数が少ないため，得られる分類器はバイアスは小さいが，分散は大きくなる．図 9.7 の下段右はこの状況を表しており，サポートベクターは 8 個のみである．

サポートベクター分類器の決定ルールが訓練データの一部のみ (サポートベクター) に基づいているという事実は，超平面から遠く離れた観測値の振る舞いについては極めてロバストであるということを意味している．この特性は，これまでの各章で扱ってきた線形判別分析のようないくつかの他の分類器とは異なっている．線形判別分析による判別ルールは，各クラスの全観測値の平均や，クラス内の全観測値を用いて計算される分散共分散行列に依存している．反対に，ロジスティック回帰は線形判別分析と異なり，決定境界から遠くに位置する観測値に対しては敏感に反応しない．実際，9.5 節では，サポートベクター分類器とロジスティック回帰が密接に関係していることを論じる．

9.3　サポートベクターマシン

初めに，線形の分類器を非線形の決定境界をもたらす分類器に変換する一般的なメカニズムについて議論する．その後，これを自動的に行うものとして SVM を紹介する．

9.3.1　非線形の決定境界による分類

サポートベクター分類器は，2 つのクラスの境界が線形であるならば，分類法として自然なアプローチである．しかし，実際にはクラスの境界が非線形である場合がある．例えば，図 9.8 の左のデータを考えることにする．この場合はサポートベクター分類器や他のどのような線形の分類器も機能しないことは明らかである．実際，図 9.8 の右で示されているサポートベクター分類器は役に立たない．

第 7 章においてこれに類似した状況を既に見ている．その際には，予測変数と出力の間に非線形の関係があるときに線形回帰の性能が悪くなることを確認している．この場合，非線形性に対処するために 2 次や 3 次の項のような予測変数の関数を用いて，特徴空間を大きくすることを考えた．サポートベクター分類器の場合も同様に，2 次，3 次，あるいはより高次の予測変数の多項式を用いて特徴空間を大きくすることにより，クラス間の非線形境界に対処することができる．

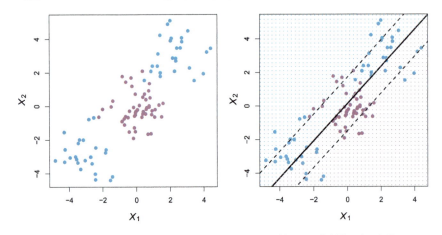

図 9.8 **左**：非線形の決定境界によって 2 つのクラスに分類される観測値．**右**：サポートベクター分類器は線形の境界を探索するため，とても性能が悪くなる．

例えば，サポートベクター分類器を p 個の特徴

$$X_1, X_2, \ldots, X_p$$

を用いて適用する代わりに，$2p$ 個の特徴

$$X_1, X_1^2, X_2, X_2^2, \ldots, X_p, X_p^2$$

をサポートベクター分類器に適用することができる．このとき式 (9.12)〜(9.15) は

$$\underset{\beta_0,\beta_{11},\beta_{12},\ldots,\beta_{p1},\beta_{p2},\epsilon_1,\ldots,\epsilon_n}{\text{maximize}} M \tag{9.16}$$

$$\text{subject to } y_i \left(\beta_0 + \sum_{j=1}^{p} \beta_{j1} x_{ij} + \sum_{j=1}^{p} \beta_{j2} x_{ij}^2 \right) \geq M(1-\epsilon_i),$$

$$\sum_{i=1}^{n} \epsilon_i \leq C, \quad \epsilon_i \geq 0, \quad \sum_{j=1}^{p} \sum_{k=1}^{2} \beta_{jk}^2 = 1$$

となる．

なぜこれが非線形の決定境界を導くのだろうか．拡張された特徴空間においては，実際式 (9.16) から得られる決定境界は線形である．しかし，元の特徴空間において，決定境界は $q(x) = 0$ (q は 2 次多項式) の形式となっており，通常，その解は非線形である．さらに高次の多項式，あるいは，$j \neq j'$ において $X_j X_{j'}$ の交互作用項を用いて特徴空間を拡張することもできる．または，予測変数に多項式ではなく他の関数を考えることもできる．特徴空間を大きくする方法は多くあり，よく注意を払わなければ莫大な数の特徴を扱うことになってしまうことは容易にわかる．その場合，計算量

がとても扱いきれなくなるであろう．次に紹介する SVM は，サポートベクター分類器によって用いられる特徴空間を広げながらも，効率的な計算を達成するものである．

9.3.2 サポートベクターマシン

SVM は，サポートベクター分類器の拡張であり，カーネル法により特徴空間を拡大することによって得られる．ここでこの拡張について議論するが，その詳細はやや複雑であり，本書で扱う範囲を超えている．しかしながら，主たる考え方は 9.3.1 項に既に記されている．クラス間の非線形の境界を得るために，特徴空間を広げるのである．ここで記しているカーネル法によるアプローチは，単にこの考えを実現するための効率的な計算のアプローチである．

どのようにサポートベクター分類器が計算されるかについての詳細はやや専門的な知識を必要とするので，これまでのところ厳密な議論をしていない．しかしながら，サポートベクター分類器の問題 (9.12)〜(9.15) の解は，(観測値そのものではなく) 観測値の内積だけを含む．2 つの r 次元ベクトル a, b の内積は，$\langle a, b \rangle = \sum_{i=1}^{r} a_i b_i$ と定義される．したがって，2 つの観測値 $x_i, x_{i'}$ の内積は

$$\langle x_i, x_{i'} \rangle = \sum_{j=1}^{p} x_{ij} x_{i'j} \tag{9.17}$$

によって与えられる．また，以下が示される．

- 線形のサポートベクター分類器は

$$f(x) = \beta_0 + \sum_{i=1}^{n} \alpha_i \langle x, x_i \rangle \tag{9.18}$$

  と表される．ここで，n 個のパラメータ $\alpha_i, i = 1, \ldots, n$ はそれぞれの訓練データに対応している．

- パラメータ $\alpha_1, \ldots, \alpha_n$ と β_0 を推定するために必要なものは，訓練データのすべての組み合わせの $\binom{n}{2}$ 個の内積 $\langle x_i, x_{i'} \rangle$ のみである ($\binom{n}{2}$ の記号は n 個の要素の集合における組み合わせの数を表し，$n(n-1)/2$ で与えられる)．

式 (9.18) において関数 $f(x)$ を評価するために，新たな観測値 x と各訓練データ x_i 間の内積を計算する必要がある．しかしながら，α_i は解におけるサポートベクターにおいてのみ非零である．すなわち，もし訓練データがサポートベクターでなければ，α_i は 0 となる．そのため，これらのサポートベクターの添字の集合を $\mathcal{S}$ とすると，式 (9.18) の形の関数はいずれも

$$f(x) = \beta_0 + \sum_{i \in \mathcal{S}} \alpha_i \langle x, x_i \rangle \tag{9.19}$$

と書き直すことができる．これは通常式 (9.18) よりもかなり少ない項からなる式とな

る*2).

まとめると,線形の分類器 $f(x)$ を表す上で,またその係数を計算するために必要なのは内積だけである.

ここで,式 (9.18) において,あるいはサポートベクター分類器の解を計算する際に内積 (9.17) が現れる度に,これを一般化した

$$K(x_i, x_{i'}) \tag{9.20}$$

で置き換えた分類器を考える.ここで,K はある関数であり,これをカーネルと呼ぶ.カーネルは 2 つの観測値の類似度を表す関数である.つまり,サポートベクター分類器は,カーネルを用いた分類器において

$$K(x_i, x_{i'}) = \sum_{j=1}^{p} x_{ij} x_{i'j} \tag{9.21}$$

とした場合である.サポートベクター分類器は特徴の線形関数であるから,式 (9.21)は線形カーネルと呼ばれる.線形カーネルは本質的にはピアソンの (標準) 相関係数を用いて,2 つの観測値の類似度を数値化している.式 (9.20) においては代わりに別の式を用いることもできる.例えば,$\sum_{j=1}^{p} x_{ij} x_{i'j}$ の代わりに

$$K(x_i, x_{i'}) = (1 + \sum_{j=1}^{p} x_{ij} x_{i'j})^d \tag{9.22}$$

を用いてもよい.これは次数 d の多項式カーネルと呼ばれる.ここに,d は正の整数である.サポートベクター分類器のアルゴリズムにおいて,標準的な線形カーネル (9.21)の代わりに $d > 1$ の多項式カーネルを用いることにより,より柔軟な決定境界を導くことができる.これは本質的には,元々の特徴空間上ではなく,次数 d の多項式によって張られる高次元空間において,サポートベクター分類器の当てはめを行うことに相当する.サポートベクター分類器に式 (9.22) のような非線形カーネルを用いた場合,その分類器はサポートベクターマシンと呼ばれる.この場合,(非線形) 関数は

$$f(x) = \beta_0 + \sum_{i \in \mathcal{S}} \alpha_i K(x, x_i) \tag{9.23}$$

の形となっている.図 9.9 の左は図 9.8 の非線形データに多項式カーネルによる SVMを適用した例を示している.その当てはめは,線形のサポートベクター分類器を大幅に改良している.$d = 1$ のとき,SVM は本章の序盤に見てきたサポートベクター分類器に帰着する.

---

*2) 式 (9.19) の各内積を展開することにより,$f(x)$ が x の各座標に関する線形関数になっていることがわかる.α_i と元々のパラメータ β_j の対応もわかる.

9.3 サポートベクターマシン

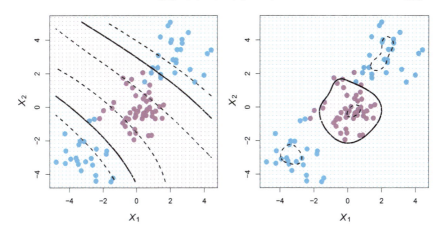

図 9.9 **左**：次数 3 の多項式カーネルによる SVM を図 9.8 の非線形データに適用している．その結果，より適切な決定ルールとなっている．**右**：動径基底関数カーネルによる SVM を適用している．この例では，いずれのカーネルも決定境界を捉えている．

式 (9.22) に見られる多項式カーネルは，とりうる非線形カーネルの 1 つの例であり，他にも多くのカーネルがある．もう 1 つのよく使われる方法は動径基底関数カーネルであり，これは

$$K(x_i, x_{i'}) = \exp(-\gamma \sum_{j=1}^{p}(x_{ij} - x_{i'j})^2) \tag{9.24}$$

の形をとるものである．式 (9.24) の γ は正の定数である．図 9.9 の右は，図 9.8 の非線形データに動径基底関数カーネルによる SVM を適用した例を示している．これもまた 2 つのクラスを上手く分離している．

実際，動径基底関数カーネル (9.24) はどのように機能するのだろうか．与えられたテストデータ $x^* = (x_1^* \ldots x_p^*)^T$ が訓練データ x_i からユークリッド距離の意味で遠く離れているとき，$\sum_{j=1}^{p}(x_j^* - x_{ij})^2$ は大きくなる．したがって $K(x^*, x_i) = \exp(-\gamma \sum_{j=1}^{p}(x_j^* - x_{ij})^2)$ はとても小さくなる．これは式 (9.23) において，x_i が $f(x^*)$ とほぼ関係ないことを示す．テストデータ x^* における予測クラスは，$f(x^*)$ の符号に基づいていることを思い出してほしい．言い換えれば，x^* から遠く離れた訓練データは，x^* の予測クラスにまったく関係ないということである．つまり，近くにある訓練データだけがテストデータの予測クラスのラベルに影響するという意味で，動径基底関数カーネルはとても局所的なふるまいをもつ．

式 (9.16) のように元々の特徴変数の関数を用いて単純に特徴空間を大きくすることと比べて，カーネルを用いることの利点は何であろうか．1 つの利点は計算量である．

カーネルを用いれば，$K(x_i, x_{i'})$ を $\binom{n}{2}$ 個の異なる i, i' の対に対してのみ計算する必要がある．しかも明示的に拡大された特徴空間上で計算しなくてもよい．これは重要な点である．なぜなら SVM の適用例において特徴空間が大きくなりすぎて計算が実行不可能となることが多いからである．動径基底関数カーネル (9.24) のようないくつかのカーネルにおいて，特徴空間は陽に表すことはできず，無限次元である．そのため，いずれにせよ計算はできないのである．

9.3.3 心臓病データへの適用

第 8 章では，決定木その他の方法を Heart データに適用した．Age, Sex, Chol など 13 個の予測変数を用いて，ある人が心臓病であるか否かを予測することが目的であった．ここでは，このデータについて SVM を LDA と比較したい．6 個の欠測値を取り除くと，データは 297 の被験者からなり，これをランダムに 207 個の訓練データと 90 個のテストデータに分割する．

最初に線形判別分析とサポートベクター分類器を訓練データに当てはめる．サポートベクター分類器は，次数 $d = 1$ の多項式カーネルを用いた SVM と同等であることに注意されたい．図 9.10 の左は，線形判別分析とサポートベクター分類器を用いて訓練データによる予測を行った ROC 曲線 (4.4.3 項) を示している．どちらの分類器も各観測値について，$\hat{f}(X) = \hat{\beta}_0 + \hat{\beta}_1 X_1 + \hat{\beta}_2 X_2 + \cdots + \hat{\beta}_p X_p$ の形式でスコアを計算する．任意のカットオフ点 t に対し，$\hat{f}(X) < t$ であるか $\hat{f}(X) \geq t$ であるかによって，心臓病か否かに観測値のカテゴリーを分類する．さまざまな t の値で偽陽性率と

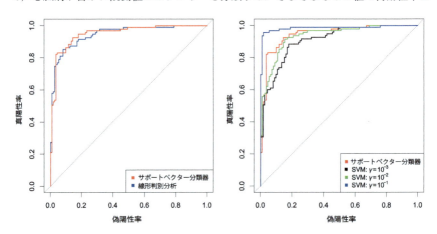

図 9.10 Heart データの訓練データにおける ROC 曲線．左：サポートベクター分類器と線形判別分析を比較している．右：サポートベクター分類器と $\gamma = 10^{-3}$, $10^{-2}, 10^{-1}$ の動径基底関数カーネルによる SVM を比較している．

真陽性率を計算することで ROC 曲線は得られる. 最適な分類器は, ROC プロットの上部左角の近くを通るようなプロットになる. この例では, サポートベクター分類器がわずかに優っているようであるが, 線形判別分析とサポートベクター分類器は両方ともよく機能している.

図 9.10 の右は, さまざまな γ の値を用いた動径基底関数カーネルによる SVM における ROC 曲線を表している. γ が増加するにつれて, より非線形な曲線への当てはめとなり, ROC 曲線は改良される. $\gamma = 10^{-1}$ ではほぼ完全な ROC 曲線を与えているようである. しかしながら, これらの曲線は訓練誤分類率を表しており, 新しいテストデータにおける性能を正しく表しているとは限らない. 図 9.11 は, 90 個のテストデータにおいて計算された ROC 曲線を表している. 訓練データにおける ROC 曲線といくつか異なる点がある. 図 9.11 の左において, (これらの違いは統計的には有意な差ではないが) サポートベクター分類器がわずかに線形判別分析よりも優っている. 右において, 訓練データにおいて最適な結果となった $\gamma = 10^{-1}$ の SVM はテストデータにおいては最も悪い推定となっている. これは, より柔軟な方法はしばしば訓練誤分類率を小さくする一方, 必ずしもテストデータにおいて性能を改良しないということの証拠となっている. $\gamma = 10^{-2}, \gamma = 10^{-3}$ の SVM はサポートベクター分類器と匹敵する性能をもち, これら 3 つはいずれも $\gamma = 10^{-1}$ の SVM よりも良い性能をもつことがわかる.

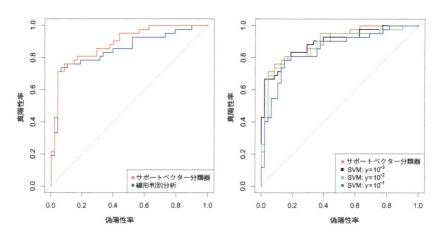

図 9.11 Heart データのテストデータにおける ROC 曲線. 左: サポートベクター分類器と線形判別分析を比較している. 右: サポートベクター分類器と $\gamma = 10^{-3}$, $10^{-2}, 10^{-1}$ の動径基底関数カーネルを用いた SVM を比較している.

9.4　3つ以上のクラスにおけるサポートベクターマシン

これまで，2 値分類の場合に限って議論してきた．すなわち，2 つのクラスにおける分類である．どのようにすれば，任意の個数のクラスの場合に SVM を拡張できるだろうか．分離超平面に基づいた SVM の考え方は 2 つ以上のクラスの場合に自然に拡張することはできない．K 個のクラスの場合に SVM を拡張する提案は多くなされているが，最も広く知られる 2 つの方法は一対一のアプローチと一対他のアプローチである．ここではこれらの 2 つのアプローチについて簡潔に述べる．

9.4.1　一対一分類

K 個 ($K > 2$) のクラスにおいて SVM を用いた分類を行いたい場合，一対一，あるいはペアワイズのアプローチは，$\binom{K}{2}$ 個の SVM を構成し，それぞれが 2 つのクラスを比較するものである．このような SVM のうちの一つは，例えば k 番目のクラスを $+1$ とコード化し，k' 番目のクラスを -1 とコード化して比較するものである．$\binom{K}{2}$ 個の分類器のそれぞれを用いてテストデータを分類し，テストデータが K 個のクラスに何回割り当てられたかを数える．最終的な分類は，テストデータをこれらの $\binom{K}{2}$ 個のペアワイズの分類において最も多く割り当てられたクラスに割り当てる．

9.4.2　一対他分類

SVM を K 個 ($K > 2$) のクラスの場合に適用させるためのもう 1 つのアプローチは一対他分類である．K 個のクラスのうちの 1 つと残りの ($K - 1$) 個のクラスを比較して，合計 K 個の SVM を当てはめる．$\beta_{0k}, \beta_{1k}, \ldots, \beta_{pk}$ を ($+1$ とコード化された) k 番目のクラスと (-1 とコード化された) その他のクラスを比較する SVM を当てはめることによって得られるパラメータとする．x^* をテストデータとする．観測値は $\beta_{0k} + \beta_{1k} x_1^* + \beta_{2k} x_2^* + \ldots + \beta_{pk} x_p^*$ が最も大きくなるようなクラスに割り当てる．この値が大きいことが，テストデータが他のいずれのクラスよりも k 番目のクラスに属する信頼度が高いことを表しているからである．

9.5　ロジスティック回帰との関係

SVM が 1990 年代半ばに最初に取り挙げられたとき，統計的学習と機械学習のコミュニティーで大いに注目された．これはこれらの方法の性能が良かったこと，マーケティングが上手であったこと，その根底にあるアプローチが新鮮であり，謎めいていたことによるものである．いくつかの観測値が正しく分類されないことを許しながら，可能な限りうまくデータを分離するような超平面を求めるというアイデアは，ロジスティック回帰や線形判別分析のような伝統的な分類法のアプローチとはまったく

異なるものに見えた. さらに, 特徴空間を拡張して非線形のクラス境界を得るためにカーネルを用いるアイデアは独特であり, 重要な特徴のように見えた.

しかしながら, それ以来, SVM と多くの伝統的な統計的方法の深いつながりが見えてきた. サポートベクター分類器 $f(X) = \beta_0 + \beta_1 X_1 + \cdots + \beta_p X_p$ を当てはめるための最適化問題 (9.12)〜(9.15) は

$$\operatorname*{minimize}_{\beta_0, \beta_1, \dots, \beta_p} \left\{ \sum_{i=1}^{n} \max\left[0, 1 - y_i f(x_i)\right] + \lambda \sum_{j=1}^{p} \beta_j^2 \right\} \tag{9.25}$$

と書き換えられることが判明した. ここに, λ は非負のチューニングパラメータである. λ が大きいとき, $\beta_1, \dots, \beta_p$ は小さくなり, マージンに違反する観測値が多く許容される. その結果として, 分散は小さいがバイアスは大きい分類器となる. λ が小さいとき, マージンに違反する観測値の数は少なくなる. これは分散が大きいがバイアスは小さい分類器となる. このように, 式 (9.25) において λ が小さい値となることは, 式 (9.15) において C が小さい値になることに相当する. 式 (9.25) における $\lambda \sum_{j=1}^{p} \beta_j^2$ が 6.2.1 項におけるリッジ罰則項であり, これがサポートベクター分類器において同様にバイアスと分散のトレードオフを調整している.

式 (9.25) は, 本書で繰り返し見てきた "損失＋罰則" の形

$$\operatorname*{minimize}_{\beta_0, \beta_1, \dots, \beta_p} \left\{ L(\mathbf{X}, \mathbf{y}, \beta) + \lambda P(\beta) \right\} \tag{9.26}$$

をとっている. 式 (9.26) においては $L(\mathbf{X}, \mathbf{y}, \beta)$ が β のパラメータで表されたモデルがデータ $(\mathbf{X}, \mathbf{y})$ にどの程度当てはまっているかを定量化した損失関数である. $P(\beta)$ はパラメータベクトル β の罰則関数であり, その効果は非負のチューニングパラメータ λ によって調整される. 例えば, リッジ回帰と lasso はともに

$$L(\mathbf{X}, \mathbf{y}, \beta) = \sum_{i=1}^{n} \left(y_i - \beta_0 - \sum_{j=1}^{p} x_{ij} \beta_j \right)^2$$

の形をもち, リッジ回帰の場合は $P(\beta) = \sum_{j=1}^{p} \beta_j^2$, lasso の場合は $P(\beta) = \sum_{j=1}^{p} |\beta_j|$ である. 式 (9.25) の場合, 損失関数は

$$L(\mathbf{X}, \mathbf{y}, \beta) = \sum_{i=1}^{n} \max\left[0, 1 - y_i(\beta_0 + \beta_1 x_{i1} + \cdots + \beta_p x_{ip})\right]$$

となる. これはヒンジロスとして知られており, 図 9.12 に描かれている. しかしながら, ヒンジロス関数はロジスティック回帰で用いられている損失関数と密接な関係がある. ロジスティック回帰の損失関数も図 9.12 に示す.

サポートベクター分類器の興味深い特徴の 1 つは, サポートベクターだけが分類器に影響するという点である. マージンの正しい側にある観測値は, 分類器に影響を与

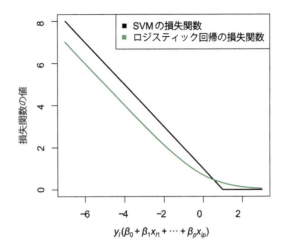

図 9.12　SVM とロジスティック回帰の損失関数を $y_i(\beta_0 + \beta_1 x_{i1} + \cdots + \beta_p x_{ip})$ の関数として比較している．$y_i(\beta_0 + \beta_1 x_{i1} + \cdots + \beta_p x_{ip})$ が 1 よりも大きいとき，マージンの正しい側に観測値があることに対応しているため，SVM の損失関数が 0 となる．総じて，2 つの損失関数は極めて類似した振る舞いを見せている．

えない．その理由は $y_i(\beta_0 + \beta_1 x_{i1} + \cdots + \beta_p x_{ip}) \geq 1$ となる観測値，つまり，マージンの正しい側にある観測値に対しては，図 9.12 の損失関数が 0 となるためである[*3]．これに対して，図 9.12 に示されているロジスティック回帰における損失関数は，どんな場合においても正確に 0 となることはない．しかし，決定境界から遠くにある観測値に対しては，非常に小さい値をとる．これらの損失関数が類似していることにより，ロジスティック回帰とサポートベクター分類器はしばしば非常に類似した結果を与える．クラスがよく分離されているとき，SVM はロジスティック回帰よりもよく機能する傾向にある．重複した領域がある場合はロジスティック回帰の方がより好ましい結果となる．

　サポートベクター分類器と SVM が初めて公表されたとき，式 (9.15) におけるチューニングパラメータ C は例えば 1 のようなある既定値に設定される重要でない "局外" パラメータであると考えられていた．しかしサポートベクター分類器における "損失＋罰則" の形式 (9.25) を見ると，そうではないことがわかる．チューニングパラメータの選択はとても重要であり，例えば図 9.7 で示されているように，未学習あるいは過学習の程度を定めるものである．

[*3] このヒンジロス＋罰則の表現において，マージンでは値が 1 となり，マージンの幅は $\sum \beta_j^2$ である．

サポートベクター分類器はロジスティック回帰やその他既存の統計的手法と密接な関係があることがわかった．カーネルを用いて特徴空間を広げ，非線形のクラスの境界を扱えるようにすることができるのは SVM だけであろうか．その答えは "No" である．本書において見られるロジスティック回帰や他のたくさんの分類手法もまた，非線形カーネルを用いて実行することができる．これは第 7 章でみられるいくつかの非線形のアプローチと密接な関係がある．しかしながら，歴史的な背景から，非線形カーネルはロジスティック回帰や他の手法よりも，SVM においてより広く用いられている．

これまでまだ論じていないが，SVM を拡張して回帰を扱う方法 (すなわち，質的な応答変数ではなく量的な応答変数の場合) が存在し，これはサポートベクター回帰と呼ばれる．第 3 章では，最小 2 乗法による回帰が残差平方和ができる限り小さくなるような係数 $\beta_0, \beta_1, \ldots, \beta_p$ を求めていた (第 3 章より，残差が $y_i - \beta_0 - \beta_1 x_{i1} - \cdots - \beta_p x_{ip}$ と定義されていることを再度確認されたい)．サポートベクター回帰は，これとは異なる種類の損失関数を最小化するように係数を求める．ここでは，ある正の定数よりも絶対値の大きな残差のみが損失関数に寄与する．これはサポートベクター分類器に用いられるマージンの考えを拡張し，回帰に応用したものである．

9.6 実習：サポートベクターマシン

R の e1071 ライブラリを使用してサポートベクター分類器とサポートベクターマシンを実習する．もう 1 つの方法としては LiblineaR ライブラリがあり，こちらは大規模な線形問題において有用である．

9.6.1 サポートベクター分類器

e1071 ライブラリには多くの統計的学習法が実装されている．特に，svm() 関数に引数 kernel="linear" を渡すことにより，サポートベクター分類器を当てはめることができる．この関数は，サポートベクター分類器を当てはめるのに式 (9.14)，式 (9.25) とは少し異なる式を使う．引数 cost は，マージンに違反するコストを指定するものである．引数 cost が小さいとき，マージンは広がり，マージン上，またはマージンに違反するサポートベクターが多くなる．引数 cost が大きいとき，マージンは狭くなり，マージン上またはマージンに違反するサポートベクターはごく少数となる．

svm() 関数を用いて，ある cost パラメータにおいて，サポートベクター分類器を当てはめる．ここでは，決定境界をプロットできるように，2 次元のデータ例でこの関数を用いる．まず 2 つのクラスに属する観測値を生成し，線形分離可能か否かを確認する．

340 9. サポートベクターマシン

```
> set.seed(1)
> x=matrix(rnorm(20*2), ncol=2)
> y=c(rep(-1,10), rep(1,10))
> x[y==1,]=x[y==1,] + 1
> plot(x, col=(3-y))
```

このデータは線形分離可能ではない. 次に, サポートベクター分類器を当てはめる. svm() 関数で (SVM に基づく回帰ではなく) 分類を行うためには, 応答変数を因子変数としてコード化しなければならない. ここでは, 応答変数を因子としてコード化し, データフレームを作成する.

```
> dat=data.frame(x=x, y=as.factor(y))
> library(e1071)
> svmfit=svm(y~., data=dat, kernel="linear", cost=10,
    scale=FALSE)
```

引数 scale=FALSE により, svm() 関数が各特徴変数を平均 0 や標準偏差 1 など標準化しないように指定する. 応用例によっては, 引数 scale=TRUE を用いる方が好ましいこともある.

以下で, 得られたサポートベクター分類器をプロットすることができる.

```
> plot(svmfit, dat)
```

plot() 関数の 2 つの引数は, svm() の出力結果と svm() に用いられたデータである. −1 のクラスに割り当てられる特徴空間の領域を水色, +1 のクラスに割り当てられる特徴空間の領域を紫色で示している. 2 つのクラス間の決定境界は (引数として kernel="linear"を用いているので) 線形であるが, このライブラリで実装されているプロットの関数のために, 散布図において決定境界がギザギザになっている. (R の通常の plot() 関数の振る舞いとは対照的に, ここでは 2 つ目の特徴が x 軸に, 1 つ目の特徴が y 軸にプロットされている). サポートベクターは×印, その他の観測値は○印でプロットされている. ここでは 7 個のサポートベクターがある. 以下のようにして特定することができる.

```
> svmfit$index
[1]  1  2  5  7 14 16 17
```

summary() コマンドを用いて, サポートベクター分類器に関する基本的な情報を得ることができる.

```
> summary(svmfit)
Call:
svm(formula = y ~ ., data = dat, kernel = "linear", cost = 10,
    scale = FALSE)
Parameters:
   SVM-Type:  C-classification
 SVM-Kernel:  linear
```

9.6 実習：サポートベクターマシン

```
        cost:  10
        gamma:  0.5
Number of Support Vectors:  7
 ( 4 3 )
Number of Classes:  2
Levels:
 -1 1
```

例えば，これは cost=10 で線形カーネルが用いられており，7 個のサポートベクターがあり，4 つが一方のクラスに，3 つは他方のクラスにあることを示している．

コストパラメータをより小さい値にした場合はどのようになるか．

```
> svmfit=svm(y~., data=dat, kernel="linear", cost=0.1,
    scale=FALSE)
> plot(svmfit, dat)
> svmfit$index
[1]  1  2  3  4  5  7  9 10 12 13 14 15 16 17 18 20
```

より小さなコストパラメータが用いられており，マージンが広がっているためにより多くのサポートベクターが得られている．残念ながら，svm() 関数はサポートベクター分類器が当てはめられたときに得られた線形の決定境界の係数や，マージンの幅を明示的に出力しない．

e1071 ライブラリには交差検証を行うための tune() 関数が組み込まれている．デフォルトでは tune() は関心の対象となっているモデルの集合に対し，10 分割交差検証を行う．この関数を用いる際に，考慮するモデルについての情報を渡す．以下のコマンドでは，cost パラメータの値を変化させ，線形カーネルを用いた SVM を比較している．

```
> set.seed(1)
> tune.out=tune(svm,y~.,data=dat,kernel="linear",
    ranges=list(cost=c(0.001, 0.01, 0.1, 1,5,10,100)))
```

summary() コマンドを用いて，容易にこれらの各モデルにおける交差検証誤分類率を得ることができる．

```
> summary(tune.out)
Parameter tuning of 'svm':
- sampling method: 10-fold cross validation
- best parameters:
 cost
 0.1
- best performance: 0.1
- Detailed performance results:
    cost error dispersion
1 1e-03  0.70     0.422
2 1e-02  0.70     0.422
3 1e-01  0.10     0.211
4 1e+00  0.15     0.242
```

```
5  5e+00    0.15        0.242
6  1e+01    0.15        0.242
7  1e+02    0.15        0.242
```

cost=0.1 が交差検証誤分類率を最小化することがわかる．tune() 関数は最適なモデルを記憶しており，以下のように呼び出すことができる．

```
> bestmod=tune.out$best.model
> summary(bestmod)
```

predict() 関数により，任意のコストパラメータで，テストデータのクラスを予測することができる．最初にテストデータを生成する．

```
> xtest=matrix(rnorm(20*2), ncol=2)
> ytest=sample(c(-1,1), 20, rep=TRUE)
> xtest[ytest==1,]=xtest[ytest==1,] + 1
> testdat=data.frame(x=xtest, y=as.factor(ytest))
```

これらのテストデータのクラスを予測する．ここでは交差検証を通して得られた最適なモデルを用いて予測を行う．

```
> ypred=predict(bestmod,testdat)
> table(predict=ypred, truth=testdat$y)
         truth
predict -1  1
     -1 11  1
      1  0  8
```

この cost の値において, 19 個のテストデータが正しく分類された．代わりに cost=0.01 を用いた場合はどのようになるであろうか．

```
> svmfit=svm(y~., data=dat, kernel="linear", cost=.01,
    scale=FALSE)
> ypred=predict(svmfit,testdat)
> table(predict=ypred, truth=testdat$y)
         truth
predict -1  1
     -1 11  2
      1  0  7
```

この場合，さらに 1 個の観測値が誤分類される．

2 つのクラスが線形分離可能な場合を考える．このとき，svm() 関数を用いて分離超平面を見つけることができる．まず初めに，線形分離可能となるようにシミュレーションデータの 2 つのクラスをさらに離す．

```
> x[y==1,]=x[y==1,]+0.5
> plot(x, col=(y+5)/2, pch=19)
```

ここでは観測値はかろうじて線形分離可能である．観測値が誤分類されないようにとても大きな cost の値を用いてサポートベクター分類器を当てはめ，超平面をプロットする．

9.6 実習：サポートベクターマシン 343

```
> dat=data.frame(x=x,y=as.factor(y))
> svmfit=svm(y~., data=dat, kernel="linear", cost=1e5)
> summary(svmfit)
Call:
svm(formula = y ~ ., data = dat, kernel = "linear", cost = 1e
    +05)
Parameters:
   SVM-Type:  C-classification
 SVM-Kernel:  linear
       cost:  1e+05
      gamma:  0.5
Number of Support Vectors:  3
 ( 1 2 )
Number of Classes:  2
Levels:
 -1 1
> plot(svmfit, dat)
```

訓練データにおける誤分類はなく，サポートベクターは 3 個だけである．しかしながら，図からマージンはとても狭いことがわかる (○印で示されているサポートベクターではない観測値は決定境界にとても近くなっているため)．このモデルはテストデータに対してはよく機能しないように思われる．ここで，より小さい cost の値を試す．

```
> svmfit=svm(y~., data=dat, kernel="linear", cost=1)
> summary(svmfit)
> plot(svmfit,dat)
```

cost=1 を用いると，訓練データにおいて 1 つ誤分類が生じる．しかし，より広いマージンを得て，7 個のサポートベクターを使用することになる．テストデータにおいては，このモデルは cost=1e5 のモデルよりもうまく機能するように思われる．

9.6.2 サポートベクターマシン

非線形カーネルを用いて SVM を当てはめるには再び svm() 関数を用いるが，ここでは引数 kernel に異なる値を指定する．多項式カーネルを用いた SVM を当てはめる際は kernel="polynomial"を指定し，動径基底関数カーネルを用いた SVM を当てはめる際は kernel="radial"を指定する．前者の場合は，引数 degree により多項式カーネルの次数を指定する (これは式 (9.22) における d である)．後者の場合は，引数 gamma により動径基底関数カーネル (9.24) における γ の値を指定する．

最初に非線形のクラス境界をもつデータを以下のように生成する．

```
> set.seed(1)
> x=matrix(rnorm(200*2), ncol=2)
> x[1:100,]=x[1:100,]+2
> x[101:150,]=x[101:150,]-2
> y=c(rep(1,150),rep(2,50))
> dat=data.frame(x=x,y=as.factor(y))
```

データをプロットすると，クラス境界は非線形であることが明らかである．

```
> plot(x, col=y)
```

データをランダムに訓練データとテストデータに分割する．その後，$\gamma = 1$ の動径基底関数カーネルによる svm() 関数を用いて，訓練データに当てはめる．

```
> train=sample(200,100)
> svmfit=svm(y~., data=dat[train,], kernel="radial",  gamma=1,
    cost=1)
> plot(svmfit, dat[train,])
```

散布図は，SVM の結果がはっきりと非線形境界をもつことを示している．summary() 関数を使って SVM の当てはめについての情報を得る．

```
> summary(svmfit)
Call:
svm(formula = y ~ ., data = dat, kernel = "radial",
    gamma = 1, cost = 1)
Parameters:
   SVM-Type:  C-classification
 SVM-Kernel:  radial
       cost:  1
      gamma:  1
Number of Support Vectors:  37
 ( 17 20 )
Number of Classes:  2
Levels:
 1 2
```

この SVM の当てはめにおいて，散布図から訓練データにおける誤分類が相当数あることがわかる．cost の値を増加すると，訓練データの誤分類を減少させることができる．しかしながら，これはより変則的な決定境界をもたらし，データに対して過学習となるリスクがある．

```
> svmfit=svm(y~., data=dat[train,], kernel="radial",gamma=1,
>    cost=1e5)

> plot(svmfit,dat[train,])
```

tune() を用いて交差検証を行い，動径基底関数カーネルを用いた SVM において最適な γ と cost を選択する．

```
> set.seed(1)
> tune.out=tune(svm, y~., data=dat[train,], kernel="radial",
    ranges=list(cost=c(0.1,1,10,100,1000),
    gamma=c(0.5,1,2,3,4)))
> summary(tune.out)
Parameter tuning of 'svm':
- sampling method: 10-fold cross validation
- best parameters:
```

```
  cost gamma
     1     2
- best performance: 0.12
- Detailed performance results:
    cost gamma error dispersion
1  1e-01   0.5  0.27    0.1160
2  1e+00   0.5  0.13    0.0823
3  1e+01   0.5  0.15    0.0707
4  1e+02   0.5  0.17    0.0823
5  1e+03   0.5  0.21    0.0994
6  1e-01   1.0  0.25    0.1354
7  1e+00   1.0  0.13    0.0823
. . .
```

したがって，最適なパラメータは cost=1 と gamma=2 となる．データに対し predict() 関数を適用することによって，このモデルによりテストデータの予測を行うことができる．-train をインデックスとして，データフレーム dat を分割している．

```
> table(true=dat[-train,"y"], pred=predict(tune.out$best.model,
    newdata=dat[-train,]))
```

この SVM によってテストデータの 10% が誤分類されている．

9.6.3 ROC 曲線

ROCR パッケージを使い，図 9.10 や図 9.11 のような ROC 曲線を作成することができる．最初に，各観測値における数値を含むベクトル pred と各観測値におけるクラスのラベルを含むベクトル truth が与えられた下で，ROC 曲線を描く単純な関数を作成する．

```
> library(ROCR)
> rocplot=function(pred, truth, ...){
+   predob = prediction(pred, truth)
+   perf = performance(predob, "tpr", "fpr")
+   plot(perf,...)}
```

SVM とサポートベクター分類器は各観測値のクラスのラベルを出力する．しかしながら，当てはめ値，つまりクラスのラベルを得る際に使われた数値も得ることができる．例えば，サポートベクター分類器の場合，観測値 $X = (X_1, X_2, \ldots, X_p)^T$ における当てはめ値は $\hat{\beta}_0 + \hat{\beta}_1 X_1 + \hat{\beta}_2 X_2 + \cdots + \hat{\beta}_p X_p$ の形式で与えられる．非線形カーネルを用いた SVM における当てはめ値は式 (9.23) で与えられている．本質的には，当てはめ値の符号が決定境界のどちら側に観測値があるかを決定するので，当てはめ値と観測値のクラスの予測の関係は単純である．当てはめ値が 0 より大きくなる場合は観測値は一方のクラスに，0 より小さくなる場合は他方のクラスに割り当てられる．ある SVM のモデルにおいて，当てはめ値を得るためには，svm() を実行する際に decision.values=TRUE を指定する．このオプションにより，predict() 関数

は当てはめ値を出力する.

```
> svmfit.opt=svm(y~., data=dat[train,], kernel="radial",
    gamma=2, cost=1,decision.values=T)
> fitted=attributes(predict(svmfit.opt,dat[train,],decision.
    values=TRUE))$decision.values
```

以下で ROC プロットを得ることができる.

```
> par(mfrow=c(1,2))
> rocplot(fitted,dat[train,"y"],main="Training Data")
```

SVM はクラスを正確に予測しているようである. γ を増加させることによって,より柔軟な当てはめを行うことができ,精度を向上することができる.

```
> svmfit.flex=svm(y~., data=dat[train,], kernel="radial",
    gamma=50, cost=1, decision.values=T)
> fitted=attributes(predict(svmfit.flex,dat[train,],decision.
    values=T))$decision.values
> rocplot(fitted,dat[train,"y"],add=T,col="red")
```

しかしながら,これらの ROC 曲線はすべて訓練データに基づくものである. 本当の関心の対象は,テストデータにおいて予測の精度がどの程度かという点である. テストデータにおいて ROC 曲線を計算するとき,$\gamma = 2$ が最も正確な結果をもたらすようである.

```
> fitted=attributes(predict(svmfit.opt,dat[-train,],decision.
    values=T))$decision.values
> rocplot(fitted,dat[-train,"y"],main="Test Data")
> fitted=attributes(predict(svmfit.flex,dat[-train,],decision.
    values=T))$decision.values
> rocplot(fitted,dat[-train,"y"],add=T,col="red")
```

9.6.4 多クラスの場合における SVM

もし応答変数が 2 個よりも多いクラスを持つ因子であれば,`svm()` 関数は一対一方式によりクラスの分類を行う. ここでは 3 つ目のクラスの観測値を生成した上で分類を試みる.

```
> set.seed(1)
> x=rbind(x, matrix(rnorm(50*2), ncol=2))
> y=c(y, rep(0,50))
> x[y==0,2]=x[y==0,2]+2
> dat=data.frame(x=x, y=as.factor(y))
> par(mfrow=c(1,1))
> plot(x,col=(y+1))
```

ここで,SVM を当てはめる.

```
> svmfit=svm(y~., data=dat, kernel="radial", cost=10, gamma=1)
> plot(svmfit, dat)
```

9.6 実習：サポートベクターマシン   347

もし svm() に入力された応答変数ベクトルが因子ではなく数値であれば，e1071 ライブラリはサポートベクター回帰を行うこともできる．

9.6.5 遺伝子発現データへの応用

ここでは，4 種類の小型円形細胞腫瘍について多くの組織のサンプルをもつ Khan データセットを扱う．各組織のサンプルにおいて，遺伝子発現の観測値が記録されている．データセットは訓練データの xtrain, ytrain, テストデータの xtest, ytest からなる．

ここでデータの次元を求める．

```
> library(ISLR)
> names(Khan)
[1]    "xtrain"  "xtest"   "ytrain"  "ytest"
> dim(Khan$xtrain)
[1]    63 2308
> dim(Khan$xtest)
[1]    25 2308
> length(Khan$ytrain)
[1] 63
> length(Khan$ytest)
[1] 20
```

このデータは 2,308 の遺伝子発現の観測項目からなる．訓練データ，テストデータはそれぞれ 63 個，20 個の観測値で構成される．

```
> table(Khan$ytrain)
 1  2  3  4
 8 23 12 20
> table(Khan$ytest)
1 2 3 4
3 6 6 5
```

サポートベクターのアプローチを用いて，遺伝子発現の観測値からがんの種類を予測する．このデータセットにおいては，観測値の数と比べて特徴変数の数が非常に多い．この場合，多項式あるいは動径基底カーネルによって得られるような柔軟性は必要ないので，線形カーネルを使うべきであろう．

```
> dat=data.frame(x=Khan$xtrain, y=as.factor(Khan$ytrain))
> out=svm(y~., data=dat, kernel="linear",cost=10)
> summary(out)
Call:
svm(formula = y ~ ., data = dat, kernel = "linear",
    cost = 10)
Parameters:
   SVM-Type:  C-classification
 SVM-Kernel:  linear
       cost:  10
      gamma:  0.000433
```

```
Number of Support Vectors:  58
 ( 20 20 11 7 )
Number of Classes:  4
Levels:
 1 2 3 4
> table(out$fitted, dat$y)

     1  2  3  4
  1  8  0  0  0
  2  0 23  0  0
  3  0  0 12  0
  4  0  0  0 20
```

訓練データにおいて誤分類はない．実際，観測値の数と比べて変数の数が多い場合，クラスを完全に分離する超平面を求めることは容易であるから，これは特に驚くべきことではない．興味があるのは訓練データにおけるサポートベクター分類器の性能ではなく，テストデータにおけるサポートベクター分類器の性能である．

```
> dat.te=data.frame(x=Khan$xtest, y=as.factor(Khan$ytest))
> pred.te=predict(out, newdata=dat.te)
> table(pred.te, dat.te$y)

pred.te 1 2 3 4
      1 3 0 0 0
      2 0 6 2 0
      3 0 0 4 0
      4 0 0 0 5
```

`cost=10` を用いると，このデータにおけるテストデータで 2 つが誤分類されたことがわかる．

9.7　演習問題

理　論　編

(1) この問題は 2 次元における超平面に関するものである．
   (a) 超平面 $1 + 3X_1 - X_2 = 0$ を描け．$1 + 3X_1 - X_2 > 0$ となる領域，$1 + 3X_1 - X_2 < 0$ となる領域を示せ．
   (b) 同じ図において，超平面 $-2 + X_1 + 2X_2 = 0$ を描け．$-2 + X_1 + 2X_2 > 0$ の領域，$-2 + X_1 + 2X_2 < 0$ の領域を示せ．

(2) 2 次元において，線形の決定境界は $\beta_0 + \beta_1 X_1 + \beta_2 X_2 = 0$ の形となる．ここでは非線形の決定境界について考える．
   (a) 曲線
   $$(1 + X_1)^2 + (2 - X_2)^2 = 4$$
   を描け．

9.7 演習問題 349

(b) 図において
$$(1 + X_1)^2 + (2 - X_2)^2 > 4$$
の領域と
$$(1 + X_1)^2 + (2 - X_2)^2 \leq 4$$
の領域を示せ.

(c)
$$(1 + X_1)^2 + (2 - X_2)^2 > 4$$
を満たすならば観測値を青色のクラスに割り当て, その他の場合は赤色の
クラスに割り当てる分類器を考える. $(0,0)$, $(-1,1)$, $(2,2)$, $(3,8)$ はど
ちらのクラスに分類されるか.

(d) (c) における決定境界は X_1 と X_2 の線形関数ではなく, X_1, X_1^2, X_2, X_2^2
の線形関数となっていることを示せ.

(3) ここでは, 簡単なデータセットにおいてマージン最大化分類器を考える.

(a) 2 次元 ($p = 2$) の 7 個の観測値 ($n = 7$) が与えられている. 各観測値に
おいて, クラスのラベルが関連付けられている.

観測値	X_1	X_2	Y
1	3	4	赤
2	2	2	赤
3	4	4	赤
4	1	4	赤
5	2	1	青
6	4	3	青
7	4	1	青

観測値を描け.

(b) 最適分離超平面を描き, この超平面の方程式 (式 (9.1) の形) を求めよ.

(c) マージン最大化分類器による判別ルールを述べよ. この判別ルールは
"$\beta_0 + \beta_1 X_1 + \beta_2 X_2 > 0$ ならば赤色のクラスに割り当て, その他の
場合は青色のクラスに割り当てる. "という判別ルールになるはずである.
$\beta_0, \beta_1, \beta_2$ の値を求めよ.

(d) 図において, マージン最大化超平面のマージンを示せ.

(e) マージン最大化分類器のサポートベクターを示せ.

(f) 7 番目の観測値をわずかに動かすことは, マージン最大化超平面に影響を
与えないことを示せ.

(g) 最適分離超平面でない超平面を描き, この超平面の方程式を求めよ.

350   9. サポートベクターマシン

(h) 2つのクラスが超平面によって分離不可能となるように，図上に観測値を
追加せよ．

応 用 編

(4) シミュレーションにより，2次元の2つのクラスのデータセットが明らかに非
線形の境界をもつように 100 個の観測値を生成せよ．訓練データにおいて，(次
数が 1 より大きい) 多項式カーネル，あるいは，動径基底関数カーネルを用いた
サポートベクターマシンが，サポートベクター分類器よりも性能が良いことを
示せ．テストデータにおいて，最もよく機能する方法はどれか．答えを裏付け
るために，散布図を作成し，訓練誤分類率とテスト誤分類率を考察せよ．

(5) 本章では，非線形カーネルを用いた SVM により，非線形の決定境界を用いて
分類できることを確認した．本問では，特徴変数に対し非線形な変換を用いて
ロジスティック回帰を実行することによって，非線形の決定境界を得られるこ
とを確かめる．

(a) 2つのクラス間に2次曲線の決定境界をもつ観測値として $n = 500, p = 2$
のデータセットを生成せよ．例えば，以下によってこれを実行することが
できる．

```
> x1=runif(500)-0.5
> x2=runif(500)-0.5
> y=1*(x1^2-x2^2 > 0.05)
```

(b) クラスのラベルに従って色付けし，観測値をプロットせよ．X_1 を x 軸，
X_2 を y 軸としてプロットを作成せよ．

(c) X_1 と X_2 を予測変数として，データに対しロジスティック回帰モデルを
当てはめよ．

(d) このモデルを訓練データに適用し，クラスのラベルを予測せよ．予測され
たクラスのラベルに従って色付けをし，観測値の散布図を作成せよ．この
決定境界は線形になる．

(e) 予測変数として X_1 と X_2 の非線形関数 (例えば，$X_1^2, X_1 \times X_2, \log(X_2)$
など) を用いたロジスティック回帰モデルをデータに当てはめよ．

(f) このモデルを訓練データに適用し，クラスのラベルを予測せよ．予測され
たクラスのラベルに従って色付けをし，観測値の散布図を作成せよ．決定
境界は明らかに非線形になる．もし非線形にならないようであれば，予測
されたクラスのラベルが明らかに非線形になるまで，(a)～(e) を繰り返し
実行せよ．

(g) X_1 と X_2 を予測変数として，データにサポートベクター分類器を当ては

めよ．各訓練データのクラスを予測せよ．予測されたクラスのラベルに従って色付けをし，観測値の散布図を作成せよ．

(h) データに非線形カーネルを用いた SVM を当てはめよ．各訓練データのクラスを予測をせよ．予測されたクラスのラベルに従って色付けをし，観測値の散布図を作成せよ．

(i) これらの結果に考察を与えよ．

(6) 9.6.1 項の終盤で，かろうじて線形分離可能なデータの場合，少数の訓練データを誤分類する小さな cost の値をもつサポートベクター分類器が，訓練データをまったく誤分類しない非常に大きな cost の値をもつサポートベクター分類器よりも，テストデータにおいてより良い機能をもつと述べた．これについて調べる．

(a) かろうじて線形分離可能なクラスとなるように，$p = 2$ の 2 つのクラスのデータを生成せよ．

(b) さまざまな cost の値で，サポートベクター分類器における交差検証誤分類率を計算せよ．それぞれの cost の値において，いくつの訓練データが誤分類されているか．交差検証誤分類率とこの結果にどのような関係があるか．

(c) 適切なテストデータを生成し，各 cost の値に対するテスト誤分類率を計算せよ．テストデータにおいて，どの cost の値がテストデータにおける誤分類を最も少なくするか．この cost の値は訓練誤分類率を最小にする cost の値，交差検証誤分類率を最小にする cost の値と比べて，どのような値となっているか．

(d) 得られた結果について議論せよ．

(7) この問題においては，Auto データセットに基づいて，自動車が高燃費か低燃費かを予測するために，サポートベクターのアプローチを用いる．

(a) 燃費が中央値よりも大きい自動車が 1，燃費が中央値よりも小さい自動車が 0 をとるような 2 値変数を作成せよ．

(b) データに対しサポートベクター分類器を適用し，cost の値をいろいろ変化させて自動車が高燃費か低燃費かを予測せよ．このパラメータを変化させたときに交差検証誤分類率がどのような値となるかまとめよ．また，結果を考察せよ．

(c) 動径基底関数カーネル，多項式基底カーネルを用いた SVM で異なる gamma, degree, cost の値を用いて (b) を繰り返し実行せよ．また，結果を考察せよ．

(d) (b) や (c) における主張を裏付けるために，いくつかの散布図を作成せよ．

ヒント：本章の実習では svm のオブジェクトに plot() 関数を用いたが，$p = 2$ の場合のみを扱った．$p > 2$ のときは，plot() 関数を使って，一度に各変数の組ごとの散布図を作成することができる．つまり

```
> plot(svmfit, dat)
```

を入力する (ここで，svmfit は当てはめたモデルを含み，dat は今回のデータを含むデータフレームである) 代わりに

```
> plot(svmfit, dat, x1~x4)
```

とすることにより，1 番目と 4 番目の変数のみを使った散布図を作成することができる．もちろん x1 と x4 は正しい変数の名前に置き換えなければならない．詳細は ?plot.svm とするとよい．

(8) この問題は，ISLR パッケージに含まれる OJ データセットに関する問題である．

(a) 800 個の観測値を無作為抽出し，訓練データを作成せよ．残りの観測値をテストデータとせよ．

(b) Purchase を応答変数，他の変数を予測変数，サポートベクター分類器を cost=0.01 として訓練データに適用せよ．summary() 関数を用いて要約を出力せよ．また，得られた結果を説明せよ．

(c) 訓練誤分類率，テスト誤分類率を計算せよ．

(d) tune() 関数を用いて，最適な cost の値を選択せよ．0.01 以上 10 以下の範囲で最適な値を求めよ．

(e) この cost の値を用いて，訓練誤分類率，テスト誤分類率を計算せよ．

(f) 動径基底カーネルによる SVM を用いて，(b) から (e) を実行せよ．gamma はデフォルトを用いよ．

(g) 多項式カーネルによる SVM を用いて，(b) から (e) を実行せよ．degree=2 を指定せよ．

(h) 総じて，このデータにおいて，どのアプローチを用いた場合が最良の結果となるか．

10 教師なし学習
Unsupervised Learning

本書の大部分は，回帰や分類のような教師あり学習法について考えている．一般的に，教師あり学習では n 個の観測対象に対して p 個の特徴 $X_1, X_2, \ldots, X_p$ が測定されている．また，同じ n 個の観測対象について，応答変数 Y が測定されている．このとき，$X_1, X_2, \ldots, X_p$ を用いて Y を予測することが目的となる．

本章は，n 個の観測対象について特徴 $X_1, X_2, \ldots, X_p$ のみを得たという設定における統計的手法，教師なし学習に着目する．関連する応答変数 Y をもたないので，予測には関心がない．むしろ，観測項目 $X_1, X_2, \ldots, X_p$ について，興味深い知見を得ることが目的となる．データを可視化するための有益な方法はあるのか．変数間，あるいは，観測値間にサブグループを見つけることができるのか．教師なし学習とは，これらの疑問に答えるための多様なテクニックを指す．本章では，特に2種類の教師なし学習に着目する．主成分分析とクラスタリングである．主成分分析はデータを可視化する，あるいは，教師あり学習を適用する前にデータを加工するために用いられる．クラスタリングはデータにおいて未知のサブグループを探すための方法の総称である．

10.1 教師なし学習の課題

教師あり学習は，非常に研究が進んだ分野である．実際，本書のこれまでの章を読めば，教師あり学習をよく理解できているはずである．例えば，データセットから2値の出力を予測するよう依頼されたとき，非常に高度な統計的学習法(ロジスティック回帰，線形判別分析，分類木，SVM など) を思いのままに使うことができる．また，得られた結果の精度を評価する方法(交差検証，独立したテストデータにおける検証など) も明確にわかっている．

これに対して，教師なし学習はより多くの困難な点がある．実行に際してより主観的になりがちであり，応答変数の予測のような明確な目的がない．教師なし学習は，よく探索的データ解析の一部として実行される．さらに，教師なし学習の方法から得られた結果を評価することは難しい．なぜならば，交差検証や独立したデータによる検証を行う方法で広く一般に認められているものが存在しないのである．この違いが

生じる理由は単純である．教師あり学習法を使って予測したモデルを当てはめる場合，モデルの当てはめに用いていない観測値において，このモデルが応答変数 Y をどの程度正確に予測できているかを確かめることが可能である．しかしながら，教師なし学習ではその結果を検証する術がない．なぜなら正しい答えがわからない，つまり教師なしだからである．

教師なし学習の方法は，非常に多くの研究分野で重要性を増している．あるがん研究者が 100 人の乳がん患者の遺伝子発現レベルを評価しているとしよう．この研究者は，病気をより理解するために，乳がんの標本あるいは遺伝子において，グループ分けができるかどうかを知りたいであろう．オンラインショッピングサイトでは，閲覧や購入の履歴が類似した購入者のグループを特定したり，ある特定の購入者グループが興味を持つと思われる商品を見つけたいであろう．そうすれば，それぞれの顧客に，同じグループに属する他の顧客の購入履歴に基づいて，優先的に特に関心をもちそうな商品を表示することができるかもしれない．検索エンジンは，類似した検索のパターンをもつ他のユーザの閲覧履歴に基づいて，ユーザにどのような検索結果を見せるかを選択するであろう．例を挙げればきりがないが，以上のような統計的学習は教師なし学習のテクニックによって実行することができる．

10.2　主成分分析

主成分については，6.3.1 項の主成分回帰において議論されている．多くの変数間に相関がある場合，主成分は，元の変数をその大部分のばらつきを説明する少数の変数でまとめることができる．主成分の向きは 6.3.1 項にあるように，特徴空間における元のデータのばらつきが大きくなる方向である．これらの向きはまた，データにできる限り近接するような軸および部分空間を定義する．主成分回帰を実行するには，元々ある多くの変数の代わりに，単に主成分を回帰モデルの予測変数として用いる．

主成分分析 (PCA: principal components analysis) とは，主成分を計算する過程とその後データを理解するためにこれらの主成分を利用することを指す．主成分分析は，特徴 $X_1, X_2, \ldots, X_p$ のみをもち，対応する応答変数 Y をもたないので，教師なしのアプローチである．主成分分析は教師あり学習の問題で使用する新たな変数を導出する他，データ (観測値あるいは変数) の可視化のツールとしても用いられる．ここでは，主成分分析についてより詳細に議論するが，本章のトピックに沿うよう教師なしデータの探索ツールとしての主成分分析の使用に焦点を絞る．

10.2.1　主成分とは何か

探索的データ解析として，p 個の特徴 $X_1, X_2, \ldots, X_p$ に関する n 個の観測値を可

視化したいとする．特徴変数のうち2つについて n 個の観測値のデータの散布図を作成することによってこれを行うことができる．しかしながら，そのような散布図は $\binom{p}{2} = p(p-1)/2$ 個ある．例えば，$p = 10$ であれば，45 個の散布図がある．p が大きければ，それらのすべてを見ることは不可能となるであろう．さらに，各散布図はデータセットにおいて全情報のごく一部だけを表しているので，そのうちのほとんどは役に立たないであろう．明らかに p が大きい状況で，n 個の観測値を可視化するためのより良い方法が必要である．特に，できる限り多くの情報を捉えたデータを低次元で表したい．例えば，ほとんどの情報を2次元データで捉えることができれば，この低次元の空間上に観測値をプロットすることができる．

主成分分析はまさにこれを行うツールである．変動を可能な限り多く含むようにしてデータセットを低次元で表すものである．考え方としては，n 個の各観測値は p 次元空間上に存在しているが，これらすべての次元が同じように興味深いわけではないということである．主成分分析は，可能な限り興味深い少数の次元を探す．ここで興味深いとは，各次元において観測値のばらつきが大きいことを指す．主成分分析が新たに構成する各次元は，p 個の特徴の線形結合である．ここでは，これらの次元，すなわち主成分をどのようにして構成するかを説明する．

特徴変数 $X_1, X_2, \ldots, X_p$ の第1主成分は，標準化した特徴の線形結合

$$Z_1 = \phi_{11} X_1 + \phi_{21} X_2 + \cdots + \phi_{p1} X_p \tag{10.1}$$

のうち分散を最大化するものである．標準化とは，$\sum_{j=1}^{p} \phi_{j1}^2 = 1$ を意味する．$\phi_{11}, \ldots, \phi_{p1}$ を第1主成分の重みという．また，重みは主成分の係数ベクトル $\phi_1 = (\phi_{11} \ \phi_{21} \ \ldots \ \phi_{p1})^T$ をなす．制約がなければ，これらの成分の絶対値を任意に大きくとれば分散も任意に大きくすることができてしまうため，重みに対してはその2乗和が1になるように制約する．

$n \times p$ のデータセット $\mathbf{X}$ を与えた下で，どのようにして第1主成分を計算するのであろうか．分散にのみ興味があるので，$\mathbf{X}$ の各変数を平均0に中心化していることを仮定して良い（すなわち，$\mathbf{X}$ の列平均は0である）．このとき，$\sum_{j=1}^{p} \phi_{j1}^2 = 1$ の制約下で，標本分散が最大となる標本の特徴の線形結合

$$z_{i1} = \phi_{11} x_{i1} + \phi_{21} x_{i2} + \cdots + \phi_{p1} x_{ip} \tag{10.2}$$

を求める．言い換えれば，第1主成分の係数ベクトルは，最適化問題

$$\underset{\phi_{11}, \ldots, \phi_{p1}}{\text{maximize}} \left\{ \frac{1}{n} \sum_{i=1}^{n} \left(\sum_{j=1}^{p} \phi_{j1} x_{ij} \right)^2 \right\} \text{ subject to } \sum_{j=1}^{p} \phi_{j1}^2 = 1 \tag{10.3}$$

の解である．式 (10.2) より，最適化問題 (10.3) の目的関数は $\frac{1}{n} \sum_{i=1}^{n} z_{i1}^2$ と書ける．$\frac{1}{n} \sum_{i=1}^{n} x_{ij} = 0$ より，$z_{11}, \ldots, z_{n1}$ の平均もまた0である．したがって，最適化問

題 (10.3) で最大化する目的関数の値は n 個の z_{i1} の標本分散である．$z_{11}, \ldots, z_{n1}$ を第 1 主成分スコアと呼ぶ．最適化問題 (10.3) は，線形代数の標準的なテクニックである固有値分解によって解くことができるが，その詳細については本書が扱う範囲外である．

第 1 主成分は，幾何学的にうまく解釈することができる．$\phi_{11}, \phi_{21}, \ldots, \phi_{p1}$ を成分にもつ重みのベクトル ϕ_1 は，特徴空間でデータが最もばらつく方向を表している．n 個の観測点 $x_1, \ldots, x_n$ をこの方向に射影すると，その値は観測値の主成分スコア $z_{11}, \ldots, z_{n1}$ となる．例えば，p.216 の図 6.14 では広告データの第 1 主成分の係数ベクトル (緑色の実線) を表している．これらのデータにおいては特徴は 2 つだけであり，観測値も第 1 主成分の係数ベクトルも容易に表すことができる．式 (6.19) に示されている通り，このデータセットにおいては $\phi_{11} = 0.839$, $\phi_{21} = 0.544$ である．

特徴変数の第 1 主成分 Z_1 が定まれば，次に第 2 主成分 Z_2 を求めることができる．第 2 主成分は，Z_1 と無相関なすべての線形結合の中で分散が最大となるような $X_1, \ldots, X_p$ の線形結合である．第 2 主成分スコア $z_{12}, z_{22}, \ldots, z_{n2}$ は

$$z_{i2} = \phi_{12}x_{i1} + \phi_{22}x_{i2} + \cdots + \phi_{p2}x_{ip} \tag{10.4}$$

の形となる．ここで ϕ_2 は $\phi_{12}, \phi_{22}, \ldots, \phi_{p2}$ を成分にもつ第 2 主成分の係数ベクトルである．Z_1 と無相関となるように Z_2 に制約を設けることは，ϕ_1 の方向と直交する (垂直である) ように ϕ_2 の方向を制約することと同値である．図 6.14 の例では，観測値が ($p = 2$ であるから) 2 次元空間にあるので，ϕ_1 が見つかれば ϕ_2 も決まり，これが青の点線で示されている (6.3.1 項より，$\phi_{12} = 0.544$, $\phi_{22} = -0.839$ であることがわかっている)．しかし，$p > 2$ のより大きなデータセットでは，複数の異なる主成分があり，それらは同様に定義される．ϕ_2 を求めるには，最適化問題 (10.3) において ϕ_1 を ϕ_2 に置き換え，ϕ_2 が ϕ_1 と直交するという制約を追加して同様の問題を解けばよい[1]．

一度主成分を計算すると，これらをプロットすることによりデータを低次元で見ることができる．例えば，スコアベクトル Z_1 と Z_2, Z_1 と Z_3, Z_2 と Z_3 などをプロットすることができる．幾何学的には，これは元々のデータを ϕ_1, ϕ_2, ϕ_3 によって張られる空間に射影し，その点をプロットしていることに相当する．

USArrests データセットにおいて主成分分析がどのように利用できるかを示す．このデータセットは，アメリカの 50 の各州における 3 種の犯罪 Assault, Murder, Rape について，居住者 100,000 人あたりの逮捕者数を記録している．また，UrbanPop(各

---

[1] 理論的には，主成分の方向ベクトル ϕ_1, ϕ_2, ϕ_3, $\ldots$ は行列 $\mathbf{X}^T\mathbf{X}$ の固有ベクトルを固有値の大きい順に並べたものであり，主成分の分散は固有値となる．主成分は最大で $\min(n-1, p)$ 個である．

10.2 主成分分析

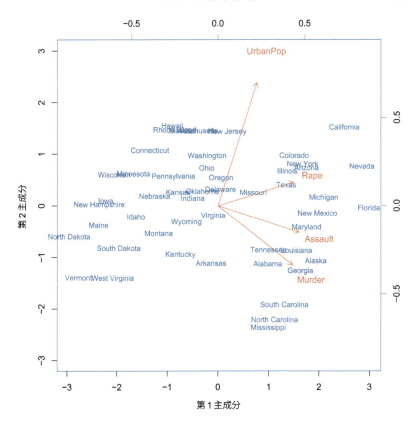

図 10.1 USArrests データにおける第 1 主成分と第 2 主成分. 青色の州の名前は, 第 1 主成分と第 2 主成分のスコアを表す. オレンジ色の矢印は, 第 1 主成分と第 2 主成分の係数ベクトルである (上と右にその軸をとっている). 例えば, 第 1 主成分の Rape の重みは 0.54, 第 2 主成分の Rape の重みは 0.17 である (Rape の見出しの中心は (0.54, 0.17) である). この図は主成分スコアとその重みを表しているので, バイプロットと呼ばれる.

州で都市部に住んでいる人の比率) も記録している. 主成分スコアベクトルの長さは $n = 50$, 主成分の係数ベクトルの長さは $p = 4$ である. 各変数を平均 0, 標準偏差 1 に標準化した後に, 主成分分析を実行した. 図 10.1 では, これらのデータの第 1 主成分, 第 2 主成分をプロットしている. この図は 2 つの主成分スコアと係数ベクトルの両方が 1 つのバイプロットに示されている. 重みも表 10.1 に与えられている.

図 10.1 において, 第 1 主成分の係数ベクトルは, Assault, Murder, Rape にほぼ同じ重みをもたせており, UrbanPop の重みはそれらより非常に小さい. このように見ると, この主成分が概して全体的な重大犯罪比率を測るものに対応していることが

358 10. 教師なし学習

表 10.1 USArrests データにおける主成分の係数ベクトル ϕ_1, ϕ_2. これらは図 10.1 に
も示されている.

	第 1 主成分	第 2 主成分
Murder	0.5358995	−0.4181809
Assault	0.5831836	−0.1879856
UrbanPop	0.2781909	0.8728062
Rape	0.5434321	0.1673186

わかる. 第 2 主成分は UrbanPop の重みが最も大きく, 他の 3 つの特徴変数の重みは
より小さくなっている. このように, この主成分は概してそれぞれの州の都市化の度
合いに対応している. 総じて, 犯罪に関する変数 (Murder, Assault, Rape) は互いに
近くに位置しており, UrbanPop は他の 3 つから遠くにある. これは重大犯罪の変数
が互いに相関をもつことを示している. 殺人の比率が高い州は暴行や強姦の比率も高
くなる傾向にあり, 変数 UrbanPop は他の 3 つの変数との相関が小さい.

図 10.1 に示されている 2 つの主成分スコアベクトルによって, 各州の違いをみる
ことができる. 係数ベクトルに関する考察により, カリフォルニア, ネバダ, フロリ
ダのような第 1 主成分スコアが正の大きな値になっている州は犯罪率が高いことがわ
かる. 一方, ノースダコタのように第 1 主成分スコアが負の値をもつ州は犯罪率が低
いことがわかる. カリフォルニアは第 2 主成分も高いスコアとなっており, 都市化が
進んでいることを示している. ミシシッピのような州ではその逆である. インディア
ナのように, 両方の主成分において 0 に近い州は, 犯罪率と都市化の度合いについて
ほぼ平均的な水準であることを示す.

10.2.2 主成分についての別の解釈

シミュレーションによって得られた 3 次元データセットにおける第 1 主成分の係数
ベクトル, 第 2 主成分の係数ベクトルが図 10.2 の左に示されている. これらの 2 つ
の係数ベクトルは, 観測値が最も大きな分散をもつ向きに沿って平面をなしている.

前項では, 主成分の係数ベクトルはデータが最もばらつく特徴空間内の方向であり,
主成分スコアはこれらの方向の軸に沿って射影したものであることを説明した. しか
しながら, 主成分についてはもう一つ別の便利な解釈がある. 主成分は観測値に最も
近い低次元の平面をなすのである. ここでは, この解釈について議論を進めていく.

第 1 主成分の係数ベクトルは, 非常に特別な性質をもっている. それは (近さの尺
度として平均 2 乗ユークリッド距離を用いた場合) p 次元空間において n 個の観測値
に最も近い直線ということである. この解釈は図 6.15 の左においてもみられる. 点線
は各観測値と第 1 主成分の係数ベクトルの距離である. この解釈が望ましいのは明白
である. すべての観測値に可能な限り近くなるような 1 次元の方向を求めれば, その
直線はデータをよく要約しているであろう.

10.2 主成分分析

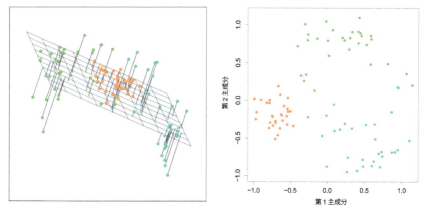

図 10.2 シミュレーションで作成した 3 次元の 90 個の観測値. 左: 第 1 主成分と第 2 主成分の向きは, データに最も当てはまる平面をなす. この平面は, 各観測点から平面までの 2 乗距離の和を最小化している. 右: 第 1 主成分スコアベクトルと第 2 主成分スコアベクトルは, 90 個の観測値をその平面に射影した座標である. 平面上の分散は最大化されている.

主成分は n 個の観測値に最も近い低次元空間であるという概念は, 第 1 主成分に限られたものではない. 例えば, データセットの第 1 主成分と第 2 主成分は, 平均 2 乗ユークリッド距離の意味で n 個の観測値に最も近い平面をなす. その例は図 10.2 の左に示されている. データセットの第 1 主成分, 第 2 主成分, 第 3 主成分は, n 個の観測値に最も近い 3 次元超平面をなす. それ以降も同様である.

この解釈を用いて, 第 1 主成分スコアから第 M 主成分スコアのベクトルと, 第 1 主成分から第 M 主成分の係数ベクトルはともに (ユークリッド距離の意味で) 第 i 観測値 x_{ij} に対する最良の M 次元の近似を与える. (元のデータ行列 $\mathbf{X}$ が列に関して中心化されている仮定の下で) これは

$$x_{ij} \approx \sum_{m=1}^{M} z_{im} \phi_{jm} \tag{10.5}$$

と書くことができる. 言い換えれば, M 個の主成分スコアベクトルと M 個の主成分係数ベクトルは, M が十分大きければデータに対する良い近似を与えることができる. $M = \min(n-1, p)$ であれば, 正確に $x_{ij} = \sum_{m=1}^{M} z_{im} \phi_{jm}$ が成り立つ.

10.2.3 主成分分析に関する補足
変数のスケールの調整
主成分分析を実行する前に各変数は平均が 0 になるように中心化されるべきであることについては, これまで言及している. また, 主成分分析を行ったときに得られる

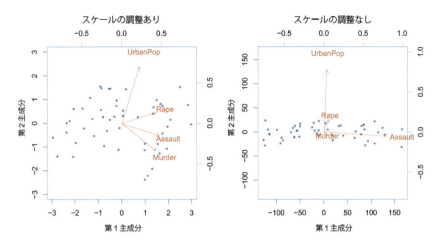

図 10.3 USArrests データにおける 2 つの主成分のバイプロット．左：図 10.1 と同じ．標準偏差が 1 になるようにスケールを調整している．右：スケールを調整していないデータを用いた主成分．Assault は 4 つの変数のうち最も大きい分散をもつので，第 1 主成分の重みは他の変数よりもはるかに大きい．一般的に，標準偏差を 1 にするスケールの調整が推奨される．

結果は，各々の変数のスケールが (異なる定数を各々に掛けることにより) 調整されているか否かに依存する．これは，線形回帰のような変数のスケールの調整に影響を受けない他の教師あり，あるいは教師なしの統計的学習法と対照的である (線形回帰では，変数を c 倍すると，単純にその変数に対応する係数の推定値は $1/c$ 倍したものになる．したがって，得られたモデルに本質的な影響を与えない)．

例えば，図 10.1 は各変数の標準偏差が 1 となるようなスケールの調整を行った上で得られている．これと同じものを図 10.3 の左に示す．なぜ，変数のスケールの調整を行うことが重要なのであろうか．これらのデータにおいて，変数は異なる単位で測定されている．Murder, Rape, Assault は，100,000 人あたりに起こる事件数として記録されている．UrbanPop は州における都市部に住んでいる人の割合である．これらの 4 つの変数は，それぞれ分散が 18.97, 87.73, 6945.16, 209.5 である．その結果，スケールを調整していない変数に主成分分析を実行すると，Assault の分散が非常に大きいために，第 1 主成分の係数ベクトルは Assault にとても大きい重みをもつことになる．図 10.3 の右は標準偏差が 1 になるようなスケールの調整をしなかった場合の USArrests データセットの第 1 主成分と第 2 主成分を示している．予想通り，第 1 主成分の係数ベクトルはほとんどの重みが Assault に付されている．また第 2 主成分の係数ベクトルのほとんどの重みが UrpanPop に付されている．これを左と比較すると，実際，スケールの調整は結果に対して重要な影響を及ぼすことがわかる．

これは単に変数を測定する際のスケールの違いによる結果である．例えば，`Assault`が 100,000 人あたりに起こった件数ではなく，100 人あたり起こった件数で測定されたものであれば，これはその変数における全データを 1,000 で割ったものとなる．そのとき，その変数の分散は小さくなり，第 1 主成分におけるその変数の重みは小さい値となるであろう．得られた主成分がスケールの選択に依存することは望ましくないので，一般的に，主成分分析を行う前に各変数のスケールを標準化する．

しかしながら，解析対象とする変数は同じ単位で測定されていることもあるかもしれない．この場合，主成分分析を行う前に変数を標準化することは望ましくない．例えば，得られたデータセットの変数が p 個の遺伝子における発現レベルに対応しているものとしよう．このとき，発現は各遺伝子において同じ単位で得られているため，遺伝子の変数それぞれに対し標準化を行わない．

主成分の一意性

各主成分の係数ベクトルは符号を除いて一意性をもつ．これは 2 つの異なるソフトウェアパッケージを使った場合，主成分の係数ベクトルの符号は反対になっているかもしれないが，主成分の係数としては同じ値を与えるということを意味している．符号が異なってもよいのは，各主成分の係数ベクトルは p 次元空間における方向を特定しており，符号が反転することはその方向に影響しないからである (図 6.14 を考察せよ．主成分の係数ベクトルは各々の方向の直線であり，その符号の反転は結果に影響を与えない)．同様に，Z の分散が $-Z$ の分散と等しくなることから，主成分スコアベクトルも符号を除いて一意性をもつ．式 (10.5) を用いて x_{ij} を近似する際に z_{im} に ϕ_{jm} を乗じていることに注意したい．係数ベクトルやスコアベクトルの両方において符号が反転していたとしても，最終的にこの 2 つの積は変わらない．

寄与率

図 10.2 の左において，3 次元データに対し主成分分析を行った．また，データを 2 次元で眺めるために，第 1 主成分の係数ベクトルと第 2 主成分の係数ベクトル上にデータを射影した (主成分スコアベクトル，同図右)．これを見ると，3 次元データを 2 次元で表現したものが，データにおける主要な傾向を十分にとらえていることがわかる．3 次元空間上で近接しているオレンジ，緑，シアンの観測値は，2 次元の表現においても近接している．同様に，`USArrests` データにおいて，第 1 主成分と第 2 主成分のスコアベクトルと係数ベクトルのみを用いて，50 個の観測値と 4 変数を要約することができる．

ここで素朴な疑問が生じる．いくつかの主成分上に観測値を射影することによって，データセットの情報はどの程度失われているのであろうか．すなわち，データの分散のうちどの程度が最初のいくつかの主成分に含まれないのであろうか．より一般的には，各主成分の寄与率を知ることに関心がある．(平均を 0 に中心化した変数を仮定す

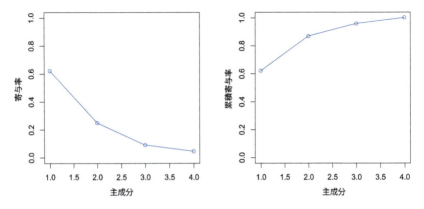

図 10.4　左：USArrests データにおける 4 個の各主成分の寄与率を表す固有値プロット．右：USArrests データにおける 4 個の主成分の累積寄与率．

ると) データセットにおける分散の総和は

$$\sum_{j=1}^{p} \mathrm{Var}(X_j) = \sum_{j=1}^{p} \frac{1}{n} \sum_{i=1}^{n} x_{ij}^2 \tag{10.6}$$

と定義され，第 m 主成分によって説明される分散は

$$\frac{1}{n} \sum_{i=1}^{n} z_{im}^2 = \frac{1}{n} \sum_{i=1}^{n} \left(\sum_{j=1}^{p} \phi_{jm} x_{ij} \right)^2 \tag{10.7}$$

となる．したがって，第 m 主成分の寄与率は

$$\frac{\sum_{i=1}^{n} \left(\sum_{j=1}^{p} \phi_{jm} x_{ij} \right)^2}{\sum_{j=1}^{p} \sum_{i=1}^{n} x_{ij}^2} \tag{10.8}$$

で得られる．各主成分の寄与率は正の値である．第 M 主成分までの累積寄与率を計算するためには，式 (10.8) の各寄与率を単純に第 M 主成分まで足せばよい．全部で $\min(n-1, p)$ 個の主成分があり，寄与率の総和は 1 である．

USArrests データにおいて，第 1 主成分はデータの分散の 62.0%を説明しており，第 2 主成分は分散の 24.7%を説明している．第 1 主成分と第 2 主成分の両方で，データの分散の約 87%を説明している．また，残りの 2 つの主成分は分散の 13%のみ説明している．これは図 10.1 が 2 次元のみを用いることで，データを非常に正確に要約していることを意味する．各主成分の寄与率及び累積寄与率は図 10.4 に示されている．左は固有値プロットと呼ばれ，次にこれを議論する．

採用する主成分の個数の決定

一般的に，$n \times p$ のデータ行列 $\mathbf{X}$ は，$\min(n-1, p)$ 個の異なる主成分をもつ．し

かしながら，通常，それらのすべてに関心があるわけではない．むしろ，そのうちの少数の主成分のみを使用してデータを可視化，あるいは解釈したいのである．実際には，データをよく理解するために必要最小限の主成分を用いたいものである．主成分はいくつ必要であろうか．残念ながら，この問題に対する一意な (そして単純な) 解は存在しない．

一般的に，図 10.4 の左に示すような固有値プロットを観察することによって，データを可視化するのに必要な主成分の個数を決める．データの変動の多くを説明するのに必要な最小個数の主成分を選ぶ．これは固有値プロットを目で実際に確認し，各主成分の寄与率が下落している点を探すことによって行う．この点はよく固有値プロットのひじと呼ばれる．例えば，図 10.4 を観察すれば，第 2 主成分までで総分散は十分に説明されており，第 2 主成分の後にひじがあると判断するかもしれない．結局，第 3 主成分はデータの分散の 10%も説明しておらず，第 4 主成分はその半分にも満たないので実質的な価値はない．

しかしながら，このような視覚による分析は場当たり的な方法である．残念ながら，何個の主成分で十分であるかを決める際に広く用いられる客観的な方法は存在しない．実際に，何個の主成分で十分であるかという問題はその性質上うまく定義することができない．また，この問題は主成分分析を応用する分野やデータセットに依存する．実用上は，データの興味深いパターンを見つけるために，まずはごく少数の主成分を観察してみることが多い．最初の少数の主成分で興味深い傾向が見られないのであれば，それ以降の主成分は関心の対象とはなりにくい．反対に，少数の主成分が興味深いものであれば，通常は新たな興味深いパターンがなくなるまで，それ以降の主成分を観察し続けるものである．これは明らかに主観的なアプローチであり，主成分分析が一般的に探索的データ解析の方法として用いられる事実を反映している．

一方で，6.3.1 項で示した主成分回帰のように，教師ありの分析において主成分を計算するときは，主成分をいくつ採用するかを定める単純かつ客観的な方法が存在する．回帰において用いられる主成分スコアベクトルの数は，チューニングパラメータのように交差検証やそれに関連するアプローチによって選択すればよい．教師ありの分析において採用する主成分の個数の選択法が比較的単純であることは，教師ありの分析の方が教師なしの分析よりも明確に定義されており，より客観的に評価を行えることの現れである．

10.2.4　主成分分析の他の応用例

6.3.1 項において，主成分スコアベクトルを特徴として回帰が実行可能であることを学んでいる．実際，回帰や分類，クラスタリングのような多くの統計的手法は，$n \times p$ のデータ行列全体を用いる代わりに，各列が $M \ll p$ 番目の主成分スコアベクトルで

ある $n \times M$ 行列を用いて行うことができる．これによりノイズが少ない結果をもたらすであろう．データセットの (ノイズではなく) シグナルは最初の少数の主成分に集中している場合が多いからである．

10.3　クラスタリング法

クラスタリングとはデータセットにおいてサブグループ，またはクラスターを探すための方法全般を指す．データセットの観測値をクラスタリングする際，各グループ内の観測値が互いに類似するように，また異なるグループに属する観測値は極めて異なるような観測値のグループ分割を探す．もちろん，これを具体的に行うには 2 個あるいはそれ以上の個数の観測値の類似性や非類似性を定義しなければならない．これらは扱うデータに関する知識に基づいた分野特有の判断となる場合が多い．

例えば，p 個の特徴をもつ n 個の観測値の集合があるとする．n 個の観測値は乳がん患者の組織のサンプルに対応しており，p 個の特徴は各組織のサンプルの測定値に対応している．これらは腫瘍のステージやクラスのような臨床医学的な測定値あるいは遺伝子発現に関する測定値であるかもしれない．n 個の組織のサンプル間で何かしら異質性があると信じるに足る理由があるかもしれない．例えば，乳がんには未だ知られていない亜種があるかもしれない．クラスタリングはこれらのサブグループを見つけることができる．これは教師なしの問題である．なぜならここではデータセットに基づいた構造，つまり，この場合は異なるクラスターを見つけようとしているからである．一方で，教師ありで扱われる問題は例えば生存時間や薬の投与に対する反応のような出力のベクトルを予測することである．

クラスタリングも主成分分析も，要約によってデータを単純化することを試みる．しかし，それらのメカニズムは異なるものである．

- 主成分分析は，分散を多く説明するように観測値を低次元で表現する．
- クラスタリングは，観測値の中で同類のものを見つけ，グループを作ろうとする．

クラスタリングのもう 1 つの応用例は，マーケティングにおいてみられる．我々は多くの人々について多種の観測値を持っているとする (例えば，中間世帯収入，職業，最も近い都市からの距離など)．ここでの目的は，ある広告により強く反応する人々のグループ，ある商品を購入する傾向がより強い人々のグループを特定し，市場をセグメント化することである．市場のセグメント化を行うことは，データセットにおいて人々をクラスタリングすることに相当する．

クラスタリングは多くの領域で使われているため，クラスタリングの方法は非常に多い．本節では，最も知られている 2 つのクラスタリングのアプローチに焦点を当てる．それは K 平均クラスタリングと階層的クラスタリングである．K 平均クラスタ

リングでは，観測値をあらかじめ定めた数のクラスターに分類する．一方，階層的クラスタリングでは，あらかじめいくつのクラスターに分けるかについて定めない．実際，デンドログラムと呼ばれる木のような図で観測値を表現し，クラスター数 1 個から n 個までのクラスタリングを一度に見ることができる．これらのクラスタリングの各アプローチには利点と欠点があり，本章でそれらを論じる．

一般には，特徴に基づいて観測値をクラスタリングし，観測値間をグループ分けすることもできるし，観測値に基づいて特徴をクラスタリングし，特徴をグループ分けすることもできる．以下においては，議論を簡単にするため，特徴に基づいて観測値をクラスタリングすることについて論じる．特徴のクラスタリングはデータ行列を転置することにより実行することができる．

10.3.1　K 平均クラスタリング

K 平均クラスタリングは，データセットを K 個の互いに疎なクラスターに分類するための単純かつ巧妙なアプローチである．K 平均クラスタリングを実行するために，まず初めにクラスターの数 K を指定する．その後 K 平均法のアルゴリズムが，各観測値を K 個のクラスターのうちただ 1 つに割り当てる．図 10.5 は，2 次元の 150 個の観測値のシミュレーションデータ例において，3 つの異なる K により K 平均クラスタリングを実行した結果を示している．

K 平均クラスタリングは，単純かつ直観的な数学の問題を解くことによって得られ

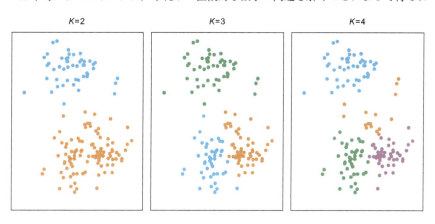

図 10.5　2 次元空間における 150 個のシミュレーションデータセット．図は異なるクラスター数 K の値で K 平均クラスタリングを適用した結果である．各観測値の色は，K 平均クラスタリングのアルゴリズムによって割り当てられたクラスターを示している．クラスターには順序付けはなく，色は適当に割り当てられる．これらのクラスターのラベルはクラスタリングを行う上で用いられていない．これらはクラスタリングの出力結果が与えるものである．

る．まず記号をいくつか定義する．$C_1, \ldots, C_K$ を各クラスターにおける観測値のインデックスの集合とする．これらは以下の 2 つの特性を満たす．

(1) $C_1 \cup C_2 \cup \cdots \cup C_K = \{1, \ldots, n\}$. つまり，各観測値は K 個のクラスターの少なくとも 1 つに属する．

(2) すべての $k \neq k'$ に対し，$C_k \cap C_{k'} = \emptyset$. つまりクラスターは重複しない．どの観測値も 2 つ以上のクラスターに属することはない．

例えば，i 番目の観測値が k 番目のクラスターに属するとき，$i \in C_k$ となる．K 平均クラスタリングの背景にある考え方は，良いクラスタリングとはクラスター内変動ができる限り小さくなるようなクラスタリングであるということである．クラスター C_k におけるクラスター内変動 $W(C_k)$ は，クラスター内の観測値が互いにどれだけ異なるかを表す量である．したがって

$$\underset{C_1, \ldots, C_K}{\text{minimize}} \left\{ \sum_{k=1}^{K} W(C_k) \right\} \tag{10.9}$$

を解くことになる．これは K 個のすべてのクラスターにおいて足し上げられた総クラスター内変動ができる限り小さくなるように K 個のクラスターに観測値を分割する．

最適化問題 (10.9) を解くことは，理にかなった考えのように思われる．しかし，実際にこの問題を解く前にクラスター内変動を定義する必要がある．これを定義する方法は多く考えられるが，他とは比べ物にならないくらい広く使われるものがユークリッド 2 乗距離である．これは

$$W(C_k) = \frac{1}{|C_k|} \sum_{i, i' \in C_k} \sum_{j=1}^{p} (x_{ij} - x_{i'j})^2 \tag{10.10}$$

で定義される．ここで $|C_k|$ は k 番目のクラスター内の観測値数を表す．言い換えれば，k 番目のクラスターにおけるクラスター内変動は，k 番目のクラスター内の観測値間のすべての組み合わせにおけるユークリッド 2 乗距離の和を k 番目のクラスターの総観測値数で割ったものである．最適化問題 (10.9) と式 (10.10) によって，K 平均クラスタリングを定義する最適化問題

$$\underset{C_1, \ldots, C_K}{\text{minimize}} \left\{ \sum_{k=1}^{K} \frac{1}{|C_k|} \sum_{i, i' \in C_k} \sum_{j=1}^{p} (x_{ij} - x_{i'j})^2 \right\} \tag{10.11}$$

を得る．

ここで，最適化問題 (10.11) を解くためのアルゴリズムを見つけたい．すなわち，最適化問題 (10.11) の目的関数を最小化するように K 個のクラスターに観測値を分割する方法である．n 個の観測値を K 個のクラスターに分割する方法は約 K^n 通りあるため，実際，これは正確に解くことが非常に困難な問題である．K と n が非常に小

さくない限り，これは莫大な数となる．幸いにも，局所的最適解を得られる非常に単
純なアルゴリズムがあり，これは，K 平均法を行う最適化問題 (10.11) に対する非常
に良い解となる．このアプローチをアルゴリズム 10.1 に示す．

アルゴリズム 10.1 K 平均クラスタリング

Step 1 　1 から K の範囲の乱数を各観測値に割り当てる．これらが観測値の初期クラスターを表す．
Step 2 　クラスターの割り当てが変動しなくなるまで，以下を繰り返す．
　　　　(a) K 個の各クラスターにおいて，クラスターの重心を計算する．k 番目のクラスターの重
　　　　　　心は，k 番目のクラスターの観測値における p 個の特徴変数の平均ベクトルである．
　　　　(b) 各観測値を重心が最も近いクラスターに割り当てる (近さはユークリッド距離を用いて
　　　　　　定義する)．

アルゴリズム 10.1 は各段階において最適化問題 (10.11) の目的関数値の単調減少性
を保証している．その理由を理解するには，以下の恒等式

$$\frac{1}{|C_k|} \sum_{i,i' \in C_k} \sum_{j=1}^{p} (x_{ij} - x_{i'j})^2 = 2 \sum_{i \in C_k} \sum_{j=1}^{p} (x_{ij} - \bar{x}_{kj})^2 \tag{10.12}$$

が有用である．ここで，$\bar{x}_{kj} = \frac{1}{|C_k|} \sum_{i \in C_k} x_{ij}$ はクラスター C_k における特徴 j の平
均である．Step 2(a) では，各特徴におけるクラスターの平均は偏差平方和を最小化
する定数となる．Step 2(b) では，観測値の再割り当てが式 (10.12) を改良する．こ
れは，アルゴリズムが実行されると結果が変化しなくなるまでクラスタリングを改良
し続けることを意味する．つまり，最適化問題 (10.11) の目的関数は決して増加する
ことはない．結果が変化しなくなったとき，局所的最適解が得られる．図 10.6 は図
10.5 のデータ例におけるアルゴリズムの進行の様子を示している．K 平均クラスタリ
ングという名前は，Step 2(a) においてクラスターの重心が各クラスターに割り当て
られた観測値の平均として計算されることに由来している．

K 平均クラスタリングのアルゴリズムは，大域的最適解ではなく局所的最適解を求
めるので，結果はアルゴリズム 10.1 の Step 1 における各観測値の (ランダムに与え
られる) 初期クラスターに依存する．この理由により，異なる初期設定から複数回ア
ルゴリズムを実行することが重要である．そしてそのうちの最適解，つまり最適化問
題 (10.11) の目的関数が最小となる解を選ぶ．図 10.7 は，図 10.5 のデータに異なる
6 組の初期クラスターの割り当てを用い，それぞれ K 平均クラスタリングを実行する
ことによって得られた局所的最適解である．この場合，最適なクラスタリングは目的
関数の値が 235.8 となるクラスタリングである．

上記の通り，K 平均クラスタリングを実行するには，データをいくつのクラスター
に分けるかを決めなければならない．K の選択は単純な問題ではない．この問題と，
K 平均クラスタリングを実行する上でその他に考慮すべきことは 10.3.3 項で扱う．

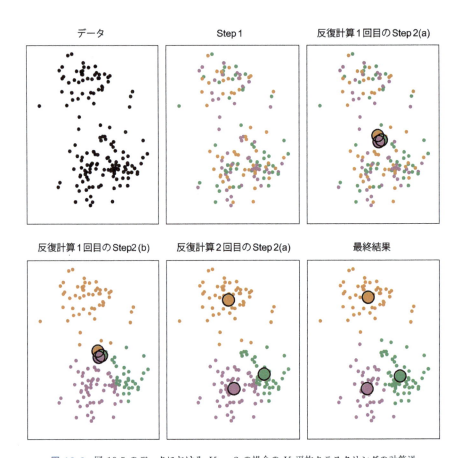

図 10.6 図 10.5 のデータにおける $K = 3$ の場合の K 平均クラスタリングの計算過程．**上段左**：観測値．**上段中央**：アルゴリズムの Step 1 で，各観測値がランダムにクラスターに割り当てられている．**上段右**：Step 2(a) において，クラスターの重心が計算されている．これらは，色付けされた大きな円で表されている．初期のクラスターはランダムに割り当てられているため，初めのうちは重心はほぼ完全に重複している．**下段左**：Step 2(b) では，各観測値が最も近い重心に割り当てられている．**下段中央**：Step 2(a) が再度実行され，クラスターの重心が更新される．**下段右**：反復計算 10 回後の結果．

10.3 クラスタリング法　　　369

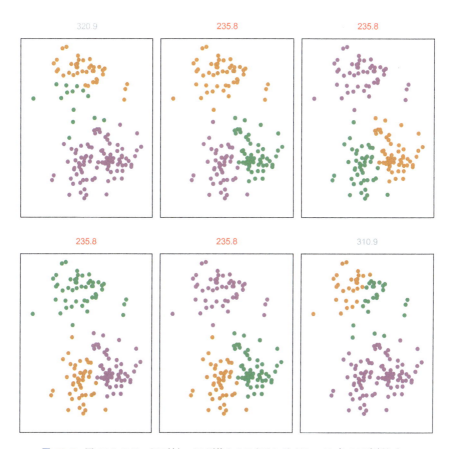

図 10.7　図 10.5 のデータに対し，K 平均クラスタリング ($K = 3$) を 6 回実行した．毎回 K 平均クラスタリングのアルゴリズム Step 1 において，観測値は異なる初期クラスターにランダムに割り当てられている．各散布図の上部の値は，最適化問題 (10.11) の目的関数の値である．3 つの異なる局所的最適解が得られている．そのうち 1 つが他よりも目的関数の値がより小さく，これがクラスターをよりよく分割している．赤でラベル付けされているものが同じ最適解となっており，目的関数の値は 235.8 である．

10.3.2 階層的クラスタリング

K 平均クラスタリングの欠点と言えることの 1 つは，あらかじめクラスター数 K を定める必要があるという点である．階層的クラスタリングは K の選択を必要としない別のアプローチである．階層的クラスタリングは，もう一つ K 平均クラスタリングにない利点がある．それは，デンドログラムと呼ばれる木のような図でわかりやすく観測値を表すという点である．

この項では，ボトムアップ型あるいは凝集型と呼ばれる階層的クラスタリングを考える．これは階層的クラスタリングにおいて最も一般的な方式であり，デンドログラム (通常，上下逆の木として作図される．図 10.9 参照) が葉から始まり，上に向かってクラスターを統合しながら木の幹を作っていくのでこのように呼ばれている．以下ではデンドログラムを解釈する方法から始め，その後実際にどのように階層的クラスタリングが実行されるのか，すなわち，デンドログラムがどのようにして作成されるのかについて議論する．

デンドログラムの解釈法

図 10.8 において，2 次元の 45 個の観測値からなるシミュレーションデータが示されている．データは 3 つのクラスのモデルから生成されたものである．各観測値は真のクラスのラベルにより色分けされているが，データにはクラスのラベルがないものと仮定して階層的クラスタリングを実行する．階層的クラスタリング (後に説明する完全連結法による) の結果は，図 10.9 の左に示されている．このデンドログラムは，どのように解釈すればよいのだろうか．

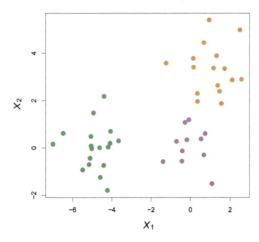

図 10.8　2 次元空間で生成された 45 個の観測値．実際は 3 つの異なるクラスが存在しており，色分けして示されている．しかしながら，これらのクラスのラベルを未知のものとし，観測値をクラスタリングしてデータからクラスを見つけ出す．

10.3 クラスタリング法

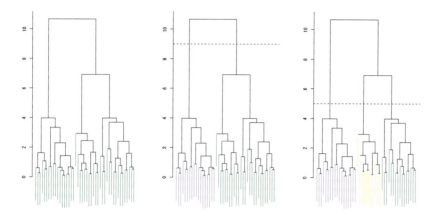

図 10.9 **左**：図 10.8 のデータに対し，ユークリッド距離を用いた完全連結法による階層的クラスタリングを行って得られたデンドログラム．**中央**：左のデンドログラムを (点線で示されている) 高さ 9 で切断した．この切断は色分けして示している通り，2 つのクラスターを表している．**右**：同じデンドログラムを高さ 5 で切断した．この切断は色分けして示している通り，3 つのクラスターを表している．色はクラスタリングには使われておらず，これらの図をわかりやすくするために用いただけである．

図 10.9 の左において，デンドログラムの各々の葉は図 10.8 における 45 個の観測値の 1 つを表す．しかし木を登るにつれて，いくつかの葉が一緒になって枝となる．これらは互いに類似した観測値であることを表す．木を登っていくにつれて，枝は他の葉または枝と統合される．統合が起きるのが早ければ早いほど (木のより低い箇所であるほど)，互いに類似した観測値のグループである．一方，極めて異なっている観測値は遅くに (木の頂点に近い箇所で) 統合される．実際はより厳密に以下のことが言える．任意の 2 つの観測値に対し，木の中でこれらの 2 つの観測値を含む枝が最初に統合されている点を探す．この統合されている箇所の高さを縦軸で測ったものが，2 つの観測値がどの程度異なっているかを表している．したがって木の下部で統合されている観測値は互いに非常に類似しており，木の頂点付近で統合されている観測値は大きく異なる．

これはデンドログラムの解釈においてしばしば誤解される非常に重要な点を浮き彫りにしている．図 10.10 の左を考える．これは 9 個の観測値に対する階層的クラスタリングから得られた単純なデンドログラムである．5 番の観測値と 7 番の観測値がデンドログラムの最も低い箇所で統合されていることから，これらが互いに類似していることがわかる．また，1 番の観測値と 6 番の観測値も互いに類似している．しかしながら，図を見て 9 番と 2 番の観測値がデンドログラムの互いに近い箇所にあるという理由でこれらが互いに極めて類似しているとしがちではあるが，これは間違いであ

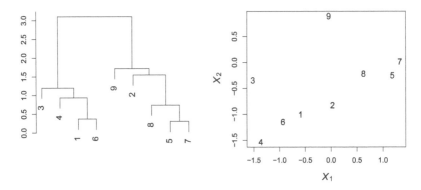

図 10.10 2次元の9個の観測値のデンドログラムを適切に解釈する方法を示している．左：ユークリッド距離を用いた完全連結法によって得られたデンドログラム．5番と7番の観測値は互いにとても類似している．1番と6番の観測値も同様である．しかしながら，横軸方向の距離では9番と2番の観測値が互いに近いにもかかわらず，9番の観測値は8番，5番，7番の観測値と比べて，2番の観測値と類似しているわけではない．これは2番，8番，5番，7番がすべて9番の観測値とおおよそ1.8の同じ高さで統合されているからである．右：デンドログラムの作成に用いられた元のデータにより，実際に9番の観測値が8番，5番，7番の観測値よりも，2番の観測値により類似しているわけではないことがわかる．

る．実際，デンドログラムに含まれる情報に基づくと，9番の観測値は8番，5番，7番の観測値と比べて，2番の観測値とより類似しているということはない (これは，元のデータが表示されている図10.10 の右からもわかる)．数学的には，nを葉の数とするとき，同じデンドログラムを枝や葉の順番を変えることにより2^{n-1}通りの方法で表すことができる．これは，$(n-1)$個の統合が生じる各点において，デンドログラムの意味に影響を与えることなく，統合する2つの枝を交換することが可能だからである．したがって，横軸に沿った観測値の近さに基づいて，2つの観測値の類似性について何か結論づけることはできない．正しくは，2つの観測値が最初に統合されている幹の縦軸の場所に基づいて，2つの観測値の類似性について結論を下すのである．

ここまで図10.9 の左を解釈する方法を理解したので，デンドログラムに基づいてクラスターを特定する問題を考える．これを行うためには，図10.9 の中央や右に示しているように，デンドログラムを横断するように水平に切断する．切断の下の異なる観測値の集合がクラスターを表す．図10.9 の中央では，高さ9でデンドログラムを切断した結果，2つのクラスターとなり，異なる色付けがなされている．右では，高さ5でデンドログラムを切断した結果，3つのクラスターとなっている．切断する場所を変えることにより，1 (切断無し) からn (高さ0の切断．各観測値そのものがクラスターである) までの任意の個数のクラスターを得ることができる．言い換えれば，

10.3 クラスタリング法　　　　373

デンドログラムを切断する高さが，K 平均クラスタリングにおける K と同じ役割をなしている．得られるクラスターの個数を調整しているのである．

　したがって，図 10.9 は階層的クラスタリングの非常に魅力的な面を際立たせている．1 つのデンドログラムで任意の個数のクラスターを得ることができるのである．実用上は，解析者がデンドログラムを見て，統合の高さと好ましいクラスターの個数に基づいて，目視により理にかなったクラスターの個数を選択する．図 10.9 の場合は，クラスターの個数として 2 または 3 を選ぶであろう．しかしながら，しばしばデンドログラムを切断する選択規準はあまり明確でない．

　階層的という用語は，ある高さにおいてデンドログラムを切断することによって得られたクラスターが，必ずより高い位置でデンドログラムを切断して得られたクラスターの入れ子になっている事実を指している．しかしながら，任意のデータセットにおいて，この階層的構造が成り立つと仮定することは現実的でないと思われる．例えば，アメリカ人，日本人，フランス人が同じ人数おり，男女比も半々であるような集団の観測値が得られているとする．最も適切な 2 分割は性別によるものであり，最も適切な 3 分割は国籍によるものであると考えられる．この場合，3 個の集団は 2 個の集団の分割後にそのうちの 1 つを分割することによって得られるものではないから，真のクラスターは入れ子になっていない．その結果として，この状況は階層的クラスタリングではうまく表現することができない．このような状況のために，階層的クラスタリングは，クラスター数が等しい場合において K 平均クラスタリングよりも悪い(すなわち，正確性に欠ける) 結果となることがある．

階層的クラスタリングのアルゴリズム

　階層的クラスタリングのデンドログラムは，非常に単純なアルゴリズムによって得られる．まず，各観測値間においてある種の非類似度を定義する．よく用いられるものとしては，ユークリッド距離がある．本章の後半で他の非類似度の選択についても議論する．アルゴリズムは反復により進んでいく．まずデンドログラムの最下部から始め，ここでは n 個の各観測値がクラスターとして扱われる．互いに最も類似している 2 つのクラスターが統合され，$(n-1)$ 個のクラスターとなる．次に，互いに最も類似している 2 つのクラスターを再度統合し，$(n-2)$ 個のクラスターとなる．アルゴリズムはすべての観測値が 1 つのクラスターに属するまで同様にして進んでいく．そして，デンドログラムが完成する．図 10.11 は図 10.9 のデータを使い，アルゴリズムの最初のいくつかの段階を表している．これらをまとめ，階層的クラスタリングのアルゴリズムをアルゴリズム 10.2 に示す．

アルゴリズム 10.2　階層的クラスタリング

Step 1　n 個の観測値について，すべての $\binom{n}{2} = n(n-1)/2$ 組の (ユークリッド距離のような) 非

類似度を求める．各観測値自身を1つのクラスターとして扱う．

Step 2 $i = n, n-1, \ldots, 2$ に対し

(a) i 個のクラスター間のすべての組み合わせにおいて非類似度を求め，最も非類似度が小さい (すなわち，最も類似している) クラスターの組み合わせを特定する．これらの2つのクラスターを統合する．これらの2つのクラスター間の非類似度は，デンドログラムで統合が起きる場所の高さで表す．

(b) 残りの $(i-1)$ 個のクラスター間において，クラスター間の新たな非類似度を計算する．

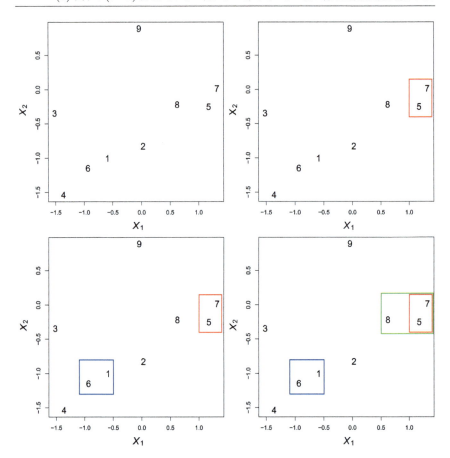

図 10.11　図 10.10 のデータに対し，ユークリッド距離を用いた完全連結法による階層的クラスタリングの最初の数段階を図示した．**上段左**：最初は，$\{1\}, \{2\}, \ldots, \{9\}$ の別々の9個のクラスターがある．**上段右**：2つの最も近接したクラスター $\{5\}, \{7\}$ が1つのクラスターに統合される．**下段左**：2つの最も近接したクラスター $\{6\}, \{1\}$ が1つのクラスターに統合される．**下段右**：完全連結法を用いて，最も近接した2つのクラスター $\{8\}, \{5, 7\}$ が1つのクラスターに統合される．

10.3 クラスタリング法

表 10.2 階層的クラスタリングにおいて最も広く用いられる連結法の種類

連結法	説明
完全連結法	クラスター間の非類似度が最大．クラスター A とクラスター B における観測値のすべての組み合わせにおいて非類似度を計算し，その最大値を記録する．
単連結法	クラスター内の非類似度が最小．クラスター A とクラスター B における観測値のすべての組み合わせにおいて非類似度を計算し，その最小値を記録する．単連結法は観測値を 1 つずつクラスターに引き込んでいく結果となる場合がある．
平均連結法	クラスター内の非類似度が平均．クラスター A とクラスター B における観測値のすべての組み合わせにおいて非類似度を計算し，その平均値を記録する．
重心連結法	クラスター A の重心 (長さ p の平均ベクトル) とクラスター B の重心間による非類似度．重心連結法は好ましくない反転現象をもたらすことがある．

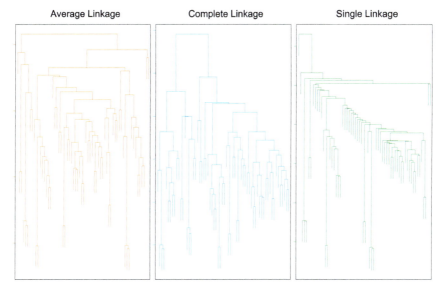

図 10.12 データセット例に適用された平均連結法，完全連結法，単連結法．平均連結法と完全連結法は，より安定したクラスターをもたらす傾向にある．

このアルゴリズムは十分に単純であるが，まだ答えていない問題が 1 つある．図 10.11 の下段右を考える．どのようにしてクラスター $\{5, 7\}$ とクラスター $\{8\}$ を統合すべきであると決定したのであろうか．観測値同士を比べる非類似度の概念はあるが，一方または両方のクラスターが複数の観測値を含んでいるならば，どのようにして 2 つのクラスター間の非類似度を定義するのであろうか．観測値間における非類似度の概念を観測値のグループ間にも使えるように拡張する必要がある．この拡張は，2 つの観測値のグループ間における非類似度を定義する連結法によって可能になる．最もよ

く使われる 4 つの連結法は，完全連結法，平均連結法，単連結法，重心連結法であり，これらを簡潔に表 10.2 にまとめた．平均連結法，完全連結法，単連結法は統計学者の間で最もよく使われる方法である．平均連結法と完全連結法はより安定したデンドログラムを作成する傾向をもつため，単連結法よりも一般的に好んで用いられる．重心連結法はしばしばゲノム科学において用いられるが，反転現象が生じることがあるという大きな欠点があり，これが起きるとデンドログラムにおいて 2 つのクラスターがどちらかのクラスターよりも低い位置で統合される．これは見た目だけでなくデンドログラムの解釈の点においても混乱を引き起こす．階層的クラスタリングのアルゴリズムの Step 2(b) で計算される非類似度は，非類似度の選択だけでなく，連結法の種類にも依存する．したがって，図 10.12 に示している通り，得られたデンドログラムは一般的に用いられた連結法の種類に強く依存している．

非類似度の選択

ここまで，本章の例は非類似度としてユークリッド距離を用いてきた．しかしながら，ときには他の非類似度の方が好ましいことがあるかもしれない．例えば，相関に基づく距離はたとえ観測値がユークリッド距離の意味において遠くにあるとしても，それらの特徴が強い相関をもつならば 2 つの観測値は類似していると考えるものである．相関とは通常，変数間で計算されるものであるが，ここでは観測値のプロファイル間において計算される．図 10.13 は，ユークリッド距離と相関に基づく距離の違いを表している．相関に基づく距離は，観測値の大きさではなく，観測値のプロファイルの形に着目している．

非類似度の選択はデンドログラムの結果に強く影響するため，非常に重要である．通常，クラスタリングされるデータや取り組んでいる科学的問題の種類に注意し，これらを考慮することによって，階層的クラスタリングでどの非類似度を用いるかを定めるべきである．

例えば，過去の購買履歴をもとにして，消費者をクラスタリングしたいというオンライン小売業者を考える．その目的は類似した消費者のグループを特定し，各グループ内の消費者が特に興味をもつであろう商品や広告を見せることである．データの行を消費者，列を購入可能な商品とする行列の形式をもつとしよう．データ行列の要素は，その消費者がその商品を購入した回数を表すとする (すなわち，もし消費者がその商品を買ったことがなければ 0，1 回購入したことがあるならば 1 などとなる)．消費者をクラスタリングするためにどのタイプの非類似度を用いるべきか．もしユークリッド距離を用いるならば，全体的に購入した商品がとても少ない消費者 (すなわち，オンラインショッピングサイトの常連でないユーザ) を同じクラスターに分類するであろう．これは望ましい結果ではないかもしれない．一方，相関に基づく距離が用いられた場合，同じような嗜好をもつ消費者 (例えば，商品 A と商品 B を購入している

10.3 クラスタリング法

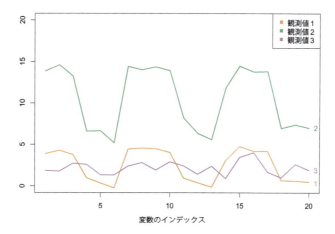

図 10.13　20 個の変数をもつ 3 つの観測値が示されている．1 番の観測値と 3 番の観測値は各変数において同様の値をとるので，ユークリッド距離が小さくなっている．しかし，これらはとても弱い相関となっており，相関に基づく距離は大きい．一方で，1 番の観測値と 2 番の観測値は各変数においてまったく異なる値をもつため，そのユークリッド距離はとても大きい．しかし，強い相関をもつため，相関に基づく距離は小さい．

が，商品 C や商品 D は購入していない消費者) 同士が購入量の多寡に関わらず同じクラスターに分類される．そのため，この例では相関に基づく距離がより好ましい選択であろう．

　非類似度の尺度を注意深く選択することに加えて，観測値間の非類似度を計算する前に各変数を標準化するか否かについても考えなければならない．この点を示すために，引き続きオンラインショッピングの例を扱う．他の商品よりもより頻繁に購入されている商品があるかもしれない．例えば，ある消費者は 1 年間に 10 足の靴下を購入するが，コンピュータを購入することは非常にまれであるかもしれない．靴下のように日常的に購入する商品が消費者間の非類似度に及ぼす影響，そして最終的に得られるクラスタリングに及ぼす影響は，それほど購入しないコンピュータよりも大きくなる傾向がある．これは好ましい結果ではない．観測値間の非類似度を計算する前に各変数が標準偏差 1 となるように標準化されていれば，階層的クラスタリングにおいて各変数は同じ重要度をもつ．各変数が異なるスケールで測定されているならば，この場合も標準化が必要となるかもしれない．さもなくば，ある特定の変数における単位 (例えば，センチメートルかキロメートルか) の選択が非類似度に対し非常に強く影響する．非類似度を計算する前に標準化することが良いか悪いかは，適用例に依存する．図 10.14 に一例が示されている．クラスタリングを行う前に変数を標準化するか

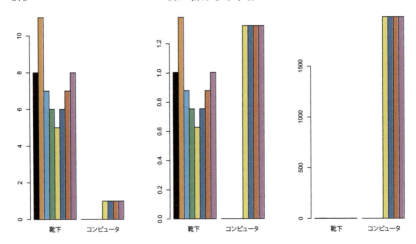

図 10.14　オンライン小売業者が 2 つの商品 (靴下とコンピュータ) を販売している．左：8 人のオンラインショップの利用者によって購入された靴下とコンピュータの数が示されている．各利用者は色分けされている．観測値間の非類似度が元のデータの変数におけるユークリッド距離を用いて計算された場合は，各個人の靴下の購入数が非類似度を左右しており，コンピュータの購入数の影響は非常に小さいであろう．この結果は望ましくないかもしれない．なぜならば，(1) コンピュータは靴下よりも非常に価格が高く，オンライン小売業者は靴下よりもコンピュータを買ってもらうことに興味があるかもしれない．(2) 消費者の全体的な購入の嗜好について理解するのに，コンピュータの購入数の小さな違いが靴下の購入数の大きな違いよりも有益であるかもしれないからである．中央：標準化後の同じデータが示されている．コンピュータの購入数が観測値間の非類似度により大きな影響を与えるであろう．右：これも同じデータであるが，y 軸は各消費者がオンラインショッピングで靴下やコンピュータに支払った金額 (ドル) を表している．コンピュータは靴下よりもはるかに高額であるため，コンピュータの購入履歴が観測値間の非類似度を大きく左右するであろう．

否かという問題は，K 平均クラスタリングにも当てはまる．

10.3.3　クラスタリングにおける実用上の問題

　クラスタリングは教師なしデータ解析の非常に有用なツールになりうる．しかしながら，クラスタリングを実行する上で多くの問題がある．ここではこれらのいくつかを示す．

大きな重要度をもつ小さな決定

　クラスタリングを実行するために，いくつかの事項を決定しなければならない．
- 何かしらの方法によって観測値や特徴は標準化すべきか．例えば，変数は平均を 0 に中心化し，標準偏差を 1 にするようにスケールを調整すべきかもしれない．
- 階層的クラスタリングの場合

10.3 クラスタリング法

　— 非類似度として何を使うべきか.

　— クラスターの連結の方法は何を使うべきか.

　— クラスターを得るためにデンドログラムをどこで切断するべきか.

●K 平均クラスタリングの場合，データ内に何個のクラスターを求めるか.

これらの各々の決定すべき事項は，得られる結果に対し，非常に強い影響をもつ．実用上は，いくつかの異なる選択を試し，最も有用な結果，または，解釈が容易な結果をもたらす方法を探すことになる．これらの方法において，唯一の正解はない．データについて何らかの興味深い面が明らかになるならば，いずれの方法も考慮するべきである.

得られたクラスターの検証法

　データセットにクラスタリングを実行すれば，いつでもクラスターを見つけることができる．しかし，見つけたクラスターがデータにおける真のグループを表しているのか，あるいは単にノイズをクラスタリングした結果なのかについて知りたくなる．例えば，独立した観測データセットを得たとして，それらの観測値でもまた同じクラスターとなるだろうか．これは，非常に難しい問題である．クラスターが偶然なのか，それとも確かに存在するのかを判断するのに，クラスターに p 値を割り当てる多くの方法が存在する．しかしながら，唯一の最適なアプローチとして共通認識を得ている方法は存在していない．詳細については Hastie ら (2009) を参照されたい.

クラスタリングにおけるその他の考慮すべき点

　K 平均クラスタリングと階層的クラスタリングはどちらも各観測値をひとつのクラスターに割り当てる．しかしながら，これが適切でないこともある．例えば，実はほとんどの観測値が少数 (かつ未知) のグループに属しており，それ以外の少数の観測値は互いに，そしてまた他のすべての観測値ともまったく異なるとする．このとき，K 平均クラスタリングや階層的クラスタリングはすべての観測値をクラスターに割り当てるため，どのクラスターにも属さない外れ値の存在のために，クラスターの結果を大きく歪ませる．混合モデルは，そのような外れ値の存在に対応するための魅力的なアプローチである．これらは K 平均クラスタリングに柔軟性をもたせたものであり，その方法は Hastie ら (2009) に示されている.

　さらに，クラスタリングの方法は，一般的にはデータの変動に対し，あまりロバストでない．例えば，n 個の観測値をクラスタリングし，ランダムに n 個の観測値の一部を除いた後に，再度観測値をクラスタリングすることを考える．得られた 2 つのクラスタリングの結果がほぼ同様になることが望まれるが，2 つの結果はしばしば異なる.

クラスタリングの結果を解釈するための柔軟なアプローチ

　これまでクラスタリングに関連した問題をいくつか挙げてきた．しかしながら，適切に用いられれば，クラスタリングはとても有用で妥当な統計的ツールである．デー

タをどのように標準化するか，どのような連結法を用いるかのように，クラスタリングを実行する際の小さな決断が結果に大きな効果を与えることについて言及した．したがって，これらのパラメータについて異なる値でクラスタリングを行い，全ての結果を観察してどのパターンが一貫して現れるかを確認することを薦める．クラスタリングはロバストでないこともあるので，得られたクラスターのロバスト性を知るために，データの一部をクラスタリングすることを薦める．最も重要なことは，どのようにクラスター分析の結果を報告するかについて注意を払わなければならないということである．これらの結果は，データセットに関する絶対的な真実だととらえるべきではない．むしろ，クラスター分析は，願わくは独立したデータセットにおける科学的な仮説やさらなる研究の出発点となるべきである．

10.4 実習 1：主成分分析

この実習では，`USArrests` データセットに主成分分析を適用する．これは R の基本パッケージに含まれている．データセットの行には，アルファベット順に整列されている 50 州が含まれている．

```
> states=row.names(USArrests)
> states
```

データセットの列には，4 つの変数が含まれている．

```
> names(USArrests)
[1] "Murder"   "Assault"  "UrbanPop" "Rape"
```

まず初めに，データを簡潔に観察する．変数の平均は非常に異なることがわかる．

```
> apply(USArrests, 2, mean)
  Murder  Assault UrbanPop     Rape
    7.79   170.76    65.54    21.23
```

`apply()` コマンドは関数を適用する．この場合，`mean()` 関数をデータセットの各行または各列に適用している．ここで，2 つ目の引数は，行の平均を計算したければ 1，列の平均を計算したければ 2 を指定するものである．平均的に，強姦は殺人の 3 倍あり，暴行は強姦の 8 倍以上であることがわかる．`apply()` 関数で，4 つの変数の分散も得ることができる．

```
> apply(USArrests, 2, var)
  Murder  Assault UrbanPop     Rape
    19.0   6945.2    209.5     87.7
```

当然のことながら，各変数の分散はまったく異なる．変数 `UrbanPop` は，各州の人口のうち都市部に住んでいる人の割合である．これは，各州 100,000 人あたり強姦の件

数と比較しうる数値ではない．主成分分析を実行する前に変数のスケールの調整をしなければ，ほとんどの主成分は平均や分散が他とかけ離れて大きい `Assault` によって左右される．したがって，主成分分析を実行する前に，各変数が平均 0，標準偏差 1 になるように標準化することが重要である．

`prcomp()` 関数を用いて主成分分析を実行する．主成分分析をする `R` の関数はいくつかあるが，`prcomp()` はそのうちの 1 つである．

```
> pr.out=prcomp(USArrests, scale=TRUE)
```

デフォルトでは，`prcomp()` 関数は平均が 0 になるように各変数を中心化する．オプション `scale=TRUE` を用いることによって，各変数の標準偏差が 1 となるようにスケールの調整を行う．`prcomp()` によって得られる出力には多くの有用な情報が含まれている．

```
> names(pr.out)
[1] "sdev"     "rotation" "center"   "scale"    "x"
```

`center` と `scale` は主成分分析の実行前にスケーリングするために用いられる各変数の平均と標準偏差である．

```
> pr.out$center
  Murder   Assault UrbanPop     Rape
    7.79    170.76    65.54    21.23
> pr.out$scale
  Murder   Assault UrbanPop     Rape
    4.36     83.34    14.47     9.37
```

`rotation` 行列は主成分の係数を与える．`pr.out$rotation` の各列が主成分の係数ベクトルに対応している[*2]．

```
> pr.out$rotation
              PC1      PC2      PC3      PC4
Murder    -0.536    0.418   -0.341    0.649
Assault   -0.583    0.188   -0.268   -0.743
UrbanPop  -0.278   -0.873   -0.378    0.134
Rape      -0.543   -0.167    0.818    0.089
```

4 つの異なる主成分があることがわかる．n 個の観測対象と p 個の変数をもつデータセットにおいて，通常 $\min(n-1, p)$ 個の有用な主成分があるため，これは予想通りの結果である．

`prcomp()` 関数を用いると，主成分スコアベクトルを得るために明示的にデータに主成分係数ベクトルを掛ける必要がない．50×4 の行列 `x` はその列に，主成分スコア

[*2] 行列 $\mathbf{X}$ に `pr.out$rotation` の行列を掛けることによって，回転した座標系におけるデータの座標を与えるため，この関数はこれを回転 (rotation) 行列と名付けている．これらの座標は主成分スコアである．

ベクトルをもつ．すなわち，k 列目は k 番目の主成分スコアベクトルである．

```
> dim(pr.out$x)
[1] 50    4
```

以下のように，第 1 主成分と第 2 主成分をプロットすることができる．

```
> biplot(pr.out, scale=0)
```

biplot() 関数の引数 scale=0 により，矢印が係数を表すようにスケールの調整が行われる．scale に他の値を指定すると，わずかに異なるバイプロットを出力し，解釈も異なってくる．

　この図は図 10.1 の鏡像であることに注意されたい．主成分は符号の違いを除いて一意に定まるため，軽微な変更によって図 10.1 を再現することができる．

```
> pr.out$rotation=-pr.out$rotation
> pr.out$x=-pr.out$x
> biplot(pr.out, scale=0)
```

　prcomp() 関数は各主成分の標準偏差も出力する．例えば，USArrests データセットにおいて，以下のようにこれらの標準偏差を表示することができる．

```
> pr.out$sdev
[1] 1.575 0.995 0.597 0.416
```

これらを 2 乗することによって，各主成分で説明される分散が得られる．

```
> pr.var=pr.out$sdev^2
> pr.var
[1] 2.480 0.990 0.357 0.173
```

各主成分によって説明される分散の比率を計算するために，単純に各主成分によって説明される分散を全 4 個の主成分によって説明される総分散で割る．

```
> pve=pr.var/sum(pr.var)
> pve
[1] 0.6201 0.2474 0.0891 0.0434
```

第 1 主成分はデータにおける分散の 62.0%を説明しており，第 2 主成分は分散の 24.7%を説明している．以後同様である．各主成分の寄与率および累積寄与率を以下のようにプロットすることができる．

```
> plot(pve, xlab="主成分", ylab="寄与率", ylim=c(0,1),type='b')
> plot(cumsum(pve), xlab="主成分", ylab="累積寄与率", ylim=c
   (0,1),type='b')
```

その結果は図 10.4 に示されている．cumsum() 関数は，数値ベクトルの成分の累積和を計算している．例えば，以下の通りである．

```
> a=c(1,2,8,-3)
> cumsum(a)
[1]  1  3 11  8
```

10.5 実習2：クラスタリング

10.5.1 K平均クラスタリング

RにおいてK平均クラスタリングを実行するには kmeans() 関数を使う．最初は，データにおいて2つの真のクラスターをもつ単純なシミュレーションデータ例を扱う．最初の25個の観測値と次の25個の観測値の分布全体を平行移動して離す．

```
> set.seed(2)
> x=matrix(rnorm(50*2), ncol=2)
> x[1:25,1]=x[1:25,1]+3
> x[1:25,2]=x[1:25,2]-4
```

ここで，$K=2$ と設定した下でK平均クラスタリングを実行する．

```
> km.out=kmeans(x,2,nstart=20)
```

50個の観測値のクラスターの割り当ては，km.out$cluster に含まれている．

```
> km.out$cluster
 [1] 2 2 2 2 2 2 2 2 2 2 2 2 2 2 2 2 2 2 2 2 2 2 2 2 2 1 1 1 1
[30] 1 1 1 1 1 1 1 1 1 1 1 1 1 1 1 1 1 1 1 1 1
```

kmeans() 関数にまったくグループの情報を与えていないのに，K平均クラスタリングは完全に観測値を2つのクラスターに分けている．クラスターの割り当てに従って色付けした各観測値をプロットすることができる．

```
> plot(x, col=(km.out$cluster+1), main="
    K平均クラスタリングの結果 (K=2)", xlab="", ylab="", pch=20,
    cex=2)
```

ここで，観測値は2次元であることから，簡単にプロットすることができる．2つ以上の変数がある場合は，主成分分析を実行し，第1主成分と第2主成分のスコアベクトルをプロットすればよい．

この例においては，自分でデータを生成したため，本当に2つのクラスターがあることがわかっている．しかし，一般的に実際のデータにおける本当のクラスターの個数はわからない．この例において，$K=3$ でK平均クラスタリングを実行していたかもしれない．

```
> set.seed(4)
> km.out=kmeans(x,3,nstart=20)
> km.out
K-means clustering with 3 clusters of sizes 10, 23, 17

Cluster means:
        [,1]        [,2]
1  2.3001545 -2.69622023
2 -0.3820397 -0.08740753
3  3.7789567 -4.56200798
```

384 　　　　　　　　　　10. 教師なし学習

```
Clustering vector:
 [1] 3 1 3 1 3 3 3 1 3 1 3 1 3 1 3 1 3 3 3 3 3 1 3 3 3 2 2 2 2
     2 2 2 2 2 2 2 2 2 2 2 2 2 2 2 1 2 1 2 2 2 2

Within cluster sum of squares by cluster:
[1] 19.56137 52.67700 25.74089
 (between_SS / total_SS =  79.3 %)

Available components:

[1] "cluster"      "centers"       "totss"        "withinss"
    "tot.withinss" "betweenss"     "size"
> plot(x, col=(km.out$cluster+1), main="
    K平均クラスタリングの結果(K=3)", xlab="", ylab="", pch=20,
    cex=2)
```

$K = 3$ とすると，K 平均クラスタリングは 2 つのクラスターを分割してしまう．

初期クラスターへの割り当てを変えて，`R` の `kmeans()` 関数を実行するには引数 `nstart` を用いる．もし，`nstart` の値が 1 よりも大きいならば，K 平均クラスタリングはアルゴリズム 10.1 の Step 1 にあるランダムな割り当てを複数回繰り返して実行され，`kmeans()` 関数は最も良い結果のみを出力する．ここで，`nstart=1` と `nstart=20` を設定し，これらを比較する．

```
> set.seed(3)
> km.out=kmeans(x,3,nstart=1)
> km.out$tot.withinss
[1] 104.3319
> km.out=kmeans(x,3,nstart=20)
> km.out$tot.withinss
[1] 97.9793
```

`km.out$tot.withinss` はクラスター内総平方和であり，K 平均クラスタリングを実行する際に最小化しようとするものである (最適化問題 (10.11))．個別のクラスター内平方和は，`km.out$withinss` にベクトル形式で含まれている．

K 平均クラスタリングを実行する際には，`nstart` は 20 あるいは 50 などいつも大きな値を用いることを強く薦める．`nstart` に小さい値を用いると，好ましくない局所的最適解が得られてしまうからである．

K 平均クラスタリングを実行するとき，多くの初期クラスター割り当てを用いることに加えて，`set.seed()` 関数を用いて乱数のシード値を設定することも重要である．これにより，Step 1 における初期クラスターが同じ割り当てとなり，K 平均クラスタリングの出力が完全に再現可能となる．

10.5.2 階層的クラスタリング

hclust() 関数は R における階層的クラスタリングを実装している．以下の例では，10.5.1 項のデータにおいて，ユークリッド距離を非類似度とし，完全連結法，単連結法，平均連結法を用いた階層的クラスタリングのデンドログラムを描図する．まずは完全連結法による観測値のクラスタリングから始めることにする．dist() 関数で，50×50 の観測値間のユークリッド距離行列を計算する．

```
> hc.complete=hclust(dist(x), method="complete")
```

平均連結法や単連結法を用いた階層的クラスタリングも簡単に実行することができる．

```
> hc.average=hclust(dist(x), method="average")
> hc.single=hclust(dist(x), method="single")
```

ここで，通常の plot() 関数を用いてデンドログラムを描図することができる．プロットの下部の数字で，各観測値を特定することができる．

```
> par(mfrow=c(1,3))
> plot(hc.complete,main="完全連結法", xlab="", sub="", cex=.9)
> plot(hc.average, main="平均連結法", xlab="", sub="", cex=.9)
> plot(hc.single, main="単連結法", xlab="", sub="", cex=.9)
```

あるデンドログラムの切断に関して各観測値のクラスターのラベルを出力するには，cutree() 関数を用いる．

```
> cutree(hc.complete, 2)
 [1] 1 1 1 1 1 1 1 1 1 1 1 1 1 1 1 1 1 1 1 1 1 1 1 1 1 1 1 2 2 2
[30] 2 2 2 2 2 2 2 2 2 2 2 2 2 2 2 2 2 2 2 2 2
> cutree(hc.average, 2)
 [1] 1 1 1 1 1 1 1 1 1 1 1 1 1 1 1 1 1 1 1 1 1 1 1 1 1 1 1 2 2 2
[30] 2 2 2 1 2 2 2 2 2 2 2 2 2 2 1 2 1 2 2 2 2
> cutree(hc.single, 2)
 [1] 1 1 1 1 1 1 1 1 1 1 1 1 1 1 1 1 1 2 1 1 1 1 1 1 1 1 1 1 1 1
[30] 1 1 1 1 1 1 1 1 1 1 1 1 1 1 1 1 1 1 1 1 1
```

このデータにおいて，完全連結法と平均連結法は概して観測値を真のグループに分類している．しかし，単連結法では一方のクラスターには 1 つの観測値，他方のクラスターにはその他すべての観測値が含まれるような分類になる．4 個のクラスターを選択した場合，より理にかなった結果が得られるが，それでも 1 つの観測値のみのクラスターが 2 個存在する．

```
> cutree(hc.single, 4)
 [1] 1 1 1 1 1 1 1 1 1 1 1 1 1 1 1 1 1 2 1 1 1 1 1 1 1 1 1 3 3 3 3
[30] 3 3 3 3 3 3 3 3 3 3 3 4 3 3 3 3 3 3 3 3
```

観測値の階層的クラスタリングの実行前に変数のスケールを変更するには，scale() 関数を用いる．

```
> xsc=scale(x, center=FALSE, scale=TRUE)
> plot(hclust(dist(xsc), method="complete"), main="階層的クラス
    タリング (スケール調整後)")
```

相関に基づく距離は，`as.dist()` 関数で計算することができる．これは任意の正方対称行列を `hclust()` 関数が距離行列として認識する形に変換する．しかしながら，2つの特徴があるとき，2つの観測値の相関の絶対値は常に 1 であるから，データにおいて少なくとも 3 つの特徴変数がなければ意味がない．したがって，3 次元データをクラスタリングする．

```
> x=matrix(rnorm(30*3), ncol=3)
> dd=as.dist(1-cor(t(x)))
> plot(hclust(dd, method="complete"), main="完全連結法 (相関に基
    づく距離による)", xlab="", sub="")
```

10.6　実習 3：NCI60 データへの適用例

教師なしの方法は，しばしばゲノムデータ解析に用いられる．特に主成分分析と階層的クラスタリングはよく用いられる方法である．これらの方法を，64 個のがん細胞株において 6,830 個の遺伝子発現を測定した NCI60 がん細胞株マイクロアレイデータを通して紹介する．

```
> library(ISLR)
> nci.labs=NCI60$labs
> nci.data=NCI60$data
```

各がん細胞株は，がんの種類によってラベル付けされている．主成分分析やクラスタリングは教師なしの方法なので，これらを実行する上でがんの種類は利用しない．しかし，主成分分析やクラスタリングを実行後，これらの教師なしの方法の結果ががんの種類とどの程度合致しているかを確認する．

データは 64 個の行と 6,830 個の列からなる．

```
> dim(nci.data)
[1]   64 6830
```

まず初めに，がん細胞株のがんのタイプを調べる．

```
> nci.labs[1:4]
[1] "CNS"    "CNS"    "CNS"    "RENAL"
> table(nci.labs)
nci.labs
     BREAST         CNS       COLON K562A-repro K562B-repro
          7           5           7           1           1
   LEUKEMIA MCF7A-repro MCF7D-repro    MELANOMA       NSCLC
          6           1           1           8           9
    OVARIAN    PROSTATE       RENAL     UNKNOWN
          6           2           9           1
```

10.6 実習 3：NCI60 データへの適用例　　387

10.6.1　NCI60 データにおける主成分分析

遺伝子のスケールを合わせない方が良いとも言えるが，ここではまず最初に標準偏差が 1 となるように標準化したデータに対し主成分分析を実行する．

```
> pr.out=prcomp(nci.data, scale=TRUE)
```

ここで，データを可視化するために，いくつかの主成分スコアベクトルをプロットする．同じがんの種類の観測値が互いにどの程度類似しているかが見えるように，同じがんの種類の観測値 (がん細胞株) は同じ色でプロットする．最初に，数値ベクトルの各成分に異なる色を割り当てる単純な関数を用意する．この関数を使って，対応するがんの種類に基づいて，64 個のがん細胞株に対して色を割り当てる．

```
Cols=function(vec){
+    cols=rainbow(length(unique(vec)))
+    return(cols[as.numeric(as.factor(vec))])
+    }
```

rainbow() 関数は正の整数を引数にとり，この数と同じ数の異なる色をもつベクトルを返す．ここで，主成分スコアベクトルをプロットする．

```
> par(mfrow=c(1,2))
> plot(pr.out$x[,1:2], col=Cols(nci.labs), pch=19,
    xlab="Z1",ylab="Z2")
> plot(pr.out$x[,c(1,3)], col=Cols(nci.labs), pch=19,
    xlab="Z1",ylab="Z3")
```

得られたプロットは図 10.15 に示されている．概して，同じがんの種類に対応しているがん細胞株は，主成分スコアベクトルに同様の値をもつ傾向にあることがわかる．これは同じがんの種類から得られたがん細胞株が極めて類似した遺伝子発現レベルをもつことを示している．

　prcomp オブジェクトに summary() を用いて，主成分の寄与率を得ることができる (出力は一部省略).

```
> summary(pr.out)
Importance of components:
                          PC1      PC2      PC3      PC4      PC5
Standard deviation     27.853  21.4814  19.8205  17.0326  15.9718
Proportion of Variance  0.114   0.0676   0.0575   0.0425   0.0374
Cumulative Proportion   0.114   0.1812   0.2387   0.2812   0.3185
```

plot() 関数で，主成分によって説明される分散もプロットすることができる．

```
> plot(pr.out)
```

棒グラフにおける各々の棒の高さは，対応する pr.out$sdev の要素を 2 乗することによって得られる．しかしながら，各主成分の寄与率 (すなわち固有値プロット) と累積寄与率をプロットする方がより有用である．これはひと手間を掛けることにより，

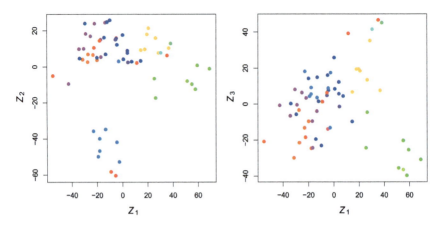

図 10.15 NCI60 がん細胞株をいくつかの主成分上に射影した結果 (つまり主成分スコア). 概して，同じ種類のがんに属する観測値は，この低次元空間において互いに近くなっている傾向がある．すべてのデータセットに基づくと，$\binom{6830}{2}$ 個の散布図が考えられ，どの散布図も特に有用ではないため，主成分分析のような次元削減法を用いずにデータを可視化することは不可能であろう．

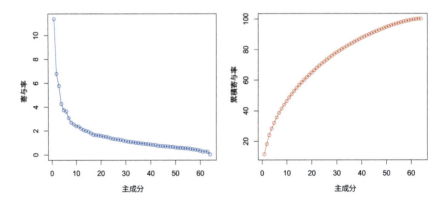

図 10.16 NCI60 がん細胞株マイクロアレイデータの主成分の寄与率．左：各主成分の寄与率が示されている．右：主成分の累積寄与率が示されている．すべての主成分で分散の100%を説明している．

実行することができる．

```
> pve=100*pr.out$sdev^2/sum(pr.out$sdev^2)
> par(mfrow=c(1,2))
> plot(pve, type="o", ylab="寄与率", xlab="主成分", col="blue")
> plot(cumsum(pve), type="o", ylab="累積寄与率", xlab="主成分",
    col="brown3")
```

(pve の要素は要約である `summary(pr.out)$importance[2,]` から直接計算すること

もできる．また，`cumsum(pve)` の要素は `summary(pr.out)$importance[3,]` によっ
て得ることもできる．) 結果のプロットは図 10.16 に示されている．第 1 主成分から
第 7 主成分までで，データにおける分散の 40% 程度を説明している．これはあまり
大きな分散ではない．しかしながら，固有値プロットを見ると，第 1 主成分から第 7
主成分までの各主成分が分散のかなりの部分を説明しているが，それ以降の主成分に
よって説明される分散が減少していることがわかる．すなわち，プロットのひじがお
およそ第 7 主成分以降に生じている．(7 個の主成分を考察することも大変であるが)
これは 7 個より多くの主成分を考察しても，それほど有用でないことを示唆している．

10.6.2 NCI60 データの観測値のクラスタリング

NCI60 データにおけるがん細胞株について階層的にクラスタリングを適用し，観測
値ががんの種類別にクラスタリングされるか否かをみる．まず初めに，平均が 0，標
準偏差が 1 となるように変数を標準化する．これまで述べてきたように，この手順は
必須ではない．各遺伝子を同じスケールに調整したいときに限り，これを行うべきで
ある．

```
> sd.data=scale(nci.data, FALSE, TRUE)
```

ここで，完全連結法，単連結法，平均連結法を用いて，観測値に対し階層的クラスタ
リングを実行する．非類似度としてはユークリッド距離を用いる．

```
> par(mfrow=c(3,1))
> data.dist=dist(sd.data)
> plot(hclust(data.dist), labels=nci.labs, main="完全連結法",
    xlab="", sub="",ylab="")
> plot(hclust(data.dist, method="average"), labels=nci.labs,
    main="平均連結法", xlab="", sub="",ylab="")
> plot(hclust(data.dist, method="single"), labels=nci.labs,
    main="単連結法", xlab="", sub="",ylab="")
```

この結果は図 10.17 に示されている．連結法の選択が明らかに得られた結果に影響を
及ぼしていることがわかる．一般的に，単連結法はクラスターを引き込む傾向をもつ．
つまり，大きなクラスターに観測値が 1 つずつ加わっていく．一方で，完全連結法，
平均連結法はよりバランスがとれており，好ましいクラスターが得られる傾向をもつ．
そのため，一般的に完全連結法と平均連結法が単連結法よりも好んで用いられる．ク
ラスタリングは完全でないものの，明らかに同じ種類のがんに属するがん細胞株は同
じクラスターに属する傾向をもつ．以後の解析においては，完全連結法の階層的クラ
スタリングを用いる．

デンドログラムをあるクラスターの個数となるような高さで切断する．4 個の場合
は以下の通りである．

```
> hc.out=hclust(dist(sd.data))
```

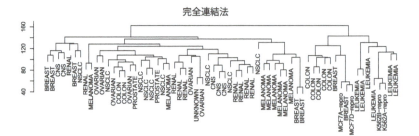

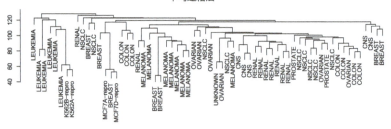

図 10.17 非類似度としてユークリッド距離を用いて，平均連結法，完全連結法，単連結法によってクラスタリングされた NCI60 のがん細胞株マイクロアレイデータ．完全連結法と平均連結法ではクラスターが同程度の大きさになる傾向にある．また，単連結法では葉が 1 つ 1 つ統合されながらクラスターが大きくなっていく傾向がある．

```
> hc.clusters=cutree(hc.out,4)
> table(hc.clusters,nci.labs)
```

いくつかの明らかなパターンがある．乳がん細胞株は 3 つの異なるクラスターに属している一方で，すべての白血病細胞株は 3 番目のクラスターに属する．これらの 4 つのクラスターを生成するようにデンドログラムを切断した様子をプロットする．

```
> par(mfrow=c(1,1))
```

10.6　実習 3：NCI60 データへの適用例　　　　　391

```
> plot(hc.out, labels=nci.labs)
> abline(h=139, col="red")
```

abline() 関数は，R で既に得られているプロットに直線を上書きする．引数 h=139
により，デンドログラムにおける高さ 139 で水平な線をプロットする．これは 4 つの
異なるクラスターをなす高さである．得られたクラスターは cutree(hc.out,4) の結
果と同じになることを容易に確かめることができる．
　　hclust の出力結果により，オブジェクトの有用な要約を得る．

```
> hc.out

Call:
hclust(d = dist(dat))

Cluster method   : complete
Distance         : euclidean
Number of objects: 64
```

　これまでに 10.3.2 項で，K 平均クラスタリングと，同数のクラスターを得るよう
にデンドログラムを切断した階層的クラスタリングは，とても異なる結果になること
を述べた．NCI60 において，$K = 4$ のときの K 平均クラスタリングの結果と階層的
クラスタリングを比較するとどのようになるか．

```
> set.seed(2)
> km.out=kmeans(sd.data, 4, nstart=20)
> km.clusters=km.out$cluster
> table(km.clusters,hc.clusters)
            hc.clusters
km.clusters  1  2  3  4
          1 11  0  0  9
          2  0  0  8  0
          3  9  0  0  0
          4 20  7  0  0
```

階層的クラスタリングと K 平均クラスタリングによって得られた 4 つのクラスター
は，いくつかの点で異なっている．K 平均クラスタリングの 2 番目のクラスターは，
階層的クラスタリングの 3 番目のクラスターと同じである．しかしながら，他のクラ
スターは異なる．例えば，K 平均クラスタリングにおける 4 番目のクラスターは階層
的クラスタリングで 1 番目のクラスターに割り当てられている観測値の一部と，階層
的クラスタリングで 2 番目のクラスターに割り当てられている全観測値を含んでいる．
　　全データ行列においてクラスタリングを行うのではなく，単純にいくつかの主成分
スコアベクトルに対し，階層的クラスタリングを実行することもできる．

```
> hc.out=hclust(dist(pr.out$x[,1:5]))
> plot(hc.out, labels=nci.labs, main="最初の5個の主成分スコアベ
     クトルの階層的クラスタリング")
> table(cutree(hc.out,4), nci.labs)
```

当然のことながら，これらの結果は全データセットにおいて階層的クラスタリングを実行して得られた結果とは異なるものである．最初のいくつかの主成分スコアベクトルに対してクラスタリングを行うことは，全データセットに対してクラスタリングを行うよりも良い結果が得られることもある．この状況において，最初のいくつかの主成分を使うことはデータのノイズを減らすための1つの方法として考えられるかもしれない．K平均クラスタリングも，全データセットではなく，いくつかの主成分スコアベクトルに対し実行することができる．

10.7 演習問題

理論編

(1) この問題はK平均クラスタリングのアルゴリズムに関するものである．
  (a) 式(10.12)を示せ．
  (b) この恒等式をもとにして，各々の反復においてK平均クラスタリングのアルゴリズム(アルゴリズム10.1)が，最適化問題(10.11)の目的関数を減少させることを示せ．

(2) 4つの観測値が得られているとし，その非類似行列が

$$\begin{bmatrix} & 0.3 & 0.4 & 0.7 \\ 0.3 & & 0.5 & 0.8 \\ 0.4 & 0.5 & & 0.45 \\ 0.7 & 0.8 & 0.45 & \end{bmatrix}$$

で与えられたとする．例えば，最初と2番目の観測値の非類似度は0.3であり，2番目と4番目の観測値の非類似度は0.8である．
  (a) この非類似行列をもとにして，完全連結法による4つの観測値の階層的クラスタリングで得られるデンドログラムを描け．デンドログラムにおいて，各々の葉に対応する観測値と各々の統合が起こる高さをプロットにおいて示せ．
  (b) 単連結法を用いて(a)と同様の結果を示せ．
  (c) 2つのクラスターとなるように(a)におけるデンドログラムを切断する．各クラスターにはどの観測値が含まれるか．
  (d) 2つのクラスターとなるように(b)におけるデンドログラムを切断する．各クラスターにはどの観測値が含まれるか．
  (e) 本章では，デンドログラムで統合が行われる各箇所において，デンドログラムの意味を変えることなく，統合する2つのクラスターの位置を入れ替えることができることを述べた．2つ以上の葉の位置を変更し，デンド

ログラムの意味を変えることなく，(a) のデンドログラムと同等なデンド
ログラムを描け.

(3) この問題において，6 個の観測値 $(n = 6)$ が 2 個の特徴 $(p = 2)$ をもつ小さな
データ例で $K = 2$ とした場合の K 平均クラスタリングを行うことにする．観
測値は以下の通りである.

観測値	X_1	X_2
1	1	4
2	1	3
3	0	4
4	5	1
5	6	2
6	4	0

(a) 観測値の散布図を作成せよ.

(b) 各観測値にランダムにクラスターのラベルを割り当てよ．これは R の
sample() コマンドで行うことができる．各観測値のクラスターのラベル
を書け.

(c) 各クラスターの重心を計算せよ.

(d) 各観測値をユークリッド距離で最も近いクラスターの重心に割り当てよ．
各観測値のクラスターのラベルを書け.

(e) (c) と (d) を結果が変化しなくなるまで繰り返せ.

(f) (a) で得られた散布図において，得られたクラスターのラベルに従って観
測値に色付けをせよ.

(4) あるデータセットにおいて，単連結法と完全連結法を用いた階層的クラスタリ
ングを実行し，2 つのデンドログラムを得たとする.

(a) 単連結法によるデンドログラムのある点において，$\{1, 2, 3\}$ のクラスター
と $\{4, 5\}$ のクラスターが統合される．完全連結法によるデンドログラム
においても，ある点で $\{1, 2, 3\}$ のクラスターと $\{4, 5\}$ のクラスターが統
合される．どちらの方が木の高い位置で統合されるか．あるいは，同じ高
さで統合されるか．または，これを判断するには情報が不十分であるか.

(b) 単連結法によるデンドログラムのある点においては，$\{5\}$ のクラスターと
$\{6\}$ のクラスターが統合される．完全連結法によるデンドログラムにおい
ても，ある点で $\{5\}$ のクラスターと $\{6\}$ のクラスターが統合される．ど
ちらの方が木の高い位置で統合されるか．あるいは，同じ高さで統合され
るか．または，これを判断するには情報が不十分であるか.

(5) 図 10.14 の靴下とコンピュータの購買履歴に基づき，8 人の購入者について $K = 2$

の K 平均クラスタリングを行う．どのような結果が期待されるか述べよ．図においては 3 つの異なるスケール調整を行っている．それぞれについてクラスタリングの結果を説明せよ．

(6) 100 個の組織のサンプルにおいて，1,000 の遺伝子発現の観測値を集めた．データは $1,000 \times 100$ 行列に保存されており，これを $\mathbf{X}$ で表す．この行列の各行は遺伝子を表し，各列は組織のサンプルを表す．各組織のサンプルは異なる日に処理されており，$\mathbf{X}$ の列はサンプルが最も早く処理されたものが左，後日処理されたものが右になるように整列してある．組織のサンプルには 2 つのグループがある．(C) コントロール群と (T) 処置群である．C と T のサンプルはランダムな順序で処理されている．研究者はコントロール群と処置群の間に遺伝子発現の各観測値に違いがあるか否かについて知りたい．

事前 (C と T を比較する前) の分析として，研究者はデータにおいて主成分分析を実行する．その結果，第 1 主成分 (長さ 100 のベクトル) は左から右に強い線形関係があり，その寄与率は 10% であることが判明した．各患者のサンプルは，2 つの機械 A, B のうち 1 つを用いて処理されている．最初の頃は A の機械がよく使われ，B の機械は後になってより頻繁に使われた．どのサンプルがどちらの機械で処理されたかについての記録は利用可能である．

(a) 第 1 主成分の "寄与率が 10%" とはどのような意味か説明せよ．

(b) 研究者は $\mathbf{X}$ の (j, i) 成分を

$$x_{ji} - \phi_{j1} z_{i1}$$

で置き換えることにした．ここで z_{i1} は i 番目のスコア，ϕ_{j1} は第 1 主成分における j 番目の係数である．2 つの条件の間にその遺伝子発現の違いがあるか否かを決めるために，この研究者はこの新しいデータにおける各遺伝子において 2 標本 t 検定を行うようである．この考えを批判し，よりよいアプローチを提案せよ (主成分分析は $\mathbf{X}^T$ に適用している)．

(c) 小さなシミュレーションを作成し，読者のアプローチの方が優れていることを示せ．

応 用 編

(7) 本章では，階層的クラスタリングにおける非類似度として相関に基づく距離とユークリッド距離を用いた．実は，これらの 2 つの非類似度はほとんど同等である：各観測値が平均 0 で標準偏差 1 に標準化されている場合，r_{ij} を i 番目と j 番目の観測値の相関とすると，$1 - r_{ij}$ は i 番目と j 番目の観測値間のユークリッド距離の 2 乗に比例する．

`USArrests` データにおいて，この比例関係を示せ．

ヒント：ユークリッド距離は dist() 関数，相関は cor() 関数を用いて計算することができる．

(8) 10.2.3 項において，寄与率は式 (10.8) で与えられている．寄与率は prcomp() 関数の sdev の出力を用いて得ることもできる．

USArrests データにおいて，寄与率を 2 つの方法で計算せよ．

(a) 10.2.3 項において実行されているように，prcomp() 関数の sdev の出力を使用する．

(b) 式 (10.8) を直接用いる．すなわち，prcomp() 関数で主成分の係数を計算する．その後これらの係数を式 (10.8) に用いて寄与率を得る．

これらの 2 つのアプローチは，同じ結果となるはずである．

ヒント：(a) と (b) で同じ結果を得るには，双方で同じデータを用いなければならない．例えば，(a) において標準化して prcomp() を実行したならば，(b) においても式 (10.3) を使用する前に標準化しなければならない．

(9) USArrests データを考える．ここで州に対し，階層的クラスタリングを実行する．

(a) ユークリッド距離を用いた完全連結法による階層的クラスタリングを用いて，州をクラスタリングせよ．

(b) 3 つの異なるクラスターに分けられるような高さでデンドログラムを切断せよ．どの州がどのクラスターに属するか．

(c) 変数が標準偏差 1 となるよう標準化した後で，ユークリッド距離を用いた完全連結法による州の階層的クラスタリングを実行せよ．

(d) 得られた階層的クラスタリングにおいて，変数の標準化はどのような影響をもたらすか．読者の考えでは，観測値間の非類似度が計算される前に変数の標準化をすべきか．それはなぜか理由を答えよ．

(10) この問題では，シミュレーションデータを生成し，主成分分析と K 平均クラスタリングをデータに適用する．

(a) 3 つのクラスそれぞれにおいて 20 個の観測値 (すなわち，合計で 60 個の観測値)，50 変数のシミュレーションデータを生成せよ．

ヒント：データを生成するために用いることができる R の関数は多い．その 1 つは rnorm() 関数である．別のオプションとしては runif() がある．3 個の異なるクラスができるように，各クラスにおいて観測値を平行移動するとよい．

(b) 60 個の観測値に対し，主成分分析を実行せよ．第 1 主成分スコアベクトルと第 2 主成分スコアベクトルをプロットせよ．色付けをして 3 つのクラスの観測値を示せ．このプロットにおいて 3 つのクラスが離れていることがわかる場合は，(c) に進め．そうでない場合は (a) に戻り，3 つの

クラスがより分離されるようにシミュレーションを修正せよ．第 1 主成分スコアベクトルと第 2 主成分スコアベクトルにおいて，3 つのクラスが少なくともある程度離れていることが確認できるまでは (c) に進んではならない．

(c) $K = 3$ の場合において，観測値の K 平均クラスタリングを実行せよ．真のクラスのラベルと比較して，K 平均クラスタリングで得られたクラスターはよく分類できているか．

ヒント：真のクラスのラベルとクラスタリングによって得られたクラスのラベルを比較するには，R の table() 関数を使えば良い．その結果を解釈する際は注意が必要である．K 平均クラスタリングは，クラスターに適当に数字を振るので，真のクラスのラベルとクラスタリングによるラベルが同じであるか否かをただ確認するというわけにはいかない．

(d) $K = 2$ の場合において K 平均クラスタリングを実行し，結果を示せ．

(e) $K = 4$ の場合において K 平均クラスタリングを実行し，結果を示せ．

(f) 元のデータではなく，第 1 主成分スコアベクトルと第 2 主成分スコアベクトルについて，$K = 3$ の場合の K 平均クラスタリングを実行せよ．すなわち，最初の列が第 1 主成分スコアベクトル，2 番目の列が第 2 主成分スコアベクトルである 60×2 の行列に対し，K 平均クラスタリングを実行せよ．得られた結果について考察せよ．

(g) scale() 関数を用いて，各変数を標準偏差が 1 になるようにスケール調整をしたデータに対し，$K = 3$ の場合の K 平均クラスタリングを実行せよ．(b) で得られた結果と比較し，どのような違いがあるかについて説明せよ．

(11) 本書のウェブサイト www.StatLearning.com において，1,000 個の遺伝子の観測項目をもつ 40 個の細胞のサンプルからなる遺伝子発現データセット (Ch10Ex11.csv) が公開されている．最初の 20 個のサンプルは健常者，残りの 20 個のサンプルは疾患をもつグループから得られたものである．

(a) read.csv() 関数を用いて，データの読み込みを実行せよ．このとき，header=F を指定する必要がある．

(b) 相関に基づく距離を用いて，これらのサンプルに対する階層的クラスタリングを適用し，デンドログラムを描図せよ．遺伝子の観測項目はこれらのサンプルを 2 つのグループに分けるか．その結果は，用いた連結法の種類に依存しているか．

(c) 共同研究者が，2 つのグループ間において最も異なる遺伝子がどれかについて興味があるとする．この疑問に答え得る方法を提案せよ．また，それを実行せよ．

索　　引

R functions

abline()　104, 105, 114, 285, 391
anova()　108, 109, 274
apply()　235, 380
as.dist()　386
as.factor()　47
attach()　46

biplot()　382
boot()　181–183, 187
bs()　276, 277, 283

c()　40
cbind()　154, 272
coef()　104, 147, 232, 236
confint()　104
contour()　43
contrasts()　111, 148
cor()　41, 114, 145, 395
cumsum()　382
cut()　275, 276
cutree()　385
cv.glm()　180, 181, 187
cv.glmnet()　239
cv.tree()　308, 310, 316

data.frame()　161, 247, 306
dev.off()　43
dim()　45, 46
dist()　385, 395

fix()　51
for()　180

gam()　268, 278, 280
gbm()　313
glm()　146, 151, 180, 186, 187, 274, 275
glmnet()　236, 238, 240

hatvalues()　105
hclust()　385, 386
hist()　47, 52

I()　108, 272, 274, 280
identify()　47
ifelse()　306
image()　43
importance()　312, 316
is.na()　229

jitter()　275
jpeg()　42

kmeans()　383, 384
knn()　153, 154

lda()　151, 153
legend()　116
length()　40
library()　102
lines()　105
lm()　103, 105, 107–109, 114, 146, 151,

179, 180, 239, 241, 272, 278, 306
lo() 280
loadhistory() 48
loess() 277
ls() 40

matrix() 41
mean() 42, 148, 179, 380
median() 161
model.matrix() 233, 236

na.omit() 46, 229
names() 46, 104
ns() 277

pairs() 47, 51
par() 105, 273
pcr() 240–242
pdf() 42
persp() 43
plot() 42, 43, 46, 51, 104, 105, 114, 231,
    278, 307, 340, 352, 385, 387
plot.gam() 278
plsr() 242
points() 231
poly() 109, 179, 272–274, 283
prcomp() 381, 382, 395
predict() 104, 147, 151–153, 179, 234,
    235, 237, 238, 272, 275, 279, 308, 309,
    342, 345
print() 162
prune.misclass() 309
prune.tree() 310

q() 48
qda() 153
quantile() 189

rainbow() 387
randomForest() 311, 312
range() 52
read.csv() 46, 51, 396
read.table() 45, 46

regsubsets() 229–234, 247
residuals() 105
return() 162
rm() 40
rnorm() 41, 42, 116, 247, 395
rstudent() 105
runif() 395

s() 278
sample() 179, 182, 393
savehistory() 48
scale() 155, 385, 396
sd() 42
seq() 43
set.seed() 42, 178, 384
smooth.spline() 277
sqrt() 41, 42
sum() 229
summary() 48, 51, 105, 114, 147, 183,
    184, 187, 229, 230, 241, 242, 279, 307,
    310, 313, 316, 340, 341, 344, 352, 387
svm() 339–347

table() 148, 396
text() 307
title() 273
tree() 287, 306
tune() 341, 342, 344, 352

update() 107

validationplot() 241
var() 42
varImpPlot() 312
vif() 107

which.max() 105, 231
which.min() 231
write.table() 45

あ 行

赤池情報量規準　72, 192, 197–199 → AIC

R^2　63–65, 73, 96, 198　→　決定係数
RSE (residual standard error)　60, 63–64, 73, 74, 95　→　残差標準誤差
ROC (receiver operating characteristics)　137
ROC 曲線　334–335

1 次結合　113, 191, 214　→　線形結合
1 標準誤差ルール　200
一般化加法モデル　5, 249, 250, 266–271, 278
一般化線形モデル　5, 146, 180

薄板スプライン　22

AIC (Akaike information criterion)　72, 192, 197–199　→　赤池情報量規準
枝　288
MSE (mean squared error)
　訓練——　27–30
　テスト——　27–30, 32
AUC (area under the curve)　139
ℓ_1 ノルム　205
エントロピー　294–295, 314

応答変数　15
OOB (out-of bag)　300–301
オッズ　160

か 行

回帰　1, 2, 11, 26–27
　局所——　249, 264–266, 277
　区分多項式——　254–256
　K 近傍——　97–101
　サポートベクター——　339
　主成分——　11, 215–221, 240–242, 354, 363
　多項式——　84–85, 249–252, 254–256, 260
回帰木　286–293, 309–311
回帰スプライン　249, 254–260, 277
階層的クラスタリング　12, 364, 370–376
階段関数　97, 249, 252–253

ガウス分布　129, 130　→　正規分布
　多変量——　133
過学習　21, 22, 24, 30, 73, 193
欠けたデータ　46
仮説検定　61–62, 69, 89
傾き　58
カテゴリー　2
カーネル　331–334, 337, 347
　線形——　332
　多項式——　332, 334
　動径基底関数——　333–335, 343
　非線形——　329–334
加法　267
加法モデル　11, 80–84, 97
刈り込み法　291–292
　木の複雑をコスト規準とした——　291–292
　最弱リンク——　291–292
完全連結　370, 375–376

木　286–298
　回帰——　286–293, 309–311
　——に基づく方法　286
　決定——　286–298
　分類——　293–297, 306–309
基底
　直交——　272
基底関数　254, 257
教師あり学習　24–26, 222
教師なし学習　24–26, 215, 222, 353–392
凝集型クラスタリング　370
偽陽性　334
共線性　92–96
行列の掛け算　11
局所回帰　249, 264–266, 277
距離
　相関に基づく——　376–378, 394
　ユークリッド——　358, 359, 366, 367, 373, 376–378 , 394

区分多項式回帰　254–256
クラスター分析　24–26
クラスタリング　4, 24–26, 364–380
　階層的——　12, 364, 370–376

凝集型—— 370
K 平均—— 364–367
ボトムアップ型—— 370
訓練 MSE 27–30
訓練誤差 38
訓練誤分類率 34, 149
訓練データ 19

係数変化モデル 265
K 近傍回帰 97–101
K 最近傍法 36–39, 119
K 最近傍法分類器 11, 38
決定木 286–298
決定境界
　非線形の—— 329–334
決定係数 63–65, 73, 96, 198 → R^2
k 分割交差検証 169–172
K 平均クラスタリング 364–367
K 平均法 12

交互作用 55, 75, 80–84, 97, 269
交差検証 11, 34, 164–175, 192, 213
　k 分割—— 169–172
　1 つ抜き—— 167–169
交差検証法 232–236
高次元 195
誤差
　訓練—— 38
　削減可能—— 17, 75
　削減不能—— 17, 30, 36, 75, 96
　残差標準—— 60, 63–64
　テスト—— 38
誤差項 15
誤分類 34
誤分類率 294
　訓練—— 34, 149
　テスト—— 34, 149
固有値プロット 362–363, 387
　——のひじ 363
混合行列 148

さ 行

再帰的な二分割法 292
再帰分割法 294
最小 2 乗 56–58
最小 2 乗直線 58
最小 2 乗法 5, 124, 125, 190
最尤法 124–126
最良部分集合選択 191, 207, 229–232
削減可能誤差 17, 75
削減不能誤差 17, 30, 36, 75, 96
サポートベクター 328, 337
サポートベクター回帰 339
サポートベクター分類器 324–329
サポートベクターマシン 12, 24, 329–339
残差 56, 66, 224, 305
　ステューデント化—— 90
残差 2 乗和 56
残差標準誤差 60, 63–64, 73, 74, 95 → RSE
残差プロット 86
残差平方和 66
3 次スプライン 256

シグナル 213
次元削減 191, 214–223
次元の呪い 227–228
事後確率 130, 211
指示関数 34
事前確率 129, 211
自然スプライン 258, 262, 277
質的 2, 165
質的変数 76–80, 82–84
シナジー 80–84, 97
シナジー効果 55
ジニ指数 294–295, 301, 302, 314
C_p 72, 192, 197–199
射影 191
重心連結 375–376
従属変数 15
終端ノード 287
自由度 29, 227, 262
自由度調整済み決定係数 (R^2) 72, 192,

197–199
縮小推定 191, 201
主効果 81, 82
受信者動作特性 334–335
主成分
　——の寄与率 361–363, 387
　——の係数ベクトル 355
主成分回帰 11, 215–221, 240–242, 354, 363
主成分分析 12, 215–221, 354–364
出力変数 15
順序尺度 276
真陽性 335
信頼区間 61, 75, 96, 252

推論 16, 17
スコアベクトル 356
ステップワイズ法 191, 194
ステップワイズ変数選択 11
ステューデント化残差 90
スパース 205
スプライン 249, 254–264
　薄板—— 22
　回帰—— 249, 254–260, 277
　3 次—— 256
　自然—— 258, 262, 277
　線形—— 256
　平滑化—— 29, 249, 261–264, 277
スラック変数 327

正規分布 129, 130 → ガウス分布
　多変量—— 133
正則化 191, 201
積分 261
切片 58
説明変数 15
線形 2
線形回帰 5, 11, 54–112
線形カーネル 332
線形結合 113, 191, 214 → 1 次結合
線形重回帰 65–76
線形スプライン 256
線形単回帰 55–65
線形判別分析 5, 11, 122, 129–139, 329, 334

線形モデル 19

相関 68–69
相関係数 64
相乗効果 75, 80
総平方和 64
ソフトマージン分類器 324–326
損失関数 337

た 行

対数オッズ 124
多項式回帰 84–85, 249–252, 254–256, 260
多項式カーネル 332, 334
多重共線性 94, 228
多重ロジスティック回帰 126–128
多変量ガウス分布 133
多変量正規分布 133
ダミー変数 76–80, 82–84, 121, 126, 252
段階 76
単連結 375–376

超平面 318–324
直交基底 272

t 分布 62, 143
てこ比 91–92
テスト MSE 27–30, 32
テスト誤差 38
テスト誤分類率 34, 149
テストデータ 29
デンドログラム 370–376

動径基底関数カーネル 333–335, 343
独立変数 15

な 行

内積 331
内部ノード 288

2 次判別分析 3, 139–140
2 重指数分布 212

入力変数　15

ヌルモデル　192, 205

ノイズ　213
ノット　254, 257–259
ノード
　　終端——　287
　　内部——　288
　　——の純度　294–295
ノンパラメトリック　19
ノンパラメトリック法　21–23, 97–101, 158

は　行

葉　287, 371
バイアス　31–34, 75
バイアスと分散
　　——のトレードオフ　31–34, 39, 97–98,
　　　140, 203, 215, 224, 228, 262, 291, 327,
　　　337
　　——の分解　31
バイプロット　357
バギング　11, 286, 298–302, 311–312
外れ値　90
バックフィッティング　284
パラメトリック　19
パラメトリック法　19–21, 97–101
反転　376
判別関数　132

BIC (Bayesian information criterion)　72,
　　192, 197–199　→ ベイズ情報量規準
非線形　2, 11, 249–285
非線形カーネル　329–334
p 値　62, 68
1 つ抜き交差検証　167–169
微分　261
標準誤差　87
非類似度　376–378

ブースティング　11, 23, 286, 298, 304–306,
　　313–314

ブートストラップ　11, 164, 175–178, 298
部分最小 2 乗　11, 215, 242–243
部分最小 2 乗法　222–223
部分集合選択　191–200
ブールベクトル　149
分散　31–34
分散拡大要因　94–95, 107
分散不均一性　89
分離超平面　318–324
分類　2, 11, 26–27, 34–39, 119–158,
　　318–334
分類器　119
　　K 最近傍法——　11, 38
　　サポートベクター——　324–329
　　ベイズ——　34–36, 130
　　マージン最大化——　318–324
分類木　293–297, 306–309

平滑化スプライン　29, 249, 261–264, 277
平均 2 乗誤差　→ MSE
平均連結　375–376
ベイズ決定境界　131
ベイズ誤分類率　36
ベイズ情報量規準　72, 192, 197–199　→ BIC
ベイズの定理　129, 212
ベイズ分類器　34–36, 130
ベイズ流解釈　211–212
ベクトル　40
変数
　　応答——　15
　　質的——　76–80, 82–84
　　従属——　15
　　出力——　15
　　説明——　15
　　ダミー——　76–80, 82–84, 121, 126, 252
　　独立——　15
　　入力——　15
　　——の重要度　312
　　目的——　15
　　予測——　15
　　量的——　76–80
変数減少法　72, 195–196, 232
変数選択　72, 191, 205

変数増加法　72, 194–195, 232
変数増減法　72

ボトムアップ型クラスタリング　370
ホールドアウト検証　165–167

ま 行

マージン　337
マージン最大化分類器　318–324

目的変数　15
モデルの解釈　190

や 行

ユークリッド距離　358, 359, 366, 367, 373,
　　376–378, 394

予測　1, 16
予測区間　75, 76, 96
予測変数　15

ら 行

lasso　11, 205–212, 226, 291, 337
ラプラス分布　212
ランダムフォレスト　12, 286, 298, 302–304,
　　311–312

リサンプリング法　164–178
リッジ回帰　11, 201–204, 337
量的　2, 119, 165
量的変数　76–80

連結　375–376
　完全——　370, 375–376
　重心——　375–376
　単——　375–376
　平均——　375–376
連続　2

ロジスティック回帰　5, 11, 122–128,
　　269–271, 329, 336–338
ロジスティック関数　123
ロジット　124, 270, 275
ロバスト　329

訳者略歴

落海 浩
おちうみ ひろし

1966年　山口県に生まれる
2008年　南カリフォルニア大学経営学大学院博士課程修了
現　在　南カリフォルニア大学経営学大学院准教授
　　　　Ph.D.

首藤信通
しゅとうのぶみち

1981年　東京都に生まれる
2012年　東京理科大学大学院理学研究科博士後期課程修了
現　在　神戸大学大学院海事科学研究科講師
　　　　博士（理学）

R による統計的学習入門

定価はカバーに表示

2018年 7 月 25 日　初版第 1 刷
2020年 4 月 10 日　　　第 3 刷

訳　者　落　海　　　浩
　　　　首　藤　信　通
発行者　朝　倉　誠　造
発行所　株式会社　朝　倉　書　店
　　　　東京都新宿区新小川町 6-29
　　　　郵 便 番 号　162-8707
　　　　電　話　03（3260）0141
　　　　ＦＡＸ　03（3260）0180
　　　　http://www.asakura.co.jp

〈検印省略〉

© 2018 〈無断複写・転載を禁ず〉　印刷・製本　ウイル・コーポレーション

ISBN 978-4-254-12224-4　C 3041　　Printed in Japan

JCOPY ＜(社)出版者著作権管理機構 委託出版物＞

本書の無断複写は著作権法上での例外を除き禁じられています．複写される場合は，
そのつど事前に，(社) 出版者著作権管理機構（電話 03-3513-6969，FAX 03-3513-
6979，e-mail: info@jcopy.or.jp）の許諾を得てください．

◎初学者でも安心! 一冊で最前線へ!

しくみがわかる
深層学習

手塚太郎 著

A5 判　184 頁
定価（本体 2,700 円＋税）(12238-1)
C3004

- ベクトル，微分などの基礎数学から丁寧に解説。
- 具体的な例題を豊富に収録し，応用をイメージしながら読み進められる。
- いま注目度の高い深層生成モデル，とくに「GAN」（敵対的生成ネットワーク）の仕組みを学べる数少ない一冊。

〔目次〕
1. 深層学習とは
2. 機械学習で使う用語
3. 深層学習のための数学入門
4. ニューラルネットワークはどのような構造をしているか
5. ニューラルネットワークをどう学習させるか
6. 畳み込みニューラルネットワーク
7. 再帰型ニューラルネットワーク
8. 深層生成モデル
9. おわりに

機械学習
―データを読み解くアルゴリズムの技法―

竹村彰通 監訳
A5判 392頁
定価(本体 6,200 円+税)
(12218-3)

主要なアルゴリズムを取り上げ，特徴量・タスク・モデルに着目して論理的基礎から実装までを平易に紹介。〔内容〕二値分類／教師なし学習／木モデル／ルールモデル／線形モデル／距離ベースモデル／確率モデル／特徴量／他

FinTech ライブラリー
FinTech イノベーション入門

津田博史 監修
嶋田康史 編著
西裕介・鶴田大・
藤原暢・河合竜也 著
A5判 216頁
定価(本体3,200円+税)
(27582-7)

FinTechとは何かを俯瞰するとともに主要な基本技術を知る。

ディープラーニング入門
―Pythonではじめる金融データ解析―

津田博史 監修　嶋田康史 編著
鶴田大・藤原暢・河合竜也 著
A5判 216頁　定価(本体 3,600 円+税) (27583-4)
実際の金融データを例にディープラーニングの実装までを丁寧に紹介。

空間解析入門
―都市を測る・都市がわかる―

貞広幸雄
山田育穂
石井儀光 編
B5判 184頁
定価(本体 3,900 円+税)
(16356-8)

基礎理論と活用例〔内容〕解析の第一歩（データの可視化，集計単位変換ほか）／解析から計画へ（人口推計，空間補間・相関ほか）／ネットワークの世界（最短経路，配送計画ほか）／さらに広い世界へ（スペース・シンタックス，形態解析ほか）

実践 Python ライブラリー
Kivy プログラミング
―Pythonでつくるマルチタッチアプリ―

久保幹雄 監修
原口和也 著
A5判 200頁
定価(本体 3,200 円+税)
(12896-3)

スマートフォンで使えるアプリを Python Kivy で開発。シリーズ最新刊

【シリーズ既刊】 Pythonによる数理最適化入門（本体 3,200 円+税）／計算物理学I/II（本体 5,400/4,600 円+税）／Pythonによるファイナンス入門（本体 2,800 円+税）／心理学実験プログラミ ングーPython/PsychoPyによる実験作成・データ処理ー（本体 3,000 円+税）

明大 国友直人著
統計解析スタンダード
応用をめざす 数 理 統 計 学
12851-2 C3341　　　　　A 5 判 232頁 本体3500円

数理統計学の基礎を体系的に解説。理論と応用の橋渡しをめざす。「確率空間と確率分布」「数理統計の基礎」「数理統計の展開」の三部構成のもと，確率論，統計理論，応用局面での理論的・手法的トピックを丁寧に講じる。演習問題付。

理科大 村上秀俊著
統計解析スタンダード
ノ ン パ ラ メ ト リ ッ ク 法
12852-9 C3341　　　　　A 5 判 192頁 本体3400円

ウィルコクソンの順位和検定をはじめとする種々の基礎的手法を，例示を交えつつ，ポイントを押さえて体系的に解説する。〔内容〕順序統計量の基礎／適合度検定／1標本検定／2標本問題／多標本検定問題／漸近相対効率／2変量検定／付表

筑波大 佐藤忠彦著
統計解析スタンダード
マーケティングの統計モデル
12853-6 C3341　　　　　A 5 判 192頁 本体3200円

効果的なマーケティングのための統計的モデリングとその活用法を解説。理論と実践をつなぐ書。分析例はRスクリプトで実行可能。〔内容〕統計モデルの基本／消費者の市場反応／消費者の選択行動／新商品の生存期間／消費者態度の形成／他

農研機構 三輪哲久著
統計解析スタンダード
実 験 計 画 法 と 分 散 分 析
12854-3 C3341　　　　　A 5 判 228頁 本体3600円

有効な研究開発に必須の手法である実験計画法を体系的に解説。現実的な例題，理論的な解説，解析の実行から構成。学習・実務の両面に役立つ決定版。〔内容〕実験計画法／実験の配置／一元(二元)配置実験／分割法実験／直交表実験／他

統数研 船渡川伊久子・中外製薬 船渡川隆著
統計解析スタンダード
経 時 デ ー タ 解 析
12855-0 C3341　　　　　A 5 判 192頁 本体3400円

医学分野，とくに臨床試験や疫学研究への適用を念頭に経時データ解析を解説。〔内容〕基本統計モデル／線形混合・非線形混合・自己回帰線形混合効果モデル／介入前後の2時点データ／無作為抽出と繰り返し横断調査／離散型反応の解析／他

関学大 古澄英男著
統計解析スタンダード
ベ イ ズ 計 算 統 計 学
12856-7 C3341　　　　　A 5 判 208頁 本体3400円

マルコフ連鎖モンテカルロ法の解説を中心にベイズ統計の基礎から応用まで標準的内容を丁寧に解説。〔内容〕ベイズ統計学基礎／モンテカルロ法／MCMC／ベイズモデルへの応用(線形回帰，プロビット，分位点回帰，一般化線形ほか)／他

横市大 岩崎　学著
統計解析スタンダード
統 計 的 因 果 推 論
12857-4 C3341　　　　　A 5 判 216頁 本体3600円

医学，工学をはじめあらゆる科学研究や意思決定の基盤となる因果推論の基礎を解説。〔内容〕統計的因果推論とは／群間比較の統計数理／統計的因果推論の枠組み／傾向スコア／マッチング／層別／操作変数法／ケースコントロール研究／他

琉球大 高岡　慎著
統計解析スタンダード
経 済 時 系 列 と 季 節 調 整 法
12858-1 C3341　　　　　A 5 判 192頁 本体3400円

官庁統計など経済時系列データで問題となる季節変動の調整法を変動の要因・性質等の基礎から解説。〔内容〕季節性の要因／定常過程の性質／周期性／時系列の分解と季節調節／X-12-ARIMA／TRAMO-SEATS／状態空間モデル／事例／他

慶大 阿部貴行著
統計解析スタンダード
欠 測 デ ー タ の 統 計 解 析
12859-8 C3341　　　　　A 5 判 200頁 本体3400円

あらゆる分野の統計解析で直面する欠測データへの対処法を欠測のメカニズムも含めて基礎から解説。〔内容〕欠測データと解析の枠組み／CC解析とAC解析／尤度に基づく統計解析／多重補完法／反復測定データの統計解析／MNARの統計手法

千葉大 汪　金芳著
統計解析スタンダード
一 般 化 線 形 モ デ ル
12860-4 C3341　　　　　A 5 判 224頁 本体3600円

標準的な理論からベイズ的拡張，応用までコンパクトに解説する入門的テキスト。多様な実データのRによる詳しい解析例を示す実践志向の書。〔内容〕概要／線形モデル／ロジスティック回帰モデル／対数線形モデル／ベイズの拡張／事例／他

上記価格（税別）は 2020 年 3 月現在